한국산업인력공단 새 출제기준 반영 최신판!!

위험물 기능사

필기 7년간 출제문제

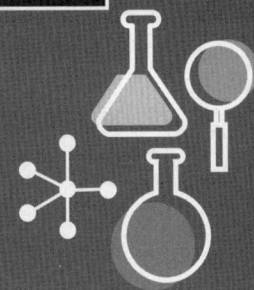

이 책을 내며

본서는 위험물기능사 시험문제를 완벽하게 복원하여 충분한 해설 중심으로 구성한 위험물기능사 필기 수험서로서, 본서 한 권만으로 자격증 시험을 보다 효율적으로 취득할 수 있도록 발간하게 되었습니다.

이 책의 특징은

- 위험물기능사 10분 요약정리
  시험에 필요한 핵심 내용만을 압축한 10분 요약정리는 위험물기능사 필기의 전반적인 개념을 효과적으로 볼 수 있도록 하였습니다.

- 7개년 기출문제 완벽 복원
  자격증 수험서에서는 기출문제의 복원력이 중요합니다. 지난 7년간 시험에 출제된 기출문제를 완벽 복원하여 완벽하게 시험에 대비할 수 있도록 반영하였습니다.

- 쉽고 자세한 해설
  무작정 많은 내용과 어려운 해설을 담은 수험서는 결코 좋은 수험서가 아닙니다. 각 문제에 따른 해설이 쉽고 자세히 설명되어 있어 이해하기 쉬운 수험서를 고르는 것이 좋습니다. 본서는 충분한 이해를 돕기 위해 자세하고 풍부한 해설을 담아 초시생도 어렵지 않게 위험물기능사 자격증을 취득할 수 있도록 하였습니다.

출제기준(필기)

- 직무분야 : 화학
- 중직무분야 : 위험물
- 자격종목 : 위험물기능사
- 적용기간 : 2020.1.1.~2024.12.31.
- 직무내용 : 위험물을 저장·취급·제조하는 제조소등에서 위험물을 안전하게 저장·취급·제조하고 일반 작업자를 지시 감독하며, 각 설비에 대한 점검과 재해 발생시 응급조치 등의 안전관리 업무를 수행하는 직무이다.
- 필기검정방법 : 객관식
- 문제수 : 60
- 시험시간 : 1시간

필 기 과목명	출 제 문제수	주요항목	세부항목	세세항목
화재예방과 소화방법, 위험물의 화학적 성질 및 취급	60	1. 화재 예방 및 소화 방법	1. 화학의 이해	1. 물질의 상태 및 성질 2. 화학의 기초법칙 3. 유기, 무기화합물의 특성
			2. 화재 및 소화	1. 연소이론 2. 소화이론 3. 폭발의 종류 및 특성 4. 화재의 분류 및 특성
			3. 화재 예방 및 소화 방법	1. 위험물의 화재 예방 2. 위험물의 화재 발생 시 조치 방법
		2. 소화약제 및 소화기	1. 소화약제	1. 소화약제의 종류 2. 소화약제별 소화원리 및 효과
			2. 소화기	1. 소화기의 종류 및 특성 2. 소화기별 원리 및 사용법

필기 과목명	출제 문제수	주요항목	세부항목	세세항목
		3. 소방시설의 설치 및 운영	1. 소화설비의 설치 및 운영	1. 소화설비의 종류 및 특성 2. 소화설비 설치 기준 3. 위험물별 소화설비의 적응성 4. 소화설비 사용법
			2. 경보 및 피난설비의 설치기준	1. 경보설비 종류 및 특징 2. 경보설비 설치 기준 3. 피난설비의 설치기준
		4. 위험물의 종류 및 성질	1. 제1류 위험물	1. 제1류 위험물의 종류 2. 제1류 위험물의 성질 3. 제1류 위험물의 위험성 4. 제1류 위험물의 화재 예방 및 진압 대책
			2. 제2류 위험물	1. 제2류 위험물의 종류 2. 제2류 위험물의 성질 3. 제2류 위험물의 위험성 4. 제2류 위험물의 화재 예방 및 진압 대책
			3. 제3류 위험물	1. 제3류 위험물의 종류 2. 제3류 위험물의 성질 3. 제3류 위험물의 위험성 4. 제3류 위험물의 화재 예방 및 진압 대책
			4. 제4류 위험물	1. 제4류 위험물의 종류 2. 제4류 위험물의 성질 3. 제4류 위험물의 위험성 4. 제4류 위험물의 화재 예방 및 진압 대책
			5. 제5류 위험물	1. 제5류 위험물의 종류 2. 제5류 위험물의 성질 3. 제5류 위험물의 위험성 4. 제5류 위험물의 화재 예방 및 진압 대책

필기 과목명	출제 문제수	주요항목	세부항목	세세항목
			6. 제6류 위험물	1. 제6류 위험물의 종류 2. 제6류 위험물의 성질 3. 제6류 위험물의 위험성 4. 제6류 위험물의 화재예방 및 진압 대책
		5. 위험물안전 관리 기준	1. 위험물 저장· 취급·운반· 운송기준	1. 위험물의 저장기준 2. 위험물의 취급기준 3. 위험물의 운반기준 4. 위험물의 운송기준
		6. 기술기준	1. 제조소등의 위치 구조설비 기준	1. 제조소의 위치구조설비 기준 2. 옥내저장소의 위치구조 설비 기준 3. 옥외탱크저장소의 위치 구조설비 기준 4. 옥내탱크저장소의 위치 구조설비 기준 5. 지하탱크저장소의 위치 구조설비 기준 6. 간이탱크저장소의 위치 구조설비 기준 7. 이동탱크저장소의 위치 구조설비 기준 8. 옥외저장소의 위치 구조설비 기준 9. 암반탱크저장소의 위치 구조설비 기준 10. 주유취급소의 위치 구조설비 기준 11. 판매취급소의 위치 구조설비 기준 12. 이송취급소의 위치 구조설비 기준 13. 일반취급소의 위치 구조설비 기준

필기 과목명	출제 문제수	주요항목	세부항목	세세항목
			2. 제조소등의 소화설비, 경보설비 및 피난설비기준	1. 제조소등의 소화난이도등급 및 그에 따른 소화설비 2. 위험물의 성질에 따른 소화 설비의 적응성 3. 소요단위 및 능력단위 산정법 4. 옥내소화전의 설치기준 5. 옥외소화전의 설치기준 6. 스프링클러의 설치기준 7. 물분무소화설비의 설치기준 8. 포소화설비의 설치기준 9. 불활성가스 소화설비의 설치기준 10. 할로겐화물소화설비의 설치기준 11. 분말소화설비의 설치기준 12. 수동식소화기의 설치기준 13. 경보설비의 설치기준 14. 피난설비의 설치기준
		7. 위험물안전 관리법상 행정사항	1. 제조소등 설치 및 후속절차	1. 제조소등 허가 2. 제조소등 완공검사 3. 탱크안전성능검사 4. 제조소등 지위승계 5. 제조소등 용도폐지
			2. 행정처분	1. 제조소등 사용정지, 허가취소 2. 과징금처분
			3. 안전관리 사항	1. 유지·관리 2. 예방규정 3. 정기점검 4. 정기검사 5. 자체소방대
			4. 행정감독	1. 출입 검사 2. 각종 행정명령 3. 벌금 및 과태료

위험물기능사 7개년
CONTENTS

위험물기능사 필기 10분 요약정리 ············ 9
2013년 1회 위험물기능사 ···················· 25
2013년 2회 위험물기능사 ···················· 37
2013년 4회 위험물기능사 ···················· 50
2013년 5회 위험물기능사 ···················· 62
2014년 1회 위험물기능사 ···················· 74
2014년 2회 위험물기능사 ···················· 87
2014년 4회 위험물기능사 ···················· 100
2014년 5회 위험물기능사 ···················· 113
2015년 1회 위험물기능사 ···················· 126
2015년 2회 위험물기능사 ···················· 140
2015년 4회 위험물기능사 ···················· 152
2015년 5회 위험물기능사 ···················· 165
2016년 1회 위험물기능사 ···················· 178
2016년 2회 위험물기능사 ···················· 192
2016년 4회 위험물기능사 ···················· 205
2016년 5회 위험물기능사 ···················· 217
2017년 1회 위험물기능사 ···················· 229
2017년 2회 위험물기능사 ···················· 243
2017년 3회 위험물기능사 ···················· 255
2017년 4회 위험물기능사 ···················· 268
2018년 1회 위험물기능사 ···················· 281
2018년 2회 위험물기능사 ···················· 294
2018년 3회 위험물기능사 ···················· 307
2018년 4회 위험물기능사 ···················· 320
2019년 1회 위험물기능사 ···················· 335
2019년 2회 위험물기능사 ···················· 348
2019년 3회 위험물기능사 ···················· 362
2019년 4회 위험물기능사 ···················· 375

위험물기능사 필기 10분 요약정리

▶ 화재의 분류

분류	구분	착색
A급 화재	일반화재(폴리에틸렌, 석탄, 종이, 섬유 등)	백색
B급 화재	유류화재(시너, 휘발유, 알코올 등)	황색
C급 화재	전기화재	청색
D급 화재	금속화재	없음
K급 화재(=F급 화재)	주방화재, 식용유화재	-

▶ 연소의 형태

구분		예시
고체 및 액체	표면연소	숯, 목탄, 금속분(알루미늄분 등), 코크스 등
	분해연소	석탄, 종이, 섬유, 플라스틱, 목재, 고무, 중유 등
	자기연소	제5류 위험물(니트로글리세린, 니트로셀룰로오스 등)
	증발연소	유황, 나프탈렌, 양초(파라핀), 고급 알코올, 경유, 알코올, 휘발유 등
기체		확산연소
		예혼합연소

▶ 가연물과 자연발화의 조건

가연물의 조건	자연발화의 조건
열전도율이 낮을 것	
온도가 높을 것	
산소와의 접촉표면적이 클 것	
발열량이 클 것	
활성화 에너지가 작을 것	
습도가 낮을 것	습도가 높을 것

▶ 분진폭발

분진폭발의 위험성이 높은 물질	밀가루, 황(S)가루, 금속분[알루미늄(Al), 마그네슘(Mg), 아연(Zn) 등], 석탄가루 등
분진폭발의 위험성이 낮은 물질	시멘트, 석회석, 생석회(CaO), 탄산칼슘($CaCO_3$) 등

▶ **색 온도** : 암적색(700℃) < 적색(850℃) < 휘적색(950℃) < 황적색(1,100℃) < 백적색(1,300℃) < 휘백색(1,500℃)

▶ **소화방법의 분류**

구분	특징
냉각소화	물을 뿌려서 온도를 저하시키는 방법
제거소화	가연물을 제거하여 소화시키는 방법
질식소화	불연성 포말로 연소물을 덮어씌우는 방법
억제소화(부촉매소화)	연쇄반응을 억제시키는 방법 → 화학적 소화
희석소화	물 또는 CO_2 가스 등으로 희석시켜 가연물의 조성을 연소범위 하한계 이하로 낮추는 방법

▶ **분말소화약제**

1. 제1종 분말소화약제

색상 : 백색	주성분 : $NaHCO_3$(탄산수소나트륨)	적응화재 : B, C

1차 열분해 반응식(270℃) : $2NaHCO_3 \rightarrow Na_2CO_3 + H_2O + CO_2$
  탄산수소나트륨 → 탄산나트륨 + 물 + 이산화탄소

2차 열분해 반응식(850℃) : $2NaHCO_3 \rightarrow Na_2O + H_2O + 2CO_2$
  탄산수소나트륨 → 산화나트륨 + 물 + 이산화탄소

2. 제2종 분말소화약제

색상 : 담회색	주성분 : $KHCO_3$(탄산수소칼륨)	적응화재 : B, C

열분해 반응식 : $2KHCO_3 \rightarrow K_2CO_3 + H_2O + CO_2$
  탄산수소칼륨 → 탄산칼륨 + 물 + 이산화탄소

3. 제3종 분말소화약제

색상 : 담홍색	주성분 : $NH_4H_2PO_4$ (인산암모늄, 제1인산암모늄)	적응화재 : A, B, C

1차 열분해 반응식 : $NH_4H_2PO_4 \rightarrow H_3PO_4 + NH_3$
  인산암모늄 → 올소인산 + 암모니아

2차 열분해 반응식 : $NH_4H_2PO_4 \rightarrow HPO_3 + NH_3 + H_2O$
  인산암모늄 → 메타인산 + 암모니아 + 물

4. 제4종 분말소화약제

색상 : 회백색	주성분 : $KHCO_3 + (NH_2)_2CO$ (탄산수소칼륨 + 요소)	적응화재 : B, C

열분해 반응식 : $2KHCO_3 + (NH_2)_2CO \rightarrow K_2CO_3 + 2NH_3 + 2CO_2$
  탄산수소칼륨 + 요소 → 탄산칼륨 + 암모니아 + 이산화탄소

▶ 강화액소화약제

구분	특징
주성분	탄산칼륨 등(알칼리 금속염류)
액성	강알칼리성
응고점	약 -30~-26℃ → 동절기 사용 가능
비중	약 1.3~1.4
무상 강화액 소화기에 대한 적응성	전기설비, 제1류 위험물(금수성 물질 제외), 제2류 위험물(금수성 물질 제외), 제3류 위험물(금수성 물질 제외), 제4류 위험물, 제5류 위험물, 제6류 위험물
표면장력	표면장력이 작아 심부화재에 효과적

▶ 포소화약제

구분	종류	특징
화학포	탄산수소나트륨 + 황산알루미늄 수용액	탄산수소나트륨과 황산알루미늄 수용액의 제조 비율이 6 : 1이다.
공기포(기계포)	알코올포(내알코올포)	수용성 액체의 화재에 효과적
	수성막포	비수용성 액체의 화재에 효과적
	합성계면활성제포	저팽창포뿐만 아니라 고팽창포도 가능
	단백포	유류화재에 적응성이 있으나 유류에 쉽게 오염됨
	불화단백포	유류 오염도가 낮아 소화효과 우수

▶ 할로겐화합물 소화설비 설치기준

종류	Halon 2402	Halon 1211	Halon 1301
화학식	$C_2F_4Br_2$	CF_2ClBr	CF_3Br
상온, 상압일 때 상태	액체	기체	기체
오존파괴지수(ODP)	6.0	3.0	14.1 (가장 높다.)
소화약제의 양 (단위 : kg)	45	40	35
방사압력 (단위 : MPa)	0.1	0.2	0.9
기타		약칭 : BCF	증기비중 5.1

▶ 옥내소화전설비, 옥외소화전설비, 스프링클러설비, 물분무소화설비 설치기준

구분	옥내소화전설비	옥외소화전설비	물분무소화설비	스프링클러설비
호스접속구 또는 제어밸브까지의 높이	지면~1.5m 이하		0.8m 이상 1.5m 이하	
수원의 수량	$7.8m^3 \times$ 최대 5개	$13.5m^3 \times$ 최대 4개	$0.6m^3/m^2 \times$ 바닥면적	$2.4m^3 \times$ 최대 30개
방수압력	350kPa 이상			100kPa 이상
방사량	260L/min이상	450L/min이상	$20m^2$/min이상	80L/min이상
수평거리	25m 이하	40m 이하	–	1.7m 이하

▶ 이산화탄소 소화설비 설치기준

구분	특징
주된 소화효과	질식효과, 냉각효과
저장용기의 충전비	고압식 : 1.5 이상 1.9 이하, 저압식 : 1.1 이상 1.4 이하
국소방출방식의 방사기준	30초 이내 균일하게 방사
저장용기의 설치기준	– **방호구역 외의 장소**에 설치할 것 – **온도가 40℃ 이하**이고 온도 변화가 적은 장소에 설치할 것 – 직사일광 및 빗물이 침투할 우려가 적은 장소에 설치할 것 – 저장용기에는 안전장치(용기밸브에 설치되어 있는 것을 **포함**한다.)를 설치할 것 – 저장용기의 외면에 소화약제의 종류와 양, 제조년도 및 제조자를 표시할 것

▶ 소화난이도등급 Ⅰ

구분	기준	소화설비
제조소 일반 취급소	연면적 1,000m² 이상인 것	옥내소화전설비, 옥외소화전설비, 스프링클러설비 또는 물분무등소화설비(화재발생 시 연기가 충만할 우려가 있는 장소에는 스프링클러설비 또는 이동식 외의 물분무등소화설비에 한한다.)
	지정수량의 100배 이상인 것(고인화점위험물만을 100℃ 미만의 온도에서 취급하는 것은 제외)	
	지반면으로부터 6m 이상의 높이에 위험물 취급설비가 있는 것(고인화점위험물만을 100℃ 미만의 온도에서 취급하는 것은 제외)	

구분		기준	소화설비
옥내 저장소		처마높이가 6m 이상인 단층건물의 것	스프링클러설비 또는 이동식 외의 물분무등소화설비
		지정수량의 150배 이상인 것(고인화점위험물만을 저장하는 것은 제외)	옥외소화전설비, 스프링클러설비, 이동식 외의 물분무등소화설비 또는 이동식 포소화설비(포소화전을 옥외에 설치하는 것에 한한다)
		연면적 150m² 를 초과하는 것(150m² 이내마다 불연재료로 개구부없이 구획된 것 및 인화성고체 외의 제2류 위험물 또는 인화점 70℃ 이상의 제4류 위험물만을 저장하는 것은 제외)	
		옥내저장소로 사용되는 부분 외의 부분이 있는 건축물에 설치된 것(내화구조로 개구부없이 구획된 것 및 인화성고체 외의 제2류 위험물 또는 인화점 70℃ 이상의 제4류 위험물만을 저장하는 것은 제외)	
옥외 탱크 저장소		액표면적이 40m² 이상인 것(제6류 위험물을 저장하는 것 및 고인화점위험물만을 100℃ 미만의 온도에서 저장하는 것은 제외)	
		지반면으로부터 탱크 옆판의 상단까지 높이가 6m 이상인 것(제6류 위험물을 저장하는 것 및 고인화점위험물만을 100℃ 미만의 온도에서 저장하는 것은 제외) → 높이는 지면으로부터 지붕을 제외한 탱크까지의 높이를 말함)	

▶ 소화난이도등급 Ⅱ

구분	기준	소화설비
제조소 일반취급소	연면적 600m² 이상인 것	방사능력범위 내에 당해 건축물, 그 밖의 공작물 및 위험물이 포함되도록 대형수동식소화기를 설치하고, 당해 위험물의 소요단위의 1/5 이상에 해당되는 능력단위의 소형수동식소화기 등을 설치할 것
	지정수량의 10배 이상인 것(고인화점위험물만을 100℃ 미만의 온도에서 취급하는 것 제외)	
옥내저장소	단층건물 이외의 것	
	지정수량의 10배 이상인 것(고인화점위험물만을 저장하는 것 제외)	
	연면적 150m² 초과인 것	

구분	기준	소화설비
옥외저장소	덩어리 상태의 유황을 저장하는 것으로서 경계표시 내부의 면적(2 이상의 경계표시가 있는 경우에는 각 경계표시의 내부의 면적을 합한 면적)이 5m² 이상 100m² 미만인 것	
	지정수량의 100배 이상인 것(덩어리 상태의 유황 또는 고인화점위험물을 저장하는 것은 제외)	
주유취급소	옥내주유취급소	
판매취급소	제2종 판매취급소	
옥외·옥내 탱크저장소	소화난이도등급Ⅰ의 제조소등 외의 것(고인화점위험물만을 100℃ 미만의 온도로 저장하는 것 및 제6류 위험물만을 저장하는 것은 제외)	대형수동식소화기 및 소형수동식소화기등을 각각 <u>1개 이상</u> 설치할 것

▶ 능력단위

소화설비	용량	능력단위
소화전용(轉用)물통	8L	0.3
수조(소화전용물통 3개 포함)	80L	1.5
수조(소화전용물통 6개 포함)	190L	2.5
마른 모래(삽 1개 포함)	50L	0.5
팽창질석 또는 팽창진주암(삽 1개 포함)	160L	1.0

▶ 소요단위

	제조소 또는 취급소	저장소
외벽이 내화구조인 것	100m²	150m²
외벽이 내화구조가 아닌 것	50m²	75m²
위험물이 제시된 경우 지정수량의 10배를 1소요단위로 함		

▶ 위험물 저장온도

구분	위험물	온도
옥외저장탱크·옥내저장탱크, 지하탱크 중 압력탱크에 저장, 보냉장치 없는 이동탱크에 저장	산화프로필렌, 디에틸에테르, 아세트알데히드	40℃ 이하
옥외저장탱크·옥내저장탱크, 지하탱크 중 압력탱크 아닌 곳에 저장	산화프로필렌, 디에틸에테르	30℃ 이하
	아세트알데히드	15℃ 이하
보냉장치가 있는 이동탱크에 저장	산화프로필렌, 디에틸에테르, 아세트알데히드	비점 이하

▶ 위험물 저장높이

	옥내저장소	옥외저장소
기계에 의하여 하역하는 구조로 된 용기만을 겹쳐 쌓는 경우	6m 미만	
제4류 위험물 중 제3석유류, 제4석유류 및 동식물유류를 수납하는 용기만을 겹쳐 쌓는 경우	4m 미만	
그 밖의 경우	3m 미만	
위험물을 수납한 용기를 선반에 저장하는 경우	없음	6m 미만

▶ 위험물의 혼재기준

위험물의 구분	제1류	제2류	제3류	제4류	제5류	제6류
제1류		×	×	×	×	○
제2류	×		×	○	○	×
제3류	×	×		○	×	×
제4류	×	○	○		○	×
제5류	×	○	×	○		×
제6류	○	×	×	×	×	

비 고
1. "×"표시는 혼재할 수 없음을 표시한다.
2. "○"표시는 혼재할 수 있음을 표시한다.
3. 이 표는 지정수량의 $\frac{1}{10}$ 이하의 위험물에 대하여는 적용하지 아니한다.

▶ 게시판 및 운반용기 주의사항

구분		게시판 주의사항	운반용기 주의사항
제1류		–	화기주의, 충격주의, 가연물접촉주의
	알칼리금속의 과산화물	물기엄금	물기엄금, 화기주의, 충격주의, 가연물접촉주의
제2류	철분·금속분·마그네슘	화기주의	화기주의
			물기엄금, 화기주의
	인화성고체	화기엄금	화기엄금
제3류	금수성 물질	물기엄금	물기엄금
	자연발화성 물질	화기엄금	화기엄금, 공기접촉엄금
제4류			화기엄금
제5류			화기엄금, 충격주의
제6류		–	가연물접촉주의

▶ 적재 시 덮어야 하는 피복

차광성 피복	방수성 피복
제1류 위험물	제1류 위험물 중 알칼리금속의 과산화물 또는 이를 함유한 것
제3류 위험물 중 자연발화성 물질	제2류 위험물 중 철분·금속분·마그네슘
제4류 위험물 중 특수인화물	제3류 위험물 중 금수성 물질
제5류 위험물	
제6류 위험물	

▶ 수납율

① 고체위험물은 운반용기 내용적의 95% 이하의 수납율로 수납할 것

② 액체위험물은 운반용기 내용적의 98% 이하의 수납율로 수납하되, 55도의 온도에서 누설되지 아니하도록 충분한 공간용적을 유지하도록 할 것

③ 자연발화성물질 중 알킬알루미늄, 알킬리튬은 운반용기의 내용적의 90% 이하의 수납율로 수납하되, 50℃의 온도에서 5% 이상의 공간용적을 유지하도록 할 것

▶ 자체소방대

사업소의 구분	화학소방자동차	자체소방대원의 수
1. 제조소 또는 일반취급소에서 취급하는 제4류 위험물의 최대수량의 합이 지정수량의 12만배 미만인 사업소	1대	5인
2. 제조소 또는 일반취급소에서 취급하는 제4류 위험물의 최대수량의 합이 지정수량의 12만배 이상 24만배 미만인 사업소	2대	10인
3. 제조소 또는 일반취급소에서 취급하는 제4류 위험물의 최대수량의 합이 지정수량의 24만배 이상 48만배 미만인 사업소	3대	15인
4. 제조소 또는 일반취급소에서 취급하는 제4류 위험물의 최대수량의 합이 지정수량의 48만배 이상인 사업소	4대	20인

▶ 탱크의 내용적

1. 타원형 탱크	2. 원통형 탱크
① 양쪽이 볼록한 것 공식 : $\dfrac{\pi ab}{4}\left(L + \dfrac{L_1 + L_2}{3}\right)$	① 횡으로 설치한 것 공식 : $\pi r^2 \times \left(L + \dfrac{L_1 + L_2}{3}\right)$
② 한쪽은 볼록하고 다른 한쪽은 오목한 것 공식 : $\dfrac{\pi ab}{4}\left(L + \dfrac{L_1 - L_2}{3}\right)$	② 종으로 설치한 것 공식 : $\pi r^2 \times L$

▶ 제1류 위험물(산화성 고체)

위험등급	품명		지정수량	물질명 및 화학식	소화방법
Ⅰ	염소산염류		50kg	염소산칼륨($KClO_3$)	수계소화설비로 주수소화
				염소산나트륨($NaClO_3$)	
				염소산암모늄(NH_4ClO_3)	
	과염소산염류			과염소산칼륨($KClO_4$)	
				과염소산나트륨($NaClO_4$)	
				과염소산암모늄(NH_4ClO_4)	
	무기과산화물	알칼리금속의 과산화물		과산화칼륨(K_2O_2)	금수성이므로 팽창질석, 팽창진주암, 건조사, 탄산수소염류분말 소화설비
				과산화나트륨(Na_2O_2)	
		알칼리금속 이외의 과산화물		과산화마그네슘(MgO_2)	
				과산화칼슘(CaO_2)	
				과산화바륨(BaO_2)	
Ⅱ	브롬산염류		300kg	브롬산칼륨($KBrO_3$)	수계소화설비로 주수소화
	요오드산염류			요오드산칼륨(KIO_3)	
				요오드산아연[$Zn(IO_3)_2$]	
	질산염류			질산칼륨(KNO_3)	
				질산나트륨($NaNO_3$)	
				질산암모늄(NH_4NO_3)	
				질산은($AgNO_3$)	
Ⅲ	과망간산염류		1,000kg	과망간산칼륨($KMnO_4$)	
	중크롬산염류			중크롬산칼륨($K_2Cr_2O_7$)	

▶ 제2류 위험물(가연성 고체)

위험등급	품명	지정수량	물질명 및 화학식	소화방법
Ⅱ	황화린	100kg	삼황화린(P_4S_3)	가스계 소화설비로 질식소화가 적합
			오황화린(P_2S_5)	
			칠황화린(P_4S_7)	
	적린		적린(P)	수계소화설비로 주수소화
	유황		유황(S), 사방황/단사황/비정계황	

위험등급	품명	지정수량	물질명 및 화학식	소화방법
Ⅲ	마그네슘	500kg	마그네슘(Mg)	금수성이므로 팽창질석, 팽창진주암, 건조사, 탄산수소염류분말소화설비
	철분		철분(Fe)	
	금속분		알루미늄분(Al)	
			아연분(Zn)	
	인화성고체	1,000kg	고형알코올 그 밖에 1기압에서 인화점이 40℃ 미만인 고체	대부분의 소화설비에 적응성 있음

▶ 제3류 위험물(자연발화성 물질 및 금수성 물질)

위험등급	품명	지정수량	물질명 및 화학식	소화방법
Ⅰ	칼륨	10kg	칼륨(K)	금수성이므로 팽창질석, 팽창진주암, 건조사, 탄산수소염류분말소화설비
	나트륨		나트륨(Na)	
	알킬알루미늄		트리메틸알루미늄$[(CH_3)_3Al]$	
			트리에틸알루미늄$[(C_2H_5)_3Al]$	
	알킬리튬		메틸리튬(CH_3Li)	
			에틸리튬(C_2H_5Li)	
	황린	20kg	황린(P_4)	수계소화설비로 주수소화
Ⅱ	알칼리금속(K, Na 제외) 및 알칼리토금속	50kg	리튬(Li)	금수성이므로 팽창질석, 팽창진주암, 건조사, 탄산수소염류분말소화설비
			루비듐(Rb)	
			칼슘(Ca)	
	유기금속화합물(알킬알루미늄, 알킬리튬 제외)		트리에틸칼륨, 트리에틸인듐, 디에틸아연 등	
Ⅲ	금속인화합물	300kg	인화칼슘(Ca_3P_2) = 인화석회	
			인화알루미늄(AlP)	
			인화아연(Zn_3P_2)	

위험등급	품명	지정수량	물질명 및 화학식	소화방법
	칼슘 또는 알루미늄의 탄화물		탄화칼슘(CaC_2) = 카바이드	
			탄화알루미늄(Al_4C_3)	
			탄화망간(Mn_3C)	
			탄화마그네슘(MgC_2)	
			탄화나트륨(Na_2C_2)	
	수소화금속화합물		수소화나트륨(NaH)	
			수소화칼륨(KH)	
			수소화리튬(LiH)	
			수소화칼슘(CaH_2)	
			수소화알루미늄리튬($LiAlH_4$)	

> 제4류 위험물(인화성 액체)

위험등급	품명		지정수량	물질명 및 화학식	소화방법
I	특수인화물 (인화점 -21℃ 미만)	비수용성	50L	디에틸에테르($C_2H_5OC_2H_5$)	가스계 소화설비로 질식소화가 적합
				이황화탄소(CS_2)	
		수용성		아세트알데히드(CH_3CHO)	
				산화프로필렌(CH_3CH_2CHO)	
II	제1석유류 (인화점 21℃ 미만)	비수용성	200L	휘발유(가솔린) C_5~C_9	
				벤젠(C_6H_6)	
				톨루엔($C_6H_5CH_3$)	
				메틸에틸케톤($CH_3COC_2H_5$)	
				시클로헥산(C_6H_{12})	
				초산메틸, 초산에틸	
		수용성	400L	아세톤(CH_3COCH_3)	
				피리딘(C_5H_5N)	
				시안화수소(HCN)	
				포름산메틸, 포름산에틸	

위험등급	품명		지정수량	물질명 및 화학식	소화방법
Ⅲ	알코올류		400L	메틸알코올(CH_3OH)	
				에틸알코올(C_2H_5OH)	
				프로필알코올(C_3H_7OH)	
	제2석유류 (인화점 21℃ 이상 70℃ 미만)	비수용성	1,000L	등유	
				경유	
				클로로벤젠(C_6H_5Cl)	
				스티렌	
				자일렌(=크실렌)	
		수용성	2,000L	초산(CH_3COOH)	
				포름산(HCOOH)	
				히드라진(N_2H_4)	
	제3석유류 (인화점 70℃ 이상 200℃ 미만)	비수용성	2,000L	중유	
				클레오소트유	
				니트로벤젠($C_6H_5NO_2$)	
				니트로톨루엔($C_6H_5CH_3$)	
				아닐린($C_6H_5NH_2$)	
		수용성	4,000L	에틸렌글리콜(CH_2OHCH_2OH) 또는 $[C_2H_4(OH)_2]$	
				글리세린($CH_2OHCHOHCH_2OH$) 또는 $[C_3H_5(OH)_3]$	
	제4석유류 (인화점 200℃ 이상 250℃ 미만)		6,000L	윤활유	
				기어유	
				실린더유	
				기계유	
	동·식물유류 (인화점 250℃ 미만)		10,000L	건성유(요오드가 130 이상)	
				반건성유 (요오드가 100 초과 130 미만)	
				불건성유(요오드가 100 이하)	

▶ 제5류 위험물(자기반응성 물질)

위험등급	품명	지정수량	물질명 및 화학식	소화방법
I	질산에스테르류	10kg	질산메틸(CH_3ONO_2)	수계소화설비로 주수소화
			질산에틸($C_2H_5ONO_2$)	
			니트로글리세린[$C_3H_5(ONO_2)_3$]	
			니트로글리콜[$C_2H_4(ONO_2)_2$]	
			니트로셀룰로오스	
			셀룰로이드	
	유기과산화물		과산화벤조일(=벤조일퍼옥사이드)	
			메틸에틸케톤퍼옥사이드	
II	니트로화합물	200kg	트리니트로톨루엔[$C_6H_2CH_3(NO_2)_3$]	
			트리니트로페놀[$C_6H_2OH(NO_2)_3$]	
			테트릴	
			디니트로톨루엔	
			디니트로페놀	
			디니트로벤젠	
	니트로소화합물			
	아조화합물		아조벤젠	
	디아조화합물			
	히드라진유도체			
	히드록실아민	100kg		
	히드록실아민염류			

▶ 제6류 위험물(산화성 액체)

위험등급	품명	지정수량	물질명 및 화학식	소화방법
I	질산	300kg	질산(HNO_3)	수계소화설비로 주수소화
	과산화수소		과산화수소(H_2O_2)	
	과염소산		과염소산($HClO_4$)	

▶ 행정안전부령이 정하는 위험물

유별	품명	지정수량
제1류	과요오드산염류	300kg
	과요오드산	
	크롬, 납 또는 요오드의 산화물	
	아질산염류	
	염소화이소시아눌산	
	퍼옥소이황산염류	
	퍼옥소붕산염류	
	차아염소산염류	50kg
제3류	염소화규소화합물	300kg
제5류	금속의 아지화합물	200kg
	질산구아니딘	
제6류	할로겐간화합물	300kg

▶ 안전거리

위험물의 최대수량	공지의 너비
사용전압이 7,000V 초과 35,000V 이하인 특고압가공전선	3m 이상
35,000V 초과하는 특고압가공전선	5m 이상
주거용	10m 이상
고압가스, 액화석유가스 또는 도시가스를 저장 또는 취급하는 시설	20m 이상
학교・병원・극장 그 밖에 다수인을 수용하는 시설	30m 이상
유형문화재와 기념물 중 지정문화재	50m 이상

▶ 제조소 보유공지

취급하는 위험물의 최대수량	공지의 너비
지정수량의 10배 이하	3m 이상
지정수량의 10배 초과	5m 이상

▶ 옥내저장소, 옥외저장소 보유공지

저장 또는 취급하는 위험물의 최대수량	공지의 너비	
	옥내저장소(내화구조)	옥외저장소
옥내저장소 : 지정수량의 5배 초과 10배 이하 옥외저장소 : 지정수량의 10배 이하	1m 이상	3m 이상
지정수량의 10배 초과 20배 이하	2m 이상	5m 이상
지정수량의 20배 초과 50배 이하	3m 이상	9m 이상
지정수량의 50배 초과 200배 이하	5m 이상	12m 이상
지정수량의 200배 초과	10m 이상	15m 이상

▶ 옥외탱크저장소 보유공지

저장 또는 취급하는 위험물의 최대수량	공지의 너비
지정수량의 500배 이하	3m 이상
지정수량의 500배 초과 1,000배 이하	5m 이상
지정수량의 1,000배 초과 2,000배 이하	9m 이상
지정수량의 2,000배 초과 3,000배 이하	12m 이상
지정수량의 3,000배 초과 4,000배 이하	15m 이상
지정수량의 4,000배 초과	당해 탱크의 수평단면의 최대지름(횡형인 경우에는 긴 변)과 높이 중 큰 것과 같은 거리 이상. 다만, 30m 초과의 경우에는 30m 이상으로 할 수 있고, 15m 미만의 경우에는 15m 이상으로 하여야 한다.

2013년 1회 위험물기능사

01 제1종 분말소화약제의 적응 화재 급수는?

① A급　　　　② BC급
③ AB급　　　④ ABC급

> **해설**
>
> | 구분 | 주성분의 화학식 | 적응 화재 |
> |------|-----------------|-----------|
> | 제1종 | NaHCO$_3$ | B, C |
> | 제2종 | KHCO$_3$ | B, C |
> | 제3종 | NH$_4$H$_2$PO$_4$ | A, B, C |
> | 제4종 | KHCO$_3$+(NH$_2$)$_2$CO | B, C |

02 제1류 위험물의 저장 방법에 대한 설명으로 틀린 것은?

① 조해성 물질은 방습에 주의한다.
② 무기과산화물은 물속에 보관한다.
③ 분해를 촉진하는 물품과의 접촉을 피하여 저장한다.
④ 복사열이 없고 환기가 잘되는 서늘한 곳에 저장한다.

> **해설**
>
> 무기과산화물은 금수성 물질이므로 물과의 접촉을 피한다.

03 유류화재의 급수와 표시색상으로 옳은 것은?

① A급, 적색　　② B급, 백색
③ A급, 황색　　④ B급, 황색

> **해설**
>
> A급 : 일반화재, 백색
> B급 : 유류화재, 황색
> C급 : 전기화재, 청색
> D급 : 금속화재, 무색

04 소화기의 사용방법으로 잘못된 것은?

① 적응화재에 따라 사용할 것
② 성능에 따라 방출거리 내에서 사용할 것
③ 바람을 마주보며 소화할 것
④ 양옆으로 비로 쓸 듯이 방사할 것

> **해설**
>
> 소화기 사용 시 바람을 등지고 소화하여야 한다.

05 다음 물질 중 분진폭발의 위험성이 가장 낮은 것은?

① 밀가루
② 알루미늄분말
③ 모래
④ 석탄

> **해설**
>
> 모래, 석고, 시멘트, 가성소다, 석회분 등은 분진폭발의 위험성이 낮은 물질에 해당한다.

정답 　01 ②　02 ②　03 ④　04 ③　05 ③

06 열의 이동 원리 중 복사에 관한 예로 적당하지 않은 것은?

① 그늘이 시원한 이유
② 더러운 눈이 빨리 녹는 현상
③ 보온병 내부를 거울벽으로 만드는 것
④ 해풍과 육풍이 일어나는 원리

해설
해풍과 육풍이 일어나는 원리는 열의 비열 차이로 인한 예시이다.

07 그림과 같이 횡으로 설치한 원통형 위험물 탱크에 대하여 탱크의 용량을 구하면 약 몇 ㎥ 인가?(단, 공간용적은 탱크 내용적의 100분의 5로 한다.)

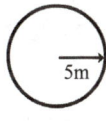 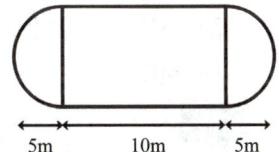

① 196.3
② 261.6
③ 785.0
④ 994.8

해설
내용적 $= \pi \times r^2 \times (l + \frac{l_1 + l_2}{3})$

용량 = 내용적 × (1−공간용적)

∴ 용량 $= \pi \times 5^2 \times (10 + \frac{5+5}{3}) \times 0.95$

$= 994.84 m^3$

08 위험물안전관리법령상의 규제에 관한 설명 중 틀린 것은?

① 지정수량 미만의 위험물의 저장·취급 및 운반은 시·도 조례에 의하여 규제한다.
② 항공기에 의한 위험물의 저장·취급 및 운반은 위험물안전관리법의 규제대상이 아니다.
③ 궤도에 의한 위험물의 저장·취급 및 운반은 위험물안전관리법의 규제대상이 아니다.
④ 선박법의 선박에 의한 위험물의 저장·취급 및 운반은 위험물안전관리법의 규제대상이 아니다.

해설
지정수량 미만인 위험물의 저장 또는 취급 : 시·도의 조례
지정수량 미만인 위험물의 운반 : 위험물안전관리법의 규제함

09 제4류 위험물로만 나열된 것은?

① 특수인화물, 황산, 질산
② 알코올, 황린, 니트로화합물
③ 동식물유류, 질산, 무기과산화물
④ 제1석유류, 알코올류, 특수인화물

해설
제4류 위험물 : 특수인화물, 알코올류, 제1석유류, 제2석유류, 제3석유류, 제4석유류, 동식물유류

정답 06 ④ 07 ④ 08 ① 09 ④

10 위험물안전관리법령상 옥내소화전설비의 비상전원은 몇 분 이상 작동할 수 있어야 하는가?

① 45분 ② 30분
③ 20분 ④ 10분

> **해설**
> 옥내소화전설비의 비상전원은 자가발전설비 또는 축전지설비에 의하되 용량은 옥내소화전설비를 유효하게 <u>45분 이상</u> 작동시키는 것이 가능할 것

11 니트로화합물과 같은 가연성물질이 자체 내에 산소를 함유하고 있어 공기 중의 산소를 필요로 하지 않고 자체의 산소에 의해서 연소되는 현상은?

① 자기연소 ② 등심연소
③ 훈소연소 ④ 분해연소

> **해설**
> 제5류 위험물(니트로글리세린, 니트로셀룰로오스 등)의 연소형태는 자기연소에 해당한다.

12 제1류 위험물인 과산화나트륨의 보관용기에 화재가 발생하였다. 소화약제로 가장 적당한 것은?

① 포 소화약제
② 물
③ 마른모래
④ 이산화탄소

> **해설**
> 과산화나트륨은 금수성 물질이므로 마른모래, 팽창질석, 팽창진주암, 탄산수소염류분말로 소화하여야 한다.

13 위험물안전관리법령에 따라 옥내소화전설비를 설치할 때 배관의 설치기준에 대한 설명으로 옳지 않은 것은?

① 배관용 탄소 강관(KS D 3507)을 사용할 수 있다.
② 주 배관의 입상관 구경은 최소 60mm 이상으로 한다.
③ 펌프를 이용한 가압송수장치의 흡수관은 펌프마다 전용으로 설치한다.
④ 원칙적으로 급수배관은 생활용수배관과 같이 사용 할 수 없으며 전용배관으로만 사용한다.

> **해설**
> 주 배관의 입상관 구경은 최소 50mm 이상으로 한다.

14 위험물의 화재별 소화방법으로 옳지 않은 것은?

① 황린 – 분무주수에 의한 냉각소화
② 인화칼슘 – 분무주수에 의한 냉각소화
③ 톨루엔 – 포에 의한 질식소화
④ 질산메틸 – 주수에 의한 냉각소화

> **해설**
> 인화칼슘(Ca_3P_2)과 물의 접촉 시 독성의 포스핀 가스가 발생하므로 주수소화를 금한다.

정답 10 ① 11 ① 12 ③ 13 ② 14 ②

15 옥내에서 지정수량 100배 이상을 취급하는 일반취급소에 설치하여야 하는 경보설비는?(단, 고인화점 위험물만을 취급하는 경우는 제외한다.)

① 비상경보설비
② 자동화재탐지설비
③ 비상방송설비
④ 비상벨설비 및 확성장치

> **해설**
> 제조소 및 일반취급소의 옥내에서 지정수량의 100배 이상을 취급하는 것(고인화점 위험물만을 100℃ 미만의 온도에서 취급하는 것을 제외한다)에 자동화재탐지설비를 설치하여야 한다.

16 강화액소화기에 대한 설명이 아닌 것은?

① 알칼리 금속염류가 포함된 고농도의 수용액이다.
② A급 화재에 적응성이 있다.
③ 어는점이 낮아서 동절기에서 사용이 가능하다.
④ 물의 표면장력을 강화시킨 것으로 심부화재에 효과적이다.

> **해설**
> 물보다 표면장력이 작아 심부화재에 효과적이다.

17 인화점이 섭씨 200℃ 미만인 위험물을 저장하기 위하여 높이가 15m 이고 지름이 18m 인 옥외저장탱크를 설치하는 경우 옥외저장탱크와 방유제와의 사이에 유지하여야 하는 거리는?

① 5.0m 이상
② 6.0m 이상
③ 7.5m 이상
④ 9.0m 이상

> **해설**
> $15m \times \frac{1}{2} = 7.5m$ 이상
> 방유제는 옥외저장탱크의 지름에 따라 그 탱크의 옆판으로부터 지름이 15m 미만인 경우에는 탱크 높이의 3분의 1 이상, 지름이 15m 이상인 경우에는 탱크 높이의 2분의 1 이상의 거리를 유지해야 한다.

18 금속칼륨에 대한 초기의 소화약제로서 적합한 것은?

① 물
② 마른모래
③ CCl_4
④ CO_2

> **해설**
> 금속칼륨은 금수성 물질이므로 마른모래, 팽창질석, 팽창진주암, 탄산수소염류 분말로 소화하여야 한다.

19 위험물을 취급함에 있어서 정전기를 유효하게 제거하기 위한 설비를 설치하고자 한다. 위험물안전관리법령상 공기 중의 상대 습도를 몇 % 이상 되게 하여야 하는가?

① 50
② 60
③ 70
④ 80

> **해설**
> 정전기 제거 방법
> - 접지
> - 공기 중의 상대습도를 70% 이상
> - 공기를 이온화

정답 15 ②   16 ④   17 ③   18 ②   19 ③

20 위험물안전관리법령에 따른 자동화재탐지설비의 설치기준에서 하나의 경계구역의 면적은 얼마 이하로 하여야 하는가?(단, 해당 건축물 그 밖의 공작물의 주요한 출입구에서 그 내부의 전체를 볼 수 없는 경우이다.)

① 500㎡
② 600㎡
③ 800㎡
④ 1000㎡

해설
하나의 경계구역의 면적은 600㎡ 이하, 한 변의 길이는 50m 이하로 한다. (단, 출입구에서 내부 전체가 보이는 것에 있어서는 한 변의 길이가 50m의 범위 내에서 1,000㎡ 이하로 할 수 있다.)

21 위험물안전관리법령상 위험물에 해당하는 것은?

① 황산
② 비중이 1.41인 질산
③ 53마이크로미터의 표준체를 통과하는 것이 50중량% 미만인 철의 분말
④ 농도가 40중량%인 과산화수소

해설
철분은 53마이크로미터의 표준체를 통과하는 것이 50중량% 미만인 철의 분말을 위험물로 취급한다.
① 황산 : 위험물에 해당하지 않는다.
② 비중 1.49 이상인 질산을 위험물로 취급한다.
④ 농도가 36중량% 이상인 과산화수소를 위험물로 취급한다.

22 위험물안전관리법령에 의한 위험물 운송에 관한 규정으로 틀린 것은?

① 이동탱크저장소에 의하여 위험물을 운송하는 자는 당해 위험물을 취급할 수 있는 국가기술자격자 또는 안전교육을 받은 자이어야 한다.
② 안전관리자·탱크시험자·위험물운송자 등 위험물의 안전관리와 관련된 업무를 수행하는 자는 시·도지사가 실시하는 안전교육을 받아야 한다.
③ 운송책임자의 범위, 감독 또는 지원의 방법 등에 관한 구체적인 기준은 행정안전부령으로 정한다.
④ 위험물운송자는 행정안전부령이 정하는 기준을 준수하는 등 당해 위험물의 안전확보를 위해 세심한 주의를 기울여야 한다.

해설
안전관리자·탱크시험자·위험물운송자 등 위험물의 안전관리와 관련된 업무를 수행하는 자는 소방청장이 실시하는 안전교육을 받아야 한다.

23 과산화바륨의 성질에 대한 설명 중 틀린 것은?

① 고온에서 열분해하여 산소를 발생한다.
② 황산과 반응하여 과산화수소를 만든다.
③ 비중은 약 4.96 이다.
④ 온수와 접촉하면 수소가스를 발생한다.

해설
과산화바륨은 금수성 물질이며 물과 접촉 시 산소가스를 발생한다.

정답 20 ② 21 ③ 22 ② 23 ④

24 과염소산칼륨의 일반적인 성질에 대한 설명 중 틀린 것은?

① 강한 산화제이다.
② 불연성 물질이다.
③ 과일향이 나는 보라색 결정이다.
④ 가열하여 완전 분해시키면 산소를 발생한다.

> **해설**
> 무색, 무취의 사방 결정이다.

25 물과 접촉하면 위험성이 증가하므로 주수소화를 할 수 없는 물질은?

① $C_6H_2CH_3(NO_2)_3$
② $NaNO_3$
③ $(C_2H_5)_3Al$
④ $(C_6H_5CO)_2O_2$

> **해설**
> 트리에틸알루미늄[$(C_2H_5)_3Al$]은 금수성 물질이므로 주수소화를 할 수 없다.

26 위험물에 대한 설명으로 옳은 것은?

① 적린은 암적색의 분말로서 조해성이 있는 자연발화성 물질이다.
② 황화린은 황색의 액체이며 상온에서 자연분해하여 이산화황과 오산화인을 발생한다.
③ 유황은 미황색의 고체 또는 분말이며 많은 이성질체를 갖고 있는 전기 도체이다.
④ 황린은 가연성 물질이며 마늘냄새가 나는 맹독성 물질이다.

> **해설**
> 제3류 위험물인 황린은 가연성 물질로 마늘냄새가 나는 맹독성 물질로 연소하여 오산화인을 발생한다.

27 지정수량이 200kg인 물질은?

① 질산
② 피크린산
③ 질산메틸
④ 과산화벤조일

> **해설**
> 피크린산은 제5류 위험물 중 니트로화합물로 지정수량이 200kg인 물질이다.
> ① 질산 : 300kg
> ③ 질산메틸 : 10kg
> ④ 과산화벤조일 : 10kg

28 위험물안전관리법령상 제6류 위험물이 아닌 것은?

① H_3PO_4
② IF_5
③ BrF_5
④ BrF_3

> **해설**
> 인산(H_3PO_4)은 위험물에 해당되지 않는다. 할로겐간화합물(IF_5, BrF_5, BrF_3 등)은 제6류 위험물 중 행정안전부령이 정하는 것에 해당한다.

29 제4류 위험물의 공통적인 성질이 아닌 것은?

① 대부분 물보다 가볍고 물에 녹기 어렵다.
② 공기와 혼합된 증기는 연소의 우려가 있다.
③ 인화되기 쉽다.
④ 증기는 공기보다 가볍다.

정답 24 ③ 25 ③ 26 ④ 27 ② 28 ① 29 ④

> **해설**
> 증기는 공기보다 무겁다.

30 수소화나트륨의 소화약제로 적당하지 않은 것은?

① 물　　　　　② 건조사
③ 팽창질석　　④ 팽창진주암

> **해설**
> 수소화나트륨은 금수성 물질이므로 물과의 접촉을 피하여야 한다.

31 과염소산나트륨의 성질이 아닌 것은?

① 수용성이다.
② 조해성이 있다.
③ 분해온도는 약 400℃ 이다.
④ 물보다 가볍다.

> **해설**
> 대부분의 제1류 위험물은 물보다 무겁다.

32 위험물제조소의 위치·구조 및 설비의 기준에 대한 설명 중 틀린 것은?

① 벽, 기둥, 바닥, 보, 서까래는 내화재료로 하여야 한다.
② 제조소의 표지판은 한 변이 30cm, 다른 한 변이 60cm 이상의 크기로 한다.
③ "화기엄금"을 표시하는 게시판은 적색바탕에 백색문자로 한다.
④ 지정수량 10배를 초과한 위험물을 취급하는 제조소는 보유공지의 너비가 5m 이상 이어야 한다.

> **해설**
> ① 위험물제조소의 벽, 기둥, 바닥, 보, 서까래는 불연재료로 하여야 한다.

33 물과 작용하여 메탄과 수소를 발생시키는 것은?

① Al_4C_3　　　② Mn_3C
③ Na_2C_2　　　④ MgC_2

> **해설**
> ① $Al_4C_3 + 12H_2O \rightarrow 4Al(OH)_3 + 3CH_4$
> ② $Mn_3C + 6H_2O \rightarrow 3Mn(OH)_2 + CH_4 + H_2$
> ③ $Na_2C_2 + 2H_2O \rightarrow 2NaOH + C_2H_2$
> ④ $MgC_2 + 2H_2O \rightarrow Mg(OH)_2 + C_2H_2$

34 연면적이 1,000㎡이고 지정수량의 80배의 위험물을 취급하며 지반면으로부터 5미터 높이에 위험물 취급설비가 있는 제조소의 소화난이도등급은?

① 소화난이도등급 Ⅰ
② 소화난이도등급 Ⅱ
③ 소화난이도등급 Ⅲ
④ 제시된 조건으로 판단할 수 없음

> **해설**
> 연면적이 1000㎡ 이므로 소화난이도등급 Ⅰ에 해당한다.

35 트리니트로톨루엔의 작용기에 해당하는 것은?

① $-NO$　　　② $-NO_2$
③ $-NO_3$　　　④ $-NO_4$

| 정답 | 30 ① | 31 ④ | 32 ① | 33 ② | 34 ① | 35 ② |

> **해설**
> 톨루엔($C_6H_5CH_3$)에 니트로화 반응시켜 트리니트로톨루엔[$CH_2CH_3(NO_2)_3$]을 생성하며, 니트로기(-NO_2) 3개가 치환된다.

36 위험물안전관리법령상 운송책임자의 감독·지원을 받아 운송하여야 하는 위험물은?

① 특수인화물 ② 알킬리튬
③ 질산구아니딘 ④ 히드라진 유도체

> **해설**
> 이동탱크저장소의 위험물 운송에 있어서 운송책임자의 감독, 지원을 받아 운송하여야 하는 위험물의 종류에는 알킬리튬, 알킬알루미늄 등에 해당한다.

37 위험물안전관리법령상 위험등급이 나머지 셋과 다른 하나는?

① 알코올류 ② 제2석유류
③ 제3석유류 ④ 동식물유류

> **해설**
> 〈제4류 위험물의 위험등급〉
> 특수인화물 : 위험등급 Ⅰ
> 제1석유류, 알코올류 : 위험등급 Ⅱ
> 제2석유류, 제3석유류, 제4석유류, 동식물유류 : 위험등급 Ⅲ

38 다음 위험물 중 상온에서 액체인 것은?

① 질산에틸
② 트리니트로톨루엔
③ 셀룰로이드
④ 피크린산

> **해설**
> 질산에틸은 무색 투명한 액체이다.

39 위험물제조소의 게시판에 '화기주의'라고 쓰여 있다. 제 몇 류 위험물 제조소인가?

① 제1류 ② 제2류
③ 제3류 ④ 제4류

> **해설**
> 제2류 위험물(인화성 고체 제외) - 화기주의

40 제6류 위험물에 대한 설명으로 옳은 것은?

① 과염소산은 독성은 없지만 폭발의 위험이 있으므로 밀폐하여 보관한다.
② 과산화수소는 농도가 3% 이상일 때 단독으로 폭발하므로 취급에 주의한다.
③ 질산은 자연발화의 위험이 높으므로 저온보관한다.
④ 할로겐간화합물의 지정수량은 300kg이다.

> **해설**
> 제6류 위험물 중 할로겐간화합물의 지정수량은 300kg이다.

41 적린의 성질에 대한 설명 중 틀린 것은?

① 물이나 이황화탄소에 녹지 않는다.
② 발화온도는 약 260℃ 정도이다.
③ 연소할 때 인화수소 가스가 발생한다.
④ 산화제가 섞여 있으면 마찰에 의해 착화하기 쉽다.

정답 36 ② 37 ① 38 ① 39 ② 40 ④ 41 ③

> **해설**
> 적린이 연소할 때 오산화인 가스가 발생한다.

42 트리니트로페놀의 성상에 대한 설명 중 틀린 것은?

① 융점은 약 61℃이고 비점은 약 120℃이다.
② 쓴 맛이 있으며 독성이 있다.
③ 단독으로는 마찰, 충격에 비교적 안정하다.
④ 알코올, 에테르, 벤젠에 녹는다.

> **해설**
> 트리니트로페놀은 담황색의 침상결정으로, 융점은 약 120℃이고 비점은 약 250℃이다.

43 위험물안전관리법령에서 제3류 위험물에 해당하지 않는 것은?

① 알칼리금속
② 칼륨
③ 황화린
④ 황린

> **해설**
> 황화린은 제2류 위험물에 해당한다.

44 위험물안전관리법령상 정기점검 대상인 제조소등의 조건이 아닌 것은?

① 예방규정 작성대상인 제조소등
② 지하탱크저장소
③ 이동탱크저장소
④ 지정수량 5배의 위험물을 취급하는 옥외탱크를 둔 제조소

> **해설**
> 정기정검대상인 제조소 등의 조건은 다음과 같다.
> – 예방규정대상에 해당하는 것
> – 지하탱크저장소
> – 이동탱크저장소
> – 위험물을 취급하는 탱크로서 지하에 매설된 탱크가 있는 제조소, 주유취급소 또는 일반취급소

45 Ca_3P_2 600kg을 저장하려 한다. 지정수량의 배수는 얼마인가?

① 2배   ② 3배
③ 4배   ④ 5배

> **해설**
> 인화칼슘(Ca_3P_2) 지정수량 : 300kg
> 600kg/300kg = 2배

46 디에틸에테르의 보관·취급에 관한 설명으로 틀린 것은?

① 용기는 밀봉하여 보관한다.
② 환기가 잘 되는 곳에 보관한다.
③ 정전기가 발생하지 않도록 취급한다.
④ 저장용기에 빈 공간이 없게 가득 채워 보관한다.

> **해설**
> 적당한 빈 공간을 두어 보관한다.

정답   42 ①   43 ③   44 ④   45 ①   46 ④

47 아닐린에 대한 설명으로 옳은 것은?

① 특유의 냄새를 가진 기름상 액체이다.
② 인화점이 0℃ 이하이어서 상온에서 인화의 위험이 높다.
③ 황산과 같은 강산화제와 접촉하면 중화되어 안정하게 된다.
④ 증기는 공기와 혼합하여 인화, 폭발의 위험은 없는 안정한 상태가 된다.

> **해설**
> 산 또는 산화제와 접촉할 경우 화재의 위험성이 커지게 된다.

48 벤젠의 저장 및 취급시 주의사항에 대한 설명으로 틀린 것은?

① 정전기 발생에 주의한다.
② 피부에 닿지 않도록 주의한다.
③ 증기는 공기보다 가벼워 높은 곳에 체류하므로 환기에 주의한다.
④ 통풍이 잘되는 서늘하고 어두운 곳에 저장한다.

> **해설**
> 증기는 공기보다 무거워 낮은 곳에 체류하므로 환기에 주의한다.

49 질산칼륨의 성질에 해당하는 것은?

① 무색 또는 흰색 결정이다.
② 물과 반응하면 폭발의 위험이 있다.
③ 물에 녹지 않으나 알코올에 잘 녹는다.
④ 황산, 목분과 혼합하면 흑색화약이 된다.

> **해설**
> 질산칼륨은 무색 또는 흰색 결정으로 물에 녹으나 알코올에 녹지 않는다. 숯, 황가루와 혼합하면 흑색화약이 된다.

50 위험물제조소등에 자체소방대를 두어야 할 대상의 위험물안전관리법령상 기준으로 옳은 것은?(단, 원칙적인 경우에 한한다.)

① 지정수량 3000배 이상의 위험물을 저장하는 저장소 또는 제조소
② 지정수량 3000배 이상의 위험물을 취급하는 제조소 또는 일반취급소
③ 지정수량 3000배 이상의 제4류 위험물을 저장하는 저장소 또는 제조소
④ 지정수량 3000배 이상의 제4류 위험물을 취급하는 제조소 또는 일반취급소

> **해설**
> 제4류 위험물을 취급하는 제조소 또는 일반취급소의 지정수량이 3천배 이상일 경우 자체소방대를 설치할 수 있다.

51 [보기]의 위험물을 위험등급 Ⅰ, 위험등급 Ⅱ, 위험등급 Ⅲ의 순서로 옳게 나열한 것은?

[보기] 황린, 인화칼슘, 리튬

① 황린, 인화칼슘, 리튬
② 황린, 리튬, 인화칼슘
③ 인화칼슘, 황린, 리튬
④ 인화칼슘, 리튬, 황린

정답 47 ③ 48 ③ 49 ① 50 ④ 51 ②

> **해설**
> 황린 : 위험등급 Ⅰ
> 리튬 : 위험등급 Ⅱ
> 인화칼슘 : 위험등급 Ⅲ

52 휘발유에 대한 설명으로 옳지 않은 것은?

① 지정수량은 200리터이다.
② 전기의 불량도체로서 정전기 축적이 용이하다.
③ 원유의 성질, 상태, 처리방법에 따라 탄화수소의 혼합비율이 다르다.
④ 발화점은 -43 ~ -20℃ 정도이다.

> **해설**
> 휘발유(C_5~C_9)의 인화점이 -43 ~ -20℃ 정도이고, 발화점은 약 300℃이다.

53 위험물 운반 시 동일한 트럭에 제1류 위험물과 함께 적재할 수 있는 유별은?(단, 지정수량의 5배 이상인 경우이다.)

① 제3류   ② 제4류
③ 제6류   ④ 없음

> **해설**
> 제1류 위험물과 제6류 위험물은 혼재가 가능하다.

54 황린의 저장 및 취급에 있어서 주의할 사항 중 옳지 않은 것은?

① 독성이 있으므로 취급에 주의할 것
② 물과의 접촉을 피할 것
③ 산화제와의 접촉을 피할 것
④ 화기의 접근을 피할 것

> **해설**
> 황린은 물에 보관하는 위험물로 물과의 위험성이 없다.

55 위험물안전관리법상 제조소등의 허가 취소 또는 사용정지의 사유에 해당하지 않는 것은?

① 안전교육 대상자가 교육을 받지 아니한 때
② 완공검사를 받지 않고 제조소등을 사용한 때
③ 위험물안전관리자를 선임하지 아니한 때
④ 제조소등의 정기검사를 받지 아니한 때

> **해설**
> 교육대상자가 교육을 받을 때까지 제조소등의 허가 취소 또는 사용정지 등으로 해당 자격을 제한할 수 있다.

56 위험물의 유별 구분이 나머지 셋과 다른 하나는?

① 니트로글리콜
② 벤젠
③ 아조벤젠
④ 디니트로벤젠

> **해설**
> 벤젠은 제4류 위험물에 속하는 반면에 나머지 위험물은 모두 제5류 위험물에 해당한다.

정답 52 ④ 53 ③ 54 ② 55 ① 56 ②

57 제4류 위험물 중 제1석유류에 속하는 것은?

① 에틸렌글리콜 ② 글리세린
③ 아세톤   ④ n-부탄올

> **해설**
> 아세톤은 제1석유류 수용성 물질에 속한다.
> ① 에틸렌글리콜,
> ② 글리세린 : 제3석유류,
> ④ n-부탄올 : 제2석유류

58 횡으로 설치한 원통형 위험물 저장탱크의 내용적이 500L일 때 공간용적은 최소 몇 L 이어야 하는가?(단, 원칙적인 경우에 한한다.)

① 15   ② 25
③ 35   ④ 50

> **해설**
> 공간용적은 탱크의 내용적의 100분의 5 이상 100분의 10 이하의 용적으로 한다.
> 500×0.05=25L

59 탄화칼슘을 습한 공기 중에 보관하면 위험한 이유로 가장 옳은 것은?

① 아세틸렌과 공기가 혼합된 폭발성 가스가 생성될 수 있으므로
② 에틸렌과 공기 중 질소가 혼합된 폭발성 가스가 생성될 수 있으므로
③ 분진폭발의 위험성이 증가하기 때문에
④ 포스핀과 같은 독성 가스가 발생하기 때문에

> **해설**
> $CaC_2 + 2H_2O \rightarrow Ca(OH)_2 + C_2H_2$(아세틸렌)

60 인화성액체 위험물을 저장 또는 취급하는 옥외탱크저장소의 방유제내에 용량 10만L와 5만L 인 옥외저장탱크 2기를 설치하는 경우에 확보하여야 하는 방유제의 용량은?

① 50000L 이상
② 80000L 이상
③ 110,000L 이상
④ 150,000L 이상

> **해설**
> 인화성액체 위험물을 저장 또는 취급하는 옥외탱크저장소의 방유제 용량
> 1) 1기 탱크 : 탱크 용량의 110% 이상
> 2) 2기 이상의 탱크 : 탱크 중 용량이 최대인 것의 용량의 110% 이상
> ∴ 100,000×1.1=110,000L 이상

정답 57 ③   58 ②   59 ①   60 ③

2013년 2회 위험물기능사

01 지정수량의 몇 배 이상의 위험물을 취급하는 제조소에는 화재 발생시 이를 알릴 수 있는 경보설비를 설치하여야 하는가?
① 5   ② 10
③ 20   ④ 100

해설 지정수량 10배 이상의 위험물을 저장, 취급하는 제조소등에서 경보설비를 설치해야 한다. (단, 이동탱크저장소는 제외한다.)

02 이산화탄소의 특성에 대한 설명으로 옳지 않은 것은?
① 전기전도성이 우수하다.
② 냉각, 압축에 의하여 액화된다.
③ 과량 존재 시 질식할 수 있다.
④ 상온, 상압에서 무색, 무취의 불연성 기체이다.

해설 이산화탄소는 비전도성이므로 전기 화재에 효과적이다.

03 이동탱크저장소에 의한 위험물의 운송에 있어서 운송책임자의 감독 또는 지원을 받아야 하는 위험물은?
① 금속분   ② 알킬알루미늄
③ 아세트알데히드   ④ 히드록실아민

해설 이동탱크저장소의 위험물 운송에 있어서 운송책임자의 감독, 지원을 받아 운송하여야 하는 위험물의 종류에는 알킬리튬, 알킬알루미늄 등에 해당한다.

04 위험물안전관리법령에 근거하여 자체소방대에 두어야 하는 제독차의 경우 가성소다 및 규조토를 각각 몇 kg 이상 비치하여야 하는가?
① 30   ② 50
③ 60   ④ 100

해설 50kg 이상 비치한다.

05 인화점이 낮은 것부터 높은 순서로 나열된 것은?
① 톨루엔 - 아세톤 - 벤젠
② 아세톤 - 톨루엔 - 벤젠
③ 톨루엔 - 벤젠 - 아세톤
④ 아세톤 - 벤젠 - 톨루엔

해설 아세톤(-18℃), 벤젠(-11℃), 톨루엔(4℃)

정답 01 ②   02 ①   03 ②   04 ②   05 ④

06 화재 시 이산화탄소를 방출하여 산소의 농도를 12.5%로 낮추어 소화하려면 공기 중의 이산화탄소의 농도는 약 몇 vol%로 해야 하는가?

① 30.7 ② 32.8
③ 40.5 ④ 68.0

해설
21% = 이산화탄소(%) + 12.5%
이산화탄소 = 8.5%
$\frac{8.5}{8.5+12.5} \times 100 = 40.5\%$

07 위험물안전관리법령상 고정주유설비는 주유설비의 중심선을 기점으로 하여 도로경계선까지 몇 m 이상의 거리를 유지해야 하는가?

① 1m ② 3m
③ 4m ④ 6m

해설
고정주유설비의 중심선을 기점으로 하여 도로경계선까지 4m 이상 거리를 유지한다.

08 위험물 옥외저장소에서 지정수량 200배 초과의 위험물을 저장할 경우 경계표시 주위의 보유 공지 너비는 몇 m 이상으로 하여야 하는가?(단, 제4류 위험물과 제6류 위험물이 아닌 경우이다.)

① 0.5m
② 2.5m
③ 10m
④ 15m

해설

저장 또는 취급하는 위험물의 최대수량	옥외저장소 공지의 너비
지정수량의 10배 이하	3m 이상
지정수량의 10배 초과 20배 이하	5m 이상
지정수량의 20배 초과 50배 이하	9m 이상
지정수량의 50배 초과 200배 이하	12m 이상
지정수량의 200배 초과	15m 이상

(단, 제4류 위험물 중 제4석유류 또는 제6류 위험물을 저장하는 경우 공지의 너비를 1/3로 단축할 수 있다.)

09 소화설비의 주된 소화효과를 옳게 설명한 것은?

① 옥내·옥외소화전설비 : 질식소화
② 스프링클러설비, 물분무소화설비 : 억제소화
③ 포, 분말 소화설비 : 억제소화
④ 할로겐화합물 소화설비 : 억제소화

해설
할로겐화합물 소화설비의 주된 소화효과는 억제소화(=부촉매소화)이다.

10 다음 위험물의 화재 시 물에 의한 소화방법이 가장 부적합한 것은?

① 황린 ② 적린
③ 마그네슘분 ④ 황분

정답   06 ③   07 ③   08 ④   09 ④   10 ③

> **해설**
> 마그네슘분은 물과 반응 시 수소 기체를 발생하는 금수성 물질이므로 주수소화는 적합하지 않다.

11 분말소화약제의 식별 색을 옳게 나타낸 것은?

① $KHCO_3$: 백색
② $NH_4H_2PO_4$: 담홍색
③ $NaHCO_3$: 보라색
④ $KHCO_3 + (NH_2)_2CO$: 초록색

> **해설**
> A, B, C급 화재에 효과적인 제3종 분말소화약제의 주성분인 제1인산암모늄($NH_4H_2PO_4$)의 색은 담홍색에 해당한다.

12 유류화재 소화 시 분말 소화약제를 사용할 경우 소화 후에 재발화 현상이 가끔씩 발생할 수 있다. 다음 중 이러한 현상을 예방하기 위하여 병용하여 사용하면 가장 효과적인 포소화약제는?

① 단백포 소화약제
② 수성막포 소화약제
③ 합성계면활성제포 소화약제
④ 알코올형포 소화약제

> **해설**
> 분말 소화약제와 수성막포 소화약제를 병용하여 사용하면 재발화 현상을 방지할 수 있다.

13 위험물제조소등의 소화설비의 기준에 관한 설명으로 옳은 것은?

① 제조소등 중에서 소화난이도등급 Ⅰ, Ⅱ 또는 Ⅲ의 어느 것에도 해당하지 않는 것도 있다.
② 옥외탱크저장소의 소화난이도 등급을 판단하는 기준 중 탱크의 높이는 기초를 제외한 탱크 측판의 높이를 말한다.
③ 제조소의 소화난이도등급을 판단하는 기준 중 면적에 관한 기준은 건축물 외에 설치된 것에 대해서는 수평 투영면적을 기준으로 한다.
④ 제4류 위험물을 저장·취급하는 제조소 등에도 스프링클러 소화설비가 적응성이 인정되는 경우가 있으며 이는 수원의 수량을 기준으로 판단한다.

> **해설**
> 조건에 따라 소화난이도등급에 해당하지 않는 것도 있다.

14 수소화나트륨 240g과 충분한 물이 완전 반응하였을 때 발생하는 수소의 부피는?(단, 표준상태를 가정하며 나트륨의 원자량은 23이다.)

① 22.4L ② 224L
③ 22.4㎥ ④ 224㎥

> **해설**
> $NaH + H_2O \rightarrow NaOH + H_2$
> NaH 분자량 : 23 + 1 = 24
> 240kg ─── xL
> 24kg ─── 22.4L
> $240 \times 22.4 = x \times 24$
> $x = 224L$

정답 11 ② 12 ② 13 ① 14 ②

15 소화난이도 등급 Ⅰ인 옥외탱크저장소에 있어서 제4류 위험물 중 인화점이 섭씨 70도 이상인 것을 저장, 취급하는 경우 어느 소화설비를 설치해야 하는가?(단, 지중탱크 또는 해상탱크 외의 것이다.)

① 스프링클러소화설비
② 물분무소화설비
③ 이산화탄소소화설비
④ 분말소화설비

> **해설**
> 물분무소화설비 또는 고정식 포소화설비를 설치하여야 한다.

16 위험물제조소 내의 위험물을 취급하는 배관에 대한 설명으로 옳지 않은 것은?

① 배관을 지하에 매설하는 경우 접합부분에는 점검구를 설치하여야 한다.
② 배관을 지하에 매설하는 경우 금속성 배관의 외면에는 부식 방지 조치를 하여야 한다.
③ 최대상용압력의 1.5배 이상의 압력으로 수압시험을 실시하여 이상이 없어야 한다.
④ 지상에 설치하는 경우에는 안전한 구조의 지지물로 지면에 밀착하여 설치하여야 한다.

> **해설**
> ② 배관을 지상에 매설하는 경우 금속성 배관의 외면에는 부식 방지 조치를 하여야 한다.

17 위험물제조소등의 화재예방 등 위험물 안전관리에 관한 직무를 수행하는 위험물안전관리자의 선임시기는?

① 위험물제조소 등의 완공검사를 받은 후 즉시
② 위험물제조소 등의 허가 신청 전
③ 위험물제조소 등의 설치를 마치고 완공검사를 신청하기 전
④ 위험물제조소 등에서 위험물을 저장 또는 취급하기 전

> **해설**
> 위험물을 저장 또는 취급하기 전에 위험물안전관리자를 선임한다.

18 소화효과 중 부촉매 효과를 기대할 수 있는 소화약제는?

① 물소화약제
② 포소화약제
③ 분말소화약제
④ 이산화탄소소화약제

> **해설**
> 분말소화약제는 질식효과와 부촉매효과 등으로 화재를 진압한다.

19 고온체의 색깔이 휘적색일 경우의 온도는 약 몇 ℃ 정도인가?

① 500
② 950
③ 1300
④ 1500

정답 15 ② 16 ② 17 ④ 18 ③ 19 ②

> **해설**
> 〈온도에 따른 고온체의 색상〉
> 암적색(700℃) < 적색(850℃) < 휘적색(950℃) < 황적색(1,100℃) < 백적색(1,300℃) < 휘백색(1,500℃)

20 다음 중 연소속도와 의미가 가장 가까운 것은?
① 기화열의 발생속도
② 환원속도
③ 착화속도
④ 산화속도

> **해설**
> 연소반응이란 열과 빛을 동반하는 산화반응이므로 연소속도와 산화속도의 의미는 같다.

21 위험물 옥외탱크저장소와 병원과는 안전거리를 얼마 이상 두어야 하는가?
① 10m ② 20m
③ 30m ④ 50m

> **해설**
> 의료법에 의한 병원급 의료기관 - 30m 이상

22 질산의 수소원자를 알킬기로 치환한 제5류 위험물의 지정수량은?
① 10kg ② 100kg
③ 200kg ④ 300kg

> **해설**
> 질산메틸(CH_3ONO_2), 질산에틸($C_2H_5ONO_2$) 등의 제5류 위험물의 지정수량은 10kg이다.

23 위험물제조소에 옥외소화전이 5개가 설치되어 있다. 이 경우 확보하여야 하는 수원의 법정 최소량은 몇 m^3 인가?
① 28   ② 39
③ 54   ④ 67.5

> **해설**
> 옥내소화전설비의 수원의 수량은 설치개수(최대 5개)에 $7.8m^3$를 곱한 양 이상이 되도록 설치하여야 한다.
> ∴ $7.8m^3 × 5 = 39m^3$

24 다음은 위험물을 저장하는 탱크의 공간용적 산정기준이다. ( )에 알맞은 수치로 옳은 것은?

> 가. 위험물을 저장 또는 취급하는 탱크의 공간 용적은 탱크의 내용적의 (ⓐ) 이상 (ⓑ) 이하의 용적으로 한다. 다만, 소화설비(소화약제 방출구를 탱크 안의 윗부분에 설치하는 것에 한한다.)를 설치하는 탱크의 공간용적은 당해 소화설비의 소화약제방출구 아래의 0.3미터 이상 1미터 미만 사이의 면으로부터 윗부분의 용적으로 한다.
> 나. 암반탱크에 있어서는 당해 탱크 내에 용출하는 (ⓒ)일 간의 지하수의 양에 상당하는 용적과 당해 탱크의 내용적의 (ⓓ)의 용적 중에서 보다 큰 용적을 공간용적으로 한다.

① ⓐ 3/100 ⓑ 10/100 ⓒ 10 ⓓ 1/100
② ⓐ 5/100 ⓑ 5/100   ⓒ 10 ⓓ 1/100
③ ⓐ 5/100 ⓑ 10/100 ⓒ 7   ⓓ 1/100
④ ⓐ 5/100 ⓑ 10/100 ⓒ 10 ⓓ 3/100

정답 20 ④ 21 ③ 22 ① 23 ② 24 ③

> **해설**
>
> 탱크의 공간용적은 내용적의 5/100 이상 10/100 이하로 하고, 암반탱크에 있어서는 해당 탱크 내에 용출하는 7일간의 지하수의 양에 상당하는 용적과 해당 탱크의 내용적의 100분의 1의 용적 중에서 보다 큰 용적을 공간용적으로 한다.

25 다음 중 제6류 위험물로써 분자량이 약 63인 것은?

① 과염소산 ② 질산
③ 과산화수소 ④ 삼불화브롬

> **해설**
>
> HNO_3 분자량 = 1 + 14 + (16×3) = 63

26 인화칼슘이 물과 반응하였을 때 발생하는 가스에 대한 설명으로 옳은 것은?

① 폭발성인 수소를 발생한다.
② 유독한 인화수소를 발생한다.
③ 조연성인 산소를 발생한다.
④ 가연성인 아세틸렌을 발생한다.

> **해설**
>
> 인화칼슘은 물과 반응 시 유독성의 인화수소(PH_3)를 발생한다.
> $Ca_3P_2 + 6H_2O \rightarrow 3Ca(OH)_2 + 2PH_3$

27 위험물안전관리법령에 따른 위험물의 적재방법에 대한 설명으로 옳지 않은 것은?

① 원칙적으로는 운반용기를 밀봉하여 수납할것
② 고체 위험물은 용기 내용적의 95% 이하의 수납율로 수납할 것
③ 액체 위험물은 용기 내용적의 99% 이상의 수납율로 수납할 것
④ 하나의 외장 용기에는 다른 종류의 위험물을 수납하지 않을 것

> **해설**
>
> 액체 위험물은 용기 내용적의 98% 이상의 수납율로 수납할 것

28 주유취급소에서 자동차 등에 위험물을 주유할 때에 자동차 등의 원동기를 정지시켜야 하는 위험물의 인화점 기준은?(단, 연료탱크에 위험물을 주유하는 동안 방출되는 가연성 증기를 회수하는 설비가 부착되지 않은 고정주유설비에 의하여 주유하는 경우이다.)

① 20℃ 미만 ② 30℃ 미만
③ 40℃ 미만 ④ 50℃ 미만

> **해설**
>
> 주유취급소에서 자동차 등에 인화점 40℃ 미만의 위험물을 주유할 때에는 자동차 등의 원동기를 정지시켜야 한다.

29 저장하는 위험물의 최대수량이 지정수량의 15배일 경우, 건축물의 벽·기둥 내화구조로 된 위험물옥내저장소의 보유공지는 몇 m 이상이어야 하는가?

① 0.5 ② 1
③ 2 ④ 3

정답 25 ② 26 ② 27 ③ 28 ③ 29 ③

> **해설**
> 옥내저장소의 보유공지
>
> | 저장 또는 취급하는 위험물의 최대수량 | 공지의 너비 벽·기둥 및 바닥이 내화구조로 된 건축물 |
> |---|---|
> | 지정수량의 10배 초과 20배 이하 | 2m 이상 |

30 위험물안전관리법령에 따른 이동저장탱크의 구조의 기준에 대한 설명으로 틀린 것은?

① 압력탱크는 최대상용압력의 1.5배의 압력으로 10분간 수압시험을 하여 새지 말 것
② 상용압력이 20kPa를 초과하는 탱크의 안전장치는 상용압력의 1.5배 이하의 압력에서 작동할 것
③ 방파판은 두께 1.6mm 이상의 강철판 또는 이와 동등 이상의 강도, 내식성 및 내열성을 갖는 재질로 할 것
④ 탱크는 두께 3.2mm 이상의 강철판 또는 이와 동등 이상의 강도, 내식성 및 내열성을 갖는 재질로 할 것

> **해설**
> 상용압력이 20kPa를 초과하는 탱크에 있어서는 상용압력의 1.1배 이하의 압력에서 작동하는 것으로 할 것

31 내용적이 20,000L 인 옥내저장탱크에 대하여 저장 또는 취급의 허가를 받을 수 있는 최대용량은?(단, 원칙적인 경우에 한한다.)

① 18000L   ② 19000L
③ 19400L   ④ 20000L

> **해설**
> 탱크의 최대 용량을 계산하려면 공간용적은 내용적의 5/100 이상으로 한다.
> 20,000×0.95 = 19,000L

32 디에틸에테르에 관한 설명 중 틀린 것은?

① 비전도성이므로 정전기를 발생하지 않는다.
② 무색 투명한 유동성의 액체이다.
③ 휘발성이 매우 높고, 마취성을 가진다.
④ 공기와 장시간 접촉하면 폭발성의 과산화물이 생성된다.

> **해설**
> 제4류 위험물은 비전도성이므로 정전기 발생의 위험이 있다.

33 위험물안전관리법령상에 따른 다음에 해당하는 동·식물유류의 규제의 관한 설명으로 틀린 것은?

> 행정안전부령이 정하는 용기기준과 수납·저장기준에 따라 수납되어 저장·보관되고 용기의 외부에 물품의 통칭명, 수량 및 화기엄금(화기엄금과 동일한 의미를 갖는 표시를 포함한다)의 표시가 있는 경우

① 위험물에 해당하지 않는다.
② 제조소등이 아닌 장소에 지정수량 이상 저장할 수 있다.

정답 30 ②   31 ②   32 ①   33 ④

③ 지정수량 이상을 저장하는 장소도 제조소 등 설치허가를 받을 필요가 없다.
④ 화물자동차에 적재하여 운반하는 경우 위험물안전관리법상 운반기준이 적용되지 않는다.

> **해설**
> 해당 내용은 동·식물유류에서 제외되는 경우이므로 위험물안전관리법상 운반기준이 적용되지 않는다.

34 질산암모늄의 일반적인 성질에 대한 설명으로 옳은 것은?

① 조해성이 없다.
② 무색, 무취의 액체이다.
③ 물에 녹을 때에는 발열한다.
④ 급격한 가열에 의한 폭발의 위험이 있다.

> **해설**
> 열분해 시 질소산화물 등을 발생할 경우 폭발의 위험이 있다.

35 에틸알코올에 관한 설명 중 옳은 것은?

① 인화점은 0℃ 이하이다.
② 비점은 물보다 낮다.
③ 증기밀도는 메틸알코올보다 작다.
④ 수용성이므로 이산화탄소소화기에는 효과가 없다.

> **해설**
> 물의 끓는점은 100℃인 반면에 에틸알코올의 끓는점은 약 79℃이다.
> ① 인화점은 13℃이다.

③ 메틸알코올보다 분자량이 크기 때문에 증기밀도 또한 크다.
④ 제4류 위험물이므로 화재 시 이산화탄소소화기에 효과가 있다.

36 종류(유별)가 다른 위험물을 동일한 옥내저장소의 동일한 실에 같이 저장하는 경우에 대한 설명으로 틀린 것은?(단, 유별로 정리하여 1m 이상의 간격을 두는 경우에 한한다.)

① 제1류 위험물과 황린은 동일한 옥내저장소에 저장할 수 있다.
② 제1류 위험물고 제6류 위험물은 동일한 옥내저장소에 저장할 수 있다.
③ 제1류 위험물 중 알칼리금속의 과산화물과 제5류 위험물은 동일한 옥내저장소에 저장할 수 있다.
④ 제2류 위험물중 인화성 고체와 제4류 위험물을 동일한 옥내저장소에 저장할 수 있다.

> **해설**
> 유별이 다른 위험물을 동일한 저장소에 저장하는 경우 유별로 정리하여 서로 1m 이상의 간격을 두었을 때 제1류 위험물(알칼리금속의 과산화물 제외)과 제5류 위험물을 저장할 수 있다.

37 $C_6H_2(NO_2)_3OH$ 와 $C_2H_5NO_3$의 공통 성질에 해당하는 것은?

① 니트로화합물이다.
② 인화성과 폭발성이 있는 액체이다.
③ 무색의 방향성 액체이다.
④ 에탄올에 녹는다.

정답   34 ④   35 ②   36 ③   37 ④

> **해설**
> 트리니트로페놀과 질산에틸은 공통적으로 에탄올에 녹는다.

38 위험물을 저장하는 간이탱크저장소의 구조 및 설비의 기준으로 옳은 것은?

① 탱크의 두께 2.5mm 이상, 용량 600L 이하
② 탱크의 두께 2.5mm 이상, 용량 800L 이하
③ 탱크의 두께 3.2mm 이상, 용량 600L 이하
④ 탱크의 두께 3.2mm 이상, 용량 800L 이하

> **해설**
> 간이탱크저장소에 설치된 탱크의 두께는 3.2mm 이상으로 하고, 용량은 600L 이하로 한다.

39 위험물안전관리법령상 예방규정을 정하여야 하는 제조소등에 해당하지 않는 것은?

① 지정수량 10배 이상의 위험물을 취급하는 제조소
② 이송취급소
③ 암반탱크저장소
④ 지정수량의 200배 이상의 위험물을 저장하는 옥내탱크저장소

> **해설**
> 옥내탱크저장소, 지하탱크저장소, 이동탱크저장소 등은 예방규정의 대상에 해당되지 않는다.
> 〈예방규정을 정하여야 하는 제조소등〉
> 1. 지정수량의 10배 이상의 위험물을 취급하는 제조소
> 2. 지정수량의 100배 이상의 위험물을 저장하는 옥외저장소
> 3. 지정수량의 150배 이상의 위험물을 저장하는 옥내저장소
> 4. 지정수량의 200배 이상의 위험물을 저장하는 옥외탱크저장소
> 5. 암반탱크저장소
> 6. 이송취급소
> 7. 지정수량의 10배 이상의 위험물을 취급하는 일반취급소

40 유기과산화물의 화재 예방상 주의사항으로 틀린 것은?

① 직사광선을 피하고 냉암소에 저장한다.
② 불꽃, 불티 등의 화기 및 열원으로부터 멀리 한다.
③ 산화제와 접촉하지 않도록 주의한다.
④ 대형 화재시 분말소화기를 이용한 질식소화가 유효하다.

> **해설**
> 유기과산화물과 같은 제5류 위험물의 화재 시 다량에 의한 주수소화가 유효하다.

41 위험물안전관리법령에 따라 기계에 의하여 하역하는 구조로 된 운반용기의 외부에 행하는 표시내용에 해당하지 않는 것은?(단, 국제 해상위험물규칙에 정한 기준 또는 소방방재청장이 정하여 고시하는 기준에 적합한 표시를 한 경우는 제외한다.)

① 운반용기의 제조년월
② 제조자의 명칭
③ 겹쳐쌓기시험하중
④ 용기의 유효기간

정답 38 ③ 39 ④ 40 ④ 41 ④

> **해설**
> 기계에 의하여 하역하는 구조로 된 운반용기의 외부에 행하는 표시내용은 다음과 같다.
> 가. 운반용기의 제조년월 및 제조자의 명칭
> 나. 겹쳐쌓기시험하중
> 다. 운반용기의 종류에 따라 다음의 규정에 의한 중량
>   1) 플렉서블 외의 운반용기 : 최대총중량(최대수용중량의 위험물을 수납하였을 경우의 운반용기의 전중량을 말한다)
>   2) 플렉서블 운반용기 : 최대수용중량

42 산화성 고체의 저장 및 취급방법으로 옳지 않은 것은?

① 가연물과 접촉 및 혼합을 피한다.
② 분해를 촉진하는 물품의 접근을 피한다.
③ 조해성 물질의 경우 물속에 보관하고, 과열·충격·마찰 등을 피하여야 한다.
④ 알칼리금속의 과산화물은 물과의 접촉을 피하여야 한다.

> **해설**
> 조해성 물질의 경우 공기 중 수분 흡수를 막기 위하여 저장용기의 마개를 닫아 보관하여야 한다.

43 제5류 위험물을 취급하는 위험물제조소에 설치하는 주의사항 게시판에서 표시하는 내용과 바탕색, 문자색으로 옳은 것은?

① '화기주의', 백색바탕에 적색문자
② '화기주의', 적색바탕에 백색문자
③ '화기엄금', 백색바탕에 적색문자
④ '화기엄금', 적색바탕에 백색문자

> **해설**
> 제5류 위험물을 취급하는 시설의 게시판에는 '화기엄금' 주의사항을 적색바탕에 백색문자로 표시하여야 한다.

44 황의 성질로 옳은 것은?

① 전기 양도체이다.
② 물에는 매우 잘 녹는다.
③ 이산화탄소와 반응한다.
④ 미분은 분진폭발의 위험성이 있다.

> **해설**
> 황가루는 분진폭발의 위험이 있는 물질이다.

45 경유를 저장하는 옥외저장탱크의 반지름이 2m이고 높이가 12m일 때 탱크 옆판으로부터 방유제까지의 거리는 몇 m 이상이어야 하는가?

① 4　　　② 5
③ 6　　　④ 7

> **해설**
> 방유제는 옥외저장탱크의 지름에 따라 그 탱크의 옆판으로부터 지름이 15m 미만인 경우에는 탱크 높이의 3분의 1 이상, 지름이 15m 이상인 경우에는 탱크 높이의 2분의 1 이상의 거리를 유지해야 한다.
> $$\therefore 12m \times \frac{1}{3} = 4m$$

46 삼황화린과 오황화린의 공통점이 아닌 것은?

① 물과 접촉하여 인화수소가 발생한다.
② 가연성 고체이다.
③ 분자식이 P와 S로 이루어져 있다
④ 연소 시 오산화린과 이산화황이 생성된다.

정답　42 ③　43 ④　44 ④　45 ①　46 ①

> **해설**
> 물과 접촉하여 황화수소 가스(H_2S)와 인산이 발생한다.

47 다음 위험물 품명 중 지정수량이 나머지 셋과 다른 것은?

① 염소산염류
② 질산염류
③ 무기과산화물
④ 과염소산염류

> **해설**
> 질산염류 : 300kg, 염소산염류·무기과산화물·과염소산염류 : 50kg

48 제2류 위험물인 유황의 대표적인 연소형태는?

① 표면연소 ② 분해연소
③ 증발연소 ④ 자기연소

> **해설**
> 유황, 에테르, 나프탈렌, 양초(파라핀) 등의 연소형태는 증발연소이다.

49 소화난이도 등급 I의 옥내탱크저장소에 설치하는 소화설비가 아닌 것은?(단, 인화점이 70℃ 이상인 제4류 위험물만을 저장, 취급하는 장소이다.)

① 물분무소화설비, 고정식포소화설비
② 이동식 외의 이산화탄소소화설비, 고정식포소화설비
③ 이동식의 분말소화설비, 스프링클러설비
④ 이동식 외의 할로겐화합물소화설비, 물분무소화설비

> **해설**
> 물분무소화설비, 고정식 포소화설비, 이동식 이외의 불활성가스소화설비, 이동식 이외의 할로겐화합물소화설비 또는 이동식 이외의 분말소화설비를 설치하여야 한다.

50 다음 위험물 중 인화점이 가장 낮은 것은?

① 아세톤 ② 이황화탄소
③ 클로로벤젠 ④ 디에틸에테르

> **해설**
> 디에틸에테르는 특수인화물로 보기 중 인화점이 가장 낮다. (-45℃)

51 분말소화기의 소화약제로 사용되지 않은 것은?

① 탄산수소나트륨
② 탄산수소칼륨
③ 과산화나트륨
④ 인산암모늄

> **해설**
> 과산화나트륨은 제1류 위험물에 해당하는 물질이다.

52 질산이 공기 중에서 분해되어 발생하는 유독한 갈색 증기의 분자량은?

① 16 ② 40
③ 46 ④ 71

정답 47 ② 48 ③ 49 ③ 50 ④ 51 ③ 52 ③

> **해설**
>
> $4HNO_3 \rightarrow 4\underline{NO_2} + 2H_2O + O_2$
> $NO_2 : 14 + (16 \times 2) = 46$

53 에틸알코올의 증기비중은 약 얼마인가?

① 0.72
② 0.91
③ 1.13
④ 1.59

> **해설**
>
> C_2H_5OH 분자량 :
> $(12 \times 2) + (1 \times 5) + 16 + 1 = 46$
> 증기비중 = $\dfrac{\text{분자량}}{29}$ = 1.59

54 제조소등의 관계인은 위험물제조소등에 대해 기술기준에 적합한지의 여부를 판단하는 최소 정기점검주기는?(단, 100만L 이상의 옥외탱크저장소는 제외한다.)

① 주 1회 이상
② 월 1회 이상
③ 6개월에 1회 이상
④ 연 1회 이상

> **해설**
>
> 제조소등의 관계인은 위험물제조소등에 대해 연 1회 이상 정기점검을 실시하여야 한다.

55 염소산나트륨의 성상에 대한 설명으로 옳지 않은 것은?

① 자신은 불연성 물질이지만 강한 산화제이다.
② 유리를 녹이므로 철제 용기에 저장한다.
③ 열분해 하여 산소를 발생한다.
④ 산과 반응하면 유독성의 이산화염소를 발생한다.

> **해설**
>
> 보관 시 철제 용기를 피하여 저장하여야 한다.

56 탄화알루미늄 1몰을 물과 반응시킬 때 발생하는 가연성가스의 종류와 양은?

① 에탄, 4몰
② 에탄, 3몰
③ 메탄, 4몰
④ 메탄, 3몰

> **해설**
>
> $Al_4C_3 + 12H_2O \rightarrow 4Al(OH)_3 + 3CH_4$

57 위험물안전관리법령에 따른 제6류 위험물의 특성에 대한 설명 중 틀린 것은?

① 과염소산은 유기물과 접촉 시 발화의 위험이 있다.
② 과염소산은 불안정하며 강력한 산화성 물질이다.
③ 과산화수소는 알코올, 에테르에 녹지 않는다.
④ 질산은 부식성이 강하고 햇빛에 의해 분해된다.

> **해설**
>
> 과산화수소는 물, 알코올, 에테르 등에 잘 녹는다.

정답 53 ④ 54 ④ 55 ② 56 ④ 57 ③

58 위험물안전관리법령에 대한 설명 중 옳지 않은 것은?

① 군부대가 지정수량 이상의 위험물을 군사목적으로 임시로 저장 또는 취급하는 경우는 제조소등이 아닌 장소에서 지정수량 이상의 위험물을 취급할 수 있다.
② 철도 및 궤도에 의한 위험물의 저장·취급 및 운반에 있어서는 위험물안전관리법령을 적용하지 아니한다.
③ 지정수량 미만인 위험물의 저장 또는 취급에 관한 기술상의 기준은 국가화재안전기준으로 정한다.
④ 업무상 과실로 제조소등에서 위험물을 유출, 방출 또는 확산시켜 사람의 생명, 신체 또는 재산에 대하여 위험을 발생시킨 자는 7년 이하의 금고 또는 2천만 원 이하의 벌금에 처한다.

해설
③ 지정수량 미만인 위험물의 저장 또는 취급에 관한 기술상의 기준은 특별시·광역시 및 도의 조례(시·도의 조례)로 정한다.

59 다음 중 인화점이 가장 높은 것은?

① 니트로벤젠   ② 클로로벤젠
③ 톨루엔   ④ 에틸벤젠

해설
니트로벤젠은 제3석유류로 보기 중 인화점이 가장 높다. (88℃)

60 위험물안전관리법령상 지하탱크저장소의 위치·구조 및 설비의 기준에 따라 다음 ( )에 들어갈 수치로 옳은 것은?

> 탱크전용실은 지하의 가장 가까운 벽·피트·가스관 등의 시설물 및 대지경계선으로부터 (㉠)m 이상 떨어진 곳에 설치하고, 지하저장탱크와 탱크전용실의 안쪽과의 사이는 (㉡)m 이상의 간격을 유지하도록 하며, 당해 탱크의 주위에 마른 모래 또는 습기 등에 의하여 응고되지 아니하는 입자지름 (㉢)mm 이하의 마른 자갈분을 채워야 한다.

① ㉠ : 0.1, ㉡ : 0.1, ㉢ : 5
② ㉠ : 0.1, ㉡ : 0.3, ㉢ : 5
③ ㉠ : 0.1, ㉡ : 0.1, ㉢ : 10
④ ㉠ : 0.1, ㉡ : 0.3, ㉢ : 10

해설
탱크전용실은 지하의 가장 가까운 벽·피트·가스관 등의 시설물 및 대지경계선으로부터 0.1m 이상 떨어진 곳에 설치하고, 지하저장탱크와 탱크전용실의 안쪽과의 사이는 0.1m 이상의 간격을 유지하도록 하며, 당해 탱크의 주위에 마른 모래 또는 습기 등에 의하여 응고되지 아니하는 입자지름 5mm 이하의 마른 자갈분을 채워야 한다.

정답 58 ③   59 ①   60 ①

2013년 4회 위험물기능사

01 주된 연소형태가 표면연소인 것을 옳게 나타낸 것은?

① 중유, 알코올
② 코크스, 숯
③ 목재, 종이
④ 석탄, 플라스틱

해설
표면연소는 숯, 목탄, 금속분, 나트륨, 코크스 등의 물질에 해당한다.

02 다음 중 화학적 소화에 해당하는 것은?

① 냉각소화
② 질식소화
③ 제거소화
④ 억제소화

해설
억제소화 : 연쇄반응을 억제하여 소화시키는 방법(화학적 소화)
나머지 보기는 물리적 소화에 해당한다.

03 제3류 위험물 중 금수성 물질에 적응할 수 있는 소화설비는?

① 포소화설비
② 이산화탄소소화설비
③ 탄산수소염류 분말소화설비
④ 할로겐화합물소화설비

해설
금수성 물질에 적응할 수 있는 소화설비에는 탄산수소염류 분말소화설비, 팽창질석, 팽창진주암, 건조사가 있다.

04 가연물이 연소할 때 공기 중의 산소농도를 떨어뜨려 연소를 중단시키는 소화 방법은?

① 제거소화
② 질식소화
③ 냉각소화
④ 억제소화

해설
질식소화는 산소의 공급을 단절하여 공기 중 산소농도를 떨어뜨려 최종적으로 연소를 중단시킬 수 있다.

05 다음 중 오존층 파괴지수가 가장 큰 것은?

① Halon 104
② Halon 1211
③ Halon 1301
④ Halon 2402

해설

구분	화학식	오존파괴지수(ODP)
Halon 2402	$C_2F_4Br_2$	6.0
Halon 1211	CF_2ClBr	3.0
Halon 1301	CF_3Br	14.1 (가장 높다.)

정답 01 ② 02 ④ 03 ③ 04 ② 05 ③

06 분말소화약제 중 제1종과 제2종 분말이 각각 열분해 될 때 공통적으로 생성되는 물질은?

① N_2, CO_2 ② N_2, O_2
③ H_2O, CO_2 ④ H_2O, N_2

> **해설**
> 제1종 열분해 반응식 : $2NaHCO_3 \rightarrow Na_2CO_3 + H_2O + CO_2$
> 제2종 열분해 반응식 : $2KHCO_3 \rightarrow K_2CO_3 + H_2O + CO_2$

07 다음 중 발화점이 달라지는 요인으로 가장 거리가 먼 것은?

① 가연성가스와 공기의 조성비
② 발화를 일으키는 공간의 형태와 크기
③ 가열속도와 가열시간
④ 가열도구의 내구연한

> **해설**
> [발화점이 달라지는 요인]
> ㉠ 가연성가스와 공기의 조성비 ㉡ 발화를 일으키는 공간의 형태와 크기
> ㉢ 가열속도와 가열시간 ㉣ 발화원의 종류와 가열하는 방식
> ㉤ 촉매 효과의 유무 ㉥ 반응속도와 반응열의 크기

08 이산화탄소소화기의 장점으로 옳은 것은?

① 전기설비화재에 유용하다.
② 마그네슘과 같은 금속분 화재시 유용하다.
③ 자기반응성 물질의 화재시 유용하다.
④ 알칼리금속 과산화물 화재시 유용하다.

> **해설**
> 이산화탄소소화기는 비전도성이므로 전기설비화재에 유용하다.

09 다음 중 폭발범위가 가장 넓은 물질은?

① 메탄 ② 톨루엔
③ 에틸알코올 ④ 에틸에테르

> **해설**
> ① 메탄 : 5~15% ② 톨루엔 : 1.4~6.7%
> ③ 에틸알코올 : 4.3~19% ④ 에틸에테르 : 1.9~48%

10 이산화탄소가 소화약제로 사용되는 이유에 대한 설명으로 가장 옳은 것은?

① 산소와 반응이 느리기 때문이다.
② 산소와 반응하지 않기 때문이다.
③ 착화되어도 곧 불이 꺼지기 때문이다.
④ 산화반응이 되어도 열 발생이 없기 때문이다.

> **해설**
> 이산화탄소는 산소와 더 이상 반응이 일어나지 않는 물질이다.

11 니트로셀룰로오스 화재 시 가장 적합한 소화방법은?

① 할로겐화합물 소화기를 사용한다.
② 분말소화기를 사용한다.
③ 이산화탄소소화기를 사용한다.
④ 다량의 물을 사용한다.

| 정답 | 06 ③ | 07 ④ | 08 ① | 09 ④ | 10 ② | 11 ④ |

> **해설**
> 니트로셀룰로오스는 제5류 위험물이므로 화재 시 다량의 물을 사용한다.

12 자연발화를 방지하기 위한 방법으로 옳지 않은 것은?

① 습도를 가능한 한 높게 유지한다.
② 열 축적을 방지한다.
③ 저장실의 온도를 낮춘다.
④ 정촉매 작용을 하는 물질을 피한다.

> **해설**
> 습도가 높을수록 자연발화가 잘 일어나므로 습도를 낮추어야 한다.

13 건축물의 1층 및 2층 부분만을 방사능력범위로 하고 지하층 및 3층 이상의 층에 대하여 다른 소화설비를 설치해야 하는 소화설비는?

① 스프링클러설비
② 포소화설비
③ 옥외소화전설비
④ 물분무소화설비

> **해설**
> 옥외소화전설비에 대한 설명이다.

14 위험물안전관리법령상 소화난이도 등급 Ⅰ에 해당하는 제조소의 연면적 기준은?

① 1000㎡ 이상   ② 800㎡ 이상
③ 700㎡ 이상   ④ 500㎡ 이상

> **해설**
> 소화난이도 등급 Ⅰ의 제조소, 일반취급소 : 연면적 1,000㎡ 이상인 것
> 소화난이도 등급 Ⅱ의 제조소, 일반취급소 : 연면적 600㎡ 이상인 것

15 위험물 취급소의 건축물은 외벽이 내화구조인 경우 연면적 몇 ㎡를 1소요단위로 하는가?

① 50   ② 100
③ 150   ④ 200

> **해설**
>
> | | 제조소 또는 취급소 | 저장소 |
> |---|---|---|
> | 외벽이 내화구조 | 100㎡ | 150㎡ |
> | 외벽이 내화구조가 아닌 것 | 50㎡ | 75㎡ |

16 금속칼륨의 보호액으로서 적당하지 않은 것은?

① 등유   ② 유동파라핀
③ 경유   ④ 에탄올

> **해설**
> 금속칼륨, 금속나트륨의 보호액으로 등유, 유동성파라핀, 경유, 벤젠 등의 유기용매에 보관하여야 한다. 에탄올과 같은 알코올과 반응 시 가연성의 수소 기체가 발생하므로 위험하다.

정답 12 ① 13 ③ 14 ① 15 ② 16 ④

17 위험물제조소에서 지정수량 이상의 위험물을 취급하는 건축물(시설)에는 원칙상 최소 몇 미터 이상의 보유공지를 확보하여야 하는가?(단, 최대수량은 지정수량의 10배이다.)

① 1m 이상 ② 3m 이상
③ 5m 이상 ④ 7m 이상

해설

취급하는 위험물의 최대수량	공지의 너비
지정수량의 10배 이하	3m 이상
지정수량의 10배 초과	5m 이상

지정수량의 10배이므로 3m 이상에 해당한다.

18 이송취급소의 배관이 하천을 횡단하는 경우 하천 밑에 매설하는 배관의 외면과 계획하상(계획하상이 최심하상보다 높은 경우에는 최심하상)과의 거리는?

① 1.2m 이상 ② 2.5m 이상
③ 3.0m 이상 ④ 4.0m 이상

해설
이송취급소의 배관이 하천을 횡단하는 경우 하천 밑에 매설하는 배관의 외면과 계획하상(계획하상이 최소하상보다 높은 경우에는 최심하상)과의 거리는 4.0m 이상으로 한다.

19 다음 중 주수소화를 하면 위험성이 증가하는 것은?

① 과산화칼륨   ② 과망간산칼륨
③ 과염소산칼륨 ④ 브롬산칼륨

해설
과산화칼륨은 금수성 물질이므로 주수소화를 하면 산소 기체가 발생하여 위험성이 증가한다.

20 메탄 1g이 완전 연소하면 발생되는 이산화탄소는 몇 g 인가?

① 1.25
② 2.75
③ 14
④ 44

해설
메탄(CH_4) 분자량 : 12 + 4 = 16
$CH_4 + 2O_2 \rightarrow CO_2 + 2H_2O$

16g   44kg
1g   x

$16 \times x = 44 \times 1$
$x = \dfrac{1 \times 44}{16} = 2.75g$

21 가연성 고체 위험물의 일반적 성질로서 틀린 것은?

① 비교적 저온에서 착화한다.
② 산화제와의 접촉·가열은 위험하다.
③ 연소 속도가 빠르다.
④ 산소를 포함하고 있다.

해설
저온에서 착화하기 쉬운 물질은 제3류 위험물 중 자연발화성 물질에 해당한다.

정답 17 ② 18 ④ 19 ① 20 ② 21 ①

22 벤젠에 관한 설명 중 틀린 것은?

① 인화점은 약 −11℃ 정도이다.
② 이황화탄소보다 착화온도가 높다.
③ 벤젠 증기는 마취성은 있으나 독성은 없다.
④ 취급할 때 정전기 발생을 조심해야 한다.

> **해설**
> 벤젠 증기는 마취성과 독성이 있다.

23 1기압 20℃에서 액상이며 인화점이 200℃ 이상인 물질은?

① 벤젠　　　② 톨루엔
③ 글리세린　④ 실린더유

> **해설**
> 실린더유는 제4석유류이므로 인화점이 200℃ 이상인 물질이다.

24 다음 중 질산에스테르류에 속하는 것은?

① 피크린산
② 니트로벤젠
③ 니트로글리세린
④ 트리니트로톨루엔

> **해설**
> 제5류 위험물 중 질산에스테르류 : 니트로글리세린, 니트로셀룰로오스, 질산메틸, 질산에틸 등

25 제6류 위험물의 화재예방 및 진압대책으로 적합하지 않은 것은?

① 가연물과의 접촉을 피한다.
② 과산화수소를 장기보존 할 때는 유리용기를 사용하여 밀전한다.
③ 옥내소화전설비를 사용하여 소화할 수 있다.
④ 물분무소화설비를 사용하여 소화할 수 있다.

> **해설**
> 열과 직사광선에 의하여 산소가 생성되므로 밀전하지 않고, 구멍 뚫린 뚜껑을 이용하여 저장하며 직사광선을 피하기 위하여 갈색병에 담아 냉암소에 보관한다.

26 지정수량이 50킬로그램이 아닌 위험물은?

① 염소산나트륨　② 리튬
③ 과산화나트륨　④ 나트륨

> **해설**
> 나트륨의 지정수량은 10kg이다.

27 과산화수소와 산화프로필렌의 공통점으로 옳은 것은?

① 특수인화물이다.
② 분해시 질소를 발생한다.
③ 화학식에 산소를 포함한다.
④ 수용액 상태에서도 자연발화 위험이 있다.

> **해설**
> 과산화수소(H_2O_2)와 산화프로필렌(CH_3CH_2CHO)의 화학식은 각각 산소를 포함한다.

정답　22 ③　23 ④　24 ③　25 ②　26 ④　27 ③

28 제2류 위험물인 마그네슘의 위험성에 관한 설명 중 틀린 것은?

① 더운물과 작용시키면 산소가스를 발생한다.
② 이산화탄소 중에서도 연소한다.
③ 습기와 반응하여 열이 축적되면 자연발화의 위험이 있다.
④ 공기 중에 부유하면 분진폭발의 위험이 있다.

해설
더운물과 작용시키면 수소가스를 발생한다.

29 과산화벤조일의 지정수량은 얼마인가?

① 10kg ② 50L
③ 100kg ④ 1000L

해설
과산화벤조일은 제5류 위험물 중 유기과산화물에 해당하므로 지정수량은 10kg이다.

30 지하탱크저장소에서 인접한 2개의 지하저장탱크 용량의 합계가 지정수량이 100배일 경우 탱크 상호간의 최소 거리는?

① 0.1m ② 0.3m
③ 0.5m ④ 1m

해설
지하저장탱크를 2개 이상 인접해 설치할 때 1m 이상의 간격을 유지한다. (단, 지정수량의 100배 이하라면 0.5m 이상의 간격으로 한다.)

31 위험물안전관리법령에서 정하는 위험등급 Ⅰ에 해당하지 않는 것은?

① 제3류 위험물 중 지정수량이 20kg인 위험물
② 제4류 위험물 중 특수인화물
③ 제1류 위험물 중 무기과산화물
④ 제5류 위험물 중 지정수량이 100kg인 위험물

해설
제5류 위험물 중 지정수량이 100kg인 위험물 : 위험등급 Ⅱ

32 위험물안전관리법령에 명시된 아세트알데히드의 옥외저장탱크에 필요한 설비가 아닌 것은?

① 보냉장치
② 냉각장치
③ 동 합금 배관
④ 불활성 기체를 봉입하는 장치

해설
아세트알데히드의 옥외저장탱크에는 보냉장치, 냉각장치, 불활성 기체를 봉입하는 장치 등의 설비가 필요하다.

33 정기점검 대상 제조소 등에 해당하지 않는 것은?

① 이동탱크저장소
② 지정수량 120배의 위험물을 저장하는 옥외저장소
③ 지정수량 120배의 위험물을 저장하는 옥내저장소
④ 이송취급소

정답 28 ① 29 ① 30 ③ 31 ④ 32 ③ 33 ③

> **해설**
> 지정수량의 150배 이상의 위험물을 저장하는 옥내저장소

34 탄화칼슘에 대한 설명으로 옳은 것은?

① 분자식은 CaC 이다.
② 물과의 반응 생성물에는 수산화칼슘이 포함된다.
③ 순수한 것은 흑회색의 불규칙한 덩어리이다.
④ 고온에서도 질소와는 반응하지 않는다.

> **해설**
> 물과의 반응 시 수산화칼슘과 아세틸렌이 생성된다.
> ① 분자식은 CaC_2이다.
> ③ 순수한 것은 백색이며, 시판품은 흑회색의 불규칙한 덩어리이다.
> ④ 고온에서 질소와 반응하여 석회질소($CaCN_2$)를 생성된다.

35 셀룰로이드에 관한 설명 중 틀린 것은?

① 물에 잘 녹으며, 자연발화의 위험이 있다.
② 지정수량은 10kg 이다.
③ 탄력성이 있는 고체의 형태이다.
④ 장시간 방치된 것은 햇빛, 고온 등에 의해 분해가 촉진된다.

> **해설**
> 셀룰로이드는 물에 녹기 어려우며, 분해열에 의해 자연발화의 위험이 있다.

36 오황화린이 물과 작용 했을 때 주로 발생되는 기체는?

① 포스핀   ② 포스겐
③ 황산가스 ④ 황화수소

> **해설**
> 오황화린이 물과 반응하여 황화수소 가스(H_2S)를 발생시킨다. 황화수소 가스를 연소시키면 독성이 있는 이산화황이 발생한다. $2H_2S + 3O_2 \rightarrow 2H_2O + 2SO_2$

37 다음 물질 중 물보다 비중이 작은 것으로만 이루어진 것은?

① 에테르,
② 벤젠, 글리세린
③ 가솔린, 메탄올
④ 글리세린, 아닐린

> **해설**
> 에테르, 벤젠, 가솔린, 메탄올은 물보다 비중이 작다.

38 위험물 판매취급소에 관한 설명 중 틀린 것은?

① 위험물을 배합하는 실의 바닥면적은 6m² 이상 15m² 이하이어야 한다.
② 제1종 판매취급소는 건축물의 1층에 설치하여야 한다.
③ 일반적으로 페인트점, 화공약품점이 이에 해당된다.
④ 취급하는 위험물의 종류에 따라 제1종과 제2종으로 구분된다.

정답 34 ② 35 ① 36 ④ 37 ③ 38 ④

> **해설**
> 취급하는 위험물의 수량에 따라 제1종과 제2종으로 구분된다.
> - 제1종 판매취급소 : 지정수량의 20배 이하
> - 제2종 판매취급소 : 지정수량의 40배 이하

39 위험물안전관리법령에 따른 소화설비의 적응성에 관한 다음 내용 중 ( )안에 적합한 내용은?

> 제6류 위험물을 저장 또는 취급하는 장소로서 폭발의 위험이 없는 장소에 한하여 ( )가(이) 제6류 위험물에 대하여 적응성이 있다.

① 할로겐화합물 소화기
② 분말소화기 – 탄산수소염류 소화기
③ 분말소화기 – 그 밖의 것
④ 이산화탄소소화기

> **해설**
> 이산화탄소소화기에 해당한다.

40 위험물의 운반 및 적재시 혼재가 불가능한 것으로 연결된 것은?(단, 지정수량의 1/5 이상이다.)

① 제1류와 제6류
② 제4류와 제3류
③ 제2류와 제3류
④ 제5류와 제4류

> **해설**
> 제3류 위험물은 제4류와 혼재가 가능한 반면에 제2류 위험물은 제4류, 제5류와 혼재가 가능하다.

41 위험물을 운반용기에 수납하여 적재할 때 차광성이 있는 피복으로 가려야 하는 위험물이 아닌 것은?

① 제1류 위험물   ② 제2류 위험물
③ 제5류 위험물   ④ 제6류 위험물

> **해설**
> 차광성 피복
> – 제1류 위험물
> – 제3류 위험물 중 자연발화성물질
> – 제4류 위험물 중 특수인화물
> – 제5류 위험물
> – 제6류 위험물

42 염소산칼륨 20킬로그램과 아염소산나트륨 10킬로그램을 과염소산과 함께 저장하는 경우 지정수량 1배로 저장하려면 과염소산은 얼마나 저장할 수 있는가?

① 20킬로그램   ② 40킬로그램
③ 80킬로그램   ④ 120킬로그램

> **해설**
> 염소산칼륨, 아염소산나트륨 지정수량 : 50kg
> 과염소산 지정수량 : 300kg
> $\frac{20}{50} + \frac{10}{50} + \frac{x}{300} = 1$배
> $\therefore x = 120kg$

정답 39 ④   40 ③   41 ②   42 ④

43 위험물안전관리법상 주유취급소의 소화설비 기준과 관련한 설명 중 틀린 것은?

① 모든 주유취급소는 소화난이도등급 Ⅱ 또는 소화난이도 등급 Ⅲ 에 속한다.
② 소화난이도등급 Ⅱ 에 해당하는 주유취급소에는 대형수동식소화기 및 소형 수동식소화기 등을 설치하여야 한다.
③ 소화난이도등급 Ⅲ 에 해당하는 주유취급소에는 소형 수동식소화기 등을 설치하여야 하며, 위험물의 소요단위 산정은 지하탱크저장소의 기준을 준용한다.
④ 모든 주유취급소의 소화설비 설치를 위해서는 위험물의 소요단위를 산출하여야 한다.

해설
소화난이도등급 Ⅲ의 주유취급소에는 소형 수동식 소화기를 설치하며, 능력단위의 수치가 건축물 그 밖의 공작물 및 위험물의 소요단위의 수치에 이르도록 설치한다.

44 위험물과 그 위험물이 물과 반응하여 발생하는 가스를 잘못 연결한 것은?

① 탄화알루미늄 – 메탄
② 탄화칼슘 – 아세틸렌
③ 인화칼슘 – 에탄
④ 수소화칼슘 – 수소

해설
인화칼슘과 물이 반응하여 포스핀 가스가 발생한다. $Ca_3P_2 + 6H_2O \rightarrow 3Ca(OH)_2 + 2PH_3$

45 제1류 위험물의 일반적인 성질에 해당하지 않는 것은?

① 고체 상태이다.
② 분해하여 산소를 발생한다.
③ 가연성 물질이다.
④ 산화제이다.

해설
제1류 위험물은 불연성 물질이다.

46 다음은 위험물안전관리법령에서 따른 이동저장탱크의 구조에 관한 기준이다. ( )안에 알맞은 수치는?

이동저장탱크는 그 내부에 (A)L 이하마다 (B)mm 이상의 강철판 또는 이와 동등 이상의 강도, 내열성 및 내식성이 있는 금속성의 것으로 칸막이를 설치하여야 한다. 다만, 고체인 위험물을 저장하거나 고체인 위험물을 가열하여 액체상태로 저장하는 경우에는 그러하지 아니하다.

① A : 2,000, B : 1.6
② A : 2,000, B : 3.2
③ A : 4,000, B : 1.6
④ A : 4,000, B : 3.2

해설
이동저장탱크는 그 내부에 4,000L 이하마다 3.2mm 이상의 강철판 또는 이와 동등 이상의 강도, 내열성 및 내식성이 있는 금속성의 것으로 칸막이를 설치하여야 한다.

정답 43 ③ 44 ③ 45 ③ 46 ④

47 질산나트륨의 성상으로 옳은 것은?

① 황색 결정이다.
② 물에 잘 녹는다.
③ 흑색화약의 원료이다.
④ 상온에서 자연분해한다.

> **해설**
> 질산나트륨은 백색 결정으로 물, 글리세린에 잘 녹고 에테르에 녹기 어렵다.
> ③ 흑색화약의 원료 : 질산칼륨, 유황, 숯

48 피크린산 제조에 사용되는 물질과 가장 관계가 있는 것은?

① C_6H_6
② $C_6H_5CH_3$
③ $C_3H_5(OH)_3$
④ C_6H_5OH

> **해설**
> 피크린산은 페놀(C_6H_5OH)에 진한 질산과 진한 황산을 혼합하여 제조한다.

49 위험물안전관리법령상 위험물옥외저장소에 저장할 수 있는 품명은?(단, 국제해상위험물규칙에 적합한 용기에 수납하는 경우를 제외한다.)

① 특수인화물
② 무기과산화물
③ 알코올류
④ 칼륨

> **해설**
> 〈옥외저장소에 저장 및 취급이 가능한 위험물〉
> - 제2류 위험물 중 유황과 인화성 고체(인화점이 섭씨 0℃ 이상)
> - 제4류 위험물 중 제1석유류(인화점이 섭씨 0℃ 이상)과 알코올류, 제2석유류, 제3석유류, 제4석유류, 동식물유류
> - 제6류 위험물
> - 시·도 조례로 정하는 제2류 또는 제4류 위험물
> - 국제해상위험물규칙(IMDG Code)에 적합한 용기에 수납된 위험물

50 가연물에 따른 화재의 종류 및 표시색의 연결이 옳은 것은?

① 폴리에틸렌 - 유류화재 - 백색
② 석탄 - 일반화재 - 청색
③ 시너 - 유류화재 - 청색
④ 나무 - 일반화재 - 백색

> **해설**
> ① 폴리에틸렌 - 일반화재 - 백색
> ② 석탄 - 일반화재 - 백색
> ③ 시너 - 유류화재 - 황색

51 다음 중 위험물안전관리법령에 따른 지정수량이 나머지 셋과 다른 하나는?

① 황린
② 칼륨
③ 나트륨
④ 알킬리튬

> **해설**
> 황린 : 20kg, 칼륨·나트륨·알킬리튬 : 10kg

정답 47 ② 48 ④ 49 ③ 50 ④ 51 ①

52 다음은 위험물안전관리법령에서 정한 정의이다. 무엇의 정의인가?

> 인화성 또는 발화성 등의 성질을 가지는 것으로 대통령령이 정하는 물품을 말한다.

① 위험물 ② 가연물
③ 특수인화물 ④ 제4류 위험물

해설
위험물에 해당하는 정의이다.

53 과염소산나트륨의 성질이 아닌 것은?

① 황색의 분말로 물과 반응하여 산소를 발생한다.
② 가열하면 분해되고 산소를 방출한다.
③ 융점은 약 482℃이고 물에 잘 녹는다.
④ 비중은 약 2.5로 물보다 무겁다.

해설
과염소산나트륨은 백색의 분말로 물과 반응하지 않는다.

54 황린과 적린의 성질에 대한 설명으로 가장 거리가 먼 것은?

① 황린과 적린은 이황화탄소에 녹는다.
② 황린과 적린은 물에 불용이다.
③ 적린은 황린에 비하여 화학적으로 활성이 작다.
④ 황린과 적린을 각각 연소시키면 P_2O_5가 생성된다.

해설
적린은 이황화탄소(CS_2)에 녹지 않는 반면에 황린은 이황화탄소(CS_2)에 잘 녹는다.

55 아세트알데히드와 아세톤의 공통 성질에 대한 설명 중 틀린 것은?

① 증기는 공기보다 무겁다.
② 무색 액체로서 인화점이 0℃보다 낮다.
③ 물에 잘 녹는다.
④ 특수인화물로 반응성이 크다.

해설
아세트알데히드는 특수인화물에 해당하는 반면에 아세톤은 제1석유류에 해당한다.

56 다음 위험물 중 특수인화물이 아닌 것은?

① 메틸에틸케톤 퍼옥사이드
② 산화프로필렌
③ 아세트알데히드
④ 이황화탄소

해설
① 제5류 위험물 중 유기과산화물에 해당한다.

57 다음 중 분자량이 약 74, 비중이 약 0.71 인 물질로서 에탄올 두 분자에서 물이 빠지면서 축합반응이 일어나 생성되는 물질은?

① $C_2H_5OC_2H_5$ ② C_2H_5OH
③ C_6H_5Cl ④ CS_2

정답 52 ① 53 ① 54 ① 55 ④ 56 ① 57 ①

> **해설**
> 디에틸에테르 제조 반응식 : $2C_2H_5OH$
> $\rightarrow C_2H_5OC_2H_5 + H_2O$

58 위험물 관련 신고 및 선임에 관한 사항으로 옳지 않은 것은?

① 제조소의 위치·구조 변경 없이 위험물의 품명 변경 시는 변경하고자 하는 날의 14일 이전까지 신고하여야 한다.
② 제조소 설치자의 지위를 승계한자는 승계한 날로부터 30일 이내에 신고하여야 한다.
③ 위험물안전관리자가 퇴직한 경우는 퇴직일로부터 14일 이내에 신고하여야 한다.
④ 위험물안전관리자가 퇴직한 경우는 퇴직일로부터 30일 이내에 선임하여야 한다.

> **해설**
> 제조소등의 위치·구조 또는 설비의 변경없이 당해 제조소 등에서 저장하거나 취급하는 위험물의 품명·수량 또는 지정수량의 배수를 변경하고자 하는 자는 변경하고자 하는 날의 <u>1일 전까지</u> 행정안전부령이 정하는 바에 따라 시·도사에게 신고하여야 한다.

59 메탄올에 관한 설명으로 옳지 않은 것은?

① 인화점은 약 11℃ 이다
② 술의 원료로 사용된다.
③ 휘발성이 강하다.
④ 최종산화물은 의산(포름산)이다.

> **해설**
> 술의 원료로 사용되는 것은 에탄올이다.

60 다음 중 옥내저장소의 동일한 실에 서로 1m 이상의 간격을 두고 저장할 수 없는 것은?

① 제1류 위험물과 제3류 위험물 중 자연발화성물질(황린 또는 이를 함유한 것에 한한다.)
② 제4류 위험물과 제2류 위험물 중 인화성고체
③ 제1류 위험물과 제4류 위험물
④ 제1류 위험물과 제6류 위험물

> **해설**
> 제1류 위험물은 제6류 위험물과 저장할 수 있다.

정답 58 ① 59 ② 60 ③

2013년 5회 위험물기능사

01 점화원으로 작용할 수 있는 정전기를 방지하기 위한 예방 대책이 아닌 것은?

① 정전기 발생이 우려되는 장소에 접지시설을 한다.
② 실내의 공기를 이온화하여 정전기 발생을 억제한다.
③ 정전기는 습도가 높거나 압력이 높을 때 많이 발생하므로 상대습도를 70% 이상으로 한다.
④ 전기의 저항이 큰 물질은 대전이 용이하므로 전도체 물질을 사용한다.

해설
전기의 저항이 작은 물질인 전도체 물질을 사용한다.

02 단백포소화약제 제조 공정에서 부동제로 사용하는 것은?

① 에틸렌글리콜
② 물
③ 가수분해 단백질
④ 황산제1철

해설
단백포 소화약제의 제조 공정에서 에틸렌글리콜을 부동제로 사용한다.

03 다음과 같은 반응에서 5㎥의 탄산가스를 만들기 위해 필요한 탄산수소나트륨의 양은 약 몇 kg인가?(단, 표준상태이고 나트륨의 원자량은 23이다.)

$$2NaHCO_3 \rightarrow Na_2CO_3 + CO_2 + H_2O$$

① 18.75　　② 37.5
③ 56.25　　④ 75

해설
PV = nRT 적용,
$1 \times 5 \times 2몰 = \dfrac{x}{84} \times 0.082 \times 273$
$x = 37.5$kg

04 건물의 외벽이 내화구조로서 연면적 300㎡의 옥내저장소에 필요한 소화기 소요단위수는?

① 1단위　　② 2단위
③ 3단위　　④ 4단위

해설
저장소이며 내화구조인 경우는 150㎡를 1소요단위로 한다.
$\therefore \dfrac{300m^2}{150m^2} = 2$

정답 01 ④　02 ①　03 ②　04 ②

05 연쇄반응을 억제하여 소화하는 소화약제는?

① 할론 1301   ② 물
③ 이산화탄소   ④ 포

> **해설**
> 할로겐화합물 소화약제의 경우 연쇄반응을 억제하는 소화방법인 억제소화(=부촉매소화)를 주된 소화효과로 한다.

06 제조소등에 전기설비(전기배선, 조명기구 등은 제외)가 설치된 경우에는 면적 몇 m^2 마다 소형수동식소화기를 1개 이상 설치하여야 하는가?

① 50   ② 100
③ 150   ④ 200

> **해설**
> 제조소등에 전기배선, 조명기구 등을 제외한 전기설비가 설치된 경우에는 해당 장소의 면적 $100m^2$마다 소형수동식 소화기를 1개 이상 설치해야 한다.

07 화재별 급수에 따른 화재의 종류 및 표시색상을 모두 옳게 나타낸 것은?

① A급 : 유류화재, 황색
② B급 : 유류화재, 황색
③ A급 : 유류화재, 백색
④ B급 : 유류화재, 백색

> **해설**
> A급 : 일반화재, 백색
> B급 : 유류화재, 황색
> C급 : 전기화재, 청색
> D급 : 금속화재, 무색

08 일반취급소의 형태가 옥외의 공작물로 되어 있는 경우에 있어서 그 최대수평 투영면적이 500㎡ 일 때 설치하여야 하는 소화설비의 소요단위는 몇 단위인가?

① 5단위   ② 10단위
③ 15단위   ④ 20단위

> **해설**
> 제조소등의 옥외에 설치된 공작물은 외벽이 내화구조로 간주하고 공작물의 최대수평투영면적을 연면적으로 간주한다.
> $$\therefore \frac{500m^2}{100m^2}=5$$

09 수용성 가연성 물질의 화재 시 다량의 물을 방사하여 가연물질의 농도를 연소농도 이하가 되도록 하여 소화시키는 것은 무슨 소화원리인가?

① 제거소화   ② 촉매소화
③ 희석소화   ④ 억제소화

> **해설**
> 희석소화란 물 또는 CO_2 가스 등으로 희석시켜 가연물의 조성을 연소농도 이하로 소화하는 방법이다.

10 위험물을 운반용기에 담아 지정수량의 1/10 초과하여 적재하는 경우 위험물을 혼재하여도 무방한 것은?

① 제1류 위험물과 제6류 위험물
② 제2류 위험물과 제6류 위험물
③ 제2류 위험물과 제3류 위험물
④ 제3류 위험물과 제5류 위험물

정답 05 ① 06 ② 07 ② 08 ① 09 ③ 10 ①

> **해설**
> 혼재기준에서 제1류 위험물과 제6류 위험물은 혼재가 가능하다.

11 15℃의 기름 100g에 8000J의 열량을 주면 기름의 온도는 몇 ℃가 되겠는가?(단, 기름의 비열은 2J/g·℃이다.)

① 25
② 45
③ 50
④ 55

> **해설**
> $Q = cmt\triangle$
> $8000J = 2J/g\cdot℃ \times 100g \times (x-15)℃$
> $x = 55℃$

12 이산화탄소 소화기 사용 시 줄·톰슨 효과에 의해서 생성되는 물질은?

① 포스겐
② 일산화탄소
③ 드라이아이스
④ 수성가스

> **해설**
> 줄·톰슨 효과란 소화기에서 이산화탄소(CO_2)의 압축기체가 분출되며 온도가 급격히 내려가 고체 형태의 드라이아이스가 형성되는 효과이다.

13 탱크화재 현상 중 BLEVE(Boiling Liquid Expanding Vapor Explosion)에 대한 설명으로 옳은 것은?

① 기름탱크에서의 수증기 폭발현상이다.
② 비등상태의 액화가스가 기화하여 팽창하고 폭발하는 현상이다.
③ 화재 시 기름 속의 수분이 급격히 증발하여 기름거품이 되고 팽창해서 기름 탱크에서 밖으로 내뿜어져 나오는 현상이다.
④ 고점도의 기름 속에 수증기를 포함한 볼 형태의 물방울이 형성되어 탱크 밖으로 넘치는 현상이다.

> **해설**
> 비등상태의 액화가스가 기화하여 팽창하고 폭발하는 현상을 블레비(BLEVE) 현상이라 한다.

14 소화난이도등급 Ⅰ에 해당하지 않는 제조소 등은?

① 제1석유류 위험물을 제조하는 제조소로서 연면적 1000㎡ 이상인 것
② 제1석유류 위험물을 저장하는 옥외탱크저장소로서 액표면적이 40㎡ 이상인 것
③ 모든 이송취급소
④ 제6류 위험물을 저장하는 암반탱크저장소

> **해설**
> 소화난이도등급 Ⅰ의 암반탱크저장소의 기준은 다음과 같다.
> – 액표면적이 40㎡ 이상인 것(제6류 위험물을 저장하는 것 및 고인화점위험물만을 100℃ 미만의 온도에서 저장하는 것은 제외)
> 고체위험물만을 저장하는 것으로서 지정수량의 100배 이상인 것

정답 11 ④ 12 ③ 13 ② 14 ④

15 위험물의 성질에 따라 강화된 기준을 적용하는 지정과산화물을 저장하는 옥내저장소에서 지정과산화물에 대한 설명으로 옳은 것은?

① 지정과산화물이란 제5류 위험물 중 유기과산화물 또는 이를 함유한 것으로서 지정수량이 10kg인 것을 말한다.
② 지정과산화물에는 제4류 위험물에 해당하는 것도 포함된다.
③ 지정과산화물이란 유기과산화물과 알킬알루미늄을 말한다.
④ 지정과산화물이란 유기과산화물 중 소방방재청고시로 지정한 물질을 말한다.

해설
지정과산화물이란 제5류 위험물 중 유기과산화물 또는 이를 함유하는 것으로서 지정수량이 10kg인 것을 말한다.

16 위험물안전관리법령상 지하탱크저장소에 설치하는 강제이중벽탱크에 관한 설명으로 틀린 것은?

① 탱크본체와 외벽사이에는 3mm 이상의 감지층을 둔다.
② 스페이서는 탱크본체와 재질을 다르게 하여야 한다.
③ 탱크전용실 없이 지하에 직접 매설할 수도 있다.
④ 탱크외면에는 최대시험압력을 지워지지 않도록 표시하여야 한다.

해설
탱크본체와 외벽 사이의 감지층 간격을 유지하기 위한 스페이서를 설치한다. (재질은 원칙적으로 탱크본체와 동일한 재료로 할 것)

17 지정수량의 100배 이상을 저장 또는 취급하는 옥내저장소에 설치하여야 하는 경보설비는?(단, 고인화점 위험물만을 취급하는 경우는 제외한다.)

① 비상경보설비
② 자동화재탐지설비
③ 비상방송설비
④ 비상조명등설비

해설
옥내저장소에서 지정수량의 100배 이상을 저장 또는 취급하는 것(고인화점위험물만을 저장 또는 취급하는 것을 제외한다)에 자동화재탐지설비를 설치하며, 지정수량의 10배 이상을 저장 또는 취급하는 것에 자동화재탐지설비,비상경보설비, 확성장치 또는 비상방송설비 중 1종 이상을 설치하여야 한다.

18 금속분, 목탄, 코크스 등의 연소형태에 해당하는 것은?

① 자기연소   ② 증발연소
③ 분해연소   ④ 표면연소

해설
숯, 금속분, 목탄, 코크스 등의 연소형태는 표면연소이다.

정답 15 ① 16 ② 17 ② 18 ④

19 8L 용량의 소화전용 물통의 능력단위는?

① 0.3　　② 0.5
③ 1.0　　④ 1.5

> **해설**
>
> | 소화설비 | 용량 | 능력단위 |
> |---|---|---|
> | 소화전용 물통 | 8L | 0.3 |

20 위험물 제조소등별로 설치하여야 하는 경보설비의 종류에 해당하지 않는 것은?

① 비상방송설비
② 비상조명등설비
③ 자동화재탐지설비
④ 비상경보설비

> **해설**
>
> 지정수량 10배 이상의 위험물을 저장하는 제조소에 설치하는 경보설비의 종류에는 자동화재탐지설비, 비상방송설비, 비상경보설비, 확성장치(휴대용 확성기)가 해당된다.

21 염소산나트륨과 반응하여 ClO_2가스를 발생시키는 것은?

① 글리세린
② 질소
③ 염산
④ 산소

> **해설**
>
> 아염소산염류, 염소산염류 등에 산을 가하면 이산화염소(ClO_2)를 발생시킨다.

22 위험물의 지하저장탱크 중 압력탱크 외의 탱크에 대해 수압시험을 실시할 때 몇 kPa의 압력으로 하여야 하는가?(단, 소방방재청장이 정하여 고시하는 기밀시험과 비파괴시험을 동시에 실시하는 방법으로 대신하는 경우는 제외한다.)

① 40　　② 50
③ 60　　④ 70

> **해설**
>
> 지하저장탱크는 압력탱크 외의 탱크에 있어서는 70kPa의 압력으로, 압력탱크에 있어서는 최대상용압력의 1.5배의 압력으로 각각 10분간 수압시험을 실시한다.

23 다음 중 착화온도가 가장 낮은 것은?

① 등유　　② 가솔린
③ 아세톤　　④ 톨루엔

> **해설**
>
> ① 등유 : 210℃
> ② 가솔린 : 280℃~456℃
> ③ 아세톤 : 465℃
> ④ 톨루엔 : 480℃

24 저장용기에 물을 넣어 보관하고, $Ca(OH)_2$을 넣어 pH 9의 약 알칼리성으로 유지시키면서 저장하는 물질은?

① 적린　　② 황린
③ 질산　　④ 황화린

> **해설**
>
> 황린은 자연발화성 물질로 pH 9인 약알칼리성의 물에 저장한다.

정답　19 ①　20 ②　21 ③　22 ④　23 ①　24 ②

25 시·도의 조례가 정하는 바에 따라 관할소방서장의 승인을 받아 지정수량 이상의 위험물을 제조소등이 아닌 장소에서 임시로 저장 또는 취급하는 기간은 최대 며칠 이내인가?

① 30
② 60
③ 90
④ 120

> **해설**
> 위험물 임시 저장기간 : 90일 이내

26 과염소암모늄의 위험성에 대한 설명으로 올바르지 않은 것은?

① 급격히 가열하면 폭발의 위험이 있다.
② 건조 시에는 안정하나, 수분 흡수 시에는 폭발한다.
③ 가연성 물질과 혼합하면 위험하다.
④ 강한 충격이나 마찰에 의해 폭발의 위험이 있다.

> **해설**
> 과염소산암모늄의 화재 시 주수소화하므로 수분과의 폭발 반응은 없다.

27 위험물안전관리법령상 제5류 위험물의 판정을 위한 시험의 종류로 옳은 것은?

① 폭발성 시험, 가열분해성 시험
② 폭발성 시험, 충격민감성 시험
③ 가열분해성 시험, 착화의 위험성 시험
④ 충격민감성 시험, 착화의 위험성 시험

> **해설**
> 제5류 위험물의 판정을 위한 시험의 종류에는 폭발성 시험, 가열분해성 시험이 있다.

28 위험물 저장 방법에 관한 설명 중 틀린 것은?

① 알킬알루미늄은 물속에 보관한다.
② 황린은 물속에 보관한다.
③ 금속나트륨은 등유 속에 보관한다.
④ 금속칼륨은 경유 속에 보관한다.

> **해설**
> 알킬알루미늄은 금수성 물질에 해당하므로 물과의 접촉을 피하여야 한다.

29 위험물 운반에 관한 기준 중 위험등급 Ⅰ에 해당하는 위험물은?

① 황화린
② 피크린산
③ 벤조일퍼옥사이드
④ 질산나트륨

> **해설**
> 벤조일퍼옥사이드는 제5류 위험물 중 위험등급 Ⅰ에 해당하는 유기과산화물에 해당한다.

30 톨루엔에 대한 설명으로 틀린 것은?

① 벤젠의 수소원자 하나가 메틸기로 치환된 것이다.
② 증기는 벤젠보다 가볍고 휘발성은 더 높다.
③ 독특한 향기를 가진 무색의 액체이다.
④ 물에 녹지 않는다.

정답 25 ③ 26 ② 27 ① 28 ① 29 ③ 30 ②

> **해설**
>
> 톨루엔의 증기는 벤젠보다 무겁고 휘발성은 더 낮다.

31 질산나트륨의 성상에 대한 설명 중 틀린 것은?

① 조해성이 있다.
② 강력한 환원제이며, 물보다 가볍다.
③ 열분해하여 산소를 방출한다.
④ 가연물과 혼합하면 충격에 의해 발화할 수 있다.

> **해설**
>
> 강력한 산화제이며, 물보다 무겁다.

32 2몰의 브롬산칼륨이 모두 열분해 되어 생긴 산소의 양은 2기압 27℃에서 약 몇 L인가?

① 32.42   ② 36.92
③ 41.34   ④ 45.64

> **해설**
>
> 반응식 : $2KBrO_3 \rightarrow 2KBr + 3O_2$ (제1류 위험물 개념)
> PV = nRT 적용, 산소의 몰수 3몰을 곱하여야 한다.
> $2 \times x = 2 \times 0.082 \times (273+27) \times 3$
> $x = 36.9L$

33 메탄올과 에탄올의 공통점을 설명한 내용으로 틀린 것은?

① 휘발성의 무색 액체이다.
② 인화점이 0℃ 이하이다.
③ 증기는 공기보다 무겁다.
④ 비중이 물보다 작다.

> **해설**
>
> 〈인화점〉
> 메탄올 : 11℃, 에탄올 : 13℃

34 위험물안전관리법령상 유별이 같은 것으로만 나열된 것은?

① 금속의 인화물, 칼슘의 탄화물, 할로겐간화합물
② 아조벤젠, 염산히드라진, 질산구아니딘
③ 황린, 적린, 무기과산화물
④ 유기과산화물, 질산에스테르류, 알킬리튬

> **해설**
>
> 아조벤젠, 염산히드라진, 질산구아니딘은 제5류 위험물에 해당한다.

35 위험물저장탱크 중 부상지붕구조로 탱크의 직경이 53m 이상 60m 미만인 경우 고정식 포소화설비의 포방출구 종류 및 수량으로 옳은 것은?

① Ⅰ형 8개 이상
② Ⅱ형 8개 이상
③ Ⅲ형 10개 이상
④ 특형 10개 이상

> **해설**
>
> 탱크의 직경이 53m 이상 60m 미만인 경우 고정식 포방출구는 특형으로 10개 이상을 탱크 옆판의 외주에 균등한 간격으로 설치하여야 한다.

정답 31 ②   32 ②   33 ②   34 ②   35 ④

36 위험물의 운반에 관한 기준에서 제4석유류와 혼재할 수 없는 위험물은?(단, 위험물은 각각 지정수량의 2배인 경우이다.)

① 황화린 ② 칼륨
③ 유기과산화물 ④ 과염소산

> **해설**
> 제4석유류는 제4류 위험물이므로 과염소산(제6류 위험물)과 혼재할 수 없다.
> ① 황화린 : 제2류 위험물
> ② 칼륨 : 제3류 위험물
> ③ 유기과산화물 : 제5류 위험물

37 주유취급소 일반점검표와의 점검항목에 따른 점검내용 중 점검방법이 육안점검이 아닌 것은?

① 가연성증기검지경보설비 – 손상의 유무
② 피난설비의 비상전원 – 정전 시의 점등 상황
③ 간이탱크의 가연성증기회수밸브 – 작동 상황
④ 배관의 전기방식 설비 – 단자의 탈락 유무

> **해설**
> 피난설비의 비상전원 – 작동확인

38 디에틸에테르에 대한 설명 중 틀린 것은?

① 강산화제와 혼합 시 안전하게 사용할 수 있다.
② 대량으로 저장 시 불활성가스를 봉입한다.
③ 정전기 발생 방지를 위해 주의를 기울여야 한다.
④ 통풍, 환기가 잘 되는 곳에 저장한다.

> **해설**
> 강산화제와 혼합 시 위험하다.

39 다음 중 증기비중이 가장 큰 것은?

① 벤젠 ② 등유
③ 메틸알코올 ④ 디에틸에테르

> **해설**
> 증기비중 = $\dfrac{분자량}{29}$
> ① 벤젠(C_6H_6) : $\dfrac{78}{29}$ = 2.69
> ② 등유($C_9 \sim C_{18}$) : 4 ~ 5
> ③ 메틸알코올(CH_3OH) : $\dfrac{32}{29}$ = 1.10
> ④ 디에틸에테르($C_2H_5OC_2H_5$) : $\dfrac{74}{29}$ = 2.55

40 휘발유에 대한 설명으로 옳은 것은?

① 가연성 증기를 발생하기 쉬우므로 주의한다.
② 발생된 증기는 공기보다 가벼워서 주변으로 확산하기 쉽다.
③ 전기를 잘 통하는 도체이므로 정전기를 발생시키지 않도록 조치한다.
④ 인화점이 상온보다 높으므로 여름철에 각별한 주의가 필요하다.

> **해설**
> ② 증기비중이 3 ~ 4로 발생된 증기는 공기보다 무겁다.
> ③ 전기의 불량도체로 정전기를 발생시키지 않도록 조치한다.
> ④ 인화점이 -43℃ ~ -20℃로 상온보다 낮다.

정답 36 ④ 37 ② 38 ① 39 ② 40 ①

41 다음 중 위험물안전관리법령에 의한 지정수량이 가장 작은 품명은?

① 질산염류
② 인화성고체
③ 금속분
④ 질산에스테르류

> **해설**
> ① 질산염류 : 300kg
> ② 인화성고체 : 1,000kg
> ③ 금속분 : 500kg
> ④ 질산에스테르류 : 10kg

42 위험물안전관리법령상 제2류 위험물에 속하지 않은 것은?

① P_4S_3 ② Al
③ Mg ④ Li

> **해설**
> 리튬(Li)은 제3류 위험물에 속한다.

43 다음 위험물 중 발화점이 가장 낮은 것은?

① 황 ② 삼황화린
③ 황린 ④ 아세톤

> **해설**
> 황린은 자연발화성 물질로 발화점이 약 34℃이다.

44 위험물안전관리법령에 의한 지정수량이 나머지 셋과 다른 하나는?

① 유황 ② 적린
③ 황린 ④ 황화린

> **해설**
> 황린은 위험등급 Ⅰ, 지정수량이 20kg이고 칼륨, 나트륨, 알킬리튬, 알킬알루미늄은 위험등급 Ⅰ, 지정수량 10kg이다.

45 인화성액체 위험물을 저장하는 옥외탱크저장소에 설치하는 방유제의 높이 기준은?

① 0.5m 이상 1m 이하
② 0.5m 이상 3m 이하
③ 0.3m 이상 1m 이하
④ 0.3m 이상 3m 이하

> **해설**
> 옥외탱크저장소의 방유제 높이는 0.5m 이상 3m 이하로 한다.

46 위험물안전관리법령상 옥외저장탱크 중 압력탱크 외의 탱크에 통기관을 설치하여야 할 때 밸브 없는 통기관인 경우 통기관의 직경은 몇 ㎜ 이상으로 하여야 하는가?

① 10 ② 15
③ 20 ④ 30

> **해설**
> 옥외탱크저장소에 설치하는 밸브없는 통기관의 지름은 30mm이상으로 한다.

47 금속나트륨과 금속칼륨의 공통적인 성질에 대한 설명으로 옳은 것은?

① 불연성 고체이다.
② 물과 반응하여 산소를 발생한다.

정답 41 ④ 42 ④ 43 ③ 44 ③ 45 ② 46 ④

③ 은백색의 매우 단단한 금속이다.
④ 물보다 가벼운 금속이다.

> **해설**
> 금속 나트륨과 금속 칼륨은 은백색의 물보다 가벼운 무른 금속에 해당하며, 물과 반응 시 수소기체를 발생한다.

48 트리니트로페놀에 대한 일반적인 설명으로 틀린 것은?

① 가연성 물질이다.
② 공업용은 보통 휘황색의 결정이다.
③ 알코올에 녹지 않는다.
④ 납과 화합하여 예민한 금속염을 만든다.

> **해설**
> 알코올에 잘 녹는다.

49 위험물 저장탱크의 내용적이 300L일 때 탱크에 저장하는 위험물의 용량의 범위로 적합한 것은?

① 240~270L   ② 270~285L
③ 290~295L   ④ 295~298L

> **해설**
> 탱크의 공간용적은 내용적의 5~10%로 한다.
> 300L×0.9=270L
> 300L×0.95=285L

50 위험물 "알킬리튬, 리튬, 수소화나트륨, 인화칼슘, 탄화칼슘"의 지정수량의 총 합은 몇 kg인가?

① 820   ② 900
③ 960   ④ 1260

> **해설**
> 알킬리튬(10kg) + 리튬(50kg) + 수소화나트륨(300kg) + 탄화칼슘(300kg) = 960kg

51 과산화수소의 분해 방지제로서 적합한 것은?

① 아세톤   ② 인산
③ 황   ④ 암모니아

> **해설**
> 과산화수소의 분해 방지 안정제로 인산, 요산이 적합하다.

52 위험물안전관리법령상 산화성 액체에 해당하지 않는 것은?

① 과염소산   ② 과산화수소
③ 과염소산나트륨 ④ 질산

> **해설**
> 과염소산나트륨은 제1류 위험물인 산화성 고체에 해당한다.

53 위험물안전관리법령상 염소화규소화합물은 제 몇 류 위험물에 해당하는가?

① 제1류   ② 제2류
③ 제3류   ④ 제5류

> **해설**
> 염소화규소화합물 : 제3류 위험물

정답 47 ④   48 ③   49 ②   50 ③   51 ②   52 ③   53 ③

54 가솔린의 연소범위에 가장 가까운 것은?

① 1.4 ~ 7.6%
② 2.0 ~ 23.0%
③ 1.8 ~ 36.5%
④ 1.0 ~ 50.0%

> **해설**
> 가솔린의 연소범위는 1.4 ~ 7.6%에 해당한다.

55 옥내저장탱크의 상호 간에는 특별한 경우를 제외하고 최소 몇 m 이상의 간격을 유지하여야 하는가?

① 0.1   ② 0.2
③ 0.3   ④ 0.5

> **해설**
> 옥내탱크저장소의 기준에서 옥내저장탱크 상호 간에는 0.5m 이상의 간격을 유지하여야 한다.

56 과산화벤조일에 대한 설명 중 틀린 것은?

① 진한 황산과 혼촉 시 위험성이 증가한다.
② 폭발성을 방지하기 위하여 희석제를 첨가할 수 있다.
③ 가열하면 약 100℃에서 흰 연기를 내면서 분해한다.
④ 물에 녹으며, 무색 무취의 액체이다.

> **해설**
> 물에 녹기 어려운 무색 무취의 고체이다.

57 위험물 판매취급소에 대한 설명 중 틀린 것은?

① 제1종 판매취급소라 함은 저장 또는 취급하는 위험물의 수량이 지정수량의 20배 이하인 판매취급소를 말한다.
② 위험물을 배합하는 실의 바닥면적은 6 m² 이상 15 m² 이하이어야 한다.
③ 판매취급소에서는 도료류 외의 제1석유류를 배합하거나 옮겨 담는 작업을 할 수 있다.
④ 제1종 판매취급소는 건축물의 2층까지만 설치가 가능하다.

> **해설**
> ④ 제1종 판매취급소는 건축물의 1층까지만 설치가 가능하다.

58 위험물안전관리법의 적용 제외와 관련된 내용 "위험물안전관리법은 ( )에 의한 위험물의 저장·취급 및 운반에 있어서는 이를 적용하지 아니한다."에서 괄호 안에 알맞은 것을 모두 나타낸 것은?

① 항공기·선박(선박법 제1조의2 제1항에 따른 선박을 말한다.)·철도 및 궤도
② 항공기·선박(선박법 제1조의2 제1항에 따른 선박을 말한다.)·철도
③ 항공기·철도 및 궤도
④ 철도 및 궤도

> **해설**
> 항공기·선박·철도 및 궤도에 의한 위험물의 저장·취급 및 운반에 있어서는 위험물안전관리법의 규제를 적용하지 않는다.

정답   54 ①   55 ④   56 ④   57 ④   58 ①

59 옥내저장소에 질산 600L를 저장하고 있다. 저장하고 있는 질산은 지정수량의 몇 배인가?(단, 질산의 비중은 1.5이다.)

① 1 ② 2
③ 3 ④ 4

> **해설**
> 저장수량 : $600L \times \dfrac{1.5kg}{L} = 900kg$
> ∴ $\dfrac{저장수량}{지정수량} = \dfrac{900kg}{300kg} = 3$

60 중크롬산칼륨에 대한 설명으로 틀린 것은?

① 열분해하여 산소를 발생한다.
② 물과 알코올에 잘 녹는다.
③ 등적색의 결정으로 쓴 맛이 있다.
④ 산화제, 의약품 등에 사용된다.

> **해설**
> 물에 약간 용해되고 알코올에 불용이다.

정답 59 ③ 60 ②

2014년 1회 위험물기능사

01 알루미늄 분말 화재 시 주수하여서는 안 되는 가장 큰 이유는?

① 수소가 발생하여 연소가 확대되기 때문에
② 유독가스가 발생하여 연소가 확대되기 때문에
③ 산소의 발생으로 연소가 확대되기 때문에
④ 분말의 독성이 강하기 때문에

> **해설**
> 알루미늄은 금수성 물질이므로 주수소화 하게 되면 수소 가스가 발생하여 연소가 확대되므로 질식소화 하여야 한다.

02 위험물별로 설치하는 소화설비 중 적응성이 없는 것과 연결된 것은?

① 제3류 위험물 중 금수성물질 이외의 것 – 할로겐화합물 소화설비, 이산화탄소소화설비
② 제4류 위험물 – 물분무소화설비, 이산화탄소소화설비
③ 제5류 위험물 – 포소화설비, 스프링클러설비
④ 제6류 위험물 – 옥내소화전설비, 물분무소화설비

> **해설**
> ③ 제3류 위험물 중 금수성물질 이외의 것에 질식소화는 적응성이 없다.

03 전기화재의 급수와 표시색상을 옳게 나타낸 것은?

① C급 – 백색
② D급 – 백색
③ C급 – 청색
④ D급 – 청색

> **해설**
> A급 : 일반화재, 백색
> B급 : 유류화재, 황색
> C급 : 전기화재, 청색
> D급 : 금속화재, 무색

04 탄화알루미늄이 물과 반응하여 폭발의 위험이 있는 것은 어떤 가스가 발생하기 때문인가?

① 수소
② 메탄
③ 아세틸렌
④ 암모니아

> **해설**
> $Al_4C_3 + 12H_2O \rightarrow 4Al(OH)_3 + 3CH_4$

05 과산화리튬의 화재현장에서 주수소화가 불가능한 이유는?

① 수소가 발생하기 때문에
② 산소가 발생하기 때문에
③ 이산화탄소가 발생하기 때문에
④ 일산화탄소가 발생하기 때문에

> **해설**
> 과산화리튬은 금수성 물질로 주수소화시 조연성의 산소 가스가 발생한다.

정답 01 ① 02 ① 03 ③ 04 ② 05 ②

06 위험물제조소에 설치하는 분말소화설비의 기준에서 분말소화약제의 가압용 가스로 사용할 수 있는 것은?

① 헬륨 또는 산소
② 네온 또는 염소
③ 아르곤 또는 산소
④ 질소 또는 이산화탄소

해설
분말소화설비의 기준에서 가압용 가스로 사용할 수 있는 것은 질소 또는 이산화탄소이다.

07 제6류 위험물을 저장하는 제조소등에 적응성이 없는 소화설비는?

① 옥외소화전설비
② 탄산수소염류 분말소화설비
③ 스프링클러설비
④ 포소화설비

해설
제6류 위험물은 옥내(외)소화전설비, 스프링클러설비, 물분무소화설비, 포소화설비 등에 적응성이 있다.

08 소화난이도등급 I에 해당하는 위험물제조소등이 아닌 것은?(단, 원칙적인 경우에 한하며 다른 조건은 고려하지 않는다)

① 모든 이송취급소
② 연면적 600㎡의 제조소
③ 지정수량의 150배인 옥내저장소
④ 액 표면적이 40㎡인 옥외탱크저장소

해설
② 연면적 1000㎡ 이상인 제조소에 해당한다.

09 니트로셀룰로오스의 자연발화는 일반적으로 무엇에 기인한 것인가?

① 산화열   ② 중합열
③ 흡착열   ④ 분해열

해설
니트로셀룰로오스, 셀룰로이드 등은 분해열에 의한 발열이 자연발화의 주된 요인이다.

10 인화점 70℃ 이상의 제4류 위험물을 저장하는 암반탱크저장소에 설치하여야 하는 소화설비들로만 이루어진 것은?(단, 소화난이도등급 I에 해당한다.)

① 물분무소화설비 또는 고정식 포소화설비
② 이산화탄소소화설비 또는 물분무소화설비
③ 할로겐화합물소화설비 또는 이산화탄소소화설비
④ 고정식 포소화설비 또는 할로겐화합물소화설비

해설

	유황만을 저장 취급하는 것	물분무소화 설비
암반탱크저장소	인화점 70℃ 이상의 제4류 위험물만을 저장취급하는 것	물분무소화설비 또는 고정식 포소화설비
	그 밖의 것	고정식 포소화설비 (포소화설비가 적응성이 없는 경우에는 분말소화설비)

정답 06 ④   07 ②   08 ②   09 ④   10 ①

11 다음 중 질식소화 효과를 주로 이용하는 소화기는?

① 포소화기
② 강화액 소화기
③ 수(물)소화기
④ 할로겐화합물소화기

> **해설**
> ② 강화액 소화기 : 냉각소화
> ③ 수(물)소화기 : 냉각소화
> ④ 할로겐화합물소화기 : 억제소화

12 위험물 제조소등에 설치하는 옥외소화전설비의 기준에서 옥외소화전함은 옥외소화전으로부터 보행거리 몇 m 이하의 장소에 설치하여야 하는가?

① 1.5
② 5
③ 7.5
④ 10

> **해설**
> 옥외소화전함은 옥외소화전으로부터 보행거리 5m 이하의 장소에 설치하여야 한다.

13 위험물의 품명·수량 또는 지정수량 배수의 변경신고에 대한 설명으로 옳은 것은?

① 허가청과 협의하여 설치한 군용위험물시설의 경우에도 적용된다.
② 변경신고는 변경한 날로부터 7일 이내에 완공검사필증을 첨부하여 신고하여야 한다.
③ 위험물의 품명이나 수량의 변경을 위해 제조소등의 위치·구조 또는 설비를 변경하는 경우에 신고한다.
④ 위험물의 품명·수량 및 지정수량의 배수를 모두 변경할 때에는 신고를 할 수 없고 허가를 신청하여야 한다.

> **해설**
> 변경신고는 허가청과 협의하여 설치한 군용위험물시설의 경우에도 적용된다.
> ② 변경신고는 변경한 날로부터 1일 이내에 완공검사필증을 첨부하여 신고하여야 한다.
> ③, ④ 위험물의 품명·수량 또는 지정수량의 배수를 변경하고자 하는 자는 변경하고자 하는 날의 1일전까지 제조소등의 완공검사필증을 첨부하여 시·도지사에게 신고하여야 한다. 제조소등의 위치·구조 또는 설비를 변경하는 경우에는 시·도지사에게 변경허가를 받아야 한다.

14 제조소에서 취급하는 제4류 위험물의 최대수량의 합이 지정수량의 24만 배 이상 48만 배 미만인 사업소의 자체소방대에 두는 화학소방자동차 수와 소방대원의 인원기준으로 옳은 것은?

① 2대, 4인   ② 2대, 12인
③ 3대, 15인   ④ 3대, 24인

> **해설**
> 제4류 위험물을 지정수량의 3천배 이상 취급하는 제조소 또는 일반취급소에 자체소방대를 설치할 수 있으며, 화학소방차 및 자체소방대원의 수는 다음과 같다.

정답 11 ①   12 ②   13 ①   14 ③

사업소의 구분	화학소방자동차의 수	자체소방대원의 수
지정수량의 12만배 미만	1대	5인
지정수량의 12만배 이상 24만배 미만	2대	10인
지정수량의 24만배 이상 48만배 미만	3대	15인
지정수량의 48만배 이상	4대	20인

15 주유취급소 중 건축물의 2층에 휴게음식점의 용도로 사용하는 것에 있어 해당 건축물의 2층으로부터 직접 주유취급소의 부지 밖으로 통하는 출입구와 해당 출입구로 통하는 통로·계단에 설치하여야 하는 것은?

① 비상경보설비 ② 유도등
③ 비상조명등 ④ 확성장치

해설
주유취급소 중 건축물의 2층 이상의 부분을 점포·휴게음식점 또는 전시장의 용도로 사용하는 것에 있어서는 당해 건축물의 2층 이상으로부터 주유취급소의 부지 밖으로 통하는 출입구와 당해 출입구로 통하는 통로·계단 및 출입구에 유도등을 설치하여야 한다.

16 높이 15m, 지름 20m인 옥외저장탱크에 보유공지의 단축을 위해서 물분무설비로 방호조치를 하는 경우 수원의 양은 약 몇 L 이상으로 하여야 하는가?

① 46,496 ② 58,090
③ 70,259 ④ 95,880

해설
물분무설비로 방호조치를 한 경우 탱크 높이 15m 이하마다 원주길이 1m에 대하여 분당 37L 이상으로 하여야 한다.
$= 2\pi r \times 37 L/min \times 20 min$
$= (2 \times \pi \times 10m) \times 37 L/min \times 20 min =$

17 위험물제조소등에 설치해야 하는 각 소화설비의 설치기준에 있어서 각 노즐 또는 헤드 선단의 방사압력 기준이 나머지 셋과 다른 설비는?

① 옥내소화전설비
② 옥외소화전설비
③ 스프링클러설비
④ 물분무소화설비

해설
옥내/옥외/물분무소화설비의 방사압력은 350kPa 이상인 반면에 스프링클러 설비의 방사압력은 100kPa 이상으로 한다.

18 아세톤의 위험도를 구하면 얼마인가?(단, 아세톤의 연소범위는 2~13vol%이다)

① 0.846 ② 1.23
③ 5.5 ④ 7.5

해설
위험도
위험도$(H) = \dfrac{U-L}{L}$
U : 연소범위 상한, L : 연소범위 하한
$\therefore H = \dfrac{U-L}{L} = \dfrac{13-2}{2} = 5.5$

정답 15 ② 16 ① 17 ③ 18 ③

19 위험물제조소등에 설치하는 불활성가스 소화설비의 소화약제 저장용기 설치장소로 적합하지 않은 곳은?

① 방호구역 외의 장소
② 온도가 40℃ 이하이고 온도변화가 적은 장소
③ 빗물이 침투할 우려가 적은 장소
④ 직사일광이 잘 들어오는 장소

해설
④ 직사일광 및 빗물이 침투할 우려가 적은 장소에 설치한다.

20 위험물안전관리법령에 따른 옥외소화전설비의 설치기준에서 "옥외소화전설비는 모든 옥외소화전(설치개수가 4개 이상인 경우는 4개의 옥외소화전)을 동시에 사용할 경우에 각 노즐선단의 방수압력이 (　)kPa 이상이고, 방수량이 1분당 (　)L 이상의 성능이 되도록 할 것"에서 괄호 안에 알맞은 수치를 차례대로 나타낸 것은?

① 350, 260
② 300, 260
③ 350, 450
④ 300, 450

해설
옥외소화전 설비의 방수압력은 350kPa 이상, 방수량은 450L/min 이상을 기준으로 한다.

21 1종 판매취급소에 설치하는 위험물 배합실의 기준으로 틀린 것은?

① 바닥면적은 6㎡ 이상 15㎡ 이하일 것
② 내화구조 또는 불연재료로 된 벽으로 구획할 것
③ 출입구는 수시로 열 수 있는 자동폐쇄식의 갑종방화문으로 설치할 것
④ 출입구 문턱의 높이는 바닥면으로부터 0.2m 이상일 것

해설
④ 출입구 문턱의 높이는 바닥면으로부터 0.1m 이상일 것

22 규조토에 흡수시켜 다이너마이트를 제조할 때 사용되는 위험물은?

① 디니트로톨루엔
② 질산에틸
③ 니트로글리세린
④ 니트로셀룰로오스

해설
규조토에 흡수시킨 니트로글리세린은 다이너마이트를 발명하는데 주원료로 사용되었다.

23 $NaClO_2$을 수납하는 운반용기의 외부에 표시하여야 할 주의사항으로 옳은 것은?

① 화기엄금 및 충격주의
② 화기주의 및 물기엄금
③ 화기·충격주의 및 가연물접촉주의
④ 화기엄금 및 공기접촉엄금

해설
제1류 위험물 아염소산나트륨($NaClO_2$)의 운반용기 주의사항은 화기·충격주의 및 가연물접촉주의이다.

정답　19 ④　20 ③　21 ④　22 ③　23 ③

24 이황화탄소 저장 시 물속에 저장하는 이유로 가장 옳은 것은?

① 공기 중 수소와 접촉하여 산화되는 것을 방지하기 위하여
② 공기와 접촉 시 환원하기 때문에
③ 가연성 증기의 발생을 억제하기 위해서
④ 불순물을 제거하기 위하여

해설
이황화탄소는 가연성 증기 발생을 억제하기 위하여 물속에 저장한다.

25 알루미늄분의 위험성에 대한 설명 중 틀린 것은?

① 할로겐원소와 접촉 시 자연발화의 위험성이 있다.
② 산과 반응하여 가연성가스인 수소를 발생한다.
③ 발화하면 다량의 열이 발생한다.
④ 뜨거운 물과 격렬히 반응하여 산화알루미늄을 발생한다.

해설
뜨거운 물과 격렬히 반응하여 수산화알루미늄과 수소가스를 발생한다.

26 위험물제조소에서 "브롬산나트륨 300kg, 과산화나트륨 150kg, 중크롬산나트륨 500kg"의 위험물을 취급하고 있는 경우 각각의 지정수량 배수의 총합은 얼마인가?

① 3.5 ② 4.0
③ 4.5 ④ 5.0

해설
브롬산나트륨 지정수량 : 300kg
과산화나트륨 지정수량 : 50kg
중크롬산나트륨 지정수량 : 1000kg
$$\therefore \frac{저장수량}{지정수량} = \frac{300}{300} + \frac{150}{50} + \frac{500}{1000}$$
$$= 4.5$$

27 오황화린과 칠황화린이 물과 반응했을 때 공통으로 나오는 물질은?

① 이산화황
② 황화수소
③ 인화수소
④ 삼산화황

해설
오황화린과 칠황화린이 물과 반응했을 때 황화수소를 공통으로 발생한다.

28 과산화벤조일의 일반적인 성질로 옳은 것은?

① 비중은 약 0.33이다.
② 무미, 무취의 고체이다.
③ 물에는 잘 녹지만 디에틸에테르에는 녹지 않는다.
④ 녹는점은 약 300℃이다.

해설
① 비중은 약 1.3이다.
③ 물에는 불용이며 알코올에 약간 용해한다.
④ 녹는점은 약 103~105℃이다.

정답 24 ③   25 ④   26 ③   27 ②   28 ②

29 메틸알코올의 위험성에 대한 설명으로 틀린 것은?

① 겨울에는 인화의 위험이 여름보다 작다.
② 증기밀도는 가솔린보다 크다.
③ 독성이 있다.
④ 연소범위는 에틸알코올보다 넓다.

해설
메틸알코올의 증기밀도(1.1)는 가솔린(3~4)보다 작다.

30 위험물안전관리법령은 위험물의 유별에 따른 저장·취급상의 유의사항을 규정하고 있다. 이 규정에서 특히 과열, 충격, 마찰을 피하여야 할 류(類)에 속하는 위험물 품명을 옳게 나열한 것은?

① 히드록실아민, 금속의 아지화합물
② 금속의 산화물, 칼슘의 탄화물
③ 무기금속화합물, 인화성고체
④ 무기과산화물, 금속의 산화물

해설
제5류 위험물에 대한 설명이므로 히드록실아민, 금속의 아지화합물은 과열, 충격, 마찰을 피하여야 한다.

31 제3류 위험물에 대한 설명으로 옳지 않은 것은?

① 황린은 공기 중에 노출되면 자연발화하므로 물속에 저장하여야 한다.
② 나트륨은 물보다 무거우며 석유 등의 보호액 속에 저장하여야 한다.
③ 트리에틸알루미늄은 상온에서 액체 상태로 존재한다.
④ 인화칼슘은 물과 반응하여 유독성의 포스핀을 발생한다.

해설
나트륨은 물보다 가벼우며 석유 등의 보호액 속에 저장하여야 한다.

32 과산화벤조일 100kg을 저장하려 한다. 지정수량의 배수는 얼마인가?

① 5배   ② 7배
③ 10배 ④ 15배

해설
과산화벤조일(제5류 위험물의 유기과산화물)의 지정수량 : 10kg
$$\therefore \frac{저장수량}{지정수량} = \frac{100}{10} = 10$$

33 순수한 것은 무색, 투명한 기름상의 액체이고 공업용은 담황색인 위험물로 충격, 마찰에는 매우 예민하고 겨울철에는 동결할 우려가 있는 것은?

① 펜트리트
② 트리니트로벤젠
③ 니트로글리세린
④ 질산메틸

해설
니트로글리세린은 어는점이 약 13℃로 겨울철 동결의 우려가 있으며 충격과 마찰에 매우 예민하여 물 또는 알코올에 습면시켜 저장한다.

정답   29 ②   30 ①   31 ②   32 ③   33 ③

34 과산화칼륨이 물 또는 이산화탄소와 반응할 경우 공통적으로 발생하는 물질은?

① 산소
② 과산화수소
③ 수산화칼륨
④ 수소

> **해설**
> 과산화칼륨과 물 또는 이산화탄소가 반응할 경우 공통적으로 산소 가스가 발생한다.
> $2K_2O_2 + 2H_2O \rightarrow 4KOH + O_2$
> $2K_2O_2 + 2CO_2 \rightarrow 2K_2CO_3 + O_2$

35 위험물안전관리법령에서 정한 물분무소화설비의 설치기준으로 적합하지 않은 것은?

① 고압의 전기설비가 있는 장소에는 해당 전기설비와 분무헤드 및 배관과 사이에 전기절연을 위하여 필요한 공간을 보유한다.
② 스트레이너 및 일제개방밸브는 제어밸브의 하류측 부근에 스트레이너, 일제개방밸브의 순으로 설치한다.
③ 물분무소화설비에 2 이상의 방사구역을 두는 경우에는 화재를 유효하게 소화할 수 있도록 인접하는 방사구역이 상호 중복되도록 한다.
④ 수원의 수위가 수평회전식펌프보다 낮은 위치에 있는 가압송수장치의 물올림장치는 타설비와 겸용하여 설치한다.

> **해설**
> 수원의 수위가 수평회전식펌프보다 낮은 위치에 있는 가압수송장치의 물올림장치는 전용으로 설치한다.

36 과산화수소의 운반용기 외부에 표시하여야 하는 주의사항은?

① 화기주의
② 충격주의
③ 물기엄금
④ 가연물접촉주의

> **해설**
> 제6류 위험물이므로 "가연물접촉주의"를 표시하여야 한다.

37 액체위험물을 운반용기에 수납할 때 내용적의 몇 % 이하의 수납율로 수납하여야 하는가?

① 95
② 96
③ 97
④ 98

> **해설**
> 액체 위험물은 운반용기의 내용적 98% 이하의 수납율로 수납할 것

38 다음 중 위험물안전관리법령에서 정한 지정수량이 500kg인 것은?

① 황화린
② 금속분
③ 인화성고체
④ 유황

> **해설**
> ① 황화린 : 100kg
> ② 금속분 : 500kg
> ③ 인화성고체 : 1,000kg
> ④ 유황 : 100kg

정답 34 ① 35 ④ 36 ④ 37 ④ 38 ②

39 건성유에 해당되지 않는 것은?

① 들기름 ② 동유
③ 아마인유 ④ 피마자유

> **해설**
> 피마자유는 불건성유에 해당한다.

40 위험물안전관리법상 제5류 위험물의 위험등급에 대한 설명 중 틀린 것은?

① 유기과산화물과 질산에스테르류는 위험등급 Ⅰ에 해당한다.
② 지정수량 100kg인 히드록실아민과 히드록실아민염류는 위험등급 Ⅱ에 속한다.
③ 지정수량 200kg에 해당되는 품명은 모두 위험등급 Ⅲ에 해당한다.
④ 지정수량 10kg인 품명만 위험등급 Ⅰ에 해당한다.

> **해설**
> 제5류 위험물 중 히드록실아민, 히드록실아민의 경우 위험등급 Ⅱ에 속하며 지정수량은 100kg이다.

41 제5류 위험물에 관한 내용으로 틀린 것은?

① $C_2H_5ONO_2$: 상온에서 액체이다.
② $C_6H_2OH(NO_2)_3$: 공기 중 자연분해가 잘된다.
③ $C_6H_3(NO_2)_2CH_3$: 담황색의 결정이다.
④ $C_3H_5(ONO_2)_3$: 혼산 중에 글리세린을 반응시켜 제조한다.

> **해설**
> ② 트리니트로페놀은 공기 중 자연분해가 되기 어렵다.

42 다음 중 제4류 위험물에 대한 설명으로 가장 옳은 것은?

① 물과 접촉하면 발열하는 것
② 자기연소성 물질
③ 많은 산소를 함유하는 강산화제
④ 상온에서 액상인 가연성 액체

> **해설**
> 제4류 위험물의 성상은 상온에서 액상인 인화성(가연성) 액체이다.

43 위험물 운송책임자의 감독 또는 지원의 방법으로 운송의 감독 또는 지원을 위하여 마련한 별도의 사무실에 운송책임자가 대기하면서 이행하는 사항에 해당하지 않는 것은?

① 운송 후에 운송경로를 파악하여 관할 경찰서에 신고하는 것
② 이동탱크저장소의 운전자에 대하여 수시로 안전확보 상황을 확인하는 것
③ 비상시의 응급처치에 관하여 조언을 하는 것
④ 위험물의 운송 중 안전확보에 관하여 필요한 정보를 제공하고 감독 또는 지원하는 것

> **해설**
> ① 운송 후에 운송경로를 파악하여 관할 소방관서 또는 관련 업체에 신고하는 것

정답 39 ④ 40 ③ 41 ② 42 ④ 43 ①

44 제조소등에 있어서 위험물을 저장하는 기준으로 잘못된 것은?

① 황린은 제3류 위험물이므로 물기가 없는 건조한 장소에 저장하여야 한다.
② 덩어리상태의 유황은 위험물 용기에 수납하지 않고 옥내저장소에 저장할 수 있다.
③ 옥내저장소에서는 용기에 수납하여 저장하는 위험물의 온도가 55℃를 넘지 아니하도록 필요한 조치를 강구하여야 한다.
④ 이동저장탱크에는 저장 또는 취급하는 위험물의 유별·품명·최대수량 및 적재중량을 표시하고 잘 보일 수 있도록 관리하여야 한다.

> **해설**
> 황린(제3류 위험물)은 pH 9인 물속에 저장하여야 한다.

45 요오드(아이오딘)산 아연의 성질에 대한 설명으로 가장 거리가 먼 것은?

① 결정성 분말이다.
② 유기물과 혼합 시 연소 위험이 있다.
③ 환원력이 강하다.
④ 제1류 위험물이다.

> **해설**
> 요오드산아연[$Zn(IO_3)_2$]은 제1류 위험물이므로 산화력이 강하다.

46 1몰의 에틸알코올이 완전 연소하였을 때 생성되는 이산화탄소는 몇 몰인가?

① 1몰   ② 2몰
③ 3몰   ④ 4몰

> **해설**
> $C_2H_5OH + 3O_2 \rightarrow 2CO_2 + 3H_2O$

47 이송취급소의 교체밸브, 제어밸브 등의 설치기준으로 틀린 것은?

① 밸브는 원칙적으로 이송가지 또는 전용부지 내에 설치할 것
② 밸브는 그 개폐상태를 설치장소에서 쉽게 확인할 수 있도록 할 것
③ 밸브를 지하에 설치하는 경우에는 점검상자 안에 설치할 것
④ 밸브는 해당 밸브의 관리에 관계하는 자가 아니면 수동으로만 개폐할 수 있도록 할 것

> **해설**
> 밸브는 해당 밸브의 관리에 관계하는 자가 아니면 수동으로만 개폐할 수 없도록 할 것

48 과염소산에 대한 설명으로 틀린 것은?

① 물과 접촉하면 발열한다.
② 불연성이지만 유독성이 있다.
③ 증기비중은 약 3.5이다.
④ 산화제이므로 쉽게 산화할 수 있다.

> **해설**
> ④ 산화제이므로 쉽게 환원할 수 있다.

정답 44 ①   45 ③   46 ②   47 ④   48 ④

49 알킬알루미늄의 저장 및 취급방법으로 옳은 것은?

① 용기는 완전 밀봉하고 CH_4, C_3H_8 등을 봉입한다.
② C_6H_6 등의 희석제를 넣어준다.
③ 용기의 마개에 다수의 미세한 구멍을 뚫는다.
④ 통기구가 달린 용기를 사용하여 압력상승을 방지한다.

> **해설**
> 용기는 완전 밀봉하고 N_2 등을 봉입하며, 벤젠 또는 헥산의 희석제를 넣어 저장한다.

50 제조소등에서 위험물을 유출시켜 사람의 신체 또는 재산에 대하여 위험을 발생시킨 자에 대한 벌칙기준으로 옳은 것은?

① 1년 이상 3년 이하의 징역
② 1년 이상 5년 이하의 징역
③ 1년 이상 7년 이하의 징역
④ 1년 이상 10년 이하의 징역

> **해설**
> ① 제조소등에서 위험물을 유출·방출 또는 확산시켜 사람의 생명·신체 또는 재산에 대하여 위험을 발생시킨 자는 1년 이상 10년 이하의 징역에 처한다.
> ② 위의 ①항의 규정에 따른 죄를 범하여 사람을 상해(傷害)에 이르게 한 때에는 무기 또는 3년 이상의 징역에 처하며, 사망에 이르게 한 때에는 무기 또는 5년 이상의 징역에 처한다.

51 고정 지붕 구조를 가진 높이 15m의 원통종형 옥외위험물 저장탱크 안의 탱크 상부로부터 아래로 1m 지점에 고정식포 방출구가 설치되어 있다. 이 조건의 탱크를 신설하는 경우 최대 허가량은 얼마인가?(단, 탱크의 내부 단면적은 100㎡이고, 탱크 내부에는 별다른 구조물이 없으며, 공간용적 기준은 만족하는 것으로 가정한다.)

① 1,400㎥
② 1,370㎥
③ 1,350㎥
④ 1,300㎥

> **해설**
> 탱크높이 : 15m-(1+0.3m)=13.7m
> 허가량 : 13.7m×100㎡=1370㎥
> ※ 소화설비(소화약제 방출구를 탱크안의 윗부분에 설치하는 것에 한한다)를 설치하는 탱크의 공간용적은 당해 소화설비의 소화약제방출구 아래의 0.3m 이상 1m 미만 사이의 면으로부터 윗부분의 용적으로 한다.

52 염소산나트륨의 저장 및 취급 시 주의할 사항으로 틀린 것은?

① 철제용기에 저장은 피해야 한다.
② 열분해 시 이산화탄소가 발생하므로 질식에 유의한다.
③ 조해성이 있으므로 방습에 유의한다.
④ 용기에 밀전하여 보관한다.

> **해설**
> 열분해 시 산소가 발생하므로 주의한다.
> $2NaClO_3 \rightarrow 2NaCl + 3O_2$

정답   49 ②   50 ④   51 ②   52 ②

53 제4류 위험물의 옥외저장탱크에 대기밸브부착 통기관을 설치할 때 몇 kPa 이하의 압력 차이로 작동하여야 하는가?

① 5kPa 이하
② 10kPa 이하
③ 15kPa 이하
④ 20kPa 이하

해설
대기밸브부착 통기관은 5kPa 이하의 압력차이로 작동할 수 있어야 한다.

54 비중은 0.86이고 은백색의 무른 경금속으로 보라색 불꽃을 내면서 연소하는 제3류 위험물은?

① 칼슘
② 나트륨
③ 칼륨
④ 리튬

해설
〈금속의 불꽃색〉
칼슘 : 주황색, 나트륨 : 노란색, 리튬 : 빨간색

55 위험물안전관리법령상 제3류 위험물에 속하는 담황색의 고체로서 물속에 보관해야 하는 것은?

① 황린
② 적린
③ 유황
④ 니트로글리세린

해설
황린은 제3류 위험물에 속하는 지정수량이 20kg이고, 백색 또는 담황색 고체로 물속에 보관해야 한다.

56 이황화탄소에 관한 설명으로 틀린 것은?

① 비교적 무거운 무색의 고체이다.
② 인화점이 0℃ 이하이다.
③ 약 100℃에서 발화할 수 있다.
④ 이황화탄소의 증기는 유독하다.

해설
이황화탄소는 비중이 1.26으로 물보다 무겁고, 순수한 것은 무색의 액체이다.

57 위험물안전관리법령에 따른 이동탱크저장소에 대한 기준에서 이동저장탱크는 그 내부에 (   )L 이하마다 (   )mm 이상의 강철판 또는 이와 동등 이상의 강도·내열성 및 내식성이 있는 금속성의 것으로 칸막이를 설치하여야 한다. 괄호 안에 알맞은 수치를 차례대로 나열한 것은?

① 2,500, 3.2
② 2,500, 4.8
③ 4,000, 3.2
④ 4,000, 4.8

해설
이동저장탱크는 그 내부에 4,000L 이하마다 3.2mm 이상의 강철판 또는 이와 동등 이상의 강도, 내열성 및 내식성이 있는 금속성의 것으로 칸막이를 설치하여야 한다.

정답 53 ① 54 ③ 55 ① 56 ① 57 ③

58 위험물안전관리법령에서 규정하고 있는 사항으로 틀린 것은?

① 법정의 안전교육을 받아야 하는 사람은 안전관리자로 선임된 자, 탱크시험자의 기술인력으로 종사하는 자, 위험물운송자로 종사하는 자이다.
② 지정수량의 150배 이상의 위험물을 저장하는 옥내저장소는 관계인이 예방규정을 정하여야 하는 제조소등에 해당한다.
③ 정기검사의 대상이 되는 것은 액체위험물을 저장 또는 취급하는 10만 리터 이상의 옥외탱크저장소, 암반탱크저장소, 이송취급소이다.
④ 법정의 안전관리자교육이수자와 소방공무원으로 근무한 경력이 3년 이상인 자는 제4류 위험물에 대한 위험물 취급 자격자가 될 수 있다.

> **해설**
> 정기검사의 대상이 되는 것은 액체위험물을 저장 또는 취급하는 **50만 리터** 이상의 옥외탱크저장소이다. (17.12.29 개정)

59 인화점이 상온 이상인 위험물은?

① 중유
② 아세트알데히드
③ 아세톤
④ 이황화탄소

> **해설**
> 인화점
> ① 중유 : 60℃ 이상
> ② 아세트알데히드 : −38℃
> ③ 아세톤 : −18℃
> ④ 이황화탄소 : −30℃

60 위험물제조소의 연면적이 몇 ㎡ 이상이 되면 경보설비 중 자동화재탐지설비를 설치하여야 하는가?

① 400   ② 500
③ 600   ④ 800

> **해설**
> 제조소 및 일반취급소에서 자동화재탐지설비를 설치하는 경우
> • 연면적 500㎡ 이상인 것
> • 옥내에서 지정수량의 100배 이상을 취급하는 것(고인화점 위험물만을 100℃ 미만의 온도에서 취급하는 것을 제외한다)
> • 일반취급소로 사용되는 부분 외의 부분이 있는 건축물에 설치된 일반취급소(일반취급소와 일반취급소 외의 부분이 내화구조의 바닥 또는 벽으로 개구부 없이 구획된 것을 제외한다)

정답 58 ③   59 ①   60 ②

2014년 2회 위험물기능사

01 [보기]에서 소화기의 사용방법을 옳게 설명한 것을 모두 나열한 것은?

> ㉠ 적응화재에만 사용할 것
> ㉡ 불과 최대한 멀리 떨어져서 사용할 것
> ㉢ 바람을 마주보고 풍하에서 풍상 방향으로 사용할 것
> ㉣ 양옆으로 비로 쓸 듯이 골고루 사용할 것

① ㉠,㉡ ② ㉠,㉢
③ ㉠,㉣ ④ ㉠,㉢,㉣

해설
㉡ 적당한 거리에서 사용할 것
㉢ 바람을 등지고 풍상에서 풍하 방향으로 사용할 것

02 산화제와 환원제를 연소의 4요소와 연관 지어 연결한 것으로 옳은 것은?

① 산화제 – 산소공급원, 환원제 – 가연물
② 산화제 – 가연물, 환원제 – 산소공급원
③ 산화제 – 연쇄반응, 환원제 – 점화원
④ 산화제 – 점화원, 환원제 – 가연물

해설
연소의 4요소 : 산소공급원(산화제), 가연물(환원제), 점화원, 연쇄반응

03 포소화약제에 의한 소화방법으로 다음 중 가장 주된 소화효과는?

① 희석소화 ② 질식소화
③ 제거소화 ④ 자기소화

해설
포소화약제는 거품을 화재 표면에 덮어 소화하는 방식으로는 질식소화와 함께 포에 함유된 수분에 의한 냉각효과에 의해 소화시킬 수 있다.

04 다음 중 증발연소를 하는 물질이 아닌 것은?

① 황 ② 석탄
③ 파라핀 ④ 나프탈렌

해설
석탄, 중유, 종이 등의 물질은 분해연소에 해당한다.

05 위험물안전관리법령상 옥내주유취급소의 소화난이도 등급은?

① I ② II
③ III ④ IV

해설
옥내주유취급소의 소화난이도 등급은 II 등급에 속한다.

정답 01 ③ 02 ① 03 ② 04 ② 05 ②

06 위험물안전관리법령의 소화설비 설치기준에 의하면 옥외소화전설비의 수원의 수량은 옥외소화전 설치 개수(설치개수가 4 이상인 경우에는 4)에 몇 m³을 곱한 양 이상이 되도록 하여야 하는가?

① 7.5m³　　② 13.5m³
③ 20.5m³　　④ 25.5m³

해설
옥외소화전 수원의 수량 = 13.5m³ × 가장 많이 설치된 층의 개수(최대 4개)

07 물의 이황화탄소와 고온의 물이 반응하여 생성되는 독성 기체물질의 부피는 표준상태에서 얼마인가?

① 22.4L　　② 44.8L
③ 67.2L　　④ 134.4L

해설
$CS_2 + 2H_2O \rightarrow CO_2 + 2H_2S$
$2 \times 22.4L = 44.8L$

08 알킬리튬에 대한 설명으로 틀린 것은?

① 제3류 위험물이고 지정수량은 10kg이다.
② 가연성의 액체이다.
③ 이산화탄소와는 격렬하게 반응한다.
④ 소화방법으로는 물로 주수는 불가하며, 할로겐화합물 소화약제를 사용하여야 한다.

해설
알킬리튬은 금수성 물질이므로 팽창질석, 팽창진주암, 건조사, 탄산수소염류 분말소화약제로 소화하여야 한다.

09 국소방출방식의 이산화탄소 소화설비의 분사헤드에서 방출되는 소화약제의 방사 기준은?

① 10초 이내에 균일하게 방사할 수 있을 것
② 15초 이내에 균일하게 방사할 수 있을 것
③ 30초 이내에 균일하게 방사할 수 있을 것
④ 60초 이내에 균일하게 방사할 수 있을 것

해설
국소방출방식의 이산화탄소 소화설비의 분사헤드에서 방출되는 소화약제는 30초 이내에 균일하게 방사하여야 한다.

10 다음 위험물의 화재 시 주수소화가 가능한 것은?

① 철분　　② 마그네슘
③ 나트륨　　④ 황

해설
황은 주수소화가 가능한 반면에 철분, 마그네슘, 나트륨 금속은 금수성 물질이므로 질식소화 하여야 한다.

11 화재 원인에 대한 설명으로 틀린 것은?

① 연소 대상물의 열전도율이 좋을수록 연소가 잘 된다.
② 온도가 높을수록 연소 위험이 높아진다.
③ 화학적 친화력이 클수록 연소가 잘 된다.
④ 산소와 접촉이 잘 될수록 연소가 잘 된다.

해설
열전도율이 작을수록, 발열량이 클수록, 표면적이 클수록, 활성화 에너지가 작을수록, 습도가 낮을수록 연소가 잘 이루어진다.

정답　06 ②　07 ②　08 ④　09 ③　10 ④　11 ①

12 다음 고온체의 색깔을 낮은 온도부터 옳게 나열한 것은?

① 암적색 < 황적색 < 백적색 < 휘적색
② 휘적색 < 백적색 < 황적색 < 암적색
③ 휘적색 < 암적색 < 황적색 < 백적색
④ 암적색 < 휘적색 < 황적색 < 백적색

> **해설**
> 암적색(700℃) < 적색(850℃) < 휘적색(950℃) < 황적색(1100℃) < 백적색(1300℃) < 휘백색(1500℃)

13 화재 시 이산화탄소를 사용하여 공기 중 산소의 농도를 21vol%에서 13vol%로 낮추려면 공기 중 이산화탄소의 농도는 약 몇 vol%가 되어야 하는가?

① 34.3 ② 38.1
③ 42.5 ④ 45.8

> **해설**
> CO_2의 농도 $= \dfrac{21-O_2}{21} \times 100(\%)$
> $\therefore \dfrac{21-13}{21} \times 100 = 38.1(\%)$

14 다음의 위험물 중에서 이동탱크저장소에 의하여 위험물을 운송할 때 운송책임자의 감독·지원을 받아야 하는 위험물은?

① 알킬리튬
② 아세트알데히드
③ 금속의 수소화물
④ 마그네슘

> **해설**
> 알킬리튬, 알킬알루미늄을 운송할 때 운송책임자의 감독·지원을 받아 운송하여야 하며, 운송책임자는 위험물 국가기술자격증 취득 후 경력 1년 이상, 한국소방안전협회에서 실시하는 운송에 관한 교육을 수료하고 경력 2년 이상의 자격을 갖추어야 한다.

15 폭발 시 연소파의 전파속도 범위에 가장 가까운 것은?

① 0.1 ~ 10m/s
② 100 ~ 1000m/s
③ 2000 ~ 3500m/s
④ 5000 ~ 10000m/s

> **해설**
> 연소파의 전파속도는 0.1~10m/s이며, 폭굉의 전파속도는 1,000~3,500m/s이다.

16 위험물제조소의 안전거리 기준으로 틀린 것은?

① 초·중등교육법 및 고등교육법에 의한 학교 – 20m 이상
② 의료법에 의한 병원급 의료기관 – 30m 이상
③ 문화재보호법 규정에 의한 지정문화재 – 50m 이상
④ 사용전압이 35,000V를 초과하는 특고압가공전선 – 50m 이상

> **해설**
> 학교·병원·극장(300명 이상), 다수인 수용시설 : 30m 이상

정답 12 ④   13 ②   14 ①   15 ①   16 ①

17 위험물안전관리법령상 위험물제조소 등에서 전기설비가 있는 곳에 적응하는 소화설비는?

① 옥내소화전설비
② 스프링클러설비
③ 포소화설비
④ 할로겐화합물소화설비

> **해설**
> 전기설비에 적응성이 있는 소화설비는 할로겐화합물, 불활성가스 소화설비 등이 대표적이다.

18 제5류 위험물의 화재 시 소화방법에 대한 설명으로 옳은 것은?

① 가연성 물질로서 연소속도가 빠르므로 질식소화가 효과적이다.
② 할로겐화합물 소화기가 적응성이 있다.
③ CO_2 및 분말소화기가 적응성이 있다.
④ 다량의 주수에 의한 냉각소화가 효과적이다

> **해설**
> 제5류 위험물에 질식소화는 효과가 없으므로 다량의 물로 주수소화 하여야 한다.

19 Halon 1301 소화약제에 대한 설명으로 틀린 것은?

① 저장 용기에 액체상으로 충전한다.
② 화학식을 CF_3Br이다.
③ 비점이 낮아서 기화가 용이하다.
④ 공기보다 가볍다.

> **해설**
> 할론 1301 화학식 : CF_3Br
> 증기비중 = $\frac{149}{29}$ = 5.14
> 증기비중이 1보다 크기 때문에 공기보다 무겁다.

20 스프링클러설비의 장점이 아닌 것은?

① 화재의 초기 진압에 효율적이다.
② 사용 약제를 쉽게 구할 수 있다.
③ 자동으로 화재를 감지하고 소화할 수 있다.
④ 다른 소화설비보다 구조가 간단하고, 시설비가 적다.

> **해설**
> 스프링클러설비는 다른 소화설비보다 구조가 복잡하고, 초기 시설비가 비싸다.

21 황화린에 대한 설명 중 옳지 않은 것은?

① 삼황화린은 황색 결정으로 공기 중 약 100℃에서 발화할 수 있다.
② 오황화린은 담황색 결정으로 조해성이 있다.
③ 오황화린은 물과 접촉하여 유독성 가스를 발생할 위험이 있다.
④ 삼황화린은 연소하여 황화수소 가스를 발생할 위험이 있다.

> **해설**
> 황화린은 연소하여 오산화인과 이산화황 가스를 발생할 위험이 있다.

정답 17 ④ 18 ④ 19 ④ 20 ④ 21 ④

22 위험물안전관리법령상 제조소등의 정기점검 대상에 해당하지 않는 것은?

① 지정수량 15배의 제조소
② 지정수량 40배의 옥내탱크저장소
③ 지정수량 50배의 이동탱크저장소
④ 지정수량 20배의 지하탱크저장소

> 해설
> 옥내탱크저장소는 정기점검 대상에 해당하지 않는다.

23 제조소등의 소화설비 설치 시 소요단위 산정에서 제조소 또는 취급소의 건축물은 외벽이 내화구조인 것은 연면적 (   )㎡를 1소요단위로 하며, 외벽이 내화구조가 아닌 것은 연면적 (   )㎡를 1소요단위로 한다. 괄호 안에 알맞은 수치를 차례대로 나열한 것은?

① 200, 100
② 150, 100
③ 150, 50
④ 100, 50

> 해설
>
> | 구분 | 제조소 또는 취급소 | 저장소 |
> |---|---|---|
> | 외벽이 내화구조인 것 | 100㎡ | 150㎡ |
> | 내화구조가 아닌 것 | 50㎡ | 75㎡ |

24 탄화칼슘의 취급방법에 대한 설명으로 옳지 않은 것은?

① 물, 습기와의 접촉을 피한다.
② 건조한 장소에 밀봉·밀전하여 보관한다.
③ 습기와 작용하여 다량의 메탄이 발생하므로 저장 중에 메탄가스의 발생유무를 조사한다.
④ 저장용기에 질소가스 등 불활성 가스를 충전하여 저장한다.

> 해설
> $CaC_2 + 2H_2O \rightarrow Ca(OH)_2 + C_2H_2$
> 탄화칼슘은 습기와 작용하여 아세틸렌 기체를 발생한다.

25 등유의 지정수량에 해당하는 것은?

① 100L
② 200L
③ 1000L
④ 2000L

> 해설
> 등유(제2석유류 비수용성) 지정수량 : 1,000L

26 위험물저장소에 해당하지 않는 것은?

① 옥외저장소
② 지하탱크저장소
③ 이동탱크저장소
④ 판매저장소

> 해설
> 위험물저장소의 종류에는 옥외저장소, 옥내저장소, 옥외탱크저장소, 옥내탱크저장소, 지하탱크저장소, 간이탱크저장소, 이동탱크저장소, 암반탱크저장소가 있다.

정답 22 ② 23 ④ 24 ③ 25 ③ 26 ④

27 벤젠 1몰을 충분한 산소가 공급되는 표준상태에서 완전연소 시켰을 때 발생하는 이산화탄소의 양은 몇 L인가?

① 22.4   ② 134.4
③ 168.8 ④ 224.0

> **해설**
> $C_6H_6 + 7.5O_2 \rightarrow 6CO_2 + 3H_2O$
> $6 \times 22.4 = 134.4L$

28 지정과산화물을 저장 또는 취급하는 위험물 옥내저장소의 저장창고 기준에 대한 설명으로 틀린 것은?

① 서까래의 간격은 30cm 이하로 할 것
② 저장창고의 출입구에는 갑종방화문을 설치할 것
③ 저장창고의 외벽을 철근콘크리트조로 할 경우 두께를 10cm 이상으로 할 것
④ 저장창고의 창은 바닥면으로부터 2m 이상의 높이에 둘 것

> **해설**
> 저장창고의 외벽은 철근콘크리트조로 할 경우 두께를 20cm 이상으로 할 것

29 물과 접촉 시, 발열하면서 폭발 위험성이 증가하는 것은?

① 과산화칼륨
② 과망간산나트륨
③ 요오드산칼륨
④ 과염소산칼륨

> **해설**
> $2K_2O_2 + 2H_2O \rightarrow 4KOH + H_2$
> 과산화칼륨은 물과 접촉 시 발열하면서 산소 기체를 발생시켜 폭발 위험성이 증가한다.

30 다음 중 벤젠 증기의 비중에 가장 가까운 값은?

① 0.7   ② 0.9
③ 2.7   ④ 3.9

> **해설**
> 벤젠(C_6H_6) 분자량 : $(12 \times 6)+6=78$
> 증기비중 : $\dfrac{78}{29} = 2.69$

31 다음 중 니트로글리세린을 다공질의 규조토에 흡수시키기 위해 제조한 물질은?

① 흑색화약
② 니트로셀룰로오스
③ 다이너마이트
④ 면화약

> **해설**
> 니트로글리세린의 단점을 개선하여 다공질의 규조토에 흡수시켜 다이너마이트를 제조하였다.

32 아염소산염류의 운반용기 중 적응성 있는 내장용기의 종류와 최대 용적이나 중량을 옳게 나타낸 것은?(단, 외장용기의 종류는 나무상자 또는 플라스틱상자이고, 외장용기의 최대 중량은 125kg으로 한다.)

정답 27 ② 28 ③ 29 ① 30 ③ 31 ③

① 금속제 용기 : 20L
② 플라스틱 필름 포대 : 60kg
③ 종이 포대 : 55kg
④ 유리용기 : 10L

> **해설**
> ① 금속제 용기 : 30L
> ② 플라스틱 필름 포대
> ③ 종이 포대 : 125kg

33 아세트알데히드의 저장·취급 시 주의사항으로 틀린 것은?

① 강산화제와의 접촉을 피한다.
② 취급설비에는 구리합금의 사용을 피한다.
③ 수용성이기 때문에 화재 시 물로 희석소화가 가능하다.
④ 옥외저장 탱크에 저장 시 조연성 가스를 주입한다.

> **해설**
> 옥외저장 탱크에 저장 시 불연성 가스를 주입한다.

34 위험물 분류에서 제1석유류에 대한 설명으로 옳은 것은?

① 아세톤, 휘발유 그밖에 1기압에서 인화점이 섭씨 21도 미만인 것
② 등유, 경유 그 밖에 액체로서 인화점이 섭씨 21도 이상 70도 미만의 것
③ 중유, 도료류로서 인화점이 섭씨 70도 이상 200도 미만의 것
④ 기계유, 실린더유 그 밖의 액체로서 인화점이 섭씨 200도 이상 250도 미만인 것

> **해설**
> ① 제1석유류에 해당하므로 옳은 설명이다.
> - 특수인화물 : 인화점 섭씨 −20℃ 미만
> - 제1석유류 : 인화점 섭씨 21℃ 미만
> - 제2석유류 : 인화점 섭씨 21℃ 이상 70℃ 미만
> - 제3석유류 : 인화점 섭씨 70℃ 이상 200℃ 미만
> - 제4석유류 : 인화점 섭씨 200℃ 이상 250℃ 미만
> - 동·식물유류 : 인화점 섭씨 250℃ 미만

35 제2류 위험물의 일반적 성질에 대한 설명으로 가장 거리가 먼 것은?

① 가연성 고체 물질이다.
② 연소 시 연소열이 크고 연소속도가 빠르다.
③ 산소를 포함하여 조연성 가스의 공급이 없이 연소가 가능하다.
④ 비중이 1보다 크고 물에 녹지 않는다.

> **해설**
> ③ 제5류 위험물(자기반응성 물질)에 대한 설명이다.

36 위험물안전관리법령상 동식물유류의 경우 1기압에서 인화점은 섭씨 몇 도 미만으로 규정하고 있는가?

① 150℃   ② 250℃
③ 450℃   ④ 600℃

정답 32 ④   33 ④   34 ①   35 ③   36 ②

> **해설**
> 동식물유류의 인화점은 250℃ 미만으로 규정한다.

37 과염소산칼륨과 아염소산나트륨의 공통 성질이 아닌 것은?

① 지정수량이 50kg이다.
② 열분해 시 산소를 방출한다.
③ 강산화성 물질이며 가연성이다.
④ 상온에서 고체의 형태이다.

> **해설**
> 강산화성 물질이며 불연성이다.

38 제5류 위험물의 일반적 성질에 관한 설명으로 옳지 않은 것은?

① 화재발생 시 소화가 곤란하므로 적은 양으로 나누어 저장한다.
② 운반용기 외부에 충격주의, 화기엄금의 주의사항을 표시한다.
③ 자기연소를 일으키며 연소속도가 대단히 빠르다.
④ 가연성물질이므로 질식소화 하는 것이 가장 좋다.

> **해설**
> ④ 다량의 주수에 의한 냉각소화를 하는 것이 가장 좋다.

39 다음 중 자연발화의 위험성이 가장 큰 물질은?

① 아마인유 ② 야자유
③ 올리브유 ④ 피마자유

> **해설**
> 요오드가가 가장 높은 건성유가 자연발화의 위험성이 가장 크다.
> 건성유 : 들기름, 아마인유, 정어리유, 동유, 해바라기유
> 반건성유 : 콩기름, 채종유, 옥수수기름
> 불건성유 : 땅콩기름, 피마자유, 올리브유, 야자유

40 운반을 위하여 위험물을 적재하는 경우에 차광성이 있는 피복으로 가려주어야 하는 것은?

① 특수인화물 ② 제1석유류
③ 알코올류   ④ 동식물유류

> **해설**
> 차광성 피복
> – 제1류 위험물
> – 제3류 위험물 중 자연발화성물질
> – 제4류 위험물 중 특수인화물
> – 제5류 위험물
> – 제6류 위험물

41 위험물제조소등에 옥내소화전설비를 설치할 때 옥내소화전이 가장 많이 설치된 층의 소화전의 개수가 4개일 때 확보하여야 할 수원의 수량은?

① 10.4m³   ② 20.8m³
③ 31.2m³   ④ 41.6m³

> **해설**
> 옥내소화전설비의 수원의 수량은 설치개수(최대 5개)에 7.8m³를 곱한 양 이상이 되도록 설치하여야 한다.
> ∴ 7.8m³ × 4 = 31.2m³

정답   37 ③   38 ④   39 ①   40 ①   41 ③

42 황린의 저장 방법으로 옳은 것은?

① 물속에 저장한다.
② 공기 중에 보관한다.
③ 벤젠 속에 저장한다.
④ 이황화탄소 속에 보관한다.

> **해설**
> 가연성 증기 발생의 방지를 위하여 황린(P_4)은 물속에 저장한다.

43 위험물안전관리법령상 지정수량이 다른 하나는?

① 인화칼슘
② 루비듐
③ 칼슘
④ 차아염소산칼륨

> **해설**
> 황린은 pH 9인 약알칼리성의 물속에 저장한다.

44 과염소산나트륨에 대한 설명으로 옳지 않은 것은?

① 가열하면 분해하여 산소를 방출한다.
② 환원제이며 수용액은 강한 환원성이 있다.
③ 수용성이며 조해성이 있다.
④ 제1류 위험물이다.

> **해설**
> 과염소산나트륨은 산화제이며 수용액은 강한 산화성이 있다.

45 질산메틸의 성질에 대한 설명으로 틀린 것은?

① 비점은 약 66℃이다.
② 증기는 공기보다 가볍다.
③ 무색투명한 액체이다.
④ 자기반응성 물질이다.

> **해설**
> 질산메틸(CH_3ONO_2) 분자량 : 77
> 증기비중 $= \dfrac{77}{29} = 2.66$
> 증기비중이 1보다 크기 때문에 공기보다 무겁다.

46 옥외탱크저장소의 소화설비를 검토 및 적용할 때에 소화난이도 등급 Ⅰ에 해당되는지를 검토하는 탱크높이의 측정 기준으로서 적합한 것은?

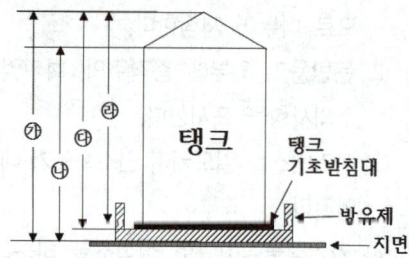

① ㉮
② ㉯
③ ㉰
④ ㉱

> **해설**
> 옥외탱크저장소에서 소화난이도 등급 Ⅰ에 해당하는 측정기준은 탱크의 지반면으로부터 탱크 옆판의 상단까지 높이가 6m 이상인 것(제6류 위험물을 저장하는 것 및 고인화점 위험물만을 100℃미만의 온도에서 저장하는 것은 제외)으로 한다.

정답 42 ① 43 ① 44 ② 45 ② 46 ②

47 지정수량은 300kg이고, 산화성액체 위험물이며, 가열하면 분해하여 유독성 가스를 발생하며, 증기비중은 약 3.5인 위험물에 해당하는 것은?

① 브롬산칼륨
② 클로로벤젠
③ 질산
④ 과염소산

> **해설**
> 과염소산은 열분해시 유독성 가스인 염산을 발생하며 증기비중은 $\frac{100.5}{29} = 3.47$에 해당한다.

48 금속나트륨에 대한 설명으로 옳지 않은 것은?

① 물과 격렬히 반응하여 발열하고 수소가스를 발생한다.
② 에틸알코올과 반응하여 나트륨에틸라이트와 수소가스를 발생한다.
③ 할로겐화합물 소화약제는 사용할 수 없다.
④ 은백색의 광택이 있는 중금속이다.

> **해설**
> ④ 은백색 광택을 가지는 연하고 가벼운 고체로 칼로 쉽게 잘라진다.

49 옥내저장소의 저장창고에 150㎡ 이내마다 일정 규격의 격벽을 설치하여 저장하여야 하는 위험물은?

① 제5류 위험물 중 지정과산화물
② 알킬알루미늄등
③ 아세트알데히드등
④ 히드록실아민등

> **해설**
> 지정과산화물을 저장하는 옥내저장소의 저장창고는 150㎡ 이내마다 완전하게 구획하는 격벽을 설치하여야 한다.

50 염소산나트륨의 저장 및 취급 방법으로 옳지 않은 것은?

① 철제 용기에 저장한다.
② 습기가 없는 찬 장소에 보관한다.
③ 조해성이 크므로 용기는 밀전한다.
④ 가열, 충격, 마찰을 피하고 점화원의 접근을 금한다.

> **해설**
> 철을 부식시키므로 철제 용기가 아닌 유리용기에 저장한다.

51 위험물제조소등의 허가에 관계된 설명으로 옳은 것은?

① 제조소등을 변경하고자 하는 경우에는 언제나 허가를 받아야 한다.
② 위험물의 품명을 변경하고자 하는 경우에는 언제나 허가를 받아야 한다.
③ 농예용으로 필요한 난방시설을 위한 지정수량 20배 이하의 저장소는 허가대상이 아니다.
④ 저장하는 위험물의 변경으로 지정수량의 배수가 달라지는 경우는 언제나 허가대상이 아니다.

정답 47 ④ 48 ④ 49 ① 50 ① 51 ③

> **해설**
> 주택의 난방시설(공동주택 중앙난방시설 제외)을 위한 저장서 또는 취급소와 농예용·축산용 또는 수산용으로 필요한 난방시설 또는 건조시설을 위한 지정수량 20배 이하의 저장소는 허가를 받지 않고 제조소등을 설치하거나 위치·구조 또는 설비를 변경할 수 있으며, 신고를 하지 않고 품명·수량 또는 지정수량의 배수를 변경할 수 있다.

52 황의 성질에 대한 설명 중 틀린 것은?

① 물에 녹지 않으나, 이황화탄소에 녹는다.
② 공기 중에서 연소하여 아황산가스를 발생한다.
③ 전도성 물질이므로 정전기 발생에 유의하여야 한다.
④ 분진폭발의 위험성에 주의하여야 한다.

> **해설**
> ③은 제4류 위험물에 대한 설명이다.

53 다음 중 증기의 밀도가 가장 큰 것은?

① 디에틸에테르
② 벤젠
③ 가솔린(옥탄 100%)
④ 에틸알코올

> **해설**
> 증기밀도는 물질의 분자량을 기체 1몰의 부피 22.4L로 나누어 구한다.
> ① $C_2H_5OC_2H_5 : \frac{74}{22.4} = 3.30$
> ② $C_6H_6 : \frac{78}{22.4} = 3.48$
> ③ $C_8H_{18} : \frac{114}{22.4} = 5.09$
> ④ $C_2H_5OH : \frac{46}{22.4} = 2.05$

54 과산화수소의 위험성으로 옳지 않은 것은?

① 산화제로서 불연성 물질이지만 산소를 함유하고 있다.
② 이산화망간 촉매 하에서 분해가 촉진된다.
③ 분해를 막기 위해 히드라진을 안정제로 사용할 수 있다.
④ 고농도의 것은 피부에 닿으면 화상의 위험이 있다.

> **해설**
> 과산화수소에 첨가하는 분해방지 안정제로는 인산, 요산 등이 있다.

55 위험물안전관리법령상 제조소등에 대한 긴급 사용정지 명령 등을 할 수 있는 권한이 없는 자는?

① 시·도지사
② 소방본부장
③ 소방서장
④ 소방방재청장

> **해설**
> 위험물안전관리법령상 시·도지사, 소방본부장 또는 소방서장은 위험물의 저장 또는 취급이 규정에 위반된다고 인정하는 때에는 제조소등에 대한 긴급 사용정지 명령 등을 할 수 있는 권한이 있다.

정답 52 ③   53 ③   54 ③   55 ④

56 위험물제조소등에서 위험물안전관리법상 안전거리 규제 대상이 아닌 것은?

① 제6류 위험물을 취급하는 제조소를 제외한 모든 제조소
② 주유취급소
③ 옥외저장소
④ 옥외탱크저장소

해설
옥내탱크저장소, 지하탱크저장소, 이동탱크저장소, 간이탱크저장소, 판매취급소, 암반탱크저장소, 주유취급소는 안전거리 규제 대상에 해당하지 않는다.

57 위험물안전관리법에서 규정하고 있는 사항으로 옳지 않은 것은?

① 위험물저장소를 경매에 의해 시설의 전부를 인수한 경우에는 30일 이내에, 저장소의 용도를 폐지한 경우에는 14일 이내에 시·도지사에게 그 사실을 신고하여야 한다.
② 제조소등의 위치·구조 및 설비기준을 위반하여 사용한 때에는 시·도지사는 허가취소, 전부 또는 일부의 사용 정지를 명할 수 있다.
③ 경유 20,000L를 수산용 건조시설에 사용하는 경우에는 위험물법의 허가는 받지 아니하고 저장소를 설치할 수 있다.
④ 위치·구조 또는 설비의 변경 없이 저장소에서 저장하는 위험물 지정수량의 배수를 변경하고자 하는 경우에는 변경하고자 하는 날의 7일전까지 시·도지사에게 신고하여야 한다.

해설
제조소등의 경우에는 허가를 받지 아니하고 제조소등을 설치하거나 그 위치·구조 또는 설비를 변경한 때, 규정에 따른 완공검사를 받지 아니하고 제조소등을 사용한 때, 규정에 따른 수리·개조 또는 이전의 명령을 위반한 때, 규정에 따른 위험물안전관리자를 선임하지 아니한 때, 위반하여 대리자를 지정하지 아니한 때, 규정에 따른 정기점검을 하지 아니한 때, 규정에 따른 정기검사를 받지 아니한 때, 규정에 따른 저장·취급기준 준수명령을 위반한 때 시·도지사는 허가를 취소하거나 6월 이내의 기간을 정하여 제조소등의 전부 또는 일부의 사용정지를 명할 수 있다.

58 제5류 위험물의 니트로화합물에 속하지 않은 것은?

① 니트로벤젠
② 테트릴
③ 트리니트로톨로엔
④ 피크린산

해설
니트로벤젠 : 제4류 위험물 제3석유류 비수용성

59 과산화나트륨 78g과 충분한 양의 물이 반응하여 생성되는 기체의 종류와 생성량을 옳게 나타낸 것은?

① 수소, 1g   ② 산소, 16g
③ 수소, 2g   ④ 산소, 32g

정답 56 ②   57 ②   58 ①   59 ②

> **해설**
> 과산화나트륨 분자량 : 78 = 1몰
> $Na_2O_2 + H_2O \rightarrow 2NaOH + 0.5O_2$
> 0.5몰 O_2 : 32/2 = 16g

60 옥내탱크저장소 중 탱크전용실을 단층건물 외의 건축물에 설치하는 경우 탱크전용실을 건축물의 1층 또는 지하층에만 설치하여야 하는 위험물이 아닌 것은?

① 제2류 위험물 중 덩어리 유황
② 제3류 위험물 중 황린
③ 제4류 위험물 중 인화점이 38℃ 이상인 위험물
④ 제6류 위험물 중 질산

> **해설**
> 옥내탱크저장소 중 탱크전용실을 단층건물 외의 건축물에 설치하는 경우 탱크전용실을 건축물의 1층 또는 지하층에만 설치하여야 하는 위험물
> – 제2류 위험물 중 황화린·적린 및 덩어리 유황
> – 제3류 위험물 중 황린
> – 제6류 위험물 중 질산

정답 60 ③

2014년 4회 위험물기능사

01 금속은 덩어리 상태보다 분말상태일 때 연소위험성이 증가하기 때문에 금속분을 제2류 위험물로 분류하고 있다. 연소위험성이 증가하는 이유로 잘못된 것은?

① 비표면적이 증가하여 반응면적이 증대되기 때문에
② 비열이 증가하여 열의 축적이 용이하기 때문에
③ 복사열의 흡수율이 증가하여 열의 축적이 용이하기 때문에
④ 대전성이 증가하여 정전기가 발생되기 쉽기 때문에

> **해설**
> 비열이 증가하면 열축적이 어려워지기 때문에 연소위험성은 감소한다.

02 영하 20℃ 이하의 겨울철이나 한랭지에서 사용하기에 적합한 소화기는?

① 분무주수소화기
② 봉상주수소화기
③ 물주수소화기
④ 강화액소화기

> **해설**
> 강화액 소화기는 물에 탄산칼륨 등의 염류를 첨가하여 한랭지 또는 겨울철에도 사용할 수 있는 소화기이다.

03 다음 중 알칼리금속의 과산화물 저장 창고에 화재가 발생하였을 때 가장 적합한 소화약제는?

① 마른모래   ② 물
③ 이산화탄소 ④ 할론1211

> **해설**
> 금수성 물질이므로 마른모래, 팽창질석, 팽창진주암, 탄산수소염류분말로 소화하여야 한다.

04 위험물안전관리법령상 제5류 위험물에 적응성이 있는 소화설비는?

① 포소화설비
② 이산화탄소 소화설비
③ 할로겐화합물 소화설비
④ 탄산수소염류 소화설비

> **해설**
> 제5류 위험물은 수계소화설비가 적응성이 있다.

05 화재 시 이산화탄소를 방출하여 산소의 농도를 13vol%로 낮추어 소화를 하려면 공기 중의 이산화탄소는 몇 vol%가 되어야 하는가?

① 28.1   ② 38.1
③ 42.86 ④ 48.36

정답   01 ②   02 ④   03 ①   04 ①   05 ②

해설

$$CO_2\text{의 농도} = \frac{21 - O_2}{21} \times 100(\%)$$

$$\therefore \frac{21-13}{21} \times 100 = 38.1(\%)$$

06 소화전용물통 3개를 포함한 수조 80L의 능력단위는?

① 0.3　　② 0.5
③ 1.0　　④ 1.5

해설

소화설비	용량	능력단위
소화전용 물통	8L	0.3
수조(소화전용 물통 3개 포함)	80L	1.5
수조(소화전용 물통 6개 포함)	190L	2.5
마른모래(삽 1개 포함)	50L	0.5
팽창질석 또는 팽창진주암(삽 1개 포함)	160L	1.0

07 탄화칼슘과 물이 반응하였을 때 발생하는 가연성 가스의 연소범위에 가장 가까운 것은?

① 2.1 ~ 9.5vol%
② 2.5 ~ 81vol%
③ 4.1 ~ 74.2vol%
④ 15.0 ~ 28vol%

해설

$CaC_2 + 2H_2O \rightarrow Ca(OH)_2 + C_2H_2$
발생하는 아세틸렌 기체의 연소범위는 2.5~81vol%이다.

08 위험물제조소등에 옥외소화전을 6개 설치할 경우 수원의 수량은 몇 m³ 이상이어야 하는가?

① 48m³ 이상　　② 54m³ 이상
③ 60m³ 이상　　④ 81m³ 이상

해설

옥외소화전 수원의 수량 = 13.5m³ × 가장 많이 설치된 층의 개수(최대 4개)
∴ 13.5m³ × 4 = 54m³

09 위험물안전관리법령상 제조소등의 관계인은 제조소등의 화재예방과 재해발생 시의 비상조치에 필요한 사항을 서면으로 작성하여 허가청에 제출하여야 한다. 이는 무엇에 관한 설명인가?

① 예방규정
② 소방계획서
③ 비상계획서
④ 화재영향평가서

해설

제조소등의 관계인은 당해 제조소등의 화재예방과 화재 등 재해발생시의 비상조치를 위하여 규정에 따라 **예방규정**을 정하여 당해 제조소등의 사용을 시작하기 전에 시·도지사에게 제출하여야 한다.

10 위험물안전관리법령상 압력수조를 이용한 옥내소화전설비의 가압송수장치에서 압력수조의 최소압력(MPa)은?(단, 소방용 호스의 마찰손실 수두압은 3MPa, 배관의 마찰손실 수두압은 1MPa, 낙차의 환산수두압은 1.35MPa이다.)

정답　06 ④　07 ②　08 ②　09 ①

① 5/35   ② 5.70
③ 6.00   ④ 6.35

> **해설**
>
> 압력수조를 이용한 옥내소화전설비의 가압송수장치에서 압력수조의 최소압력(MPa)
> $P = p_1 + p_2 + p_3 + 0.35 MPa$
> P : 필요한 압력(MPa)
> p_1 : 소방용 호스의 마찰손실수두압(MPa)
> p_2 : 배관의 마찰손실수두압(MPa)
> p_3 : 낙차의 환산수두압(MPa)
> ∴ P = 3 + 1 + 1.35 + 0.35 = 5.70MPa

11 다음 중 화재 발생 시 물을 이용한 소화가 효과적인 물질은?

① 트리메틸알루미늄
② 황린
③ 나트륨
④ 인화칼슘

> **해설**
>
> ① 트리메틸알루미늄, ③ 나트륨, ④ 인화칼슘은 금수성 물질이므로 화재 발생 시 질식소화가 효과적이다.

12 위험물안전관리법령에 따른 대형수동식소화기의 설치기준에서 방호대상물의 각 부분으로부터 하나의 대형수동식소화기까지의 보행거리는 몇 m 이하가 되도록 설치하여야 하는가?(단, 옥내소화전설비, 옥외소화전설비, 스프링클러설비 또는 물분무등소화설비와 함께 설치하는 경우는 제외한다.)

① 10   ② 15
③ 20   ④ 30

> **해설**
>
> 대형수동식 소화기의 설치기준은 방호대상물의 각 부분으로부터 하나의 대형수동식 소화기까지의 보행거리가 30m 이하가 되도록 설치하며, 소형수동식 소화기의 경우 20m 이하로 설치하여야 한다.

13 위험물안전법령상 스프링클러설비가 제4류 위험물에 대하여 적응성을 갖는 경우는?

① 연기가 충만할 우려가 없는 경우
② 방사밀도(살수밀도)가 일정수치 이상인 경우
③ 지하층의 경우
④ 수용성위험물인 경우

> **해설**
>
> 제4류 위험물을 저장 또는 취급하는 장소의 살수기준면적에서 방사밀도가 일정수치 이상인 경우 스프링클러설비가 적응성이 있다.
> 참고.
>
> | 살수기준면적(m^2) | 방사밀도(L/m^2분) | | 비고 |
> |---|---|---|---|
> | | 인화점 38℃ 미만 | 인화점 38℃ 이상 | |
> | 279 미만 | 16.3 이상 | 12.2 이상 | 살수기준면적은 내화구조의 벽 및 바닥으로 구획된 하나의 실의 바닥면적을 말하고, 하나의 실의 바닥면적이 465m^2 |
> | 279 이상 372 미만 | 15.5 이상 | 11.8 이상 | |
> | 372 미만 | 13.9 이상 | 9.8 이상 | |

정답   11 ②   12 ④   13 ②

살수기준면적(m^2)	방사밀도 (L/m^2분)		비고
	인화점 38℃ 미만	인화점 38℃ 이상	
372 이상 465 미만 465 이상	12.2 이상 8.1 이상		이상인 경우의 살수기준면적은 465m^2로 한다. 다만, 위험물의 취급을 주된 작업내용으로 하지 아니하고 소량의 위험물을 취급하는 설비 또는 부분이 넓게 분산되어 있는 경우에는 방사밀도는 8.2L/m^2분 이상, 살수기준 면적은 279m^2 이상으로 할 수 있다.

14 위험물안전관리법령상 위험물의 품명이 다른 하나는?

① CH_3COOH ② C_6H_5Cl
③ $C_6H_5CH_3$ ④ C_6H_5Br

해설
① 아세트산 : 제4류 위험물 중 제2석유류
② 클로로벤젠 : 제4류 위험물 중 제2석유류
③ 톨루엔 : 제4류 위험물 중 제1석유류
④ 브로모벤젠 : 제4류 위험물 중 제2석유류

15 어떤 소화기에 "ABC"라고 표시되어 있다. 다음 중 사용할 수 없는 화재는?

① 금속화재 ② 유류화재
③ 전기화재 ④ 일반화재

해설
금속화재는 D급에 해당한다.

16 위험물안전법령에서 정한 소화설비의 소요단위 산정방법에 대한 설명 중 옳은 것은?

① 위험물은 지정수량의 100배를 1소요단위로 함
② 저장소용 건축물로 외벽이 내화구조인 것은 연면적 100m^2를 1소요단위로 함
③ 제조소용 건축물로 외벽이 내화구조가 아닌 것은 연면적 50m^2를 1소요단위로 함
④ 저장소용 건축물로 외벽이 내화구조가 아닌 것은 연면적 25m^2를 1소요단위로 함

해설

구분	제조소 또는 취급소	저장소
외벽이 내화구조인 것	100m^2	150m^2
내화구조가 아닌 것	50m^2	75m^2

17 다음 중 기체연료가 완전 연소하기에 유리한 이유로 가장 거리가 먼 것은?

① 활성화 에너지가 크다.
② 공기 중에서 확산되기 쉽다.
③ 산소를 충분히 공급 받을 수 있다.
④ 분자의 운동이 활발하다.

정답 14 ③ 15 ① 16 ③ 17 ①

> **해설**
> 열전도율이 작을수록, 발열량이 클수록, 표면적이 클수록, 활성화 에너지가 작을수록, 습도가 낮을수록 연소가 잘 이루어진다.

18 위험물의 소화방법으로 적합하지 않은 것은?

① 적린은 다량의 물로 소화한다.
② 황화인의 소규모 화재 시에는 모래로 질식 소화한다.
③ 알루미늄분은 다량의 물로 소화한다.
④ 황의 소규모 화재 시에는 모래로 질식 소화한다.

> **해설**
> ③ 알루미늄분은 금수성 물질이므로 탄산수소염류분말소화설비, 팽창질석, 팽창진주암, 건조사 등으로 질식 소화한다.

19 위험물안전관리법령에서 정한 위험물의 유별 성질을 잘못 나타낸 것은?

① 제1류 : 산화성
② 제4류 : 인화성
③ 제5류 : 자기반응성
④ 제6류 : 가연성

> **해설**
> ④ 제6류 : 산화성

20 주된 연소의 형태가 나머지 셋과 다른 하나는?

① 아연분   ② 양초
③ 코크스   ④ 목탄

> **해설**
> ① 아연분, ③ 코크스, ④ 목탄 : 표면연소
> ② 양초 : 증발연소

21 비스코스레이온 원료로서, 비중이 약 1.3, 인화점이 약 -30°C이고, 연소 시 유독한 아황산가스를 발생시키는 위험물은?

① 황린   ② 이황화탄소
③ 테레핀유   ④ 장뇌유

> **해설**
> 이황화탄소(CS_2)는 인화점이 -30°C로 제4류 위험물 중 특수인화물에 해당하며, 연소 시 유독한 아황산가스를 발생시킨다.
> 반응식 : $CS_2 + 2O_2 \rightarrow CO_2 + 2SO_2$

22 위험물안전관리법령상 위험물 운송 시 제1류 위험물과 혼재 가능한 위험물은?(단, 지정수량의 10배를 초과하는 경우이다.)

① 제2류 위험물
② 제3류 위험물
③ 제5류 위험물
④ 제6류 위험물

> **해설**
> 제1류 위험물은 제6류 위험물과 혼재 가능하다.

23 위험물 옥외저장탱크 중 압력탱크에 저장하는 디에틸에테르등의 저장온도는 몇 °C 이하이어야 하는가?

① 60   ② 40
③ 30   ④ 15

정답 18 ③   19 ④   20 ②   21 ②   22 ④   23 ②

> **해설**
> 압력탱크에 저장하는 디에틸에테르, 아세트알데히드 등의 저장온도는 40℃ 이하이어야 한다.

24 주유취급소의 고정주유설비에서 펌프기기의 주유관 선단에서 최대토출량으로 틀린 것은?

① 휘발유는 분당 50리터 이하
② 경유는 분당 180리터 이하
③ 등유는 분당 80리터 이하
④ 제1석유류(휘발유 제외)는 분당 50리터 이하

> **해설**
> 펌프기기는 주유관 선단에서의 최대토출량이 제1석유류의 경우에는 분당 50L 이하, 경유의 경우에는 분당 180L 이하, 등유의 경우에는 분당 80L 이하인 것으로 한다.

25 에틸렌글리콜의 성질로 옳지 않은 것은?

① 갈색의 액체로 방향성이 있고, 쓴맛이 난다.
② 물, 알코올 등에 잘 녹는다.
③ 분자량은 약 62이고, 비중은 약 1.1이다.
④ 부동액의 원료로 사용된다.

> **해설**
> ① 순수한 상태에서는 냄새가 없는 무색의 액체로 단맛이 난다.

26 제2류 위험물의 종류에 해당되지 않는 것은?

① 마그네슘
② 고형알코올
③ 칼슘
④ 안티몬분

> **해설**
> ③ 칼슘 : 제3류 위험물

27 위험물저장소에서 "칼륨 20kg, 황린 40kg, 칼슘의 탄화물 300kg"의 제3류 위험물을 저장하고 있는 경우 지정수량의 몇 배가 보관되어 있는가?

① 4
② 5
③ 6
④ 7

> **해설**
> 칼륨 지정수량 : 10kg
> 황린 지정수량 : 20kg
> 칼슘의 탄화물 : 300kg
> $\therefore \dfrac{\text{저장수량}}{\text{지정수량}} = \dfrac{20}{10} + \dfrac{40}{20} + \dfrac{300}{300} = 5$

28 다음 중 제5류 위험물이 아닌 것은?

① 니트로글리세린
② 니트로톨루엔
③ 니트로글리콜
④ 트리니트로톨루엔

> **해설**
> ② 제4류 위험물 제3석유류 비수용성

정답 24 ④   25 ①   26 ③   27 ②   28 ②

29 위험물을 저장할 때 필요한 보호물질을 옳게 연결한 것은?

① 황린 - 석유
② 금속칼륨 - 에탄올
③ 이황화탄소 - 물
④ 금속나트륨 - 산소

해설
①, ③ : 물속에 저장한다.
②, ④ : 석유, 등유, 경유, 유동성 파라핀 등에 저장한다.

30 다음 중 "인화점 50℃"의 의미를 가장 옳게 설명한 것은?

① 주변의 온도가 50℃ 이상이 되면 자발적으로 점화원 없이 발화한다.
② 액체의 온도가 50℃ 이상이 되면 가연성 증기를 발생하여 점화원에 의해 인화한다.
③ 액체를 50℃ 이상으로 가열하면 발화한다.
④ 주변의 온도가 50℃일 경우 액체가 발화한다.

해설
점화원이 존재할 때 가연성 증기를 발생하며 인화에 도달하는 최저온도를 인화점이라 한다.

31 등유의 성질에 대한 설명 중 틀린 것은?

① 증기는 공기보다 가볍다.
② 인화점이 상온보다 높다.
③ 전기에 대해 불량도체이다.
④ 물보다 가볍다.

해설
등유의 증기는 공기보다 무겁다.

32 다음 위험물 중 지정수량이 가장 작은 것은?

① 니트로글리세린
② 과산화수소
③ 트리니트로톨루엔
④ 피크르산

해설
① 10kg
② 300kg
③ 200kg
④ 200kg

33 적린의 일반적인 성질에 대한 설명으로 틀린 것은?

① 비금속 원소이다.
② 암적색의 분말이다.
③ 승화온도가 약 260℃이다.
④ 이황화탄소에 녹지 않는다.

해설
발화온도가 약 260℃이다.

34 이황화탄소 기체는 수소 기체보다 20℃ 1기압에서 몇 배 더 무거운가?

① 11
② 22
③ 32
④ 38

정답 29 ③ 30 ② 31 ① 32 ① 33 ③ 34 ④

> **해설**
> 이황화탄소(CS_2) 분자량 : 76
> 수소(H_2) 분자량 : 2
> ∴ 76/2 = 38

35 다음 중 물과 반응하여 가연성 가스를 발생하지 않는 것은?

① 리튬 ② 나트륨
③ 유황 ④ 칼슘

> **해설**
> 제2류 위험물인 유황은 물과 반응하지 않으며 주수소화를 하는 물질이다.

36 벤젠에 대한 설명으로 옳은 것은?

① 휘발성이 강한 액체이다.
② 물에 매우 잘 녹는다.
③ 증기의 비중은 1.50이다.
④ 순수한 것의 융점은 30℃이다.

> **해설**
> 벤젠의 인화점은 -11℃이므로 가솔린의 인화점(-43 ~ -20℃)보다 높다.

37 위험물안전관리법에서 정의하는 "인화성 또는 발화성 등의 성질을 가지는 것으로서 대통령령이 정하는 물품"을 말하는 용어는 무엇인가?

① 위험물
② 인화성물질
③ 자연발화성물질
④ 가연물

> **해설**
> "위험물"이라 함은 인화성 또는 발화성 등의 성질을 가지는 것으로서 대통령령이 정하는 물품을 말한다.

38 다음 물질 중에서 위험물안전관리법상 위험물의 범위에 포함되는 것은?

① 농도가 40중량퍼센트인 과산화수소 350kg
② 비중이 1.40인 질산 350kg
③ 직경 2.5mm의 막대 모양인 마그네슘 500kg
④ 순도가 55중량퍼센트인 유황 50kg

> **해설**
> ② 비중이 1.49 이상인 질산순도가 60중량퍼센트 이상
> ③ 직경 2mm의 막대 모양인 마그네슘은 위험물에서 제외한다.
> ④ 순도가 60중량퍼센트 이상인 유황

39 질화면을 강면약과 약면약으로 구분하는 기준은?

① 물질의 경화도
② 수산기의 수
③ 질산기의 수
④ 탄소 함유량

> **해설**
> 니트로셀룰로오스를 면약이라 부르며, 포함된 질산기의 수에 따라 강면약, 약면약으로 구분한다.

정답 35 ③ 36 ① 37 ① 38 ① 39 ③

40 위험물 운반에 관한 사항 중 위험물안전관리법령에서 정한 내용과 틀린 것은?

① 운반용기에 수납하는 위험물이 디에틸에테르이라면 운반용기 중 최대용적이 1L 이하라 하더라도 규정에 품명, 주의사항 등 표시사항을 부착하여야 한다.
② 운반용기에 담아 적재하는 물품이 황린이라면 파라핀, 경유 등 보호액으로 채워 밀봉한다.
③ 운반용기에 담아 적재하는 물품이 알킬알루미늄이라면 운반용기의 내용적의 90% 이하의 수납율을 유지하여야 한다.
④ 기계에 의하여 하역하는 구조로 된 경질 플라스틱제 운반용기는 제조된 때로부터 5년 이내의 것이어야 한다.

> **해설**
> 황린은 pH 9인 약알칼리성의 물속에 운반하여야 한다.

41 "위험물 암반 탱크의 공간 용적은 당해 탱크 내에 용출하는 (   )일 간의 지하수 양에 상당하는 용적과 당해 탱크 내용적의 100분의 (   )의 용적 중에서 보다 큰 용적을 공간 용적으로 한다." 괄호 안에 알맞은 수치를 차례대로 나열한 것은?

① 1, 1   ② 7, 1
③ 1, 5   ④ 7, 5

> **해설**
> 암반탱크에 있어서는 해당 탱크 내에 용출하는 7일간의 지하수의 양에 상당하는 용적과 해당 탱크의 내용적의 100분의 1의 용적 중에서 보다 큰 용적을 공간용적으로 한다.

42 HNO_3에 대한 설명으로 틀린 것은?

① Al, Fe은 진한 질산에서 부동태를 생성해 녹지 않는다.
② 질산과 염산을 3:1 비율로 제조한 것을 왕수라고 한다.
③ 부식성이 강하고 흡습성이 있다.
④ 직사광선에서 분해하여 NO_2를 발생한다.

> **해설**
> ② 질산과 염산을 1:3 비율로 제조한 것을 왕수라고 한다.

43 지정수량 20배 이상의 제1류 위험물을 저장하는 옥내저장소에서 내화구조로 하지 않아도 되는 것은?(단, 원칙적인 경우에 한한다.)

① 바닥
② 보
③ 기둥
④ 벽

> **해설**
> 옥내저장소의 구조는 벽, 기둥, 바닥은 내화구조로 하며 보와 서까래는 불연재료로 한다. 다만, 지정수량의 10배 이하의 위험물의 저장창고 또는 제2류와 제4류의 위험물(인화성고체 및 인화점이 70℃ 미만인 제4류 위험물을 제외한다)만의 저장창고에 있어서는 연소의 우려가 없는 벽·기둥 및 바닥은 불연재료로 할 수 있다.

정답 40 ②   41 ②   42 ②   43 ②

44 위험물안전관리법령상 "옥내저장소에서 위험물을 저장하는 경우 기계에 의하여 하역하는 구조로 된 용기만을 겹쳐 쌓는 경우에 있어서는 ( )미터 높이를 초과하여 용기를 겹쳐 쌓지 아니하여야 한다." 괄호 안에 알맞은 수치는?

① 2 ② 4 ③ 6 ④ 8

> **해설**
> 옥내/옥외저장소의 저장용기 높이를 쌓는 높이
> - 기계에 의하여 하역하는 구조 : 6m 이하
> - 제4류 위험물 중 제3석유류, 제4석유류 및 동식물유 : 4m 이하
> - 그 밖의 경우 : 3m 이하
> ※ 옥외저장소에서 선반에 용기를 저장하는 경우 : 6m 이하

45 칼륨의 화재 시 사용 가능한 소화제는?

① 물 ② 마른모래
③ 이산화탄소 ④ 사염화탄소

> **해설**
> 칼륨은 금수성 물질이므로 마른모래, 팽창질석, 팽창진주암, 탄산수소염류 분말 소화설비로 질식소화 하여야 한다.

46 위험물안전관리법령에 따른 제3류 위험물에 대한 화재예방 또는 소화의 대책으로 틀린 것은?

① 이산화탄소, 할로겐화합물, 분말소화약제를 사용하여 소화한다.
② 칼륨은 석유, 등유 등의 보호액 속에 저장한다.
③ 알킬알루미늄은 헥산, 톨루엔 등 탄화수소용제를 희석제로 사용한다.
④ 알킬알루미늄, 알킬리튬을 저장하는 탱크에는 불활성가스의 봉입장치를 설치한다.

> **해설**
> 황린을 제외한 제3류 위험물은 금수성 물질이므로 마른모래, 팽창질석, 팽창진주암, 탄산수소염류 분말소화설비로 질식소화 하여야 한다.

47 위험물안전관리법령에 따라 위험물 운반을 위해 적재하는 경우 제4류 위험물과 혼재가 가능한 액화석유가스 또는 압축천연가스의 용기 내용적은 몇 L 미만인가?

① 120 ② 150
③ 180 ④ 200

> **해설**
> 위험물 운반을 위해 적재하는 경우 제4류 위험물과 혼재가 가능한 액화석유가스(LPG) 또는 압축천연가스(CNG)의 용기 내용적은 120L 미만이다.

48 위험물을 유별로 정리하여 상호 1m 이상의 간격을 유지하는 경우에도 동일한 옥내저장소에 저장할 수 없는 것은?

① 제1류 위험물(알칼리금속의 과산화물 또는 이를 함유한 것을 제외한다.)과 제5류 위험물
② 제1류 위험물과 제6류 위험물
③ 제1류 위험물과 제3류 위험물 중 황린
④ 인화성 고체를 제외한 제2류 위험물과 제4류 위험물

정답 44 ③ 45 ② 46 ① 47 ① 48 ④

> **해설**
>
> 유별이 다른 위험물을 동일한 저장소에 저장하는 경우 유별로 정리하여 서로 1m 이상의 간격을 두었을 때 다음과 같이 저장할 수 있다.
> - 제1류 위험물(알칼리금속의 과산화물 제외)과 제5류 위험물
> - 제1류 위험물과 제6류 위험물
> - 제1류 위험물과 제3류 위험물 중 자연발화성 물질(황린)
> - **제2류 위험물 중 인화성 고체와 제4류 위험물**
> - 제3류 위험물 중 알킬알루미늄등과 제4류 위험물(알킬알루미늄 또는 알킬리튬을 함유한 것)
> - 제4류 위험물 중 유기과산화물과 제5류 위험물 중 유기과산화물

49 위험물의 지정수량이 틀린 것은?

① 과산화칼륨 : 50kg
② 질산나트륨 : 50kg
③ 과망간산나트륨 : 1000kg
④ 중크롬산암모늄 : 1000kg

> **해설**
>
> 질산나트륨 : 300kg

50 공기 중에서 산소와 반응하여 과산화물을 생성하는 물질은?

① 디에틸에테르   ② 이황화탄소
③ 에틸알코올   ④ 과산화나트륨

> **해설**
>
> 디에틸에테르가 산소와 반응하면 과산화물을 생성하므로 40mesh의 구리망을 넣어 생성을 방지하여야 한다.

51 제1류 위험물 중의 과산화칼륨을 다음과 같이 반응시켰을 때 공통적으로 발생되는 기체는?

> ㄱ. 물과 반응을 시켰다.
> ㄴ. 가열하였다.
> ㄷ. 탄산가스와 반응시켰다.

① 수소   ② 이산화탄소
③ 산소   ④ 이산화황

> **해설**
>
> ㄱ. $K_2O_2 + H_2O \rightarrow 2KOH + 0.5O_2$
> ㄴ. $K_2O_2 \rightarrow K_2O + 0.5O_2$
> ㄷ. $K_2O_2 + CO_2 \rightarrow K_2CO_3 + 0.5O_2$

52 위험물 이동저장탱크의 외부도장 색상으로 적합하지 않은 것은?

① 제2류 - 적색
② 제3류 - 청색
③ 제5류 - 황색
④ 제6류 - 회색

> **해설**
>
> | 류별 | 색상 | |
> |---|---|---|
> | 제1류 | 회색 | 1. 탱크의 앞면과 뒷면을 제외한 면적의 40% 이내의 면적은 다른 유별의 색상 외의 색상으로 도장하는 것이 가능하다.
2. 제4류에 대해서는 도장의 색상 제한이 없으나 적색을 권장한다. |
> | 제2류 | 적색 | |
> | 제3류 | 청색 | |
> | 제4류 | 적색 권장 | |
> | 제5류 | 황색 | |
> | 제6류 | 청색 | |

정답   49 ②   50 ①   51 ③   52 ④

53 과망간산칼륨의 위험성에 대한 설명 중 틀린 것은?

① 진한 황산과 접촉하면 폭발적으로 반응한다.
② 알코올, 에테르, 글리세린 등 유기물과 접촉을 금한다.
③ 가열하면 약 60℃에서 분해하여 수소를 방출한다.
④ 목탄, 황과 접촉 시 충격에 의해 폭발할 위험성이 있다.

해설
가열하면 약 610℃에서 산소를 방출한다.

54 다음 중 제1류 위험물에 속하지 않는 것은?

① 질산구아니딘
② 과요오드산
③ 납 또는 요오드의 산화물
④ 염소화이소시아눌산

해설
질산구아니딘은 제5류 위험물에 속한다.

55 질산의 비중이 1.5일 때, 1소요단위는 몇 L인가?

① 150   ② 200
③ 1500   ④ 2000

해설
위험물의 경우 지정수량의 10배를 1소요단위로 하며, 비중을 고려하여 계산한다.
$300kg \times \dfrac{L}{1.5kg} = 200L$
∴ 200L × 10배 = 2,000L

56 질산메틸에 대한 설명 중 틀린 것은?

① 액체 형태이다.
② 물보다 무겁다.
③ 알코올에 녹는다.
④ 증기는 공기보다 가볍다.

해설
④ 증기는 공기보다 무겁다.
질산메틸(CH_3NO_3) 증기비중 : $\dfrac{77}{29} = 2.66$

57 삼황화린의 연소 시 발생하는 가스에 해당하는 것은?

① 이산화황
② 황화수소
③ 산소
④ 인산

해설
$P_4S_3 + 8O_2 \rightarrow 2P_2O_5 + 3SO_2$

58 다음 위험물 중 발화점이 가장 낮은 것은?

① 피크린산
② TNT
③ 과산화벤조일
④ 니트로셀룰로오스

해설
① 피크린산 : 320℃
② TNT : 230℃
③ 과산화벤조일 : 125℃
④ 니트로셀룰로오스 : 180℃

정답 53 ③ 54 ① 55 ④ 56 ④ 57 ① 58 ③

59 건축물 외벽이 내화구조이며, 연면적 300㎡인 위험물 옥내저장소의 건축물에 대하여 소화설비의 소화능력 단위는 최소한 몇 단위 이상이 되어야 하는가?

① 1단위 ② 2단위
③ 3단위 ④ 4단위

해설
저장소이며 내화구조인 경우는 150㎡를 1소요단위로 한다.
∴ $\frac{300m^2}{150m^2} = 2$

60 위험물안전관리법령상 위험물의 운반에 관한 기준에 따르면 알코올류의 위험등급은 얼마인가?

① 위험등급 Ⅰ
② 위험등급 Ⅱ
③ 위험등급 Ⅲ
④ 위험등급 Ⅳ

해설
위험등급 Ⅱ : 제1석유류, 알코올류

정답 59 ②   60 ②

2014년 5회 위험물기능사

01 제조소등의 소요단위 산정 시 위험물은 지정수량의 몇 배를 1소요단위로 하는가?

① 5배   ② 10배
③ 20배   ④ 50배

> **해설**
> 위험물의 소요단위는 지정수량의 10배를 1소요단위로 한다.

02 다음 중 알킬알루미늄의 소화방법으로 가장 적합한 것은?

① 팽창질석에 의한 소화
② 산·알칼리 소화약제에 의한 소화
③ 알코올포에 의한 소화
④ 주수에 의한 소화

> **해설**
> 알킬알루미늄은 제3류 위험물의 금수성 물질이므로 팽창질석, 팽창진주암, 건조사, 탄산수소염류 분말소화설비 등에 의한 질식소화가 가장 적합하다.

03 다음 물질 중 분진폭발의 위험이 가장 낮은 것은?

① 밀가루
② 아연가루
③ 마그네슘가루
④ 시멘트가루

> **해설**
> 모래, 석고, 시멘트, 가성소다, 석회분 등은 분진폭발의 위험성이 낮은 물질에 해당한다.

04 위험물안전관리법령상 제5류 위험물의 화재 발생 시 적응성이 있는 소화설비는?

① 이산화탄소소화설비
② 물분무소화설비
③ 분말소화설비
④ 할로겐화합물소화설비

> **해설**
> 제5류 위험물의 화재 발생 시 물에 의한 주수소화가 적응성이 있다.

05 다음 중 제4류 위험물의 화재에 적응성이 없는 소화기는?

① 이산화탄소소화설비
② 봉상수소화기
③ 인산염류소화기
④ 포소화기

> **해설**
> 제4류 위험물의 화재에 봉상수소화기는 적응성이 없으며 주로 이산화탄소소화설비, 할로겐화합물소화설비, 인산염류분말소화설비, 포소화기, 무상강화액소화기 등에 적응성이 있다.

정답 01 ② 02 ① 03 ④ 04 ② 05 ②

06 위험물안전관리법령상 자동화재탐지설비의 경계구역 하나의 면적은 몇 ㎡ 이하이어야 하는가?(단, 원칙적인 경우에 한한다.)

① 250　　② 300
③ 400　　④ 600

해설
하나의 경계구역의 한 변의 길이는 50m (광전식분리형 감지기를 설치할 경우에는 100m) 이하로 하며 면적은 600㎡ 이하로 한다.

07 플래시오버(Flash Over)에 대한 설명으로 옳은 것은?

① 산소의 공급이 주요 요인이 되어 발생한다.
② 대부분 화재 종기(쇠퇴기)에 발생한다.
③ 내장재의 종류와 개구부의 크기에 영향을 받는다.
④ 대부분 화재 초기(발화기)에 발생한다.

해설
화재의 성장기에 발생하여 최성기로 넘어가는 단계를 말하며, 내장재의 종류(난연·가연·불연재료)와 개구부의 크기에 영향을 받는다.

08 충격이나 마찰에 민감하고 가수분해 반응을 일으키는 단점을 가지고 있어 이를 개선하여 다이너마이트를 발명하는데 주 원료로 사용한 위험물은?

① 트리니트로페놀
② 니트로글리세린
③ 트리니트로톨루엔
④ 셀룰로이드

해설
규조토에 흡수시킨 니트로글리세린은 다이너마이트를 발명하는데 주원료로 사용되었다.

09 다음은 어떤 화합물의 구조식인가?

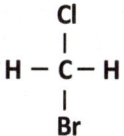

① 할론2402　　② 할론1301
③ 할론1011　　④ 할론1201

해설
C, F, Cl, Br, I(생략가능) 순서에 따라 할론 소화약제의 화학식을 명명하며 빈자리는 H를 채워준다.

10 위험물안전관리법령상 제4류 위험물을 지정수량의 3천배 초과 4천배 이하로 저장하는 옥외탱크저장소의 보유공지는 얼마인가?

① 6m 이상　　② 9m 이상
③ 12m 이상　　④ 15m 이상

해설

저장 또는 취급하는 위험물의 최대수량	공지의 너비
지정수량의 500배 이하	3m 이상

정답 06 ④　07 ③　08 ②　09 ③　10 ④

지정수량의 500배 초과 1,000배 이하	5m 이상
지정수량의 1,000배 초과 2,000배 이하	9m 이상
지정수량의 2,000배 초과 3,000배 이하	12m 이상
지정수량의 3,000배 초과 4,000배 이하	15m 이상
지정수량의 4000배 초과	해당 탱크의 최대 지름과 높이 중 큰 것 이상으로 한다. (단, 30m 초과 시 30m 이상, 15m 미만 시 15m 이상으로 한다.)

11 다음 중 분말소화약제를 방출시키기 위해 주로 사용되는 가압용 가스는?

① 헬륨   ② 질소
③ 아르곤   ④ 산소

해설
분말소화설비의 기준에서 가압용 가스로 사용할 수 있는 것은 질소 또는 이산화탄소이다.

12 연소의 연쇄반응을 차단 및 억제하여 소화하는 방법은?

① 제거소화   ② 부촉매소화
③ 질식소화   ④ 냉각소화

해설
할로겐화합물 소화약제의 주된 소화방법은 연쇄반응을 차단하는 화학적소화(=억제소화, 부촉매소화)이다.

13 위험물안전관리법령상 위험등급 I 의 위험물로 옳은 것은?

① 무기과산화물
② 제1석유류
③ 황화린, 적린, 유황
④ 알코올류

해설
②, ③, ④ : 위험등급 II

14 소화기 속에 압축되어 있는 이산화탄소 1.1kg을 표준상태에서 분사하였다. 이산화탄소의 부피는 몇 ㎥가 되는가?

① 0.56   ② 5.6
③ 11.2   ④ 24.6

해설
이산화탄소의 분자량 : 44
$$V = 1.1kg \times \frac{1mol}{44kg} \times \frac{22.4m^3}{1kmol} = 0.56m^3$$

15 위험물안전관리법령상 자동화재탐지설비를 설치하지 않고 비상경보설비로 대신할 수 있는 것은?

① 지정수량 20배를 저장하는 옥내저장소로서 처마높이가 8m인 단층건물

정답 11 ② 12 ② 13 ① 14 ①

② 지정수량 20배를 저장 취급하는 옥내주유취급소
③ 단층건물 외에 건축물에 설치된 지정수량 15배의 옥내 탱크저장소로서 소화난이도등급 Ⅱ에 속하는 것
④ 일반취급소로서 연면적 600㎡인 것

해설

옥내탱크저장소의 경우 단층 건물 외의 건축물에 설치된 소화난이도 등급Ⅰ에 해당하면 자동화재탐지설비를 설치하여야 한다.

16 양초, 고급알코올 등과 같은 연료의 가장 일반적인 연소형태는?

① 표면연소　② 증발연소
③ 분무연소　④ 분해연소

해설

증발연소란 황, 양초, 고급알코올 등과 같은 연료가 증발하여 생긴 증기가 연소하는 현상이다.

17 BCF(Bromochlorodifluoromethane) 소화약제의 화학식으로 옳은 것은?

① CF_3Br　② CCl_4
③ CH_2ClBr　④ CF_2ClBr

해설

할론 1211의 화학식은 CF_2ClBr로 약칭으로 BCF라 한다.
할론 소화약제의 명명 : C, F, Cl, Br, I(I은 생략가능)순서에 따라 개수로 명명한다.

18 제2류 위험물인 마그네슘에 대한 설명으로 옳지 않은 것은?

① 가연성 고체로 산소와 반응하여 산화반응을 한다.
② 화재 시 이산화탄소 소화약제로 소화가 가능하다.
③ 2mm 체를 통과한 것만 위험물에 해당된다.
④ 주수소화를 하면 가연성의 수소가스가 발생한다.

해설

② 마그네슘의 화재 시 팽창진주암, 탄산수소염류분말, 건조사, 팽창질석으로 질식소화 하여야 한다.

19 위험물안전관리법령에 따른 판매취급소라 함은 점포에서 위험물을 용기에 담아 판매하기 위하여 지정수량의 (㉮)배 이하의 위험물을 (㉯)하는 장소를 말한다. ( )에 알맞은 말은?

① ㉮ 20　㉯ 취급
② ㉮ 40　㉯ 취급
③ ㉮ 20　㉯ 저장
④ ㉮ 40　㉯ 저장

해설

판매취급소라 함은 점포에서 위험물을 용기에 담아 판매하기 위하여 지정수량의 40배 이하의 위험물을 취급하는 장소를 말한다.

정답　15 ③　16 ②　17 ④　18 ②　19 ②

20 취급하는 제4류 위험물의 수량이 지정수량의 30만배인 일반취급소가 있는 사업장에 자체소방대를 설치함에 있어서 전체 화학소방차 중 포수용액을 방사하는 화학소방차는 몇 대 이상 두어야 하는가?

① 필수적인 것은 아니다.
② 1
③ 2
④ 3

> **해설**
>
> | 사업소의 구분 | 화학소방 자동차 | 자체소방 대원의 수 |
> |---|---|---|
> | 최대수량의 합이 지정수량의 12만배 미만 | 1대 | 5인 |
> | 최대수량의 합이 지정수량의 12만배 이상 24만배 미만 | 2대 | 10인 |
> | 최대수량의 합이 지정수량의 24만배 이상 48만배 미만 | 3대 | 15인 |
> | 최대수량의 합이 지정수량의 48만배 이상 | 4대 | 20인 |
>
> 포수용액을 방사하는 화학소방자동차의 대수는 화학소방자동차의 대수의 3분의 2 이상으로 하여야 한다. 30만배에 해당하는 화학소방차의 수가 3대이므로 2/3 이상인 2대 이상의 포수용액 화학소방차를 두어야 한다.

21 자연발화성물질 중 알킬알루미늄등은 운반용기의 내용적의 ( )% 이하의 수납율로 수납하되, 50℃ 의 온도에서 ( )% 이상의 공간용적을 유지하도록 하여야 한다. 괄호 안에 적합한 숫자를 차례대로 나열한 것은?

① 90, 5　　② 90, 10
③ 95, 5　　④ 95, 10

> **해설**
>
> 알킬알루미늄 등은 운반용기의 내용적 90% 이하의 수납율로 수납하되, 50℃의 온도에서 5% 이상의 공간용적을 유지하도록 할 것.

22 정전기로 인한 재해방지대책 중 틀린 것은?

① 공기를 이온화 한다.
② 실내를 건조하게 유지한다.
③ 공기 중의 상대습도를 70% 이상으로 유지한다.
④ 접지를 한다.

> **해설**
>
> ② 건조할수록 정전기가 발생하기 쉬우므로 공기 중의 상대습도를 70% 이상으로 유지한다.

23 삼황화린의 연소 생성물을 옳게 나열한 것은?

① P_2O_5, SO_2　　② P_2O_5, H_2S
③ H_3PO_4, H_2S　　④ H_3PO_4, SO_2

> **해설**
>
> $P_4S_3 + 8O_2 \rightarrow 2P_2O_5 + 3SO_2$

정답　20 ③　21 ①　22 ②　23 ①

24 제3류 위험물에 해당하는 것은?

① 삼황화린 ② 유황
③ 황린 ④ 적린

> **해설**
> ① 삼황화린, ② 유황, ④ 적린 : 제2류 위험물

25 제5류 위험물 중 니트로화합물의 지정수량을 옳게 나타낸 것은?

① 10kg ② 100kg
③ 150kg ④ 200kg

> **해설**
> 제5류 위험물 중 니트로화합물 : 지정수량 200kg

26 과염소산칼륨의 성질에 대한 설명 중 틀린 것은?

① 무색, 무취의 결정으로 물에 잘 녹는다.
② 화약, 폭약, 섬광제 등에 쓰인다.
③ 에탄올, 에테르에는 녹지 않는다.
④ 화학식은 $KClO_4$ 이다.

> **해설**
> 과염소산은 무색, 무취의 액체로 융점이 -112℃이고 물과 접촉하면 심하게 발열한다.

27 0.99atm, 55℃에서 이산화탄소의 밀도는 약 몇 g/L 인가?

① 0.62 ② 1.62
③ 9.65 ④ 12.65

> **해설**
> $$PV = \frac{w}{M}RT$$
> $$\frac{w}{V} = \frac{PM}{RT} = \frac{0.99 \times 44}{0.082 \times (273+55)}$$
> $$= 1.62 g/L$$

28 위험물안전관리법령에서 정한 제5류 위험물 이동저장탱크의 외부 도장 색상은?

① 황색 ② 적색
③ 청색 ④ 회색

> **해설**
>
> | 류별 | 색상 |
> |---|---|
> | 제1류 | 회색 |
> | 제2류 | 적색 |
> | 제3류 | 청색 |
> | 제4류 | 적색 권장 |
> | 제5류 | 황색 |
> | 제6류 | 청색 |
>
> 1. 탱크의 앞면과 뒷면을 제외한 면적의 40% 이내의 면적은 다른 유별의 색상 외의 색상으로 도장하는 것이 가능하다.
> 2. 제4류에 대해서는 도장의 색상 제한이 없으나 적색을 권장한다.

29 제조소등의 관계인이 예방규정을 정하여야 하는 제조소등이 아닌 것은?

① 지정수량 100배의 위험물을 저장하는 옥외탱크저장소
② 지정수량 150배의 위험물을 저장하는 옥내저장소
③ 지정수량 10배의 위험물을 취급하는 제조소

정답 24 ③ 25 ④ 26 ① 27 ② 28 ① 29 ①

④ 지정수량 5배의 위험물을 취급하는 이송취급소

해설
지정수량의 <u>200배 이상</u>의 위험물을 저장하는 옥외탱크저장소

30 위험물안전관리법령상 제5류 위험물의 공통된 취급 방법으로 옳지 않은 것은?
① 불티, 불꽃, 고온체와의 접근을 피한다.
② 용기의 파손 및 균열에 주의한다.
③ 운반용기 외부에 주의사항으로 '화기주의' 및 '물기엄금'을 표기한다.
④ 저장 시 과열, 충격, 마찰을 피한다.

해설
③ 운반용기 외부에 주의사항으로 "화기엄금" 및 "충격주의" 표시를 하여야 한다.

31 다음 중 황 분말과 혼합했을 때 가열 또는 충격에 의해서 폭발할 위험이 가장 높은 것은?
① 질산암모늄 ② 마른모래
③ 이산화탄소 ④ 물

해설
질산암모늄은 제1류 위험물로 황 분말인 제2류 위험물과 혼합했을 때 위험하다.

32 위험물안전관리법령에서 정한 내용 중 (　)라 함은 고형알코올 그 밖에 1기압에서 인화점이 섭씨 40도 미만인 고체를 말한다. 괄호 안에 알맞은 용어는?

① 자기반응성고체 ② 산화성고체
③ 인화성고체   ④ 가연성고체

해설
<u>인화성고체</u>라 함은 고형알코올 그 밖에 1기압에서 인화점이 섭씨 40도 미만인 고체를 말한다.

33 유별을 달리하는 위험물을 운반할 때 혼재할 수 있는 것은?(단, 지정수량의 1/10을 넘는 양을 운반하는 경우이다.)
① 제1류와 제3류
② 제2류와 제4류
③ 제3류와 제5류
④ 제4류와 제6류

해설
제2류 위험물은 제4류, 제5류 위험물과 혼재가 가능하다.

34 그림의 원통종형으로 설치된 탱크에서 공간용적을 내용적의 10%라고 하면 탱크용량(허가용량)은 약 얼마인가?

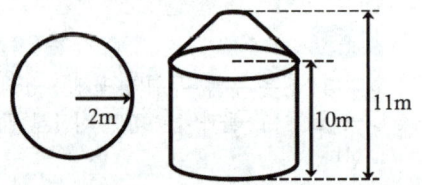

① 113.04 ② 124.34
③ 129.06 ④ 138.16

해설
내용적 $= 3.14 \times 2^2 \times 10 = 125.6 m^3$
용량 $= 125.6 m^3 \times 0.9 = 113.04 m^3$

정답　30 ③　31 ①　32 ③　33 ②　34 ①

35 제4류 위험물에 속하지 않는 것은?

① 니트로벤젠
② 실린더유
③ 트리니트로톨루엔
④ 아세톤

> **해설**
> 트리니트로톨루엔은 제5류 위험물 중 니트로화합물에 속한다.

36 자기반응성 물질인 제5류 위험물에 해당하는 것은?

① $C_6H_5NO_2$
② $CH_3(C_6H_4)NO_2$
③ $C_6H_2(NO_2)_3OH$
④ CH_3COCH_3

> **해설**
> ① $C_6H_5NO_2$: 니트로벤젠(제4류 위험물)
> ② $CH_3(C_6H_4)NO_2$: 니트로톨루엔(제4류 위험물)
> ③ $C_6H_2(NO_2)_3OH$: 트리니트로페놀(제5류 위험물)
> ④ CH_3COCH_3 : 아세톤(제4류 위험물)

37 경유 2000L, 글리세린 2000L를 같은 장소에 저장하려한다. 지정수량의 배수의 합은 얼마인가?

① 2.5
② 3.0
③ 3.5
④ 4.0

> **해설**
> 경유 지정수량 : 1,000L
> 글리세린 지정수량 : 4,000L
> $\therefore \dfrac{저장수량}{지정수량} = \dfrac{2,000}{1,000} + \dfrac{2,000}{4,000} = 2.5$

38 제2석유류에 해당하는 물질로만 짝지어진 것은?

① 등유, 경유
② 글리세린, 기계유
③ 글리세린, 장뇌유
④ 등유, 중유

> **해설**
> 장뇌유 : 제2석유류
> 등유 : 제2석유류
> 글리세린 : 제3석유류
> 중유 : 제3석유류
> 기계유 : 제4석유류

39 과망간산칼륨의 위험성에 대한 설명으로 틀린 것은?

① 목탄, 황 등 환원성 물질과 격리하여 저장해야 한다.
② 유기물과 혼합 시 위험성이 증가한다.
③ 고온으로 가열하면 분해하여 산소와 수소를 방출한다.
④ 황산과 격렬하게 반응한다.

> **해설**
> 고온으로 가열하면 분해하여 산소 기체를 방출한다.
> $2KMnO_4 \rightarrow K_2MnO_4 + MnO_2 + O_2$

정답 35 ③ 36 ③ 37 ① 38 ① 39 ③

40 다음 중 지정수량이 나머지 셋과 다른 물질은?

① 유황
② 적린
③ 칼슘
④ 황화린, 적린, 유황

> **해설**
> 칼슘 : 50kg
> 유황, 적린, 황화린 : 100kg

41 위험물의 품명이 질산염류에 속하지 않는 것은?

① 질산메틸
② 질산암모늄
③ 질산나트륨
④ 질산칼륨

> **해설**
> 질산메틸은 제5류 위험물인 질산에스테르류에 속한다.

42 위험물과 그 보호액 또는 안정제의 연결이 틀린 것은?

① 알킬알루미늄 – 헥산
② 인화석회 – 물
③ 금속칼륨 – 등유
④ 황린 – 물

> **해설**
> 인화석회는 물과 반응하여 수산화칼슘과 유독성의 포스핀(PH_3)기체가 발생한다.
> $Ca_3P_2 + 6H_2O \rightarrow 3Ca(OH)_2 + 2PH_3$

43 위험물안전관리법령상 염소화이소시아눌산은 제 몇 류 위험물인가?

① 제1류   ② 제2류
③ 제5류   ④ 제6류

> **해설**
> 염소화이소시아눌산은 제1류 위험물 중 행정안전부령이 정하는 것으로 한다.

44 경유에 대한 설명으로 틀린 것은?

① 발화점이 인화점보다 높다.
② 물에 녹지 않는다.
③ 비중은 1 이하이다.
④ 인화점은 상온 이하이다.

> **해설**
> 경유의 인화점은 약 50℃로 상온 이상이다.

45 위험물안전관리법령상 이동탱크저장소에 설치하는 게시판의 설치기준에서 "이동저장탱크의 뒷면 중 보기 쉬운 곳에는 해당 탱크에 저장 또는 취급하는 위험물의 ( )·( )·( ) 및 적재중량을 게시한 게시판을 설치하여야 한다." 괄호 안에 해당하지 않는 것은?

① 최대수량   ② 품명
③ 유별   ④ 관리자명

> **해설**
> 이동탱크저장소에는 그 뒷면 중 보기 쉬운 곳에는 저장 또는 취급하는 위험물의 **유별· 품명· 최대수량 및 적재중량**을 표시한다.

정답 40 ③   41 ①   42 ②   43 ①   44 ④   45 ④

46 "$C_2H_5OC_2H_5$, CS_2, CH_3CHO"에서 인화점이 0℃ 보다 작은 것은 모두 몇 개인가?

① 0개
② 1개
③ 2개
④ 3개

> **해설**
> 디에틸에테르 : -45℃
> 이황화탄소 : -30℃
> 아세트알데히드 : -38℃

47 니트로셀룰로오스의 저장방법으로 올바른 것은?

① 물이나 알코올로 습윤시킨다.
② 산에 용해시켜 저장한다.
③ 수은염을 만들어 저장한다.
④ 에탄올과 에테르 혼액에 침윤시킨다.

> **해설**
> 건조 상태가 위험하므로 물이나 알코올로 습윤시켜 저장한다.

48 위험물안전관리법령상 옥내소화전설비의 설치기준에서 옥내소화전은 제조소등의 건축물의 층마다 해당 층의 각 부분에서 하나의 호스접속구까지의 수평거리가 몇 m 이하가 되도록 설치하여야 하는가?

① 5
② 10
③ 15
④ 25

> **해설**
> 옥외소화전은 방호대상물의 각 부분에서 하나의 호스접속구까지의 수평거리가 40m 이하가 되도록 설치하며, **옥내소화전의 경우 수평거리는 25m 이하가 되도록 설치하여야 한다.**

49 유기과산화물의 저장 또는 운반 시 주의사항으로 옳은 것은?

① 산화제이므로 다른 강산화제와 같이 저장해야 좋다.
② 일광이 드는 건조한 곳에 저장한다.
③ 알코올류 등 제4류 위험물과 혼재하여 운반할 수 있다.
④ 가능한 한 대용량으로 저장한다.

> **해설**
> ③ 제5류 위험물은 제2류 위험물과 제4류 위험물과 혼재하여 운반할 수 있다.

50 지하탱크저장소에 대한 설명으로 옳지 않은 것은?

① 지하저장탱크와 탱크전용실 안쪽과의 간격은 0.1m 이상의 간격을 유지한다.
② 지하저장탱크의 윗부분은 지면으로부터 0.6m 이상 아래에 있어야 한다.
③ 탱크전용실 벽의 두께는 0.3m 이상이어야 한다.
④ 지하저장탱크에는 두께 0.1m 이상의 철근콘크리트조로 된 뚜껑을 설치한다.

정답   46 ④   47 ①   48 ④   49 ③   50 ④

> **해설**
> ④ 지하저장탱크에는 두께 0.3m 이상의 철근콘크리트조로 된 뚜껑을 설치한다.

51 황린의 위험성에 대한 설명으로 틀린 것은?

① 강알칼리 용액과 반응하여 독성 가스를 발생한다.
② 공기 중에서 자연발화의 위험성이 있다.
③ 화학적 활성이 커서 CO_2, H_2O와 격렬히 반응한다.
④ 연소 시 발생되는 증기는 유독하다.

> **해설**
> 황린은 화학적 활성이 큰 자연발화성 물질이지만 H_2O와 반응성이 없어 pH 9인 물에 보관할 수 있다.

52 니트로셀룰로오스 5kg과 트리니트로페놀을 함께 저장하려고 한다. 이 때 지정수량 1배로 저장하려면 트리니트로페놀을 몇 kg 저장하여야 하는가?

① 5
② 10
③ 50
④ 100

> **해설**
> 니트로셀룰로오스 지정수량 : 10kg
> 트리니트로페놀 지정수량 : 200kg
> $$\frac{5}{10} + \frac{x}{200} = 1배$$
> $x = 100$

53 다음 중 위험물안전관리법령에서 정한 제3류 위험물 금수성 물질의 소화설비로 적응성이 있는 것은?

① 인산염류등 분말소화설비
② 이산화탄소소화설비
③ 할로겐화합물소화설비
④ 탄산수소염류등 분말소화설비

> **해설**
> 금수성 물질의 소화설비로 적응성이 있는 것은 탄산수소염류 분말소화설비, 팽창질석, 팽창진주암, 건조사 등이 있다.

54 다음 설명 중 제2석유류에 해당하는 것은? (단, 1기압 상태이다.)

① 착화점이 21℃ 미만인 것
② 착화점이 30℃ 이상 50℃ 미만인 것
③ 인화점이 21℃ 이상 70℃ 미만인 것
④ 인화점이 21℃ 이상 90℃ 미만인 것

> **해설**
> 제2석유류의 인화점 범위 : 21℃ 이상 70℃ 미만

55 질산암모늄의 일반적 성질에 대한 설명 중 옳은 것은?

① 불안정한 물질이고 물에 녹을 때는 흡열반응을 나타낸다.
② 과일향의 냄새가 나는 적갈색 비결정체이다.
③ 가열시 분해하여 수소를 발생한다.
④ 물에 대한 용해도 값이 매우 작아 물에 거의 불용이다.

정답 51 ③ 52 ④ 53 ④ 54 ③ 55 ①

> **해설**
> ② 무색·무취의 결정형 고체이다.
> ③ 가열시 분해하여 N_2O 기체를 발생한다.
> ④ 흡습성이 있으며, 물에 잘 녹는 물질이다.

56 아염소산염류 500kg과 질산염류 3000kg을 함께 저장하는 경우 위험물의 소요단위는 얼마인가?

① 2 ② 4
③ 6 ④ 8

> **해설**
> 위험물의 소요단위는 지정수량의 10배를 1소요단위로 한다.
> 아염소산염류 지정수량 : 50kg
> 질산염류 지정수량 : 300kg
> ∴ $\dfrac{저장수량}{지정수량 \times 10} = \dfrac{500kg}{50kg \times 10}$
> $+ \dfrac{3000kg}{300kg \times 10} = 2단위$

57 유황에 대한 설명으로 옳지 않은 것은?

① 연소 시 황색불꽃을 보이며 유독한 이황화탄소를 발생한다.
② 고온에서 용융된 유황은 수소와 반응한다.
③ 미세한 분말상태에서 부유하면 분진폭발의 위험이 있다.
④ 마찰에 의해 정전기가 발생할 우려가 있다.

> **해설**
> ① 연소 시 청색불꽃을 보이며 유독한 아황산가스를 발생한다.
> $S + O_2 \rightarrow SO_2$

58 위험물의 저장 및 취급방법에 대한 설명으로 틀린 것은?

① 적린은 화기와 멀리하고 가열, 충격이 가해지지 않도록 한다.
② 이황화탄소는 발화점이 낮으므로 물속에 저장한다.
③ 마그네슘은 산화제와 혼합되지 않도록 취급한다.
④ 알루미늄분은 분진폭발의 위험이 있으므로 분무 주수하여 저장한다.

> **해설**
> 알루미늄분은 금수성 물질로 주수소화시 수소가스가 발생한다.
> $2Al + 6H_2O \rightarrow 2Al(OH)_3 + 3H_2$

59 과산화벤조일(벤조일퍼옥사이드)에 대한 설명 중 틀린 것은?

① 환원성 물질과 격리하여 저장한다.
② 물에 녹지 않으나 유기용제에 녹는다.
③ 희석제로 묽은 질산을 사용한다.
④ 결정성의 분말형태이다.

> **해설**
> 벤조일퍼옥사이드는 건조된 상태가 위험하므로 프탈산디메틸, 프탈산디부틸의 희석제를 사용하여 저장 및 보관한다.

정답 56 ① 57 ① 58 ④ 59 ③

60 위험물안전관리법령에 따른 위험물의 운송에 관한 설명 중 틀린 것은?

① 알킬리튬과 알킬알루미늄 또는 이 중 어느 하나 이상을 함유한 것은 운송책임자의 감독·지원을 받아야 한다.
② 이동탱크저장소에 의하여 위험물을 운송할 때의 운송책임자에는 법정의 교육을 이수하고 관련 업무에 2년 이상 경력이 있는 자도 포함된다.
③ 서울에서 부산까지 금속의 인화물 300kg을 1명의 운전자가 휴식없이 운송해도 규정위반이 아니다.
④ 운송책임자의 감독 또는 지원 방법에는 동승하는 방법과 별도의 사무실에서 대기하면서 규정된 사항을 이행하는 방법이 있다.

> **해설**
>
> ③ 서울에서 부산까지 장거리 운송(고속국도 340km 이상, 그 밖의 도로 200km 이상)이므로 2명 이상의 운전자로 한다. (단, 운송책임자를 동승시킨 경우, 운송위험성이 낮은 제2류 위험물, 제3류 위험물(칼슘 또는 알루미늄의 탄화물에 한한다) 또는 제4류 위험물(특수인화물 제외)을 운송하는 경우, 운송 도중에 2시간 이내마다 20분 이상씩 휴식하는 경우에는 1명의 운전자로 할 수 있다.)

정답 60 ③

2015년 1회 위험물기능사

01 제3종 분말 소화약제의 열분해 반응식을 옳게 나타낸 것은?

① $NH_4H_2PO_4 \rightarrow HPO_3 + NH_3 + H_2O$
② $2KNO_3 \rightarrow 2KNO_2 + O_2$
③ $KClO_4 \rightarrow KCl + 2O_2$
④ $2CaHCO_3 \rightarrow 2CaO + H_2CO_3$

> **해설**
> 제3종 분말소화약제의 2차 열분해반응식
> : $NH_4H_2PO_4 \rightarrow HPO_3 + NH_3 + H_2O$

02 위험물안전관리법령상 제2류 위험물 중 지정수량이 500kg인 물질에 의한 화재는?

① A급 화재 ② B급 화재
③ C급 화재 ④ D급 화재

> **해설**
> 제2류 위험물 중 지정수량이 500kg인 것은 철분, 금속분, 마그네슘이며 이들에 의한 금속화재는(D급 화재)이다.

03 위험물제조소등의 용도폐지신고에 대한 설명으로 옳지 않은 것은?

① 용도폐지 후 30일 이내에 신고하여야 한다.
② 완공검사필증을 첨부한 용도폐지신고서를 제출하는 방법으로 신고한다.
③ 전자문서로 된 용도폐지신고서를 제출하는 경우에도 완공검사필증을 제출하여야 한다.
④ 신고의무의 주체는 해당 제조소등의 관계인이다.

> **해설**
> 제조소등의 관계인은 용도폐지신고서에 제조소등의 완공검사필증을 첨부하여 제조소등의 용도를 폐지한 날부터 14일 이내에 시·도지사에게 신고하여야 한다.

04 할로겐 화합물의 소화약제 중 할론 2402의 화학식은?

① $C_2Br_4F_2$ ② $C_2Cl_4F_2$
③ $C_2Cl_4Br_2$ ④ $C_2F_4Br_2$

> **해설**
> 할로겐화합물 소화약제의 할론번호는 C-F-Cl-Br의 순으로 그 원소의 개수를 읽어준다.
> 할론 2042는 C 2개, F 4개, Cl 0개, Br 2개이므로 화학식은 $C_2F_4Br_2$이다.

05 위험물제조소등에 설치하여야 하는 자동화재탐지설비의 설치기준에 대한 설명 중 틀린 것은?

① 자동화재탐지설비의 경계구역은 건축물 그 밖의 공작물의 2 이상의 층에 걸치도록 할 것

정답 01 ① 02 ④ 03 ① 04 ④

② 하나의 경계구역에서 그 한 변의 길이는 50m(광전식분리형 감지기를 설치할 경우에는 100m) 이하로 할 것
③ 자동화재탐지설비의 감지기는 지붕 또는 벽의 옥내에 면한 부분에 유효하게 화재의 발생을 감지할 수 있도록 설치할 것
④ 자동화재탐지설비에는 비상전원을 설치할 것

해설
건축물의 2 이상의 층에 걸치지 아니하도록 한다(경계구역의 면적이 500㎡ 이하이면 그러하지 아니하다)

06 다음 중 수소, 아세틸렌과 같은 가연성 가스가 공기 중 누출되어 연소하는 형식에 가장 가까운 것은?
① 확산 연소
② 증발 연소
③ 분해 연소
④ 표면 연소

해설
가연성 가스가 공기 중 누출되어 연소하는 형태는 확산연소이다.

07 알코올류 20,000L에 대한 소화설비 설치 시 소요단위는?
① 5   ② 10
③ 15   ④ 20

해설
위험물의 1소요단위는 지정수량의 10배이고 알코올류의 지정수량은 400L이다.

따라서, 알코올류 1소요단위는 400L×10=4,000L이므로, 알코올류 20,000L는 $\frac{20,000L}{4,000}$=5소요단위가 된다.

08 위험물안전관리법령상 분말소화설비의 기준에서 규정한 전역방출방식 또는 국소방출방식 분말소화설비의 가압용 또는 축압용 가스에 해당하는 것은?
① 네온가스
② 아르곤가스
③ 수소가스
④ 이산화탄소가스

해설
전역방출방식 또는 국소방출방식 분말소화설비는 가압용 또는 축압용 가스로 질소 또는 이산화탄소(탄산가스)를 이용하여 약제를 방출한다.

09 과산화칼륨의 저장창고에서 화재가 발생하였다. 다음 중 가장 적합한 소화약제는?
① 물
② 이산화탄소
③ 마른모래
④ 염산

해설
과산화칼륨은 제1류 위험물 중 알칼리금속과산화물에 속하며 적응성이 있는 소화약제는 마른모래, 팽창질석, 팽창진주암, 탄산수소염류 분말소화약제이다.

정답 05 ①   06 ①   07 ①   08 ④   09 ③

10 위험물안전관리법령에 의해 옥외저장소에 저장을 허가받을 수 없는 위험물은?
① 제2류 위험물 중 유황(금속제드럼에 수납)
② 제4류 위험물 중 가솔린(금속제드럼에 수납)
③ 제6류 위험물
④ 국제해상위험물규칙(IMDG Code)에 적합한 용기에 수납된 위험물

해설
제4류 위험물 중 가솔린은 제1석유류로서 인화점이 -43℃ ~ 38℃이므로 옥외장소에 저장할 수 없다.
※ 옥외장소에 저장할 수 있는 위험물의 종류
1) 제2류 위험물 : 유황, 인화성 고체(인화점이 0℃ 이상)
2) 제4류 위험물 : 제1석유류(인화점이 섭씨 0도 이상인 것에 한한다), 알코올류, 제2석유류, 제3석유류, 제4석유류, 동식물유류
3) 제6류 위험물
4) 제2류 위험물 및 제4류 위험물 중 특별시·광역시 또는 도의 조례에서 정하는 위험물
5) 국제해사기구에 관한 협약에 의하여 설치된 국제해사기구가 채택한 국제해상위험물규칙(IMDG Code)에 적합한 용기에 수납된 위험물

11 플래시오버에 대한 설명으로 틀린 것은?
① 국소화재에서 실내의 가연물들이 연소하는 대화재로의 전이
② 환기지배형 화재에서 연료지배형 화재로의 전이
③ 실내의 천정 쪽에 축적된 미연소 가연성 증기나 가스를 통한 화염의 급격한 전파
④ 내화건축물의 실내화재 온도 상황으로 보아 성장기에서 최성기로의 진입

해설
건물 내에서 화재가 진행되어 열이 축적되어 있다가 화염이 순간적으로 실내 전체로 확대되는 현상으로서 화재의 성장기에서 최성기로 넘어가는 시점에 발생하며 연료지배형 화재에서 환기지배형 화재로 전이되는 경향이 크다.
1) 연료지배형 화재 : 화재발생 초기 가연물이 주위의 공기가 충분한 상태에서 연소하는 형태의 화재로서 환기요 안에 의해 영향을 받지 않지 않는 상태의 화재
2) 환기지배형 화재 : 화재 중기 이후 가연물의 연소속도가 공급되는 공기의 양보다 빨라서 화재의 형태가 환기요 안에 의해 영향을 받는 화재

12 위험물안전관리법령상 제3류 위험물 중 금수성물질의 화재에 적응성이 있는 소화설비는?
① 탄산수소염류의 분말소화설비
② 이산화탄소소화설비
③ 할로겐화합물소화설비
④ 인산염류의 분말소화설비

해설
제2류 위험물 중 알칼리금속과산화물, 제2류 위험물중 철분, 마그네슘, 금속분, 제3류 위험물 중 금수성 물질의 화재에는 탄산수소염류 분말소화약제 또는 마른모래, 팽창질석, 팽창진주암이 적응성을 가진다.

정답 10 ②   11 ②   12 ②

13 제1종, 제2종, 제3종 분말소화약제의 주성분에 해당하지 않는 것은?

① 탄산수소나트륨 ② 황산마그네슘
③ 탄산수소칼륨 ④ 인산암모늄

> **해설**
> 1) 제1종 분말소화약제 : 탄산수소나트륨
> 2) 제2종 분말소화약제 : 탄산수소칼륨
> 3) 제3종 분말소화약제 : 인산암모늄

14 가연성액화가스의 탱크 주위에서 화재가 발생한 경우에 탱크의 가열로 인하여 그 부분의 강도가 약해져 탱크가 파열됨으로 내부의 가열된 액화가스가 급속히 팽창하면서 폭발하는 현상은?

① 블레비(BLEVE) 현상
② 보일오버(Boil Over) 현상
③ 플래시백(Flash Back) 현상
④ 백드래프트(Back Draft) 현상

> **해설**
> ② 보일오버(Boil Over) 현상 : 중질유의 탱크에서 장시간 조용히 연소하다 탱크 내 잔존기름 아래의 수분이 끓어 부피의 팽창으로 기름이 갑자기 분출하는 현상
> ③ 플래시백(Flash Back) 현상 : 연소하고 있던 화염이 버너 내부의 가스, 공기와 혼합하여 혼합기를 만드는 혼합기에 까지 되돌아오는 현상
> ④ 백드래프트(Back Draft) 현상 : 연소에 필요한 산소가 부족하여 실내에 산소가 갑자기 다량 공급될 때 연소가스가 순간적으로 발화하는 현상

15 소화효과에 대한 설명으로 틀린 것은?

① 기화잠열이 큰 소화약제를 사용할 경우 냉각소화 효과를 기대할 수 있다.
② 이산화탄소에 의한 소화는 주로 질식소화로 화재를 진압한다.
③ 할로겐화합물 소화약제는 주로 냉각소화를 한다.
④ 분말소화약제는 질식효과와 부촉매효과 등으로 화재를 진압한다.

> **해설**
> ③ 할로겐화합물 소화약제의 주된 소화방법은 억제소화이다.

16 건조사와 같은 불연성 고체로 가연물을 덮는 것은 어떤 소화에 해당하는가?

① 제거소화 ② 질식소화
③ 냉각소화 ④ 억제소화

> **해설**
> 건조사와 같은 불연성 고체로 가연물을 덮는 것은 산소공급원을 차단시키는 것으로 질식소화에 해당한다.

17 금속칼륨과 금속나트륨은 어떻게 보관하여야 하는가?

① 공기 중에 노출하여 보관
② 물속에 넣어서 밀봉하여 보관
③ 석유 속에 넣어서 밀봉하여 보관
④ 그늘지고 통풍이 잘되는 곳에 산소 분위기에서 보관

정답 13 ②   14 ①   15 ③   16 ②   17 ③

> **해설**
> 비중이 작은 금속칼륨이나 금속나트륨은 석유(등유, 경유, 유동파라핀 등) 속에 보관한다.

18 위험물제조소등에 설치하는 고정식의 포소화설비의 기준에서 포헤드방식의 포헤드는 방호대상물의 표면적 몇 ㎡ 당 1개 이상의 헤드를 설치하여야 하는가?

① 5
② 9
③ 15
④ 30

> **해설**
> 포헤드방식의 포헤드 기준
> 1) 설치해야 할 헤드 수 : 방호대상물의 표면적 9㎡당 1개 이상이어야 한다.
> 2) 방호대상물의 표면적 1㎡당 방사량 : 6.5L/min 이상이어야 한다.
> 3) 방사구역 : 100㎡ 이상(방호대상물의 표면적이 100㎡ 미만인 경우에는 그 표면적)이어야 한다.

19 위험물안전관리법령에 따른 스프링클러헤드의 설치방법에 대한 설명으로 옳지 않은 것은?

① 개방형헤드는 반사판으로부터 하방으로 0.45m, 수평방향으로 0.3m 공간을 보유할 것
② 폐쇄형헤드는 가연성물질 수납부분에 설치 시 반사판으로부터 하방으로 0.9m, 수평방향으로 0.4m의 공간을 확보할 것
③ 폐쇄형헤드 중 개구부에 설치하는 것은 당해 개구부의 상단으로부터 높이 0.15m 이내의 벽면에 설치할 것
④ 폐쇄형헤드설치 시 급배기용 덕트의 긴 변의 길이가 1.2m를 초과하는 것이 있는 경우에는 당해 덕트의 윗부분에도 헤드를 설치할 것

> **해설**
> 개방형 스프링클러헤드는 스프링클러헤드의 반사판으로부터 하방으로 0.45m 이상, 수평방향으로 0.3m 이상의 공간을 보유해야 한다.
> 폐쇄형 스프링클러헤드
> 1) 스프링클러헤드의 반사판과 헤드의 부착면과의 거리는 0.3m 이하이어야 한다.
> 2) 스프링클러헤드는 가연성 물질 수납부분에 설치 시 반사판으로부터 하방으로 0.9m 이상, 수평방향으로 0.4m 이상의 공간을 확보해야 한다.
> 3) 스프링클러헤드 중 개구부에 설치하는 것은 해당 개구부의 상단으로부터 높이 0.15m 이내의 벽면에 설치해야 한다.
> 4) 급배기용 덕트 등의 긴 변의 길이가 1.2m 초과하는 것이 있는 경우에는 해당 덕트 등의 아래면에도 헤드를 설치해야 한다.

20 Mg, Na의 화재에 이산화탄소 소화기를 사용하였다. 화재현장에서 발생되는 현상은?

① 이산화탄소가 부착면을 만들어 질식소화 된다.
② 이산화탄소가 방출되어 냉각소화 된다.
③ 이산화탄소가 Mg, Na과 반응하여 화재가 확대 된다.
④ 부촉매효과에 의해 소화 된다.

정답 18 ②   19 ④   20 ③

해설

Mg, Na의 화재에 이산화탄소 소화기를 사용하면 탄소(C)가 발생하여 오히려 화재가 더 커지게 된다.

21 위험물안전관리법령의 제3류 위험물 중 금수성 물질에 해당하는 것은?

① 황린   ② 적린
③ 마그네슘   ④ 칼륨

해설

① 황린 : 제3류 위험물 자연발화성 물질
② 적린 : 제2류 위험물 가연성 고체
③ 마그네슘 : 제2류 위험물 가연성 고체
④ 칼륨 : 제3류 위험물 금수성 물질

22 다음 중 위험성이 더욱 증가하는 경우는?

① 황린을 수산화칼슘 수용액에 넣었다.
② 나트륨을 등유 속에 넣었다.
③ 트리에틸알루미늄 보관용기 내에 가스를 봉입시켰다.
④ 니트로셀룰로오스를 알코올 수용액에 넣었다.

해설

① 수산화칼슘 수용액의 성분은 강알칼리성으로 약한 산성인 황린과 격렬하게 반응하여 포스핀(PH_3)이라는 독성 가스를 발생하여 위험성이 증가하게 된다. 따라서, 황린을 저장하는 보호액은 아주 소량의 수산화칼슘을 첨가하여 만든 pH=9인 약알칼리성의 물이다.

23 적린의 성질에 대한 설명 중 옳지 않은 것은?

① 황린과 성분원소가 같다.
② 발화온도는 황린보다 낮다.
③ 물, 이황화탄소에 녹지 않는다.
④ 브롬화인에 녹는다.

해설

① 적린(P)과 황린(P_4)의 성분원소는 P로 동일하다.
② 적린(P)의 발화온도는 260℃, 황린(P_4)의 발화온도는 34℃이므로 황린이 더 낮다.
③ 적린은 물, 이황화탄소에 녹지 않는다.
④ 브롬화인에 녹는다.

24 과산화칼륨과 과산화마그네슘이 염산과 각각 반응했을 때 공통으로 나오는 물질의 지정수량은?

① 50L   ② 100kg
③ 300kg   ④ 1000L

해설

제1류 위험물의 무기과산화물인 과산화칼륨이나 과산화마그네슘은 염산이나 황산 등의 산과 반응 시 제6류 위험물인 과산화수소를 발생시키며 과산화수소의 지정수량은 300kg이다.

25 트리메틸알루미늄이 물과 반응 시 생성되는 물질은?

① 산화알루미늄   ② 메탄
③ 메틸알코올   ④ 에탄

정답 21 ④   22 ①   23 ②   24 ③   25 ②

> **해설**
> 트리메틸알루미늄은 물과 반응 시 메탄(CH_4)이 발생한다.
> $(CH_3)_3Al$ + $3H_2O$
> 트리메틸알루미늄   물
> → $Al(OH)_3$ + $3CH_4$
> 수산화알루미늄   메탄

26 소화설비의 기준에서 용량 160L 팽창실적의 능력 단위는?

① 0.5   ② 1.0
③ 1.5   ④ 2.5

> **해설**
>
> | 소화설비 | 용량 | 능력단위 |
> |---|---|---|
> | 소화전용 물통 | 8L | 0.3 |
> | 수조(소화전용 물통 3개 포함) | 80L | 1.5 |
> | 수조(소화전용 물통 3개 포함) | 190L | 2.5 |
> | 마른모래(삽 1개 포함) | 50L | 0.5 |
> | 팽창질석 또는 팽창진주암(삽 1개 포함) | 160L | 1.0 |

27 위험물안전관리법령상 위험물 운반 시 차광성이 있는 피복으로 덮지 않아도 되는 것은?

① 제1류 위험물
② 제2류 위험물
③ 제3류 위험물 중 자연발화성물질
④ 제4류 위험물

> **해설**
> 1) 제1류 위험물, 제3류 위험물 중 자연발화성 물질, 제4류 위험물 중 특수인화물, 제5류 위험물 또는 제6류 위험물은 차광성이 있는 피복으로 가릴 것
> 2) 제1류 위험물 중 알칼리금속의 과산화물 또는 이를 함유한 것.
> 제2류 위험물 중 철분·금속분·마그네슘
> 제3류 위험물 중 금수성 물질은 방수성이 있는 피복으로 덮을 것

28 이동탱크저장소에 의한 위험물의 운송 시 준수하여야 하는 기준에서 다음 중 어떤 위험물을 운송할 때 위험물 운송자는 위험물 안전카드를 휴대하여야 하는가?

① 특수인화물 및 제1석유류
② 알코올류 및 제2석유류
③ 제3석유류 및 동식물류
④ 제4석유류

> **해설**
> 모든 위험물(제4류 위험물에 있어서는 특수인화물 제1석유류에 한한다)을 운송하게 하는 자는 위험물 안전카드를 위험물 운송자로 하여금 휴대하게 할 것

29 위험물안전관리법령상 총리령으로 정하는 제1류 위험물에 해당하지 않는 것은?

① 과요오드산
② 질산구아니딘
③ 차아염소산염류
④ 염소화이소시아눌산

정답 26 ②   27 ②   28 ①   29 ②

> **해설**
>
> 행정안전부령이 정하는 위험물의 구분
>
> | 유별 | 품명 | 지정수량 |
> |---|---|---|
> | 제1류 | 차아염소산염류 | 50kg |
> | | 과요오드산염류, 과요오드산, 크롬, 납 또는 요오드 산화물, 아질산염류, 염소화이소시아눌산, 퍼옥소이황산염류, 퍼옥소붕산염류 | 300kg |
> | 제3류 | 염소화규소화합물 | 300kg |
> | 제5류 | 금속아지화합물, 질산구아니딘 | 200kg |
> | 제6류 | 할로겐간화합물 | 300kg |

30 흑색화약의 원료로 사용되는 위험물의 유별을 옳게 나타낸 것은?

① 제1류, 제2류
② 제1류, 제4류
③ 제2류, 제4류
④ 제4류, 제5류

> **해설**
>
> 흑색화약의 원료로 사용되는 물질은 질산칼륨, 숯, 황이며, 이 중 질산칼륨은 제1류 위험물이고 황은 제2류 위험물이다.

31 다음 물질 중 제1류 위험물이 아닌 것은?

① Na_2O_2 ② $NaClO_3$
③ NH_4ClO_4 ④ $HClO_4$

> **해설**
>
> ① Na_2O_2 (과산화나트륨) : 제1류 위험물
> ② $NaClO_3$ (염소산나트륨) : 제1류 위험물
> ③ NH_4ClO_4 (과염소산암모늄) : 제1류 위험물
> ④ $HClO_4$ (과염소산) : 제6류 위험물

32 소화난이도등급 Ⅰ의 옥내저장소에 설치하여야 하는 소화설비에 해당하지 않는 것은?

① 옥외소화전설비
② 연결살수설비
③ 스프링클러설비
④ 물분무소화설비

> **해설**
>
> ② 연결살수설비는 소화설비가 아닌 소화활동설비에 해당한다.
> 소화난이도 등급Ⅰ의 옥내저장소에 설치해야 하는 소화설비는 다음과 같이 구분한다.
> 1) 처마높이가 6m 이상인 단층 건물 또는 다른 용도의 부분이 있는 건축물에 설치한 옥내저장소 : 스프링클러설비 또는 이동식 외의 물분무등소화설비
> 2) 그 밖의 것 : 옥외소화전설비, 스프링클러설비, 이동식 외의 물분무등소화설비 또는 이동식 포소화설비(포소화전을 옥외에 설치하는 것에 한한다)
> ※ 물분무소화설비는 물분무등소화설비의 종류 중 하나에 해당하므로 소화난이도등급Ⅰ의 옥내저장소에 설치해야 하는 소화설비이다.

정답   30 ①   31 ④   32 ②

33 적린의 위험성에 관한 설명 중 옳은 것은?

① 공기 중에 방치하면 폭발한다.
② 산소와 반응하여 포스핀가스를 발생한다.
③ 연소 시 적색의 오산화인이 발생한다.
④ 강산화제와 혼합하면 충격·마찰에 의해 발화할 수 있다.

> **해설**
> ① 공기 중에 단독으로는 안정하다.
> ② 산소와 반응하여 오산화인이라는 기체를 발생한다.
> ③ 연소 시 백색의 오산화인이 발생한다.

34 디에틸에테르에 대한 설명으로 옳은 것은?

① 연소하면 아황산가스를 발생하고, 마취제로 사용한다.
② 증기는 공기보다 무거우므로 물속에 보관한다.
③ 에탄올을 진한 황산을 이용해 축합반응시켜 제조할 수 있다.
④ 제4류 위험물 중 연소범위가 좁은 편에 속한다.

> **해설**
> 디에틸에테르는 에틸알코올과 황산(촉매)을 탈수(축합)반응시켜 만들 수 있다.
> $$2C_2H_5OH \xrightarrow{c-H_2SO_4} C_2H_5OC_2H_5 + H_2O$$

35 위험물제조소에 설치하는 안전장치 중 위험물의 성질에 따라 안전밸브의 작동이 곤란한 가압설비에 한하여 설치하는 것은?

① 파괴판
② 안전밸브를 병용하는 경보장치
③ 감압측에 안전밸브를 부착한 감압밸브
④ 연성계

> **해설**
> 위험물을 가압하는 설비 또는 그 취급에 따라 위험물의 압력이 상승할 우려가 있는 설비에는 자동적으로 압력의 상승을 정지시키는 장치, 감압측에 안전밸브를 부착한 감압밸브, 안전밸브를 병용하는 경보장치, **파괴판**(단, 위험물의 성질에 따라 안전밸브의 작동이 곤란한 가압설비에 한함)을 설치하여야 한다.

36 트리니트로톨루엔의 성질에 대한 설명 중 옳지 않은 것은?

① 담황색의 결정이다.
② 폭약으로 사용된다.
③ 자연분해의 위험성이 적어 장기간 저장이 가능하다.
④ 조해성과 흡습성이 매우 크다.

> **해설**
> TNT는 수분에 반응성이 없다.

37 과산화나트륨이 물과 반응하면 어떤 물질과 산소를 발생하는가?

① 수산화나트륨
② 수산화칼륨
③ 질산나트륨
④ 아염소산나트륨

정답 33 ④ 34 ③ 35 ① 36 ④ 37 ①

> **해설**
> 과산화나트륨과 물이 반응하면 수산화나트륨(NaOH)과 산소(O_2)가 발생한다.
> $2Na_2O_2 + 2H_2O \rightarrow 4NaOH + O_2$

38 다음 중 물에 녹고 물보다 가벼운 물질로 인화점이 가장 낮은 것은?

① 아세톤　② 이황화탄소
③ 벤젠　④ 산화프로필렌

> **해설**
> ① 물보다 가벼운 수용성이며 인화점은 $-18℃$이다.
> ② 물보다 무거운 비수용성이며 인화점 $-30℃$이다.
> ③ 물보다 가벼운 비수용성이며 인화점 $-11℃$이다.
> ④ 물보다 가벼운 수용성이며 인화점 $-37℃$이다.

39 과염소산칼륨과 가연성고체 위험물이 혼합되는 것은 위험하다. 그 주된 이유는 무엇인가?

① 전기가 발생하고 자연 가열되기 때문이다.
② 중합반응을 하여 열이 발생되기 때문이다.
③ 혼합하면 과염소산칼륨이 연소하기 쉬운 액체로 변하기 때문이다.
④ 가열, 충격 및 마찰에 의하여 발화·폭발 위험이 높아지기 때문이다.

> **해설**
> 과염소산칼륨인 제1류 위험물과 가연성고체인 제2류 위험물이 산화제-환원제의 역할이므로 가열, 충격 및 마찰에 의하여 발화·폭발 위험이 높아질 수 있다.

40 유황의 성질을 설명한 것으로 옳은 것은?

① 전기의 양도체이다.
② 물에 잘 녹는다.
③ 연소하기 어려워 분진 폭발의 위험성은 없다.
④ 높은 온도에서 탄소와 반응하여 이황화탄소가 생긴다.

> **해설**
> ① 전기의 부도체이다.
> ② 물에 녹기 어렵다.
> ③ 연소하여 아황산가스를 발생하며 분진폭발의 위험이 있다.

41 위험물의 품명 분류가 잘못된 것은?

① 제1석유류 : 휘발유
② 제2석유류 : 경유
③ 제3석유류 : 포름산
④ 제4석유류 : 기어유

> **해설**
> ③ 제2석유류 : 포름산(HCOOH)

42 다음 중 발화점이 가장 낮은 것은?

① 이황화탄소
② 산화프로필렌
③ 휘발유
④ 메탄올

> **해설**
> ① 이황화탄소 : $100℃$
> ② 산화프로필렌 : $449℃$
> ③ 휘발유 : $300℃$
> ④ 메탄올 : $464℃$

정답　38 ④　39 ④　40 ④　41 ③　42 ①

43 제5류 위험물의 위험성에 대한 설명으로 옳지 않은 것은?

① 가연성 물질이다.
② 대부분 외부의 산소 없이도 연소하며 연소속도가 빠르다.
③ 물에 잘 녹지 않으며 물과의 반응위험성이 크다.
④ 가열, 충격, 타격 등에 민감하며 강산화제 또는 강산류와 접촉 시 위험하다.

> **해설**
> ③ 주로 물에 녹지 않으며 물과의 반응위험성이 없다.

44 질산칼륨에 대한 설명 중 옳은 것은?

① 유기물 및 강산에 보관할 때 매우 안정하다.
② 열에 안정하여 1000℃를 넘는 고온에서도 분해되지 않는다.
③ 알코올에는 잘 녹으나 물, 글리세린에는 잘 녹지 않는다.
④ 무색, 무취의 결정 또는 분말로서 화약원료로 사용된다.

> **해설**
> ① 유기물 및 강산에 위험하며 용기에 밀전·밀봉하여 보관한다.
> ② 열분해 온도는 400℃이다.
> ③ 물, 글리세린에는 잘 녹으나 알코올에는 잘 녹지 않는다.

45 [보기]에서 설명하는 물질은 무엇인가?

> [보기] – 살균제 및 소독제로도 사용된다.
> – 분해할 때 발생하는 발생기 산소 [O]는 난분해성 유기물질을 산화시킬 수 있다.

① $HClO_4$ ② CH_3OH
③ H_2O_2 ④ H_2SO_4

> **해설**
> 과산화수소가 분해할 때 발생기 산소[O]가 발생하여 피부상처 등의 살균제로 이용된다.

46 [보기]의 위험물 중 비중이 물보다 큰 것은 모두 몇 개인가?

> [보기] 과염소산, 과산화수소, 질산

① 0   ② 1
③ 2   ④ 3

> **해설**
> 제6류 위험물은 모두 비중이 물보다 크다.

47 다음 중 위험물안전관리법령상 위험물제조소와의 안전거리가 가장 먼 것은?

① 「고등교육법」에서 정하는 학교
② 「의료법」에 따른 병원급 의료기관
③ 「고압가스 안전관리법」에 의하여 허가를 받은 고압가스제조시설
④ 「문화재보호법」에 의한 유형문화재와 기념물 중 지정문화재

정답 43 ③   44 ④   45 ③   46 ④   47 ④

> **해설**
> 1) 사용전압 7,000V 초과 35,000V 이하의 특고압가공전선 : 3m 이상
> 2) 사용전압 35,000V를 초과하는 특고압가공전선 : 5m 이상
> 3) 주거용 건축물(제조소의 동일부지 외에 있는 것) : 10m 이상
> 4) 고압가스, 액화석유가스 등의 저장·취급 시설 : 20m 이상
> 5) 학교·병원·극장(300명 이상), 다수인 수용시설 : 30m 이상
> 6) 유형문화재, 지정문화재 : 50m 이상

48 칼륨을 물에 반응시키면 격렬한 반응이 일어난다. 이 때 발생하는 기체는 무엇인가?

① 산소　　　② 수소
③ 질소　　　④ 이산화탄소

> **해설**
> 칼륨을 물에 반응시키면 가연성의 수소기체가 발생한다.
> $2K + 2H_2O \rightarrow 2KOH + H_2$

49 위험물안전관리법령상의 위험물 운반에 관한 기준에서 액체위험물은 운반용기 내용적의 몇 % 이하의 수납율로 수납하여야 하는가?

① 80　　　② 85
③ 90　　　④ 98

> **해설**
> 액체 위험물은 운반용기 내용적의 98% 이하로 수납하여야 한다.

50 메틸알코올의 위험성으로 옳지 않은 것은?

① 나트륨과 반응하여 수소기체를 발생한다.
② 휘발성이 강하다.
③ 연소범위가 알코올류 중 가장 좁다.
④ 인화점이 상온(25℃)보다 낮다.

> **해설**
> ③ 메틸알코올의 연소범위는 6% ~ 36%로 알코올류 중 가장 넓다.

51 위험물제조소의 건축물 구조기준 중 연소의 우려가 있는 외벽은 출입구외의 개구부가 없는 내화구조의 벽으로 하여야 한다. 이 때 연소의 우려가 있는 외벽은 제조소가 설치된 부지의 경계선에서 몇 m 이내에 있는 외벽을 말하는가?(단, 단층 건물일 경우이다.)

① 3　　　② 4
③ 5　　　④ 6

> **해설**
> 연소의 우려가 있는 외벽은 다음에서 정한 선을 기산점으로 하여 3m(2층 이상의 층은 5m) 이내에 있는 외벽을 말한다.
> 1) 제조소등이 설치된 부지의 경계선
> 2) 제조소등에 인접한 도로의 중심선
> 3) 제조소등의 외벽과 동일부지 내의 다른 건축물의 외벽 간의 중심선

52 다음 중 위험물안전관리법령상 제6류 위험물에 해당하는 것은?

① 황산　　　② 염산
③ 질산염류　　④ 할로겐간화합물

정답　48 ②　49 ④　50 ③　51 ①　52 ④

> **해설**
> ④ 할로겐간화합물 : 제6류 위험물 중 행정안전부령이 정하는 것

53 질산이 직사일광에 노출될 때 어떻게 되는가?

① 분해되지는 않으나 붉은 색으로 변한다.
② 분해되지는 않으나 녹색으로 변한다.
③ 분해되어 질소를 발생한다.
④ 분해되어 이산화질소를 발생한다.

> **해설**
> 분해되어 적갈색 기체의 이산화질소(NO_2)를 발생한다.

54 위험물안전관리법령상 제2류 위험물의 위험등급에 대한 설명으로 옳은 것은?

① 제2류 위험물은 위험등급 Ⅰ에 해당되는 품명이 없다.
② 제2류 위험물은 위험등급 Ⅲ에 해당되는 품명은 지정 수량이 500kg인 품명만 해당된다.
③ 제2류 위험물 중 황화린, 적린, 유황 등 지정수량이 100kg인 품명은 위험등급 Ⅰ에 해당한다.
④ 제2류 위험물 중 지정수량이 1000kg인 인화성고체는 위험등급 Ⅱ에 해당한다.

> **해설**
> 제2류 위험물의 위험등급은 Ⅱ부터 존재한다.

55 위험물 저장탱크의 공간용적은 탱크 내용적의 얼마 이상, 얼마 이하로 하는가?

① 1/100 이상, 3/100 이하
② 2/100 이상, 5/100 이하
③ 5/100 이상, 10/100 이하
④ 10/100 이상, 20/100 이하

> **해설**
> 탱크의 공간용적은 내용적의 5/100 이상 ~ 10/100 이하이다.

56 칼륨이 에틸알코올과 반응할 때 나타나는 현상은?

① 산소가스를 생성한다.
② 칼륨에틸레이트를 생성한다.
③ 칼륨과 물이 반응할 때와 동일한 생성물이 나온다.
④ 에틸알코올이 산화되어 아세트알데히드를 생성한다.

> **해설**
> ① 수소가스를 생성한다.
> ③ 칼륨과 물이 반응할 때 공통적으로 수소가스가 발생하지만 칼륨은 물과 반응 시 수산화칼륨이 나오며, 에틸알코올과 반응 시 칼륨에틸레이트가 나온다.
> ④ 칼륨의 반응과는 관련이 없다.

57 지정수량 20배의 알코올류를 저장하는 옥외탱크저장소의 경우 펌프실 외의 장소에 설치하는 펌프설비의 기준으로 옳지 않은 것은?

① 펌프설비 주위에는 3m 이상의 공지를 보유한다.

정답 53 ④   54 ①   55 ③   56 ②

② 펌프설비 그 직하의 지반면 주위에 높이 0.15m 이상의 턱을 만든다.
③ 펌프설비 그 직하의 지반면의 최저부에는 집유설비를 만든다.
④ 집유설비에는 위험물이 배수구에 유입되지 않도록 유분리장치를 만든다.

> **해설**
> 제4류 위험물의 알코올류는 수용성이므로 유분리장치를 설치할 필요가 없다.

58 제5류 위험물 중 유기과산화물 30kg과 히드록실아민 500kg을 함께 보관하는 경우 지정수량의 몇 배인가?

① 3배   ② 8배
③ 10배   ④ 18배

> **해설**
> 유기과산화물 지정수량 : 10kg
> 히드록실아민 지정수량 : 100kg
> $\therefore \dfrac{\text{저장수량}}{\text{지정수량}} = \dfrac{30kg}{10kg} + \dfrac{500kg}{100kg} = 8$배

59 위험물안전관리법령상 품명이 금속분에 해당하는 것은?(단, 150μm의 체를 통과하는 것이 50wt% 이상인 경우이다.)

① 니켈분   ② 마그네슘분
③ 알루미늄분   ④ 구리분

> **해설**
> "금속분"이라 함은 알칼리금속·알칼리토류금속·철 및 마그네슘외의 금속의 분말을 말하고, 구리분(Cu)·니켈분(Ni) 및 150마이크로미터의 체를 통과하는 것이 50중량퍼센트 미만인 것은 제외한다.

60 아세톤의 성질에 대한 설명으로 옳은 것은?

① 자연발화성 때문에 유기용제로서 사용할 수 없다.
② 무색, 무취이고 겨울철에 쉽게 응고한다.
③ 증기비중은 약 0.79이고 요오드포름 반응을 한다.
④ 물에 잘 녹으며 끓는점이 60℃보다 낮다.

> **해설**
> ① 제4류 위험물이므로 자연발화성이 존재하지 않는다.
> ② 무색이고 자극성의 냄새를 가진다.
> ③ 증기비중은 약 $\dfrac{58}{29} = 2$이고 요오드포름 반응을 한다.

정답 57 ④   58 ②   59 ③   60 ④

2015년 2회 위험물기능사

01 위험물안전관리법령에 따라 다음 ( ) 안에 알맞은 용어는?

> 주유취급소 중 건축물의 2층 이상의 부분을 점포·휴게음식점 또는 전시장의 용도로 사용하는 것에 있어서는 당해 건축물의 2층 이상으로부터 주유취급소의 부지 밖으로 통하는 출입구와 당해 출입구로 통하는 통로·계단 및 출입구에 ( )을(를) 설치하여야 한다.

① 피난사다리 ② 경보기
③ 유도등 ④ CCTV

해설
주유취급소 중 건축물의 2층 이상의 부분을 점포·휴게음식점 또는 전시장의 용도로 사용하는 것에 있어서는 당해 건축물의 2층 이상으로부터 주유취급소의 부지 밖으로 통하는 출입구와 당해 출입구로 통하는 통로·계단 및 출입구에 유도등을 설치하여야 한다.

02 다음 중 물이 소화약제로 쓰이는 이유로 가장 거리가 먼 것은?

① 쉽게 구할 수 있다.
② 제거소화가 잘 된다.
③ 취급이 간편하다.
④ 기화잠열이 크다.

해설
물은 가격이 저렴하고 취급이 간편하며 비열과 기화잠열이 크기 때문에 소화약제로 사용하며 주된 소화작용은 냉각소화이다.

03 위험물안전관리법령상 전기설비에 적응성이 없는 소화설비는?

① 포소화설비
② 이산화탄소소화설비
③ 할로겐화합물소화설비
④ 물분무소화설비

해설
전기설비에 적응성이 있는 소화설비는 물분무소화설비, 불활성가스소화설비, 할로겐화합물소화설비, 분말소화설비, 무상수소화기, 무상강화액소화기에 해당한다.

04 니트로셀룰로오스의 저장·취급방법으로 틀린 것은?

① 직사광선을 피해 저장한다.
② 되도록 장기간 보관하여 안정화된 후에 사용한다.
③ 유기과산화물류, 강산화제와의 접촉을 피한다.
④ 건조 상태에 이르면 위험하므로 습한 상태를 유지한다.

정답 01 ③ 02 ② 03 ① 04 ②

> **해설**
> 니트로셀룰로오스는 장기간 보관시 위험하므로 소분하여 보관한다.

05 위험물안전관리법령상 제3류 위험물의 금수성물질 화재 시 적응성이 있는 소화약제는?

① 탄산수소염류분말
② 물
③ 이산화탄소
④ 할로겐화합물

> **해설**
> 금수성 물질의 화재에는 마른모래, 팽창질석, 팽창진주암, 탄산수소염류분말로 소화하여야 한다.

06 할론 1301의 증기 비중은?(단, 불소의 원자량은 19, 브롬의 원자량은 80, 염소의 원자량은 35.5이고 공기의 분자량은 29이다.)

① 2.14
② 4.15
③ 5.14
④ 6.15

> **해설**
> CF_3Br 분자량 : $12 + (19 \times 3) + 80 =$
> $\frac{149}{29} = 5.14$

07 위험물안전관리법령상 간이탱크저장소에 대한 설명 중 틀린 것은?

① 간이저장탱크의 용량은 600리터 이하여야 한다.
② 하나의 간이탱크저장소에 설치하는 간이저장탱크는 5개 이하여야 한다.
③ 간이저장탱크는 두께 3.2mm 이상의 강판으로 흠이 없도록 제작하여야 한다.
④ 간이저장탱크는 70kPa의 압력으로 10분간의 수압시험을 실시하여 새거나 변형되지 않아야 한다.

> **해설**
> ② 하나의 간이탱크저장소에 설치하는 간이저장탱크는 3개 이하이다.

08 가연성 물질과 주된 연소형태의 연결이 틀린 것은?

① 종이, 섬유 – 분해연소
② 셀룰로이드, TNT – 자기연소
③ 목재, 석탄 – 표면연소
④ 유황, 알코올 – 증발연소

> **해설**
> ③ 목재, 석탄 – 분해연소

09 B, C급 화재뿐만 아니라 A급 화재까지도 사용이 가능한 분말소화약제는?

① 제1종 분말소화약제
② 제2종 분말소화약제
③ 제3종 분말소화약제
④ 제4종 분말소화약제

> **해설**
> A, B, C급 화재에 효과적인 제3종 분말소화약제이며 주성분은 제1인산암모늄($NH_4H_2PO_4$)이다.

정답 05 ① 06 ③ 07 ② 08 ③ 09 ③

10 식용유 화재 시 제1종 분말소화약제를 이용하여 화재의 제어가 가능하다. 이때의 소화원리에 가장 가까운 것은?

① 촉매효과에 의한 질식소화
② 비누화 반응에 의한 질식소화
③ 요오드화에 의한 냉각소화
④ 가수분해 반응에 의한 냉각소화

해설
제1종 분말소화약제($NaHCO_3$)를 식용유 화재에 이용하여 유류 표면에 막을 형성하여 소화시키는 원리를 비누화 반응에 의한 질식소화라 한다.

11 위험물안전관리법령에서 정한 자동화재탐지설비에 대한 기준으로 틀린 것은?(단, 원칙적인 경우에 한한다.)

① 경계구역은 건축물 그 밖의 공작물의 2 이상의 층에 걸치지 아니하도록 할 것
② 하나의 경계구역의 면적은 600㎡ 이하로 할 것
③ 하나의 경계구역의 한 변 길이는 30m 이하로 할 것
④ 자동화재탐지설비에는 비상전원을 설치할 것

해설
하나의 경계구역의 한 변의 길이는 50m(광전식분리형 감지기를 설치할 경우에는 100m) 이하로 하며 면적은 600㎡ 이하로 한다.

12 다음 중 산화성 물질이 아닌 것은?
① 무기과산화물   ② 과염소산
③ 질산염류   ④ 마그네슘

해설
① 제1류 위험물(산화성 고체)
② 제6류 위험물(산화성 액체)
③ 제1류 위험물(산화성 고체)
④ 제2류 위험물(가연성 고체)

13 위험물제조소에서 국소방식의 배출설비 배출능력은 1시간 당 배출장소 용적의 몇 배 이상인 것으로 하여야 하는가?
① 5   ② 10
③ 15   ④ 20

해설
제조소에서 국소방식의 배출설비 배출능력은 1시간당 배출장소 용적의 20배 이상인 것으로 한다.
참고.
전역방출방식 : 바닥면적 1㎡당 18㎥ 이상

14 유류화재 시 발생하는 이상현상인 보일오버(Boil over)의 방지대책으로 가장 거리가 먼 것은?

① 탱크하부에 배수관을 설치하여 탱크 저면의 수층을 방지한다.
② 적당한 시기에 모래나 팽창질석, 비등석을 넣어 불의 과열을 방지한다.
③ 냉각수를 대량 첨가하여 유류와 물의 과열을 방지한다.
④ 탱크 내용물의 기계적 교반을 통하여 에멀전 상태로 하여 수층형성을 방지한다.

정답 10 ②   11 ③   12 ④   13 ④   14 ③

> **해설**
> 보일오버 현상에 냉각수를 대량 첨가하면 과열 및 폭발이 심화된다.

15 20℃의 물 100kg이 100℃ 수증기로 증발하면 몇 kcal의 열량을 흡수할 수 있는가? (단, 물의 증발잠열은 540kcal이다.)

① 540　　② 7,800
③ 62,000　④ 108,000

> **해설**
> Q = Cm△t
> 1) Q = 1×100×(100−20) = 8,000kcal
> 2) Q = 539×100 = 53,900kcal
> ∴ 8,000 + 53,900 = 61,900kcal

16 제5류 위험물의 화재 시 적응성이 있는 소화설비는?

① 분말 소화설비
② 할로겐화합물 소화설비
③ 물분무 소화설비
④ 이산화탄소 소화설비

> **해설**
> 제5류 위험물의 화재 시 질식소화는 효과가 없고 다량의 물에 의한 냉각소화가 적응성이 있다.

17 위험물안전관리법에서 정한 정전기를 유효하게 제거할 수 있는 방법에 해당하지 않는 것은?

① 위험물 이송 시 배관 내 유속을 빠르게 하는 방법
② 공기를 이온화하는 방법
③ 접지에 의한 방법
④ 공기 중의 상대습도를 70% 이상으로 하는 방법

> **해설**
> ① 위험물 이송 시 배관 내 유속을 느리게 하여야 한다.
> 정전기 제거 방법
> - 접지
> - 공기 중의 상대습도를 70% 이상
> - 공기를 이온화

18 다음 중 가연물이 고체 덩어리보다 분말 가루일 때 위험성이 큰 이유로 가장 옳은 것은?

① 공기와 접촉 면적이 크기 때문이다.
② 열전도율이 크기 때문이다.
③ 흡열반응을 하기 때문이다.
④ 활성에너지가 크기 때문이다.

> **해설**
> 고체 덩어리보다 분말 가루일 때 공기와 접촉하는 면적이 넓기 때문에 위험성이 커진다.

19 소화약제로 사용할 수 없는 물질은?

① 이산화탄소
② 제1인산암모늄
③ 탄산수소나트륨
④ 브롬산암모늄

> **해설**
> ④ 브롬산암모늄은 제1류 위험물에 해당한다.

정답　15 ③　16 ③　17 ①　18 ①　19 ④

20 물과 접촉하면 열과 산소가 발생하는 것은?

① $NaClO_2$
② $NaClO_3$
③ $KMnO_4$
④ Na_2O_2

> **해설**
> ④ 제1류 위험물 중 알칼리금속 무기과 산화물은 물과 접촉하여 열과 산소가 발생한다.

21 위험물에 대한 설명으로 틀린 것은?

① 적린은 연소하면 유독성 물질이 발생한다.
② 마그네슘은 연소하면 가연성 수소가스가 발생한다.
③ 유황은 분진폭발의 위험이 있다.
④ 황화인에는 P_4S_3, P_2S_5, P_4S_7 등이 있다.

> **해설**
> ② 마그네슘은 연소하면 산화마그네슘을 생성한다.

22 위험물안전관리법령상 옥내저장탱크와 탱크전용실의 벽과의 사이 및 옥내저장탱크의 상호 간에는 몇 m 이상의 간격을 유지하여야 하는가?

① 0.5   ② 1
③ 1.5   ④ 2

> **해설**
> 옥내저장탱크와 탱크전용실의 벽과의 사이 및 옥내저장탱크의 상호간에는 0.5m 이상의 간격을 유지하여야 한다.

23 벤조일퍼옥사이드에 대한 설명으로 틀린 것은?

① 무색, 무취의 투명한 액체이다.
② 가급적 수분하여 저장한다.
③ 제5류 위험물에 해당한다.
④ 품명은 유기과산화물이다.

> **해설**
> ① 벤조일퍼옥사이드는 고체 상태이다.

24 2가지 물질을 섞었을 때 수소가 발생하는 것은?

① 칼륨과 에탄올
② 과산화마그네슘과 염화수소
③ 과산화칼륨과 탄산가스
④ 오황화린과 물

> **해설**
> $K + C_2H_5OH \rightarrow C_2H_5OK + 0.5H_2$

25 다음 위험물의 지정수량 배수의 총합은 얼마인가?

[질산 150kg, 과산화수소수 420kg, 과염소산 300kg]

① 2.5   ② 2.9
③ 3.4   ④ 3.9

> **해설**
> 질산 지정수량 : 300kg
> 과산화수소 지정수량 : 300kg
> 과염소산 지정수량 : 300kg
> $\therefore \frac{저장수량}{지정수량}$
> $= \frac{150kg}{300kg} + \frac{420kg}{300kg} + \frac{300kg}{300kg} = 2.9$

정답 20 ④ 21 ② 22 ① 23 ① 24 ① 25 ②

26 위험물안전관리법령상 운송책임자의 감독·지원을 받아 운송하여야 하는 위험물은?

① 알킬리튬
② 과산화수소
③ 가솔린
④ 경유

> **해설**
> 알킬리튬, 알킬알루미늄을 운송할 때 운송책임자의 감독·지원을 받아 운송하여야 하며, 운송책임자는 위험물 국가기술자격증 취득 후 경력 1년 이상, 한국소방안전협회에서 실시하는 운송에 관한 교육을 수료하고 경력 2년 이상의 자격을 갖추어야 한다.

27 「자동화재탐지설비 일반점검표」의 점검내용이 "변형·손상의 유무, 표시의 적부, 경계구역 일람도의 적부, 기능의 적부"인 점검항목은?

① 감지기   ② 중계기
③ 수신기   ④ 발신기

> **해설**
> 수신기의 점검내용에는 변형·손상의 유무, 표시의 적부, 경계구역, 기능의 적부가 있다.
> – 감지기의 점검내용
>   변형·손상의 유무, 감지, 기능의 적부
> – 중계기의 점검내용
>   변형·손상의 유무, 표시의 적부, 기능의 적부
> – 발신기의 점검내용
>   변형·손상의 유무, 기능의 적부

28 위험물안전관리법령상 지정수량 10배 이상의 위험물을 저장하는 제조소에 설치하여야 하는 경보설비의 종류가 아닌 것은?

① 자동화재탐지설비
② 자동화재속보설비
③ 휴대용 확성기
④ 비상방송설비

> **해설**
> 지정수량 10배 이상의 위험물을 저장하는 제조소에 설치하는 경보설비의 종류에는 자동화재탐지설비, 비상방송설비, 비상경보설비, 확성장치(휴대용 확성기)가 해당된다.

29 위험물안전관리법령상 특수인화물의 정의에 관한 내용이다. ( )에 알맞은 수치를 차례대로 나타낸 것은?

> "특수인화물"이라 함은 이황화탄소, 디에틸에테르 그 밖에 1기압에서 발화점이 섭씨 ( )도 이하인 것 또는 인화점이 섭씨 영하 ( )도 이하이고 비점이 섭씨 40도 이하인 것을 말한다.

① 40, 20   ② 20, 40
③ 20, 100   ④ 40, 100

> **해설**
> 특수인화물이란 이황화탄소, 디에틸에테르, 그 밖에 1기압에서 발화점이 섭씨 100도 이하인 것 또는 인화점이 섭씨 영하 20도 이하이고 비점이 섭씨 40도 이하인 것을 말한다.

정답 26 ① 27 ③ 28 ② 29 ②

30 제4류 위험물의 옥외저장탱크에 설치하는 밸브 없는 통기관은 직경이 얼마 이상인 것으로 설치해야 되는가?(단, 압력탱크는 제외한다.)

① 10mm ② 20mm
③ 30mm ④ 40mm

> **해설**
> 옥외저장탱크에 설치하는 밸브 없는 통기관의 직경은 30mm 이상으로 하고, 선단은 수평면보다 45도 이상 구부려 빗물 등의 침투를 막는 구조로 한다.

31 위험물안전관리법령상 위험등급 Ⅰ의 위험물에 해당하는 것은?

① 무기과산화물
② 황화린, 적린, 유황
③ 제1석유류
④ 알코올류

> **해설**
> ① 무기과산화물 : 위험등급 Ⅰ
> ② 황화린, 적린, 유황 : 위험등급 Ⅱ
> ③ 제1석유류 : 위험등급 Ⅱ
> ④ 알코올류 : 위험등급 Ⅱ

32 페놀을 황산과 질산의 혼산으로 니트로화하여 제조하는 제5류 위험물은?

① 아세트산 ② 피크르산
③ 니트로글리콜 ④ 질산에틸

> **해설**
> 피크르산(트리니트로페놀)은 페놀을 황산과 질산의 혼산으로 니트로화하여 제조한다.

33 금속염을 불꽃반응 실험을 한 결과 노란색의 불꽃이 나타났다. 이 금속염에 포함된 금속은 무엇인가?

① Cu ② K
③ Na ④ Li

> **해설**
> ① Cu : 푸른색
> ② K : 보라색
> ④ Li : 빨간색

34 위험물안전관리법령에서 정한 메틸알코올의 지정수량을 Kg 단위로 환산하면 얼마인가? (단, 메틸알코올의 비중은 0.8이다.)

① 200 ② 320
③ 400 ④ 450

> **해설**
> 비중 × 부피 = 0.8 × 400 = 320kg

35 [보기]에서 나열한 위험물의 공통 성질을 옳게 설명한 것은?

[보기] 나트륨, 황린, 트리에틸알루미늄

① 상온, 상압에서 고체의 형태를 나타낸다.
② 상온, 상압에서 액체의 형태를 나타낸다.
③ 금수성 물질이다.
④ 자연발화의 위험이 있다.

> **해설**
> 공통적으로 모두 자연발화성을 가지며, 황린은 금수성이 아닌 반면에 나트륨과 트리에틸알루미늄은 금수성에 해당한다.

정답 30 ③ 31 ① 32 ② 33 ③ 34 ② 35 ④

36 위험물안전관리법령상 제1류 위험물의 질산염류가 아닌 것은?
① 질산은   ② 질산암모늄
③ 질산섬유소 ④ 질산나트륨

해설
질산섬유소(니트로셀룰로오스)는 제5류 위험물의 질산에스테르이다.

37 위험물안전관리법령상 제3류 위험물에 해당하지 않는 것은?
① 적린   ② 나트륨
③ 칼륨   ④ 황린

해설
① 적린 : 제2류 위험물

38 산화성액체인 질산의 분자식으로 옳은 것은?
① HNO_2 ② HNO_3
③ NO_2 ④ NO_3

해설
제6류 위험물(산화성 액체) 중 질산 : HNO_3

39 위험물안전관리법령상 제4류 위험물 운반용기의 외부에 표시해야 하는 사항이 아닌 것은?
① 규정에 의한 주의사항
② 위험물의 품명 및 위험등급
③ 위험물의 관리자 및 지정수량
④ 위험물의 화학명

해설
운반용기 외부에 표시해야 하는 사항은 다음과 같다.
- 위험물의 품명, 위험등급, 화학명 및 수용성(제4류 위험물인 경우 수용성인 것에 한함)
- 위험물의 수량
- 주의사항

40 그림과 같이 횡으로 설치한 원형탱크의 용량은 약 몇 ㎥인가?(단, 공간용적은 내용적의 10/100이다.)

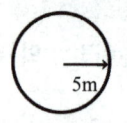
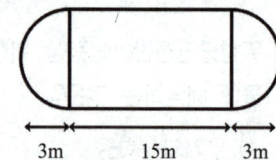

① 1690.9   ② 1335.1
③ 1268.4   ④ 1201.7

해설
내용적 =
$\pi \times 5^2 \times (15 + \frac{3+3}{3}) = 1,335.18 m^3$
용량 = $1,335.18 m^3 \times 0.9 = 1,201.7 m^3$

41 위험물안전관리법령에서 정한 아세트알데히드등을 취급하는 제조소의 특례에 관한 내용이다. ( )안에 해당하는 물질이 아닌 것은?

아세트알데히드등을 취급하는 설비는 ( )·( )·( )·( ) 또는 이들을 성분으로 하는 합금으로 만들지 아니할 것

정답 36 ③   37 ①   38 ②   39 ③   40 ④

① 동
② 은
③ 금
④ 마그네슘

해설
아세트알데히드 등을 취급하는 설비는 수은, 은, 마그네슘, 구리(동)의 성분으로 하는 합금으로 만들지 않아야 한다.

42 다음 반응식과 같이 벤젠 1kg이 연소할 때 발생되는 CO_2의 양은 약 몇 ㎥인가?(단, 27℃, 750mmHg 기준이다.)

$$C_6H_6 + 7.5O_2 \rightarrow 6CO_2 + 3H_2O$$

① 0.72　　② 1.22
③ 1.92　　④ 2.42

해설
$PV = nRT$
$\frac{750}{760} \times V = \frac{1}{78} \times 0.082 \times (273 + 27) \times 6$
$\therefore V = 1.92 m^3$

43 등유에 관한 설명으로 틀린 것은?
① 물보다 가볍다.
② 녹는점은 상온보다 높다
③ 발화점은 상온보다 높다
④ 증기는 공기보다 무겁다.

해설
② 등유의 녹는점은 약 -26℃ ~ -48℃로 상온보다 낮다.

44 벤젠(C_6H_6)의 일반 성질로서 틀린 것은?
① 휘발성이 강한 액체이다.
② 인화점은 가솔린보다 낮다.
③ 물에 녹지 않는다.
④ 화학적으로 공명구조를 이루고 있다.

해설
② 벤젠의 인화점은 -11℃이므로 가솔린의 인화점(-43 ~ -20℃)보다 높다.

45 위험물안전관리법령에 의한 위험물에 속하지 않는 것은?
① CaC_2　　② S
③ P_2O_5　　④ K

해설
① 제3류 위험물
② 제2류 위험물
③ 오산화인(P_2O_5)은 적린, 황린이 연소할 때 생성되는 흰색 기체이다.
④ 제3류 위험물

46 제4류 위험물을 저장 및 취급하는 위험물제조소에 설치한 "화기엄금" 게시판의 색상으로 올바른 것은?
① 적색바탕에 흑색문자
② 흑색바탕에 적색문자
③ 백색바탕에 적색문자
④ 적색바탕에 백색문자

해설
화기주의, 화기엄금 : 적색바탕 백색문자
물기엄금 : 청색바탕 백색문자

정답　41 ③　42 ③　43 ②　44 ②　45 ③　46 ④

47 과염소산암모늄에 대한 설명으로 옳은 것은?

① 물에 용해되지 않는다.
② 청녹색의 침상결정이다.
③ 130℃에서 분해하기 시작하여 CO_2 가스를 방출한다.
④ 아세톤, 알코올에 용해된다.

> **해설**
> ① 물에 녹기 쉽다.
> ② 무색의 결정이다.
> ③ 130℃에서 분해하기 시작하여 O_2 가스를 방출한다.

48 휘발유의 일반적인 성질에 관한 설명으로 틀린 것은?

① 인화점이 0℃보다 낮다.
② 위험물안전관리법령상 제1석유류에 해당한다.
③ 전기에 대해 비전도성 물질이다.
④ 순수한 것은 청색이나 안전을 위해 검은색으로 착색해서 사용해야 한다.

> **해설**
> ④ 순수한 것은 무색이나 주유취급소에서 혼유 사고를 방지하기 위하여 착색해서 사용한다.

49 톨루엔에 대한 설명으로 틀린 것은?

① 휘발성이 있고 가연성 액체이다.
② 증기는 마취성이 있다.
③ 알코올, 에테르, 벤젠 등과 잘 섞인다.
④ 노란색 액체로 냄새가 없다.

> **해설**
> 톨루엔은 무색의 액체로 자극성의 냄새가 있다.

50 위험물안전관리법령상 혼재할 수 없는 위험물은?(단, 위험물은 지정수량의 1/10을 초과하는 경우이다.)

① 적린과 황린
② 질산염류와 질산
③ 칼륨과 특수인화물
④ 유기과산화물과 유황

> **해설**
> 적린(제2류 위험물)과 황린(제3류 위험물)은 혼재 불가능한 물질이다.
> ② 질산염류(제1류 위험물)와 질산(제6류 위험물)
> ③ 칼륨(제3류 위험물)과 특수인화물(제4류 위험물)
> ④ 유기과산화물(제5류 위험물)과 유황(제2류 위험물)

51 위험물의 품명과 지정수량이 잘못 짝지어진 것은?

① 황화린 – 50kg
② 마그네슘 – 500kg
③ 알킬알루미늄 – 10kg
④ 황린 – 20kg

> **해설**
> ① 황화린 – 100kg이다.

정답 47 ④ 48 ④ 49 ④ 50 ① 51 ①

52 디에틸에테르의 성질에 대한 설명으로 옳은 것은?

① 발화온도는 400℃이다.
② 증기는 공기보다 가볍고, 액상은 물보다 무겁다.
③ 알코올에 용해되지 않지만 물에 잘 녹는다.
④ 연소범위는 1.9~48% 정도이다.

> **해설**
> ① 발화온도는 180℃이다.
> ② 증기는 공기보다 무겁고, 액상은 물보다 가볍다.
> ③ 알코올에 용해되지만 물에 녹기 어렵다.

53 다음 물질 중 인화점이 가장 낮은 것은?

① CH_3COCH_3 ② $C_2H_5OC_2H_5$
③ $CH_3(CH_2)_3OH$ ④ CH_3OH

> **해설**
> ① 아세톤 : −18℃
> ② 디에틸에테르 : −45℃
> ③ 1-부틸알코올 : 29℃
> ④ 메틸알코올 : 11℃

54 과산화수소의 성질에 대한 설명으로 옳지 않은 것은?

① 산화성이 강한 무색투명한 액체이다.
② 위험물안전관리법령상 일정 비중 이상일 때 위험물로 취급한다.
③ 가열에 의해 분해하면 산소가 발생한다.
④ 소독약으로 사용할 수 있다.

> **해설**
> ② 비중 1.49 이상일 때 위험물로 취급하는 질산에 대한 설명이다.

55 질산과 과염소산의 공통성질에 해당하지 않는 것은?

① 산소를 함유하고 있다.
② 불연성 물질이다.
③ 강산이다.
④ 비점이 상온보다 낮다.

> **해설**
> ④ 질산의 비점 : 86℃, 과염소산의 비점 : 19℃

56 다음 물질 중 위험물 유별에 따른 구분이 나머지 셋과 다른 하나는?

① 질산은   ② 질산메틸
③ 무수크롬산   ④ 질산암모늄

> **해설**
> ① 질산은 : 제1류 위험물 중 질산염류
> ② 질산메틸 : 제5류 위험물 중 질산에스테르류
> ③ 무수크롬산 : 제1류 위험물 중 행정안전부령이 정하는 크롬의 산화물
> ④ 질산암모늄 : 제1류 위험물 중 질산염류

57 니트로셀룰로오스의 안전한 저장을 위해 사용하는 물질은?

① 페놀   ② 황산
③ 에탄올   ④ 아닐린

정답 52 ④   53 ②   54 ②   55 ④   56 ②   57 ③

> **해설**
> 니트로셀룰로오스는 건조하면 위험하므로 물 또는 알코올에 습윤시켜야 한다.

58 1분자 내에 포함된 탄소의 수가 가장 많은 것은?

① 아세톤 ② 톨루엔
③ 아세트산 ④ 이황화탄소

> **해설**
> ① CH_3COCH_3 : 3개
> ② $C_6H_5CH_3$: 7개
> ③ CH_3COOH : 2개
> ④ CS_2 : 1개

59 다음 중 위험물안전관리법령에 따라 정한 지정수량이 나머지 셋과 다른 것은?

① 황화린 ② 적린
③ 유황 ④ 철분

> **해설**
> ① 황화린 : 100kg
> ② 적린 : 100kg
> ③ 유황 : 100kg
> ④ 철분 : 500kg

60 위험물안전관리법령상 해당하는 품명이 나머지 셋과 다른 것은?

① 트리니트로페놀
② 트리니트로톨루엔
③ 니트로셀룰로오스
④ 테트릴

> **해설**
> ① 트리니트로페놀 : 제5류 위험물 니트로화합물
> ② 트리니트로톨루엔 : 제5류 위험물 니트로화합물
> ③ 니트로셀룰로오스 : 제5류 위험물 질산에스테르류
> ④ 테트릴 : 제5류 위험물 니트로화합물

정답 58 ② 59 ④ 60 ③

2015년 4회 위험물기능사

01 팽창진주암(삽 1개 포함)의 능력단위 1은 용량이 몇 L인가?

① 70　　② 100
③ 130　　④ 160

> **해설**
>
> | 소화설비 | 용량 | 능력단위 |
> |---|---|---|
> | 팽창질석 또는 팽창진주암(삽 1개 포함) | 160L | 1.0 |

02 다음 위험물의 저장 창고에 화재가 발생하였을 때 주수(注水)에 의한 소화가 오히려 더 위험한 것은?

① 염소산칼륨
② 과염소산나트륨
③ 질산암모늄
④ 탄화칼슘

> **해설**
>
> ④ 탄화칼슘은 주수 소화 시 아세틸렌(C_2H_2)을 발생하므로 질식소화 하여야 한다.

03 과산화나트륨의 화재 시 물을 사용한 소화가 위험한 이유는?

① 수소와 열을 발생하므로
② 산소와 열을 발생하므로
③ 수소를 발생하고 이 가스가 폭발적으로 연소하므로
④ 산소를 발생하고 이 가스가 폭발적으로 연소하므로

> **해설**
>
> 알칼리금속의 과산화물인 과산화나트륨에 주수 소화 시 산소와 열을 발생하므로 질식소화 하여야 한다.

04 피난설비를 설치하여야 하는 위험물 제조소 등에 해당하는 것은?

① 건축물의 2층 부분을 자동차 정비소로 사용하는 주유취급소
② 건축물의 2층 부분을 전시장으로 사용하는 주유취급소
③ 건축물의 1층 부분을 주유사무소로 사용하는 주유취급소
④ 건축물의 1층 부분을 관계자의 주거시설로 사용하는 주유취급소

> **해설**
>
> 주유취급소 중 건축물의 2층 이상의 부분을 점포·휴게음식점 또는 전시장의 용도로 사용하는 것에 있어서는 당해 건축물의 2층 이상으로부터 주유취급소의 부지 밖으로 통하는 출입구와 당해 출입구로 통하는 통로·계단 및 출입구에 유도등을 설치하여야 한다.

정답　01 ④　02 ④　03 ②　04 ②

05 제1종 분말소화약제의 적응 화재 종류는?

① A급 ② BC급
③ AB급 ④ ABC급

> **해설**
> 제1종~제4종 분말소화약제 중 제3종 분말소화약제의 적응화재는 A, B, C이며 나머지는 B, C급 화재에 적응성이 있다.

06 위험물안전관리법령상 위험물을 유별로 정리하여 저장 하면서 서로 1m 이상의 간격을 두면 동일한 옥내저장소에 저장할 수 있는 경우는?

① 제1류 위험물과 제3류 위험물 중 금수성 물질을 저장하는 경우
② 제1류 위험물과 제4류 위험물을 저장하는 경우
③ 제1류 위험물과 제6류 위험물을 저장하는 경우
④ 제2류 위험물 중 금속분과 제4류 위험물 중 동식물유류를 저장하는 경우

> **해설**
> 유별이 다른 위험물을 동일한 저장소에 저장하는 경우 유별로 정리하여 서로 1m 이상의 간격을 두었을 때 다음과 같이 저장할 수 있다.
> – 제1류 위험물(알칼리금속의 과산화물 제외)과 제5류 위험물
> – 제1류 위험물과 제6류 위험물
> – 제1류 위험물과 제3류 위험물 중 자연발화성 물질(황린)
> – 제2류 위험물 중 인화성 고체와 제4류 위험물
> – 제3류 위험물 중 알킬알루미늄등과 제4류 위험물(알킬알루미늄 또는 알킬리튬을 함유한 것)
> – 제4류 위험물 중 유기과산화물과 제5류 위험물 중 유기과산화물

07 연소의 3요소를 모두 포함하는 것은?

① 과염소산, 산소, 불꽃
② 마그네슘분말, 연소열, 수소
③ 아세톤, 수소, 산소
④ 불꽃, 아세톤, 질산암모늄

> **해설**
> ④ 불꽃(점화원) + 아세톤(가연물) + 질산암모늄(산소공급원)

08 위험물안전관리법령상 경보설비로 자동화재탐지설비를 설치해야 할 위험물 제조소의 규모의 기준에 대한 설명으로 옳은 것은?

① 연면적 500㎡ 이상인 것
② 연면적 1000㎡ 이상인 것
③ 연면적 1500㎡ 이상인 것
④ 연면적 2000㎡ 이상인 것

> **해설**
> 제조소 및 일반취급소에서 자동화재탐지설비를 설치하는 경우
> • 연면적 500㎡ 이상인 것
> • 옥내에서 지정수량의 100배 이상을 취급하는 것(고인화점 위험물만을 100℃ 미만의 온도에서 취급하는 것을 제외한다)

정답 05 ② 06 ③ 07 ④ 08 ①

- 일반취급소로 사용되는 부분 외의 부분이 있는건축물에 설치된 일반취급소 (일반취급소와 일반취급소 외의 부분이 내화구조의 바닥 또는 벽으로 개구부 없이 구획된 것을 제외한다)

09 액화 이산화탄소 1kg 이 25℃, 2atm에서 방출되어 모두 기체가 되었다. 방출된 기체상의 이산화탄소 부피는 약 몇 L인가?

① 238
② 278
③ 308
④ 340

해설

CO_2 분자량 : 12 + (16×2) = 44
PV = nRT 적용,
2 × x = 1/44 × 0.082 × (273+25)
x = 0.278m³ × 1,000 = 278L

10 위험물안전관리법령에서 정한 "물분무등소화설비"의 종류에 속하지 않는 것은?

① 스프링클러설비
② 포소화설비
③ 분말소화설비
④ 이산화탄소소화설비

해설

물분무등소화설비에는 물분무소화설비, 포소화설비, 불활성가스소화설비, 할로겐화합물소화설비, 청정소화약제소화설비, 분말소화설비, 강화액소화설비 등이 속한다.

11 혼합물인 위험물이 복수의 성상을 가지는 경우에 적용하는 품명에 관한 설명으로 틀린 것은?

① 산화성고체의 성상 및 가연성고체의 성상을 가지는 경우 : 제1류 위험물
② 산화성고체의 성상 및 자기반응성물질의 성상을 가지는 경우 : 자기반응성물질의 품명
③ 가연성고체의 성상과 자연발화성 물질의 성상 및 금수성물질의 성상을 가지는 경우 : 자연발화성물질 및 금수성물질의 품명
④ 인화성액체의 성상 및 자기반응성물질의 성상을 가지는 경우 : 자기반응성물질의 품명

해설

인화성액체의 성상 및 자기반응성물질의 성상을 가지는 경우는 자기반응성물질에 해당한다.

12 제3류 위험물 중 금수성 물질에 적응성이 있는 소화설비는?

① 할로겐화합물소화설비
② 포소화설비
③ 이산화탄소소화설비
④ 탄산수소염류등 분말소화설비

해설

금수성 물질에 적응성이 있는 소화설비는 탄산수소염류 분말소화설비, 팽창질석, 팽창진주암, 건조사이다.

정답 09 ② 10 ① 11 ① 12 ④

13 제6류 위험물을 저장하는 장소에 적응성이 있는 소화설비가 아닌 것은?
① 물분무소화설비
② 포소화설비
③ 이산화탄소소화설비
④ 옥내소화전설비

> **해설**
> 제6류 위험물을 저장하는 장소에는 냉각소화가 가능한 물분무소화설비가 적응성이 있다.

14 $NH_4H_2PO_4$ 이 열분해하여 생성되는 물질 중 암모니아와 수증기의 부피 비율은?
① 1 : 1   ② 1 : 2
③ 2 : 1   ④ 3 : 2

> **해설**
> 제3종 분말소화약제의 주성분인 제1인산암모늄($NH_4H_2PO_4$)의 열분해시 암모니아와 수증기가 1:1의 비율로 발생한다.
> 반응식 : $NH_4H_2PO_4 \rightarrow NH_3 + H_2O + HPO_3$

15 소화약제에 따른 주된 소화효과로 틀린 것은?
① 수성막포소화약제 : 질식효과
② 제2종 분말소화약제 : 탈수탄화효과
③ 이산화탄소소화약제 : 질식효과
④ 할로겐화합물소화약제 : 화학억제효과

> **해설**
> ② 제2종 분말소화약제 : 질식효과

16 제5류 위험물을 저장 또는 취급하는 장소에 적응성이 있는 소화설비는?
① 포소화설비
② 분말소화설비
③ 이산화탄소소화설비
④ 할로겐화합물소화설비

> **해설**
> 제5류 위험물은 수계소화설비인 포소화설비가 적응성이 있다.

17 옥외저장소에 덩어리 상태의 유황만을 지반면에 설치한 경계표시의 안쪽에서 지장할 경우 하나의 경계표시의 내부면적은 몇 ㎡ 이하 이여야 하는가?
① 75   ② 100
③ 150   ④ 300

> **해설**
> 옥외저장소에서 덩어리 상태의 유황만을 지반면에 설치한 경계표시의 안쪽에서 저장할 경우 하나의 경계표시의 내부면적은 100㎡ 이하로 해야 한다.

18 위험물시설에 설비하는 자동화재탐지설비의 하나의 경계구역 면적과 그 한 변의 길이의 기준으로 옳은 것은?(단, 광전식분리형 감지기를 설치하지 않은 경우이다.)
① 300㎡ 이하, 50m 이하
② 300㎡ 이하, 100m 이하
③ 600㎡ 이하, 50m 이하
④ 600㎡ 이하, 100m 이하

정답 13 ③   14 ①   15 ②   16 ①   17 ②   18 ③

> **해설**
> 하나의 경계구역의 한 변의 길이는 50m (광전식분리형 감지기를 설치할 경우에는 100m) 이하로 하며 면적은 600㎡ 이하로 한다.

> **해설**
> 알킬리튬, 알킬알루미늄을 운송할 때 운송책임자의 감독·지원을 받아 운송하여야 한다.
> ③ 디메틸카드뮴 : 유기금속화합물

19 위험물안전관리법령에서 정한 탱크안전성능검사의 구분에 해당하지 않는 것은?

① 기초·지반검사
② 충수·수압검사
③ 용접부검사
④ 배관검사

> **해설**
> 탱크안전성능검사 : 기초·지반검사, 충수·수압검사, 용접부검사, 암반탱크검사

20 화재의 종류와 가연물이 옳게 연결된 것은?

① A급 – 플라스틱 ② B급 – 섬유
③ A급 – 페인트 ④ B급 – 나무

> **해설**
> ② 섬유 : A급
> ③ 페인트 : B급
> ④ 나무 : A급

21 위험물안전관리법령상 위험물의 운송에 있어서 운송책임자의 감독 또는 지원을 받아 운송하여야 하는 위험물에 속하지 않는 것은?

① Al(CH$_3$)$_3$ ② CH$_3$Li
③ Cd(CH$_3$)$_2$ ④ Al(C$_4$H$_9$)$_3$

22 다음 위험물 중 비중이 물보다 큰 것은?

① 디에틸에테르
② 아세트알데히드
③ 산화프로필렌
④ 이황화탄소

> **해설**
> 이황화탄소(CS$_2$)는 비중이 1.26으로 물보다 크다.

23 위험물탱크의 용량은 탱크의 내용적에서 공간용적을 뺀 용적으로 한다. 이 경우 소화약제 방출구를 탱크안의 윗부분에 설치하는 탱크의 공간용적은 당해 소화설비의 소화약제방출구 아래의 어느 범위의 면으로부터 윗부분의 용적으로 하는가?

① 0.1미터 이상 0.5미터 미만 사이의 면
② 0.3미터 이상 1미터 미만 사이의 면
③ 0.5미터 이상 1미터 미만 사이의 면
④ 0.5미터 이상 1.5미터 미만 사이의 면

> **해설**
> 소화설비(소화약제 방출구를 탱크 안의 윗부분에 설치하는 것에 한한다)를 설치하는 탱크 공간용적은 해당 소화설비를 소화약제 방출구 아래의 0.3미터 이상 1미터 미만 사이의 면으로부터 윗부분의 용적으로 한다.

정답 19 ④ 20 ① 21 ③ 22 ④ 23 ②

24 과산화나트륨에 대한 설명 중 틀린 것은?

① 순수한 것은 백색이다.
② 상온에서 물과 반응하여 수소 가스를 발생한다.
③ 화재 발생 시 주수소화는 위험할 수 있다.
④ CO 및 CO_2 제거제를 제조할 때 사용된다.

> **해설**
> ② 상온에서 물과 반응하여 산소 가스를 발생한다.

25 위험물안전관리법령에서 정한 품명이 서로 다른 물질을 나열한 것은?

① 이황화탄소, 디에틸에테르
② 에틸알코올, 고형알코올
③ 등유, 경유
④ 중유, 클레오소트유

> **해설**
> 에틸알코올은 제4류 위험물 중 알코올류이며, 고형알코올은 제2류 위험물 중 인화성 고체이다.

26 위험물 옥내저장소에 과염소산 300kg, 과산화수소 300kg을 저장하고 있다. 저장창고에는 지정수량 몇 배의 위험물을 저장하고 있는가?

① 4   ② 3
③ 2   ④ 1

> **해설**
> 과염소산 지정수량 : 300kg
> 과산화수소 지정수량 : 300kg
> $\therefore \dfrac{저장수량}{지정수량} = \dfrac{300kg}{300kg} + \dfrac{300kg}{300kg} = 2$

27 위험물안전관리자를 해임할 때에는 해임한 날로부터 며칠 이내에 위험물안전관리자를 다시 선임하여야 하는가?

① 7   ② 14
③ 30   ④ 60

> **해설**
> 위험물안전관리자를 해임할 때에는 30일 이내에 다시 선임하여야 한다.

28 염소산염류 250kg, 요오드산 염류 600kg, 질산염류 900kg을 저장하고 있는 경우 지정수량의 몇 배가 보관되어 있는가?

① 5배   ② 7배
③ 10배   ④ 12배

> **해설**
> 염소산염류 : 지정수량 50kg
> 요오드산염류 : 지정수량 300kg
> $\therefore \dfrac{저장수량}{지정수량} = \dfrac{250kg}{50kg} + \dfrac{600kg}{300kg} + \dfrac{900kg}{300kg} = 10$

29 위험물안전관리법령상 품명이 "유기과산화물"인 것으로만 나열된 것은?

① 과산화벤조일, 과산화메틸에틸케톤
② 과산화벤조일, 과산화마그네슘
③ 과산화마그네슘, 과산화메틸에틸케톤
④ 과산화초산, 과산화수소

정답 24 ② 25 ② 26 ③ 27 ③ 28 ③ 29 ①

> **해설**
> ② 과산화벤조일 : 제5류 위험물 유기과산화물, 과산화마그네슘 : 제1류 위험물 무기과산화물
> ③ 과산화마그네슘 : 제1류 위험물 무기과산화물, 과산화메틸에틸케톤 : 제5류 위험물 유기과산화물
> ④ 과산화초산 : 제5류 위험물 유기과산화물, 과산화수소 : 제6류 위험물

30 위험물안전관리법령상 판매취급소에 관한 설명으로 옳지 않은 것은?

① 건축물의 1층에 설치하여야 한다.
② 위험물을 저장하는 탱크시설을 갖추어야 한다.
③ 건축물의 다른 부분과는 내화구조의 격벽으로 구획하여야 한다.
④ 제조소와 달리 안전거리 또는 보유공지에 관한 규제를 받지 않는다.

> **해설**
> ② 판매취급소는 위험물을 용기에 담아 판매하기 위하여 취급하는 장소로 탱크시설은 필요하지 않다.

31 위험물안전관리법령에 의한 위험물 운송에 관한 규정으로 틀린 것은?

① 이동탱크저장소에 의하여 위험물을 운송하는 자는 당해 위험물을 취급할 수 있는 국가기술자격자 또는 안전교육을 받은 자이어야 한다.
② 안전관리자·탱크시험자·위험물운송자 등 위험물의 안전관리와 관련된 업무를 수행하는 자는 시·도지사가 실시하는 안전교육을 받아야 한다.
③ 운송책임자의 범위, 감독 또는 지원의 방법 등에 관한 구체적인 기준은 총리령으로 정한다.
④ 위험물운송자는 이동탱크저장소에 의하여 위험물을 운송하는 때에는 총리령으로 정하는 기준을 준수하는 등 당해 위험물의 안전 확보를 위하여 세심한 주의를 기울여야 한다.

> **해설**
> ② 소방청장이 실시하는 교육을 받아야 한다.

32 과산화수소의 성질에 대한 설명 중 틀린 것은?

① 알칼리성 용액에 의해 분해될 수 있다.
② 산화제로 사용할 수 있다.
③ 농도가 높을수록 안정하다.
④ 열, 햇빛에 의해 분해될 수 있다.

> **해설**
> ③ 과산화수소는 농도가 높을수록 불안정하다.

33 $C_6H_2CH_3(NO_2)_3$을 녹이는 용제가 아닌 것은?

① 물   ② 벤젠
③ 에테르   ④ 아세톤

> **해설**
> $C_6H_2CH_3(NO_2)_3$ (트리니트로톨루엔)은 물에 녹지 않는다.

정답 30 ② 31 ② 32 ③ 33 ①

34 제6류 위험물을 저장하는 옥내탱크저장소로서 단층건물에 설치된 것의 소화 난이도 등급은?

① I등급 ② II등급
③ III등급 ④ 해당 없음

> 해설
> 제6류 위험물을 저장하는 경우 소화난이도등급에서 제외된다.

35 황린에 관한 설명 중 틀린 것은?

① 물에 잘 녹는다.
② 화재 시 물로 냉각소화 할 수 있다.
③ 적린에 비해 불안정하다.
④ 적린과 동소체이다.

> 해설
> ① 황린은 물에 보관하는 위험물로 물에 잘 녹지 않는다.

36 그림의 시험장치는 제 몇 류 위험물의 위험성 판정을 위한 것인가?(단, 고체물질의 위험성 판정이다.)

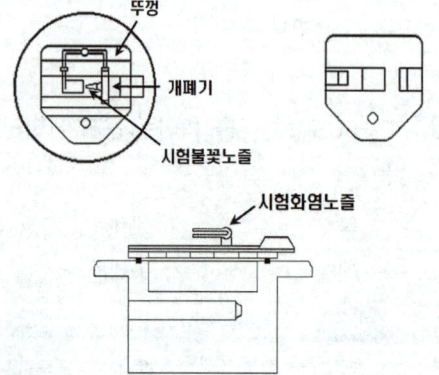

① 제1류
② 제2류
③ 제3류
④ 제4류

> 해설
> 제2류 위험물(가연성 고체)의 판정기준으로 고체의 인화 위험성 시험방법이다.

37 위험물안전관리법령상 에틸렌글리콜과 혼재하여 운반할 수 없는 위험물은?(단, 지정수량의 10배일 경우이다.)

① 유황
② 과망간산나트륨
③ 알루미늄분
④ 트리니트로톨루엔

> 해설
> 제1류 위험물 과망간산나트륨은 제6류 위험물과 혼재가 가능하다.

38 다음 중 제2석유류만으로 짝지어진 것은?

① 시클로헥산 - 피리딘
② 염화아세틸 - 휘발유
③ 시클로헥산 - 중유
④ 아크릴산 - 포름산

> 해설
> ① 시클로헥산 : 제1석유류 비수용성, 피리딘 : 제1석유류 수용성
> ② 염화아세틸 : 제1석유류 비수용성, 휘발유 : 제1석유류 수용성
> ③ 시클로헥산 : 제1석유류 비수용성, 중유 : 제3석유류 비수용성

정답 34 ④ 35 ① 36 ② 37 ② 38 ④

39 다음 중 물과의 반응성이 가장 낮은 것은?

① 인화알루미늄
② 트리에틸알루미늄
③ 오황화린
④ 황린

> **해설**
> ④ 황린 : 제3류 위험물로서 물속에 보관하는 물질이므로 물과의 반응성은 낮다.

40 금속나트륨, 금속칼륨 등을 보호액 속에 저장하는 이유를 가장 옳게 설명한 것은?

① 온도를 낮추기 위하여
② 승화하는 것을 막기 위하여
③ 공기와의 접촉을 막기 위하여
④ 운반 시 충격을 적게 하기 위하여

> **해설**
> 제3류 위험물인 Na, K은 공기 중 수분과 반응 시 수소기체가 발생하므로 석유, 등유, 경유, 유동성 파라핀 등에 저장한다.

41 위험물안전관리법령에서 정한 특수인화물의 발화점 기준으로 옳은 것은?

① 1기압에서 100℃ 이하
② 0기압에서 100℃ 이하
③ 1기압에서 25℃ 이하
④ 0기압에서 25℃ 이하

> **해설**
> 특수인화물이란 이황화탄소, 디에틸에테르, 그 밖의 1기압에서 발화점 100℃ 이하인 것 또는 인화점이 섭씨 영하 -20℃ 이하이고 비점이 40℃ 이하인 것을 말한다.

42 위험물의 지정수량이 잘못된 것은?

① $(C_2H_5)_3Al$: 10kg
② Ca : 50kg
③ LiH : 300kg
④ Al_4C_3 : 500kg

> **해설**
> ① $(C_2H_5)_3Al$: 제3류 위험물 중 알킬알루미늄 - 10kg
> ② Ca : 제3류 위험물 중 알칼리토금속 - 50kg
> ③ LiH : 제3류 위험물 중 금속수소화물 - 300kg
> ④ Al_4C_3 : 제3류 위험물 중 알루미늄의 탄화물 - 300kg

43 다음 중 요오드 값이 가장 낮은 것은?

① 해바라기유 ② 오동유
③ 아마인유   ④ 낙화생유

> **해설**
> ④ 낙화생유(땅콩유) : 불건성유
> ① 해바라기유, ② 오동유, ③ 아마인유 : 건성유

44 탄소 80%, 수소 14%, 황 6% 인 물질 1kg이 완전 연소하기 위해 필요한 이론 공기량은 약 몇 kg 인가?(단, 공기 중 산소는 23wt%이다.)

① 3.31   ② 7.05
③ 11.62   ④ 14.41

정답 39 ④ 40 ③ 41 ① 42 ④ 43 ④ 44 ④

> **해설**
>
> 이론산소량을 먼저 구하면
> $C + O_2 \to CO_2$
> 12kg 32kg
> 80kg x
> $12 \times x = 32 \times 80$
> $\therefore x = 213.3$kg
> $S + O_2 \to SO_2$
> 32kg 32kg
> 6kg x
> $32 \times x = 32 \times 6$
> $\therefore x = 6$kg
> $2H_2 + O_2 \to H_2O$
> 4kg   32kg
> 14kg x
> $4 \times x = 14 \times 32$
> $\therefore x = 112$kg
> $\therefore (213.33 + 6 + 112)/0.23 = 14.41$kg

45 다음 중 위험물 운반용기의 외부에 "제4류"와 "위험등급Ⅱ"의 표시만 보이고 품명이 잘 보이지 않을 때 예상할 수 있는 수납 위험물의 품명은?

① 제1석유류 ② 제2석유류
③ 제3석유류 ④ 제4석유류

> **해설**
>
> 위험등급Ⅱ : 제1석유류, 알코올류

46 질산의 저장 및 취급법이 아닌 것은?

① 직사광선을 차단한다.
② 분해방지를 위해 요산, 인산 등을 가한다.
③ 유기물과 접촉을 피한다.
④ 갈색병에 넣어 보관한다.

> **해설**
>
> ② 요산, 인산 등을 가하는 방법은 과산화수소의 저장 및 취급법에 해당한다.

47 다음 아세톤의 완전 연소 반응식에서 ( )에 알맞은 계수를 차례대로 옳게 나타낸 것은?

$CH_3COCH_3 + ( )O_2 \to ( )CO_2 + 3H_2O$

① 3, 4   ② 4, 3
③ 6, 3   ④ 3, 6

> **해설**
>
> 연소반응식 : $CH_3COCH_3 + 4O_2 \to 3CO_2 + 3H_2O$

48 다음 중 위험등급 Ⅰ의 위험물이 아닌 것은?

① 무기과산화물
② 적린
③ 나트륨
④ 과산화수소

> **해설**
>
> ② 적린 : 제2류 위험물 – 위험등급Ⅱ

49 디에틸에테르의 보관·취급에 관한 설명으로 틀린 것은?

① 용기는 밀봉하여 보관한다.
② 환기가 잘 되는 곳에 보관한다.
③ 정전기가 발생하지 않도록 취급한다.
④ 저장용기에 빈 공간이 없게 가득 채워 보관한다.

정답 45 ① 46 ② 47 ② 48 ② 49 ④

> **해설**
> 저장용기에 액체 위험물을 보관할 때 빈 공간을 두어 보관한다.

50 시클로헥산에 관한 설명으로 가장 거리가 먼 것은?

① 고리형 분자구조를 가진 방향족 탄화수소화합물이다.
② 화학식은 C_6H_{12} 이다.
③ 비수용성 위험물이다.
④ 제4류 제1석유류에 속한다.

> **해설**
> ① 시클로헥산(C_6H_{12})은 단일결합구조이므로 방향족 탄화수소가 아니다.

51 옥외저장소에서 저장 또는 취급할 수 있는 위험물이 아닌 것은?(단, 국제해상위험물규칙에 적합한 용기에 수납된 위험물의 경우는 제외한다.)

① 제2류 위험물 중 유황
② 제1류 위험물 중 과염소산염류
③ 제6류 위험물
④ 제2류 위험물 중 인화점이 10℃ 인 인화성 고체

> **해설**
> 옥외저장소에 저장할 수 있는 위험물
> - 제2류 위험물 중 유황과 인화성 고체 (인화점이 섭씨 0도 이상)
> - 제4류 위험물 중 제1석유류(인화점이 섭씨 0도 이상)과 알코올류, 제2석유류, 제3석유류, 제4석유류, 동식물유
> - 제6류 위험물
> - 시·도 조례로 정하는 제2류 또는 제4류 위험물
> - 국제해상위험물규칙(IMDG Code)에 적합한 용기에 수납된 위험물

52 시약(고체)의 명칭이 불분명한 시약병의 내용물을 확인하려고 뚜껑을 열어 시계접시에 소량을 담아놓고 공기 중에서 햇빛을 받는 곳에 방치하던 중 시계접시에서 갑자기 연소현상이 일어났다. 다음 물질 중 이 시약의 명칭으로 예상할 수 있는 것은?

① 황
② 황린
③ 적린
④ 질산암모늄

> **해설**
> 자연발화성 물질인 황린에 대한 설명이다.

53 무색의 액체로 융점이 –112℃ 이고 물과 접촉하면 심하게 발열하는 제6류 위험물은?

① 과산화수소
② 과염소산
③ 질산
④ 오불화요오드

> **해설**
> 과염소산은 무색, 무취의 액체로 융점이 –112℃이고 물과 접촉하면 심하게 발열한다.

정답 50 ① 51 ② 52 ② 53 ②

54 히드라진에 대한 설명으로 틀린 것은?

① 외관은 물과 같이 무색투명하다.
② 가열하면 분해하여 가스를 발생한다.
③ 위험물안전관리법령상 제4류 위험물에 해당한다.
④ 알코올, 물 등의 비극성 용매에 잘 녹는다.

> **해설**
> ④ 히드라진은 수용성이므로 물, 알코올 등의 극성 용매에 잘 녹는다.

55 황의 성상에 관한 설명으로 틀린 것은?

① 연소할 때 발생하는 가스는 냄새를 가지고 있으나 인체에 무해하다.
② 미분이 공기 중에 떠 있을 때 분진 폭발의 우려가 있다.
③ 용융된 황을 물에서 급랭하면 고무 상황을 얻을 수 있다.
④ 연소할 때 아황산가스를 발생한다.

> **해설**
> 황은 연소 시 청색불꽃을 보이며 자극성의 냄새를 갖는 유독성의 아황산가스(SO_2)를 발생한다.

56 이황화탄소를 화재예방상 물속에 저장하는 이유는?

① 불순물을 물에 용해시키기 위해
② 가연성 증기의 발생을 억제하기 위해
③ 상온에서 수소가스를 발생시키기 때문에
④ 공기와 접촉하면 즉시 폭발하기 때문에

> **해설**
> 이황화탄소는 가연성 증기 발생을 억제하기 위하여 물속에 저장한다.

57 위험물제조소 및 일반취급소에 설치하는 자동화재탐지설비의 설치기준으로 틀린 것은?

① 하나의 경계구역은 600㎡ 이하로 하고, 한 변의 길이는 50m 이하로 한다.
② 주요한 출입구에서 내부전체를 볼 수 있는 경우 경계구역은 1000㎡ 이하로 할 수 있다.
③ 광전식분리형 감지기를 설치한 경우에는 하나의 경계구역을 1000㎡ 이하로 할 수 있다.
④ 비상전원을 설치하여야 한다.

> **해설**
> 하나의 경계구역의 한 변의 길이는 50m (광전식분리형 감지기를 설치할 경우에는 100m) 이하로 하며 면적은 600㎡ 이하로 한다.

58 무기과산화물의 일반적인 성질에 대한 설명으로 틀린 것은?

① 과산화수소의 수소가 금속으로 치환된 화합물이다.
② 산화력이 강해 스스로 쉽게 산화한다.
③ 가열하면 분해되어 산소를 발생한다.
④ 물과의 반응성이 크다.

> **해설**
> ② 산화력이 강해 스스로 쉽게 환원한다.

정답 54 ④ 55 ① 56 ② 57 ③ 58 ②

59 과염소산의 성질로 옳지 않은 것은?

① 산화성 액체이다.
② 무기화합물이며 물보다 무겁다.
③ 불연성 물질이다.
④ 증기는 공기보다 가볍다.

해설
④ 증기는 공기보다 무겁다.
(증기비중 = $\dfrac{100.5}{29}$ = 3.47)

60 알킬알루미늄등 또는 아세트알데히드등을 취급하는 제조소의 특례기준으로서 옳지 않은 것은?

① 알킬알루미늄등을 취급하는 설비에는 불활성기체 또는 수증기를 봉입하는 장치를 설치한다.
② 알킬알루미늄등을 취급하는 설비는 은·수은·동·마그네슘 을 성분으로 하는 것으로 만들지 않는다.
③ 아세트알데히드 등을 취급하는 탱크에는 냉각장치 또는 보냉장치 및 불활성기체 봉입장치를 설치한다.
④ 아세트알데히드 등을 취급하는 설비의 주위에는 누설범위를 국한하기 위한 설비와 누설되었을 때 안정한 장소에 설치된 저장실에 유입시킬 수 있는 설비를 갖춘다.

해설
① 알킬알루미늄등을 취급하는 설비에는 **불활성기체**를 봉입하는 장치를 설치한다.

정답 59 ④ 60 ①

2015년 5회 위험물기능사

01 제조소의 옥외에 모두 3개의 휘발유 취급탱크를 설치하고 그 주위에 방유제를 설치하고자 한다. 방유제 안에 설치하는 각 취급탱크의 용량이 5만L, 3만L, 2만L일 때 필요한 방유제의 용량은 몇 L 이상인가?
① 66000 ② 60000
③ 33000 ④ 30000

해설
위험물제조소의 옥외에 있는 위험물 취급탱크 주위에 설치하는 방유제의 용량
1) 1기 탱크 : 탱크 용량의 50% 이상
2) 2기 이상의 탱크 : 탱크 중 최대용량인 것의 50% + 나머지 탱크 용량 합계의 10% 이상
50,000L×0.5+(30,000L+20,000L)×0.1=30,000L

02 위험물안전관리법령에 따라 위험물을 유별로 정리하여 서로 1m 이상의 간격을 두었을 때 옥내저장소에서 함께 저장하는 것이 가능한 경우가 아닌 것은?
① 제1류 위험물(알칼리금속의 과산화물 또는 이를 함유한 것을 제외한다)과 제5류 위험물을 저장하는 경우
② 제3류 위험물 중 알킬알루미늄과 제4류 위험물(알킬알루미늄 또는 알킬리튬을 함유한 것에 한한다)을 저장하는 경우
③ 제1류 위험물과 제3류 위험물 중 금수성 물질을 저장하는 경우
④ 제2류 위험물 중 인화성고체와 제4류 위험물을 저장하는 경우

해설
유별이 다른 위험물을 동일한 저장소에 저장하는 경우 유별로 정리하여 서로 1m 이상의 간격을 두었을 때 다음과 같이 저장할 수 있다.
- 제1류 위험물(알칼리금속의 과산화물 제외)과 제5류 위험물
- 제1류 위험물과 제6류 위험물
- 제1류 위험물과 제3류 위험물 중 자연발화성 물질(황린)
- 제2류 위험물 중 인화성 고체와 제4류 위험물
- 제3류 위험물 중 알킬알루미늄등과 제4류 위험물(알킬알루미늄 또는 알킬리튬을 함유한 것)
- 제4류 위험물 중 유기과산화물과 제5류 위험물 중 유기과산화물

03 다음 중 스프링클러 설비의 소화작용으로 가장 거리가 먼 것은?
① 질식작용 ② 희석작용
③ 냉각작용 ④ 억제작용

해설
억제 작용을 소화작용으로 하는 설비에는 할로겐화합물 소화설비가 대표적이다.

정답 01 ④ 02 ③ 03 ④

04 금속화재를 옳게 설명한 것은?

① C급 화재이고, 표시색상은 청색이다.
② C급 화재이고, 표시색상은 없다.
③ D급 화재이고, 표시색상은 청색이다.
④ D급 화재이고, 표시색상은 없다.

> **해설**
> 일반화재(A급) - 백색
> 유류화재(B급) - 황색
> 전기화재(C급) - 청색
> 금속화재(D급) - 없음

05 위험물안전관리법령상 개방형 스프링클러 헤드를 이용하는 스프링클러설비에서 수동식 개방밸브를 개방 조작하는 데 필요한 힘은 얼마 이하가 되도록 설치하여야 하는가?

① 5kg
② 10kg
③ 15kg
④ 20kg

> **해설**
> 개방형 스프링클러 헤드를 이용하는 스프링클러설비의 수동식 개방밸브를 개방 조작하는 데 필요한 힘은 15kg이하가 되도록 설치한다.

06 과산화바륨과 물이 반응하였을 때 발생하는 것은?

① 수소
② 산소
③ 탄산가스
④ 수성가스

> **해설**
> 과산화바륨은 물과 접촉하면 산소가스를 발생한다.
> $BaO_2 + H_2O \rightarrow Ba(OH)_2 + 1/2O_2$

07 트리에틸알루미늄의 화재 시 사용할 수 있는 소화약제(설비)가 아닌 것은?

① 마른모래
② 팽창질석
③ 팽창진주암
④ 이산화탄소

> **해설**
> 트리에틸알루미늄은 금수성 물질로 마른모래, 팽창질석, 팽창진주암, 탄산수소염류 분말소화약제에 적응성이 있다.

08 다음 중 할로겐화합물 소화약제의 주된 소화효과는?

① 부촉매효과
② 희석효과
③ 파괴효과
④ 냉각효과

> **해설**
> 부촉매효과를 소화효과로 하는 설비에는 할로겐화합물 소화설비가 대표적이다.

09 가연물이 되기 쉬운 조건이 아닌 것은?

① 산소와 친화력이 클 것
② 열전도율이 클 것
③ 발열량이 클 것
④ 활성화에너지가 작을 것

> **해설**
> 열전도율이 작을수록, 발열량이 클수록, 표면적이 클수록, 활성화 에너지가 작을수록, 습도가 낮을수록 연소가 잘 이루어진다.

정답 04 ④ 05 ③ 06 ② 07 ④ 08 ① 09 ②

10 위험물안전관리법령상 옥내주유취급소에 있어서 해당 사무소 등의 출입구 및 피난구와 당해 피난구로 통하는 통로·계단 및 출입구에 무엇을 설치하게 하는가?

① 화재감지기
② 스프링클러설비
③ 자동화재탐지설비
④ 유도등

> **해설**
> 옥내주유취급소에 있어서 해당 사무소 등의 출입구 및 피난구와 당해 피난구로 통하는 통로·계단 및 출입구에 유도등을 설치하여야 한다.

11 철분, 금속분, 마그네슘의 화재에 적응성이 있는 소화약제는?

① 탄산수소염류분말
② 할로겐화합물
③ 물
④ 이산화탄소

> **해설**
> 철분, 금속분, 마그네슘의 화재에 적응성이 있는 소화약제는 탄산수소염류 분말 소화약제 및 마른모래, 팽창질석 또는 팽창진주암이다.

12 제1종 분말소화약제의 주성분으로 사용하는 것은?

① $KHCO_3$
② H_2SO_4
③ $NaHCO_3$
④ $NH_4H_2PO_4$

> **해설**
> ① 제2종 분말소화약제
> ② 황산
> ④ 제3종 분말소화약제

13 소화설비의 설치기준에서 유기과산화물 1,000kg은 몇 소요단위에 해당하는가?

① 10
② 20
③ 100
④ 200

> **해설**
> 위험물의 소요단위는 지정수량의 10배를 1소요단위로 한다.
> 유기과산화물 지정수량 : 10kg
> $$\therefore \frac{저장수량}{지정수량 \times 10} = \frac{1000kg}{10kg \times 10} = 10단위$$

14 위험물안전관리법령상 주유취급소에서의 위험물 취급 기준으로 옳지 않은 것은?

① 자동차에 주유할 때에는 고정주유설비를 이용하여 직접 주유할 것
② 자동차에 경유 위험물을 주유할 때에는 자동차의 원동기를 반드시 정지시킬 것
③ 고정주유설비에는 당해 주유설비에 접속한 전용탱크 또는 간이탱크의 배관 외의 것을 통하여서는 위험물을 공급하지 아니할 것
④ 고정주유설비에 접속하는 탱크에 접속된 고정주유설비의 사용을 중지할 것

> **해설**
> 인화점이 40℃ 미만인 위험물을 주유하는 경우 자동차의 원동기를 정지시켜야 한다.

정답 10 ④ 11 ① 12 ③ 13 ① 14 ②

15 위험물안전관리에 대한 설명 중 옳지 않은 것은?

① 이동탱크저장소는 위험물안전관리자 선임대상에 해당되지 않는다.
② 위험물안전관리자가 퇴직한 경우 퇴직한 날부터 30일 이내에 다시 안전관리자를 선임하여야 한다.
③ 위험물안전관리자를 선임한 경우에는 선임한 날로부터 14일 이내에 소방본부장 또는 소방서장에게 신고하여야 한다.
④ 위험물안전관리자가 일시적으로 직무를 수행할 수 없는 경우에는 안전교육을 받고 6개월 이상 실무 경력이 있는 사람을 대리자로 지정할 수 있다.

해설
위험물안전관리자의 대리자는 안전교육을 받은자, 제조소등의 위험물 안전관리 업무에 있어서 안전관리자를 지휘·감독하는 직위에 있는 자에 해당하는 사람이다.

16 Halon 1211에 해당하는 물질의 분자식은?

① CBr_2FCl
② CF_2ClBr
③ CCl_2FBr
④ FC_2BrCl

해설
할론 1211의 화학식은 CF_2ClBr로 약칭으로 BCF(Bromochlorodifluoromethane)라 한다.

17 주유취급소의 벽(담)에 유리를 부착할 수 있는 기준에 대한 설명으로 옳은 것은?

① 유리 부착 위치는 주입구, 고정주유설비로부터 2m 이상 이격되어야 한다.
② 지반면으로부터 50센티미터를 초과하는 부분에 한하여 설치하여야 한다.
③ 하나의 유리판 가로의 길이는 2m 이내로 한다.
④ 유리의 구조는 기준에 맞는 강화유리로 하여야 한다.

해설
① 유리 부착 위치는 주입구, 고정주유설비로부터 4m 이상 이격되어야 한다.
② 지반면으로부터 70센티미터를 초과하는 부분에 한하여 설치하여야 한다.
④ 유리의 구조는 기준에 맞는 접합유리로 하여야 한다.

18 다음 중 위험물안전관리법령에서 정한 지정수량이 나머지 셋과 다른 물질은?

① 아세트산
② 히드라진
③ 클로로벤젠
④ 니트로벤젠

해설
① 아세트산 : 2,000L
② 히드라진 : 2,000L
③ 클로로벤젠 : 1,000L
④ 니트로벤젠 : 2,000L

19 제3류 위험물을 취급하는 제조소는 300명 이상을 수용할 수 있는 극장으로부터 몇 m 이상의 안전거리를 유지하여야 하는가?

① 5
② 10
③ 30
④ 70

정답   15 ④   16 ②   17 ③   18 ③   19 ③

> **해설**
> 300명 이상을 수용할 수 있는 극장과의 안전거리는 30m 이상으로 한다.

20 표준상태에서 탄소 1몰이 완전히 연소하면 몇 L의 이산화탄소가 생성되는가?
① 11.2
② 22.4
③ 44.8
④ 56.8

> **해설**
> $C + O_2 \rightarrow CO_2$
> 표준상태에서 기체 1몰의 부피는 22.4L이므로 생성되는 이산화탄소(CO_2)의 부피도 22.4L이다.

21 위험물안전관리법령에서 정한 알킬알루미늄 등을 저장 또는 취급하는 이동탱크 저장소에 비치해야 하는 물품이 아닌 것은?
① 방호복
② 고무장갑
③ 비상조명등
④ 휴대용확성기

> **해설**
> 비상조명등은 피난설비에 해당한다.

22 제4류 위험물에 대한 일반적인 설명으로 옳지 않은 것은?
① 대부분 연소 하한 값이 낮다.
② 발생증기는 가연성이며 대부분 공기보다 무겁다.
③ 대부분 무기화합물이므로 정전기 발생에 주의한다.
④ 인화점이 낮을수록 화재 위험성이 높다.

> **해설**
> 제4류 위험물은 대부분 유기화합물이므로 정전기 발생에 주의한다.

23 위험물안전관리법령에서 정한 아세트알데히드 등을 취급하는 제조소의 특례에 따라 다음 ( )에 해당하지 않는 것은?

| 아세트알데히드 등을 취급하는 설비는 ( )·( )·동·( ) 또는 이들을 성분으로 하는 합금으로 만들지 아니할 것 |

① 금
② 은
③ 수은
④ 마그네슘

> **해설**
> 아세트알데히드 등을 취급하는 설비는 수은, 은, 마그네슘, 구리(동)의 성분으로 하는 합금으로 만들지 않아야 한다.

24 위험물안전관리법령상 이동탱크저장소에 의한 위험물의 운송 시 장거리에 걸친 운송을 하는 때에는 2명 이상의 운전자로 하는 것이 원칙이다. 다음 중 예외적으로 1명의 운전자가 운송하여도 되는 경우의 기준으로 옳은 것은?
① 운송도중에 2시간 이내마다 10분 이상씩 휴식하는 경우
② 운송도중에 2시간 이내마다 20분 이상씩 휴식하는 경우
③ 운송도중에 4시간 이내마다 10분 이상씩 휴식하는 경우

정답 20 ② 21 ③ 22 ③ 23 ① 24 ②

④ 운송도중에 4시간 이내마다 20분 이상씩 휴식하는 경우

> **해설**
> 2명 이상의 운전자가 원칙이지만 운송도중에 2시간 이내마다 20분 이상씩 휴식하는 경우 운전자를 1명으로 할 수 있다.

25 나트륨에 관한 설명으로 옳은 것은?

① 물보다 무겁다.
② 융점이 100℃ 보다 높다.
③ 물과 격렬히 반응하여 산소를 발생시키고 발열한다.
④ 등유는 반응이 일어나지 않아 저장에 사용된다.

> **해설**
> ① 물보다 가볍다.
> ② 융점은 97.79℃로 100℃ 보다 낮다.
> ③ 물과 격렬히 반응하여 수소를 발생시키고 발열한다.

26 다음은 위험물을 저장하는 탱크의 공간용적 산정기준이다. ( )에 알맞은 수치로 옳은 것은?

> 암반탱크에 있어서는 당해 탱크 내에 용출하는 ( )일간의 지하수의 양에 상당하는 용적과 당해 탱크의 내용적의 ( )의 용적 중에서 보다 큰 용적을 공간용적으로 한다.

① 7, 1/100   ② 7, 5/100
③ 10, 1/100 ④ 10, 5/100

> **해설**
> 암반탱크에 있어서는 해당 탱크 내에 용출하는 7일간의 지하수의 양에 상당하는 용적과 해당 탱크의 내용적의 100분의 1의 용적 중에서 보다 큰 용적을 공간용적으로 한다.

27 위험물안전관리법령상 예방규정을 정하여야 하는 제조소 등의 관계인은 위험물제조소 등에 대하여 기술기준에 적합한지의 여부를 정기적으로 점검을 하여야 한다. 법적 최소 점검주기에 해당하는 것은?(단, 100만 리터 이상의 옥외탱크 저장소는 제외한다)

① 월 1회 이상
② 6개월 1회 이상
③ 연 1회 이상
④ 2년 1회 이상

> **해설**
> 제조소등의 관계인은 위험물제조소등에 대해 연 1회 이상 정기점검을 실시하여야 한다.

28 $CH_3COC_2H_5$의 명칭 및 지정수량을 옳게 나타낸 것은?

① 메틸에틸케톤, 50L
② 메틸에틸케톤, 200L
③ 메틸에틸에테르, 50L
④ 메틸에틸에테르, 200L

> **해설**
> 메틸에틸케톤은 제4류 위험물 중 제1석유류 비수용성 물질로 200L의 지정수량을 갖는다.

정답 25 ④   26 ①   27 ③   28 ②

29 위험물안전관리법령상 제4석유류를 저장하는 옥내저장탱크의 용량은 지정수량의 몇 배 이하이어야 하는가?

① 20
② 40
③ 100
④ 150

> **해설**
> 옥내탱크저장소 탱크전용실의 탱크 용량
> 가. 1층 이하 층의 건물에 설치 시 : 지정수량 40배(제4석유류 또는 동식물유류 외의 제4류 위험물로서 당해 수량이 20,000L를 초과하는 경우에는 20,000L)이하
> 나. 2층 이상 층의 건물에 설치 시 : 지정수량 10배(제4석유류 또는 동식물유류 외의 제4류 위험물로서 당해 수량이 5,000L를 초과하는 경우에는 5,000L)이하

30 위험물제조소의 환기설비 중 급기구는 급기구가 설치된 실의 바닥면적 몇 ㎡마다 1개 이상으로 설치하여야 하는가?

① 100
② 150
③ 200
④ 800

> **해설**
> 위험물제조소의 급기구(외부의 공기를 건물 내부로 유입시키는 통로)는 바닥면적 150㎡마다 1개 이상으로 하고 급기구의 크기는 800㎠ 이상으로 해야 한다.

31 위험물제조소등의 종류가 아닌 것은?

① 간이탱크저장소
② 일반취급소
③ 이송취급소
④ 이동판매취급소

> **해설**
> 위험물제조소등에는 제조소, 저장소 취급소가 포함되며, 이동판매취급소는 존재하지 않는다.

32 공기를 차단하고 황린을 약 몇 ℃로 가열하면 적린이 생성되는가?

① 60
② 100
③ 150
④ 260

> **해설**
> 적린의 발화온도는 약 260℃이다.

33 위험물안전관리법령상 정기점검 대상인 제조소 등의 조건이 아닌 것은?

① 예방규정 작성대상인 제조소 등
② 지하탱크저장소
③ 이동탱크저장소
④ 지정수량 5배의 위험물을 취급하는 옥외탱크를 둔 제조소

> **해설**
> 정기점검대상인 제조소 등의 조건은 다음과 같다.
> - 예방규정대상에 해당하는 것
> - 지하탱크저장소
> - 이동탱크저장소
> - 위험물을 취급하는 탱크로서 지하에 매설된 탱크가 있는 제조소, 주유취급소 또는 일반취급소

정답   29 ②   30 ②   31 ④   32 ④   33 ④

34 다음 중 지정수량이 가장 큰 것은?

① 과염소산칼륨
② 트리니트로톨루엔
③ 황린
④ 유황

> **해설**
> ① 과염소산칼륨 : 50kg
> ② 트리니트로톨루엔 : 200kg
> ③ 황린 : 20kg
> ④ 유황 : 100kg

35 제2류 위험물에 대한 설명으로 옳지 않은 것은?

① 대부분 물보다 가벼우므로 주수소화는 어려움이 있다.
② 점화원으로부터 멀리하고 가열을 피한다.
③ 금속분은 물과의 접촉을 피한다.
④ 용기파손으로 인한 위험물의 누설에 주의한다.

> **해설**
> ① 대부분 물보다 무거우며, 금수성 물질을 제외한 위험물에는 주수소화를 하여야 한다.

36 다음 물질 중 물에 대한 용해도가 가장 낮은 것은?

① 아크릴산
② 아세트알데히드
③ 벤젠
④ 글리세린

> **해설**
> ① 제2석유류 수용성
> ② 특수인화물 수용성
> ③ 제1석유류 비수용성
> ④ 제3석유류 수용성

37 분자량이 약 110인 무기과산화물로 물과 접촉하여 발열하는 것은?

① 과산화마그네슘
② 과산화벤젠
③ 과산화칼슘
④ 과산화칼륨

> **해설**
> 과산화칼륨은 물과 접촉하여 발열하는 제1류 위험물 중 알칼리금속의 무기과산화물로 분자량이 $(39 \times 2 + 16 \times 2 = 110)$ 이다.

38 1차 알코올에 대한 설명으로 가장 적절한 것은?

① OH기의 수가 하나이다.
② OH기가 결합된 탄소 원자에 붙은 알킬기의 수가 하나이다.
③ 가장 간단한 알코올이다.
④ 탄소의 수가 하나인 알코올이다.

> **해설**
> 알코올의 차수는 결합된 탄소 원자에 붙은 알킬기의 수가에 결정되며, 알코올의 가수는 결합된 OH기의 수에 따라 결정된다.

정답   34 ②   35 ①   36 ③   37 ④   38 ②

39 위험물안전관리법령상 산화성 액체에 대한 설명으로 옳은 것은?

① 과산화수소는 농도와 밀도가 비례한다.
② 과산화수소는 농도가 높을수록 끓는점이 낮아진다.
③ 질산은 상온에서 불연성이지만 고온으로 가열하면 스스로 발화한다.
④ 질산을 황산과 일정 비율로 혼합하여 왕수를 제조할 수 있다.

> **해설**
> ② 과산화수소는 농도가 높을수록 끓는점이 높아진다.
> ③ 질산은 불연성이므로 스스로 발화하지 않는다.
> ④ 질산을 염산과 1 : 3의 비율로 혼합하여 왕수를 제조할 수 있다.

40 위험물안전관리법령상 제4류 위험물 운반용기의 외부에 표시하여야 하는 주의사항을 모두 옳게 나타낸 것은?

① 화기엄금 및 충격주의
② 가연물 접촉주의
③ 화기엄금
④ 화기주의 및 충격주의

> **해설**
> 제4류 위험물의 운반용기 주의사항은 화기엄금에 해당한다.

41 알루미늄분이 염산과 반응하였을 경우 생성되는 가연성가스는?

① 산소 ② 질소 ③ 메탄 ④ 수소

> **해설**
> 알루미늄은 염산과 반응하여 가연성의 수소 가스를 발생한다.
> $2Al + 6HCl \rightarrow 2AlCl_3 + 3H_2$

42 휘발유의 성질 및 취급시의 주의사항에 관한 설명 중 틀린 것은?

① 증기가 모여 있지 않도록 통풍을 잘 시킨다.
② 인화점이 상온이므로 상온 이상에서는 취급 시 각별한 주의가 필요하다.
③ 정전기 발생에 주의해야 한다.
④ 강산화제 등과 혼촉 시 발화할 위험이 있다.

> **해설**
> ② 휘발유의 인화점은 −43 ~ −20℃이다.

43 위험물안전관리법령에서 정한 주유취급소의 고정주유설비 주위에 보유하여야 하는 주유공지의 기준은?

① 너비 10m 이상, 길이 6m 이상
② 너비 15m 이상, 길이 6m 이상
③ 너비 10m 이상, 길이 10m 이상
④ 너비 15m 이상, 길이 10m 이상

> **해설**
> 주유취급소의 고정주유설비(펌프기기 및 호스기기로 되어 위험물을 자동차등에 직접 주유하기 위한 설비로서 현수식의 것을 포함)의 주위에는 주유를 받으려는 자동차 등이 출입할 수 있도록 너비 15m 이상, 길이 6m 이상의 콘크리트 등으로 포장한 공지를 보유하여야 한다.

정답 39 ① 40 ③ 41 ④ 42 ② 43 ②

44 위험물안전관리법령상 벌칙의 기준이 나머지 셋과 다른 하나는?

① 제조소등에 대한 긴급 사용정지 제한 명령을 위반한 자
② 탱크시험자로 등록하지 아니하고 탱크시험자의 업무를 한 자
③ 저장소 또는 제조소 등이 아닌 장소에서 지정수량 이상의 위험물을 저장 또는 취급한 자
④ 제조소 등의 완공검사를 받지 아니하고 위험물을 저장·취급한 자

> **해설**
> ①, ② : 1년 이하의 징역 또는 1천만원 이하의 벌금
> ③ : 3년 이하의 징역 또는 3천만원 이하의 벌금(2017.03.21. 법개정)
> ④ : 1천 5백만원 이하의 벌금

45 위험물안전관리법령에서 정하는 위험등급 Ⅱ에 해당하지 않는 것은?

① 제1류 위험물 중 질산염류
② 제2류 위험물 중 적린
③ 제3류 위험물 중 유기금속화합물
④ 제4류 위험물 중 제2석유류

> **해설**
> ④ 제4류 위험물 중 제2석유류 : 위험등급 Ⅲ

46 니트로셀룰로오스의 위험성에 대하여 옳게 설명한 것은?

① 물과 혼합하면 위험성이 감소한다.
② 공기 중에서 산화되지만 자연발화의 위험은 없다.
③ 건조할수록 발화의 위험성이 낮다.
④ 알코올과 반응하여 발화한다.

> **해설**
> 니트로셀룰로오스는 건조하면 위험하므로 물 또는 알코올 등을 첨가하여 습윤시켜야 한다.

47 $C_6H_2(NO_2)_3OH$와 CH_3NO_3의 공통성질에 해당하는 것은?

① 니트로화합물이다.
② 인화성과 폭발성이 있는 액체이다.
③ 무색의 방향성 액체이다.
④ 에탄올에 녹는다.

> **해설**
> 트리니트로페놀($C_6H_2(NO_2)_3OH$) : 니트로화합물에 속하며 휘황색의 결정으로 물에 녹기 어렵고 에탄올에 잘 녹는다.
> 질산메틸(CH_3NO_3) : 질산에스테르류에 속하며 무색 투명한 액체로 물에 녹기 어렵고 에탄올에 잘 녹는다.

48 위험물안전관리법령에서 정한 소화설비의 설치기준에 따라 다음 ( )에 알맞은 숫자를 차례대로 나타낸 것은?

제조소 등에 전기설비(전기배선, 조명기구 등은 제외한다)가 설치된 경우에는 당해 장소의 면적 ( )m²마다 소형 수동식소화기를 ( )개 이상 설치할 것

① 50, 1   ② 50, 2
③ 100, 1   ④ 100, 2

정답 44 ④   45 ④   46 ①   47 ④   48 ③

> **해설**
> 제조소등에 전기설비(전기배선, 조명기구 등을 제외한다)가 설치된 경우에는 해당 장소의 면적 100㎡마다 소형수동식 소화기를 1개 이상 설치해야 한다.

49 알루미늄 분말의 저장 방법 중 옳은 것은?

① 에틸알코올 수용액에 넣어 보관한다.
② 밀폐 용기에 넣어 건조한 것에 보관한다.
③ 폴리에틸렌병에 넣어 수분이 많은 곳에 보관한다.
④ 염산 수용액에 넣어 보관한다.

> **해설**
> 알루미늄분말은 알코올과 산 수용액과 반응하여 수소 가스가 발생하므로 밀폐 용기에 넣어 건조한 곳에 보관한다.

50 다음 중 산을 가하면 이산화염소를 발생시키는 물질로 분자량이 약 90.5인 것은?

① 아염소산나트륨
② 브롬산나트륨
③ 옥소산칼륨(요오드산칼륨)
④ 중크롬산나트륨

> **해설**
> 아염소산나트륨($NaClO_2$)에 대한 설명으로 산과 반응하여 유독한 이산화염소 가스와 과산화수소를 발생한다.

51 니트로글리세린에 관한 설명으로 틀린 것은?

① 상온에서 액체 상태이다.
② 물에는 잘 녹지만 유기용제에는 녹지 않는다.
③ 충격 및 마찰에 민감하므로 주의해야 한다.
④ 다이너마이트의 원료로 쓰인다.

> **해설**
> 니트로글리세린은 물에 녹지 않고 유기용제에 잘 녹는다.

52 아세트산에틸의 일반 성질 중 틀린 것은?

① 과일냄새를 가진 휘발성 액체이다.
② 증기는 공기보다 무거워 낮은 곳에 체류한다.
③ 강산화제와의 혼촉은 위험하다.
④ 인화점은 -20℃ 이하이다.

> **해설**
> 아세트산에틸은 제1석유류 비수용성 물질로 인화점은 -4℃이다.

53 위험물안전관리법령상 운송책임자의 감독 지원을 받아 운송하여야 하는 위험물에 해당하는 것은?

① 알킬알루미늄, 산화프로필렌, 알킬리튬
② 알킬알루미늄, 산화프로필렌
③ 알킬알루미늄, 알킬리튬
④ 산화프로필렌, 알킬리튬

정답 49 ② 50 ① 51 ② 52 ④ 53 ③

> **해설**
> 알킬리튬, 알킬알루미늄을 운송할 때 운송책임자의 감독·지원을 받아 운송하여야 하며, 운송책임자는 위험물 국가기술자격증 취득 후 경력 1년 이상, 한국소방안전협회에서 실시하는 운송에 관한 교육을 수료하고 경력 2년 이상의 자격을 갖추어야 한다.

54 위험물안전관리법령상 다음 ( )에 알맞은 수치를 모두 합한 것은?

> – 과염소산의 지정수량은 ( )kg이다.
> – 과산화수소는 농도가 ( )wt% 미만인 것은 위험물에 해당하지 않는다.
> – 질산은 비중이 ( ) 이상인 것만 위험물로 규정한다.

① 349.36   ② 549.36
③ 337.49   ④ 537.49

> **해설**
> ∴ 300 + 36 + 1.49 = 337.49

55 살충제 원료로 사용되기도 하는 암회색 물질로 물과 반응하여 포스핀 가스를 발생할 위험이 있는 것은?

① 인화아연   ② 수소화나트륨
③ 칼륨   ④ 나트륨

> **해설**
> 물과 반응하여 독성인 포스핀 가스를 발생할 위험이 있는 것은 제3류 위험물 중 금속의 인화물(인화칼슘, 인화알루미늄 등)에 해당한다.

56 유황의 특성 및 위험성에 대한 설명 중 틀린 것은?

① 산화성 물질이므로 환원성 물질과 접촉을 피해야 한다.
② 전기의 부도체이므로 전기 절연체로 쓰인다.
③ 공기 중 연소 시 유해가스를 발생한다.
④ 일반상태의 경우 분진폭발의 위험성이 있다.

> **해설**
> ① 환원성 물질이므로 산화성 물질과 접촉을 피해야 한다.

57 과산화벤조일 취급 시 주의사항에 대한 설명 중 틀린 것은?

① 수분을 포함하고 있으면 폭발하기 쉽다.
② 가열, 충격, 마찰을 피해야 한다.
③ 저장용기는 차고 어두운 옷에 보관한다.
④ 희석제를 첨가하여 폭발성을 낮출 수 있다.

> **해설**
> 과산화벤조일은 수분과의 위험성이 낮아 폭발의 위험은 감소한다.

58 과염소산칼륨의 성질에 관한 설명 중 틀린 것은?

① 무색, 무취의 결정이다.
② 알코올, 에테르에 잘 녹는다.
③ 진한 황산과 접촉하면 폭발할 위험이 있다.
④ 400℃ 이상으로 가열하면 분해하여 산소가 발생할 수 있다.

정답 54 ③   55 ①   56 ①   57 ①   58 ②

> **해설**
> 알코올, 에테르에 녹기 어렵다.

59 분말의 형태로서 150마이크로미터의 체를 통과하는 것이 50중량퍼센트 이상인 것만 위험물로 취급되는 것은?

① Zn ② Fe
③ Ni ④ Cu

> **해설**
> 제2류 위험물 중 금속분 알칼리금속·알칼리토금속·철 및 마그네슘 외의 금속의 분말을 말하고, 구리분·니켈분을 제외하면서 150마이크로미터의 체를 통과하는 것이 50중량퍼센트 미만인 것도 제외한다.
> ② 53마이크로미터의 체를 통과하는 것이 50중량퍼센트 이상인 것만 위험물로 취급된다.
> ③ Ni, ④ Cu는 위험물에 해당하지 않는다.

60 다음 물질 중 인화점이 가장 높은 것은?

① 아세톤 ② 디에틸에테르
③ 에탄올 ④ 벤젠

> **해설**
> ① 아세톤 : -18℃
> ② 디에틸에테르 : -45℃
> ③ 에탄올 : 11℃
> ④ 벤젠 : -11℃

정답 59 ① 60 ③

2016년 1회 위험물기능사

01 위험물제조소의 경우 연면적이 최소 몇 m² 이면 자동화재탐지설비를 설치해야 하는가?(단, 원칙적인 경우에 한한다.)
① 100
② 300
③ 500
④ 1000

해설
〈제조소 및 일반취급소에서 자동화재탐지설비를 설치하는 경우〉
• 연면적 500m² 이상인 것
• 옥내에서 지정수량의 100배 이상을 취급하는 것(고인화점 위험물만을 100℃ 미만의 온도에서 취급하는 것을 제외한다)

02 메틸알코올 8000리터에 대한 소화능력으로 삽을 포함한 마른모래를 몇 리터 설치하여야 하는가?
① 100
② 200
③ 300
④ 400

해설
1소요단위 = 지정수량×10배, 메틸알코올 지정수량 : 400L
1소요단위 = 400×10=4,000L
따라서, 메틸알코올 8,000L에 대한 소요단위는 2단위이다.
간이소화약제 중 마른모래 50L가 0.5단위이므로 2단위는 200L이다.

03 지정수량의 몇 배 이상의 위험물을 취급하는 제조소에는 화재발생 시 이를 알릴 수 있는 경보 설비를 설치하여야 하는가?
① 5
② 10
③ 20
④ 100

해설
지정수량 10배 이상의 위험물을 저장, 취급하는 제조소등에서 경보설비를 설치해야 한다. (단, 이동탱크저장소는 제외한다.)

04 피크린산의 위험성과 소화방법에 대한 설명으로 틀린 것은?
① 금속과 화합하여 예민한 금속염이 만들어질 수 있다.
② 운반 시 건조한 것보다는 물에 젖게 하는 것이 안전하다.
③ 알코올과 혼합된 것은 충격에 의한 폭발 위험이 있다.
④ 화재 시에는 질식소화가 효과적이다.

해설
화재 시에는 냉각소화가 효과적이다.

정답 01 ③ 02 ② 03 ② 04 ④

05 단층건물에 설치하는 옥내탱크저장소의 탱크전용실에 비수용성의 제2석유류 위험물을 저장하는 탱크 1개를 설치할 경우, 설치할 수 있는 탱크의 최대용량은?

① 10,000L   ② 20,000L
③ 40,000L   ④ 80,000L

해설

옥내탱크저장소 탱크전용실의 탱크 용량
가. 1층 이하층의 건물에 설치 시 : 지정수량 40배(제4석유류 또는 동식물유류 외의 제4류 위험물로서 당해 수량이 20,000L를 초과하는 경우에는 20,000L)이하
나. 2층 이상층의 건물에 설치 시 : 지정수량 10배(제4석유류 또는 동식물유류 외의 제4류 위험물로서 당해 수량이 5,000L를 초과하는 경우에는 5,000L)이하

06 위험물안전관리법령상 제6류 위험물에 적응성이 없는 것은?

① 스프링클러설비
② 포소화설비
③ 불활성가스소화설비
④ 물분무소화설비

해설

제6류 위험물은 냉각소화가 효과적이며 질식소화에는 적응성이 없다.

07 위험물안전관리법령상 위험물옥외탱크저장소에 방화에 관하여 필요한 사항을 게시한 게시판에 기재하여야 하는 내용이 아닌 것은?

① 위험물의 지정수량의 배수
② 위험물의 저장최대수량
③ 위험물의 품명
④ 위험물의 성질

해설

게시판 내용 : 위험물의 유별·품명, 저장최대수량 또는 취급최대수량, 지정수량의 배수, 안전관리자의 성명 또는 직명

08 주된 연소형태가 증발연소인 것은?

① 나트륨
② 코크스
③ 양초
④ 니트로셀룰로오스

해설

증발연소란 황, 양초, 고급알코올 등과 같은 연료가 증발하여 생긴 증기가 연소하는 현상이다.

09 금속화재에 마른모래를 피복하여 소화하는 방법은?

① 제거소화
② 질식소화
③ 냉각소화
④ 억제소화

해설

마른모래, 팽창질석, 팽창진주암 등을 이용하여 소화하는 방법은 질식소화에 해당한다.

정답 05 ②   06 ③   07 ④   08 ③   09 ②

10 위험물안전관리법령상 위험등급 I의 위험물에 해당하는 것은?

① 무기과산화물 ② 황화린
③ 제1석유류 ④ 유황

> **해설**
> ② 황화린, ③ 제1석유류, ④ 유황 : 위험등급 Ⅱ

11 위험물안전관리법령상 옥내저장소에서 기계에 의하여 하역하는 구조로 된 용기만을 겹쳐 쌓아 위험물을 저장하는 경우 그 높이는 몇 미터를 초과하지 않아야 하는가?

① 2 ② 4
③ 6 ④ 8

> **해설**
> 옥내/옥외저장소의 저장용기 높이를 쌓는 높이
> - 기계에 의하여 하역하는 구조 : 6m 이하
> - 제4류 위험물 중 제3석유류, 제4석유류 및 동식물유 : 4m 이하
> - 그 밖의 경우 : 3m 이하
> ※ 옥외저장소에서 선반에 용기를 저장하는 경우 : 6m 이하

12 연소가 잘 이루어지는 조건으로 거리가 먼 것은?

① 가연물의 발열량이 클 것
② 가연물의 열전도율이 클 것
③ 가연물과 산소와의 접촉표면적이 클 것
④ 가연물의 활성화 에너지가 작을 것

> **해설**
> 열전도율이 작을수록, 발열량이 클수록, 표면적이 클수록, 활성화 에너지가 작을수록, 습도가 낮을수록 연소가 잘 이루어진다.

13 위험물안전관리법령상 위험물의 운반에 관한 기준에서 적재 시 혼재가 가능한 위험물을 옳게 나타낸 것은?(단, 각각 지정수량의 10배 이상인 경우이다.)

① 제1류와 제4류 ② 제3류와 제6류
③ 제1류와 제5류 ④ 제2류와 제4류

> **해설**
> 위험물의 혼재기준
>
> | 구분 | 제1류 | 제2류 | 제3류 | 제4류 | 제5류 | 제6류 |
> |---|---|---|---|---|---|---|
> | 제1류 | | × | × | × | × | ○ |
> | 제2류 | × | | × | ○ | ○ | × |
> | 제3류 | × | × | | ○ | × | × |
> | 제4류 | × | ○ | ○ | | ○ | × |
> | 제5류 | × | ○ | × | ○ | | × |
> | 제6류 | ○ | × | × | × | × | |
>
> ※ 이 [표]는 지정수량의 1/10 이하의 위험물에 대하여는 적용하지 아니한다.

14 위험물제조소 표지 및 게시판에 대한 설명이다. 위험물안전관리 법령상 옳지 않은 것은?

① 표지는 한 변의 길이가 0.3m, 다른 한 변의 길이가 0.6m 이상으로 하여야 한다.
② 표지의 바탕은 백색, 문자는 흑색으로 하여야 한다.

정답 10 ① 11 ③ 12 ② 13 ④

③ 취급하는 위험물에 따라 규정에 의한 주의사항을 표시한 게시판을 설치하여야 한다.
④ 제2류 위험물(인화성고체 제외)은 "화기엄금" 주의사항 게시판을 설치하여야 한다.

> **해설**
> ④ 제2류 위험물(인화성 고체 제외)은 "화기주의" 주의사항 게시판을 설치하여야 한다.

15 석유류가 연소할 때 발생하는 가스로 강한 자극적인 냄새가 나며 취급하는 장치를 부식시키는 것은?

① H_2
② CH_4
③ NH_3
④ SO_2

> **해설**
> 석유, 석탄에 들어있는 유황화물의 연소로 인하여 자극적인 냄새가 나는 부식성의 아황산가스가 발생한다.

16 그림과 같이 횡으로 설치한 원통형 위험물 탱크에 대하여 탱크의 용량을 구하면 약 몇 ㎥인가?(단, 공간용적은 탱크 내용적의 100분의 5로 한다.)

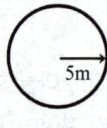 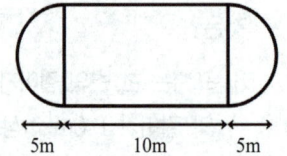

① 52.4
② 291.6
③ 994.8
④ 1047.2

> **해설**
> 내용적 $= \pi \times r^2 \times (l + \dfrac{l_1 + l_2}{3})$
> 용량 = 내용적 × (1−공간용적)
> ∴ 용량 $= \pi \times 5^2 \times (10 + \dfrac{5+5}{3}) \times 0.95$
> $= 994.84 m^3$

17 위험물을 취급함에 있어서 정전기를 유효하게 제거하기 위한 설비를 설치하고자 한다. 위험물안전관리법령상 공기 중의 상대 습도를 몇 % 이상 되게 하여야 하는가?

① 50
② 60
③ 70
④ 80

> **해설**
> 정전기 제거 방법
> − 접지
> − 공기 중의 상대습도를 70% 이상
> − 공기를 이온화

18 제3종 분말소화약제의 열분해 시 생성 되는 메타인산의 화학식은?

① H_3PO_4
② HPO_3
③ $H_4P_2O_7$
④ $CO(NH_2)_2$

> **해설**
> 제3종 분말소화약제의 1차 열분해시 올소인산(H_3PO_4)을 발생시키며 2차 열분해시 메타인산(HPO_3)을 발생시킨다.
> 반응식 : $NH_4H_2PO_4 \rightarrow HPO_3 + NH_3 + H_2O$

정답 14 ④　15 ④　16 ③　17 ③　18 ②

19 위험물안전관리법령상 제조소등의 관계인은 예방규정을 정하여 누구에게 제출하여야 하는가?

① 국민안전처장관 또는 행정자치부장관
② 국민안전처장관 또는 소방서장
③ 시·도지사 또는 소방서장
④ 한국소방안전협회장 또는 국민안전처장관

해설
화재예방과 화재 등의 재해발생 시 비상조치를 위하여 규정에 따라 예방규정을 정하여 해당 제조소등의 사용을 시작하기 전에 시·도지사에게 제출하여야 한다.

20 다음 중 연소의 3요소를 모두 갖춘 것은?

① 휘발유 + 공기 + 수소
② 적린 + 수소 + 성냥불
③ 성냥불 + 황 + 염소산암모늄
④ 알코올 + 수소 + 염소산암모늄

해설
③ 성냥불(점화원) + 황(가연물) + 염소산암모늄(산소공급원)

21 위험물의 저장방법에 대한 설명으로 옳은 것은?

① 황화인은 알코올 또는 과산화물 속에 저장하여 보관한다.
② 마그네슘은 건조하면 분진폭발의 위험성이 있으므로 물에 습윤하여 저장한다.
③ 적린은 화재 예방을 위해 할로겐 원소와 혼합하여 저장한다.
④ 수소화리튬은 저장용기에 아르곤과 같은 불활성 기체를 봉입한다.

해설
제3류 위험물인 수소화리튬(LiH)은 물과 접촉 시 수소가스를 발생하므로 불활성 기체(질소 또는 아르곤 등)를 봉입한다.

22 다음은 P_2S_5와 물의 화학반응 "$P_2S_5 + (\ )H_2O \rightarrow (\ )H_2S + (\ )H_3PO_4$"에서 ( )에 알맞은 숫자를 차례대로 나열한 것은?

① 2, 8, 5
② 2, 5, 8
③ 8, 5, 2
④ 8, 2, 5

23 위험물안전관리법령상 제조소에서 취급하는 제4류 위험물의 최대수량의 합이 지정수량의 12만배 미만인 사업소에 두이야 하는 화학소방자동차 및 소방대원의 수의 기준으로 옳은 것은?

① 1대 - 5인
② 2대 - 10인
③ 3대 - 15인
④ 4대 - 20인

해설
제4류 위험물을 지정수량의 3천배 이상 취급하는 제조소 또는 일반취급소에 자체소방대를 설치할 수 있으며, 화학소방차 및 자체소방대원의 수는 다음과 같다.

정답 19 ③ 20 ③ 21 ④ 22 ③ 23 ①

사업소의 구분	화학소방 자동차의 수	자체소방 대원의 수
지정수량의 12만배 미만	1대	5인
지정수량의 12만배 이상 24만배 미만	2대	10인
지정수량의 24만배 이상 48만배 미만	3대	15인
지정수량의 48만배 이상	4대	20인

24 위험물안전관리법령상 위험물 운반용기의 외부에 표시하여야 하는 사항에 해당하지 않는 것은?

① 위험물에 따라 규정된 주의사항
② 위험물의 지정수량
③ 위험물의 수량
④ 위험물의 품명

> **해설**
> 운반용기 외부에 표시해야 하는 사항은 다음과 같다.
> - 위험물의 품명, 위험등급, 화학명 및 수용성(제4류 위험물인 경우 수용성인 것에 한함)
> - 위험물의 수량
> - 주의사항

25 염소산칼륨의 성질에 대한 설명으로 옳은 것은?

① 가연성 고체이다.
② 강력한 산화제이다.
③ 물보다 가볍다.
④ 열분해하면 수소를 발생한다.

> **해설**
> ① 불연성 고체이다.
> ③ 물보다 무겁다.
> ④ 열분해하면 산소를 발생한다.

26 저장하는 위험물의 최대수량이 지정수량의 15배일 경우, 건축물의 벽·기둥 내화구조로 된 위험물옥내저장소의 보유공지는 몇 m 이상이어야 하는가?

① 0.5　　② 1
③ 2　　　④ 3

> **해설**
> 옥내저장소의 보유공지
>
> | 저장 또는 취급하는 위험물의 최대수량 | 공지의 너비 | |
> |---|---|---|
> | | 벽·기둥 및 바닥이 내화구조로 된 건축물 | 그 밖의 건축물 |
> | 지정수량의 5배 이하 | - | 0.5m 이상 |
> | 지정수량의 5배 초과 10배 이하 | 1m 이상 | 1.5m 이상 |
> | 지정수량의 10배 초과 20배 이하 | 2m 이상 | 3m 이상 |
> | 지정수량의 20배 초과 50배 이하 | 3m 이상 | 5m 이상 |
> | 지정수량의 50배 초과 200배 이하 | 5m 이상 | 10m 이상 |
> | 지정수량의 200배 초과 | 10m 이상 | 15m 이상 |

정답　24 ②　25 ②　26 ③

27 위험물안전관리법령상 운반차량에 혼재해서 적재할 수 없는 것은?(단, 각각의 지정수량은 10배인 경우이다.)

① 염소화규소화합물 – 특수인화물
② 고형알코올 – 니트로화합물
③ 염소산염류 – 질산
④ 질산구아니딘 – 황린

> **해설**
> ① 염소화규소화합물(제3류 위험물) – 특수인화물(제4류 위험물)
> ② 고형알코올(제2류 위험물) – 니트로화합물(제5류 위험물)
> ③ 염소산염류(제1류 위험물) – 질산(제6류 위험물)
> ④ 질산구아니딘(제5류 위험물) – 황린(제3류 위험물)
>
> | 구분 | 제1류 | 제2류 | 제3류 | 제4류 | 제5류 | 제6류 |
> |---|---|---|---|---|---|---|
> | 제1류 | | × | × | × | × | ○ |
> | 제2류 | × | | × | ○ | ○ | × |
> | 제3류 | × | × | | ○ | × | × |
> | 제4류 | × | ○ | ○ | | ○ | × |
> | 제5류 | × | ○ | × | ○ | | × |
> | 제6류 | ○ | × | × | × | × | |
>
> ※ 이 [표]는 지정수량의 1/10 이하의 위험물에 대하여는 적용하지 아니한다.

28 가솔린의 연소범위(vol%)에 가장 가까운 것은?

① 1.4~7.6
② 8.3~11.4
③ 12.5~19.7
④ 22.3~32.8

29 위험물의 저장방법에 대한 설명 중 틀린 것은?

① 황린은 공기와의 접촉을 피해 물속에 저장한다.
② 황은 정전기의 축적을 방지하여 저장한다.
③ 알루미늄 분말은 건조한 공기 중에서 분진폭발의 위험이 있으므로 정기적으로 분무상의 물을 뿌려야 한다.
④ 황화인은 산화제와의 혼합을 피해 격리해야 한다.

> **해설**
> ③ 알루미늄 분말은 물과 반응하여 수소가스가 발생하므로 위험하다.

30 제4류 위험물의 화재예방 및 취급방법으로 옳지 않은 것은?

① 이황화탄소는 물속에 저장한다.
② 아세톤은 일광에 의해 분해될 수 있으므로 갈색병에 보관한다.
③ 초산은 내산성 용기에 저장하여야 한다.
④ 건성유는 다공성 가연물과 함께 보관한다.

> **해설**
> ④ 건성유는 자연발화의 위험이 크기 때문에 다공성 가연물과의 접촉을 피한다.

31 위험물안전관리법령상 품명이 나머지 셋과 다른 하나는?

① 트리니트로톨루엔
② 니트로글리세린
③ 니트로글리콜
④ 셀룰로이드

정답 27 ④ 28 ① 29 ③ 30 ④ 31 ①

> **해설**
> ① 트리니트로톨루엔 : 니트로화합물
> ② 니트로글리세린
> ③ 니트로글리콜
> ④ 셀룰로이드 : 질산에스테르류

32 부틸리튬(n-Butyl lithium)에 대한 설명으로 옳은 것은?

① 무색의 가연성고체이며 자극성이 있다.
② 증기는 공기보다 가볍고 점화원에 의해 선화의 위험이 있다.
③ 화재발생 시 이산화탄소소화설비는 적응성이 없다.
④ 탄화수소나 다른 극성의 액체에 용해가 잘 되며 휘발성은 없다.

> **해설**
> ① 무색의 액체이다.
> ② 증기비중은 $\frac{64}{29} = 2.21$로 공기보다 무겁다.
> ④ 물과 탄화수소에 격렬하게 반응하며 휘발성이 강하다.

33 니트로글리세린은 여름철(30℃)과 겨울철(0℃)에 어떤 상태인가?

① 여름-기체, 겨울-액체
② 여름-액체, 겨울-액체
③ 여름-액체, 겨울-고체
④ 여름-고체, 겨울-고체

> **해설**
> 니트로글리세린은 어는점이 약 13℃로 여름철에 액체, 겨울철에 고체 상태이므로 겨울철 동결의 우려가 있다.

34 정기점검 대상 제조소등에 해당하지 않는 것은?

① 이동탱크저장소
② 지정수량 120배의 위험물을 저장하는 옥외저장소
③ 지정수량 120배의 위험물을 저장하는 옥내저장소
④ 이송취급소

> **해설**
> 지정수량의 150배 이상의 위험물을 저장하는 옥내저장소

35 위험물안전관리법령상 자동화재탐지설비의 설치기준으로 옳지 않은 것은?

① 경계구역은 건축물의 최소 2개 이상의 층에 걸치도록 할 것
② 하나의 경계구역의 면적은 600㎡ 이하로 할 것
③ 감지기는 지붕 또는 벽의 옥내에 면한 부분에 유효하게 화재의 발생을 감지할 수 있도록 설치할 것
④ 비상전원을 설치할 것

> **해설**
> ① 경계구역은 건축물 그 밖의 공작물의 2 이상의 층에 걸치지 아니하도록 할 것

정답 32 ③ 33 ③ 34 ③ 35 ①

36 위험물에 대한 설명으로 틀린 것은?

① 과산화나트륨은 산화성이 있다.
② 과산화나트륨은 인화점이 매우 낮다.
③ 과산화바륨과 염산을 반응시키면 과산화수소가 생긴다.
④ 과산화바륨의 비중은 물보다 크다.

> **해설**
> 제1류 위험물은 불연성이므로 인화점이 나타나지 않는다.

37 위험물안전관리법령상 지정수량이 50kg인 것은?

① $KMnO_4$ ② $KClO_2$
③ $NaIO_3$ ④ NH_4NO_3

> **해설**
> ① $KMnO_4$: 1,000kg
> ③ $NaIO_3$: 300kg
> ④ NH_4NO_3 : 300kg

38 적린이 연소하였을 때 발생하는 물질은?

① 인화수소   ② 포스겐
③ 오산화인   ④ 이산화황

> **해설**
> $4P + 5O_2 \rightarrow 2P_2O_5$

39 상온에서 액체인 물질로만 조합된 것은?

① 질산메틸, 니트로글리세린
② 피크린산, 질산메틸
③ 트리니트로톨루엔, 디니트로벤젠
④ 니트로글리콜, 테트릴

> **해설**
> 피크린산, 트리니트로톨루엔, 디니트로벤젠, 테트릴은 상온에서 고체인 물질이다.

40 제3류 위험물 중 금수성 물질을 제외한 위험물에 적응성이 있는 소화설비가 아닌 것은?

① 분말소화설비
② 스프링클러설비
③ 옥내소화전설비
④ 포소화설비

> **해설**
> 제3류 위험물 중 금수성 물질을 제외한 위험물에는 주수소화가 적응성이 있으므로 분말소화설비는 적응성이 없다.

41 니트로화합물, 니트로소화합물, 질산에스테르류, 히드록실아민을 각각 50킬로그램씩 저장하고 있을 때 지정수량의 배수가 가장 큰 것은?

① 니트로화합물
② 니트로소화합물
③ 질산에스테르류
④ 히드록실아민

> **해설**
> 지정수량배수 = $\dfrac{저장수량}{지정수량}$
> ① 50kg/200kg=0.25배
> ② 50kg/200kg=0.25배
> ③ 50kg/10kg=5배
> ④ 50kg/100kg=0.5배

정답 36 ②   37 ②   38 ③   39 ①   40 ①   41 ③

42 위험물안전관리법령상 운송책임자의 감독·지원을 받아 운송하여야 하는 위험물에 해당하는 것은?

① 특수인화물
② 알킬리튬
③ 질산구아니딘
④ 히드라진 유도체

> **해설**
> 알킬리튬과 알킬알루미늄 또는 이 중 어느 하나 이상을 함유한 것은 운송책임자의 감독·지원을 받아야 한다.

43 질산암모늄에 대한 설명으로 옳은 것은?

① 물에 녹을 때 발열반응을 한다.
② 가열하면 폭발적으로 분해하여 산소와 암모니아를 생성한다.
③ 소화방법으로 질식소화가 좋다.
④ 단독으로도 급격한 가열, 충격으로 분해·폭발할 수 있다.

> **해설**
> ① 물에 잘 녹으며 흡열반응을 한다.
> ② 가열하면 열분해하여 산소와 질소, 물을 생성한다.
> $NH_4NO_3 \rightarrow 0.5O_2 + N_2 + 2H_2O$
> ③ 소화방법으로는 냉각소화가 좋다.

44 다음 중 위험물안전관리법에서 정의한 "제조소"의 의미로 가장 옳은 것은?

① "제조소"라 함은 위험물을 제조할 목적으로 지정수량 이상의 위험물을 취급하기 위하여 허가를 받은 장소임
② "제조소"라 함은 지정수량 이상의 위험물을 제조할 목적으로 위험물을 취급하기 위하여 허가를 받은 장소임
③ "제조소"라 함은 지정수량 이상의 위험물을 제조할 목적으로 지정수량 이상의 위험물을 취급하기 위하여 허가를 받은 장소임
④ "제조소"라 함은 위험물을 제조할 목적으로 위험물을 취급하기 위하여 허가를 받은 장소임

> **해설**
> 참고.
> – 저장소 : 지정수량 이상의 위험물을 저장하기 위한 대통령령이 정하는 장소로서 규정에 따른 허가를 받은 장소
> – 취급소 : 지정수량 이상의 위험물을 제조 외의 목적으로 취급하기 위한 대통령령이 정하는 장소로서 허가를 받은 장소

45 탄화칼슘의 성질에 대하여 옳게 설명한 것은?

① 공기 중에서 아르곤과 반응하여 불연성 기체를 발생한다.
② 공기 중에서 질소와 반응하이 유독한 기체를 낸다.
③ 물과 반응하면 탄소가 생성된다.
④ 물과 반응하여 아세틸렌가스가 생성된다.

> **해설**
> $CaC_2 + 2H_2O \rightarrow Ca(OH)_2 + C_2H_2$(아세틸렌)

정답 42 ② 43 ④ 44 ① 45 ④

46 위험물안전관리법령상 "연소의 우려가 있는 외벽"은 기산점이 되는 선으로부터 3m(2층 이상의 층에 대해서는 5m) 이내에 있는 제조소등의 외벽을 말하는데 이 기산점이 되는 선에 해당하지 않는 것은?

① 동일 부지내의 다른 건축물과 제조소 부지 간의 중심선
② 제조소등에 인접한 도로의 중심선
③ 제조소등이 설치된 부지의 경계선
④ 제조소등의 외벽과 동일 부지내의 다른 건축물의 외벽간의 중심선

> **해설**
> 연소의 우려가 있는 외벽은 다음에서 정한 선을 기산점으로 하여 3m(2층 이상의 층은 5m) 이내에 있는 외벽을 말한다.
> 1) 제조소등이 설치된 부지의 경계선
> 2) 제조소등에 인접한 도로의 중심선
> 3) 제조소등의 외벽과 동일부지 내의 다른 건축물의 외벽 간의 중심선

47 위험물안전관리법령에 명기된 위험물의 운반용기 재질에 포함되지 않는 것은?

① 고무류   ② 유리
③ 도자기   ④ 종이

> **해설**
> 운반용기의 재질에 고무류, 유리, 종이, 강판, 금속판, 알루미늄판, 플라스틱, 양철판 등이 포함된다.

48 특수인화물 200L와 제4석유류 12000L를 저장할 때 각각의 지정수량 배수의 합은 얼마인가?

① 3   ② 4
③ 5   ④ 6

> **해설**
> 특수인화물 지정수량 : 50L
> 제4석유류 지정수량 : 6,000L
> $$\therefore \frac{저장수량}{지정수량} = \frac{200L}{50L} + \frac{12,000L}{6,000L} = 6배$$

49 다음 위험물 중 착화온도가 가장 높은 것은?

① 이황화탄소
② 디에틸에테르
③ 아세트알데히드
④ 산화프로필렌

> **해설**
> ① 100℃
> ② 180℃
> ③ 185℃
> ④ 465℃

50 동·식물유류에 대한 설명 중 틀린 것은?

① 연소하면 열에 의해 액온이 상승하여 화재가 커질 위험이 있다.
② 요오드값이 낮을수록 자연발화의 위험이 높다.
③ 동유는 건성유이므로 자연발화의 위험이 있다.
④ 요오드값이 100~200인 것을 반건성유라고 한다.

> **해설**
> ② 요오드값이 높을수록 자연발화의 위험이 높다.

정답 46 ①   47 ③   48 ④   49 ④   50 ②

51 위험물안전관리법령상 위험물 운반 시 방수성 덮개를 하지 않아도 되는 위험물은?

① 나트륨   ② 적린
③ 철분   ④ 과산화칼륨

> **해설**
> 차광성 피복
> - 제1류 위험물
> - 제3류 위험물 중 자연발화성물질
> - 제4류 위험물 중 특수인화물
> - 제5류 위험물
> - 제6류 위험물
>
> 방수성 피복
> - 제1류 위험물 중 알칼리금속과산화물
> - 제2류 위험물 중 철분, 금속분, 마그네슘
> - 제3류 위험물 중 금수성 물질

52 연소할 때 연기가 거의 나지 않아 밝은 곳에서 연소상태를 잘 느끼지 못하는 물질로 독성이 매우 강해 먹으면 실명 또는 사망에 이를 수 있는 것은?

① 메틸알코올   ② 에틸알코올
③ 등유   ④ 경유

> **해설**
> 메틸알코올은 에틸알코올과는 다르게 독성이 매우 강해 먹으면 실명 또는 사망에 이를 수 있다.

53 질산과 과산화수소의 공통적인 성질을 옳게 설명한 것은?

① 물보다 가볍다.
② 물에 녹는다.
③ 점성이 큰 액체로서 환원제이다.
④ 연소가 매우 잘 된다.

> **해설**
> ① 물보다 무겁다
> ③ 산화제이다.
> ④ 제6류 위험물은 불연성이다.

54 제조소등의 위치·구조 또는 설비의 변경 없이 해당 제조소등에서 저장하거나 취급하는 위험물의 품명·수량 또는 지정수량의 배수를 변경하고자 하는 자는 변경하고자 하는 날의 며칠 전 까지 총리령이 정하는 바에 따라 시·도지사에게 신고하여야 하는가?

① 1일
② 14일
③ 21일
④ 30일

> **해설**
> 1일 전까지 시·도지사에게 신고하여야 한다.

55 과산화벤조일과 과염소산의 지정수량의 합은 몇 kg인가?

① 310   ② 350
③ 400   ④ 500

> **해설**
> 과산화벤조일 : 10kg
> 과염소산 : 300kg
> ∴ 10+300=310kg

정답 51 ② 52 ① 53 ② 54 ① 55 ①

56 황가루가 공기 중에 떠 있을 때의 주된 위험성에 해당하는 것은?

① 수증기 발생
② 전기감전
③ 분진폭발
④ 인화성 가스 발생

해설
황가루는 분진폭발의 위험성이 있다.

57 위험물의 인화점에 대한 설명으로 옳은 것은?

① 톨루엔이 벤젠보다 낮다.
② 피리딘이 톨루엔보다 낮다.
③ 벤젠이 아세톤보다 낮다.
④ 아세톤이 피리딘보다 낮다.

해설
① 톨루엔 : 4℃, 벤젠 : -11℃
② 피리딘 : 20℃, 톨루엔 4℃
③ 벤젠 : -11℃, 아세톤 : -18℃
④ 아세톤 : -18℃, 피리딘 : 20℃

58 저장 또는 취급하는 위험물의 최대수량이 지정수량의 500배 이하일 때 옥외저장탱크의 측면으로부터 몇 m 이상의 보유공지를 유지하여야 하는가?(단, 제6류 위험물은 제외한다.)

① 1
② 2
③ 3
④ 4

해설
옥외탱크저장소의 보유공지

저장 또는 취급하는 위험물의 최대수량	공지의 너비
지정수량의 500배 이하	3m 이상
지정수량의 500배 초과 1,000배 이하	5m 이상
지정수량의 1,000배 초과 2,000배 이하	9m 이상
지정수량의 2,000배 초과 3,000배 이하	12m 이상
지정수량의 3,000배 초과 4,000배 이하	15m 이상
지정수량의 4000배 초과	해당 탱크의 최대지름과 높이 중 큰 것 이상으로 한다. (단, 30m 초과 시 30m 이상, 15m 미만 시 15m 이상으로 한다.)

59 위험물안전관리법령상 옥내저장소 저장창고의 바닥은 물이 스며 나오거나 스며들지 아니하는 구조로 하여야 한다. 다음 중 반드시 이 구조로 하지 않아도 되는 위험물은?

① 제1류 위험물 중 알칼리금속의 과산화물
② 제4류 위험물
③ 제5류 위험물
④ 제2류 위험물 중 철분

정답 56 ③ 57 ④ 58 ③ 59 ③

> **해설**
> 제1류 위험물 중 알칼리금속의 과산화물, 제2류 위험물 중 철분, 금속분, 마그네슘 제3류 위험물 중 금수성 물질, 제4류 위험물을 저장창고의 바닥은 물이 스며 나오거나 스며들지 아니하는 바닥구조로 해야 한다.

60 다음 중 산화성고체 위험물에 속하지 않는 것은?

① Na_2O_2 ② $HClO_4$
③ NH_4ClO_4 ④ $KClO_3$

> **해설**
> ② 과염소산은 제6류 위험물(산화성 액체)에 속한다.

정답 60 ②

2016년 2회 위험물기능사

01 다음 중 제4류 위험물의 화재 시 물을 이용한 소화를 시도하기 전에 고려해야 하는 위험물의 성질로 가장 옳은 것은?

① 수용성, 비중
② 증기비중, 끓는점
③ 색상, 발화점
④ 분해온도, 녹는점

> **해설**
> 비중이 1보다 작으며 비수용성인 제4류 위험물에 물을 이용한 소화시 연소면을 확대시키므로 주로 질식소화를 하여야 한다.

02 다음 점화에너지 중 물리적 변화에서 얻어지는 것은?

① 압축열   ② 산화열
③ 중합열   ④ 분해열

> **해설**
> ② 산화열, ③ 중합열, ④ 분해열 : 화학적 에너지원

03 금속분의 연소 시 주수소화 하면 위험한 원인으로 옳은 것은?

① 물에 녹아 산이 된다.
② 물과 작용하여 유독가스를 발생한다.
③ 물과 작용하여 수소가스를 발생한다.
④ 물과 작용하여 산소가스를 발생한다.

> **해설**
> 금속분(알루미늄, 아연, 안티몬 등)에 주수소화 시 수소가스를 발생하므로 질식소화 하여야 한다.

04 다음 중 유류저장 탱크화재에서 일어나는 현상으로 거리가 먼 것은?

① 보일오버   ② 플래시오버
③ 슬롭오버   ④ BLEVE

> **해설**
> 플래시오버란 화재 성장기에서 화재 최성기로 넘어가는 단계로 열이 축적되며 화염이 실내 전체로 급격한 전파되는 현상이다.

05 다음 중 정전기 방지대책으로 가장 거리가 먼 것은?

① 접지를 한다.
② 공기를 이온화한다.
③ 21% 이상의 산소농도를 유지하도록 한다.
④ 공기의 상대습도를 70% 이상으로 한다.

> **해설**
> 정전기 제거 방법
> – 접지에 의한 방법
> – 공기 중의 상대습도를 70% 이상으로 하는 방법
> – 공기를 이온화 하는 방법

정답 01 ①   02 ①   03 ③   04 ②   05 ③

06 폭발의 종류에 따른 물질이 잘못 짝지어진 것은?

① 분해폭발 – 아세틸렌, 산화에틸렌
② 분진폭발 – 금속분, 밀가루
③ 중합폭발 – 시안화수소, 염화비닐
④ 산화폭발 – 히드라진, 과산화수소

> **해설**
> ④ 히드라진 : 중합폭발, 과산화수소 : 분해폭발

07 착화 온도가 낮아지는 원인과 가장 관계가 있는 것은?

① 발열량이 적을 때
② 압력이 높을 때
③ 습도가 높을 때
④ 산소와의 결합력이 나쁠 때

> **해설**
> 일반적인 기체에서 압력이 높을 때 착화온도가 낮아지며 폭발범위가 넓어진다.

08 제5류 위험물의 화재예방상 유의사항 및 화재 시 소화방법에 관한 설명으로 옳지 않은 것은?

① 대량의 주수에 의한 소화가 좋다.
② 화재초기에는 질식소화가 효과적이다.
③ 일부 물질의 경우 운반 또는 저장시 안정제를 사용해야 한다.
④ 가연물과 산소공급원이 같이 있는 상태이므로 점화원의 방지에 유의하여야 한다.

> **해설**
> 제5류 위험물의 화재에는 다량의 주수소화가 효과적이다.

09 과염소산의 화재 예방에 요구되는 주의사항에 대한 설명으로 옳은 것은?

① 유기물과 접촉 시 발화의 위험이 있기 때문에 가연물과 접촉시키지 않는다.
② 자연발화의 위험이 높으므로 냉각시켜 보관한다.
③ 공기 중 발화하므로 공기와의 접촉을 피해야 한다.
④ 액체 상태는 위험하므로 고체 상태로 보관한다.

> **해설**
> 제1류 위험물과 제6류 위험물의 화재 예방 시 가연물과의 접촉에 주의한다.

10 15℃의 기름 100g에 8000J의 열량을 주면 기름의 온도는 몇 ℃가 되겠는가?(단, 기름의 비열은 2J/g·℃이다.)

① 25
② 45
③ 50
④ 55

> **해설**
> $Q = cmt\triangle$
> $8000J = 2J/g \cdot ℃ \times 100g \times (x-15)℃$
> $x = 55℃$

정답 06 ④ 07 ② 08 ② 09 ① 10 ④

11 제6류 위험물의 화재에 적응성이 없는 소화설비는?

① 옥내소화전설비
② 스프링클러설비
③ 포소화설비
④ 불활성가스소화설비

> **해설**
> 제6류 위험물의 화재에는 옥내소화전 또는 옥외소화전설비, 스프링클러설비, 물분무소화설비, 포소화설비와 인산염류분말소화설비가 적응성이 있다.

12 소화약제로서 물의 단점인 동결현상을 방지하기 위하여 주로 사용되는 물질은?

① 에틸알콜 ② 글리세린
③ 에틸렌글리콜 ④ 탄산칼슘

> **해설**
> 물의 어는점을 낮추어 동결현상을 방지하기 위해 에틸렌글리콜(E.G)을 첨가하여 사용한다.

13 다음 중 D급 화재에 해당하는 것은?

① 플라스틱 화재
② 휘발유 화재
③ 나트륨 화재
④ 전기 화재

> **해설**
> ① 플라스틱 화재 : A급 화재
> ② 휘발유 화재 : B급 화재
> ④ 전기 화재 : C급 화재

14 위험물안전관리법령상 철분, 금속분, 마그네슘에 적응성이 있는 소화설비는?

① 불활성가스소화설비
② 할로겐화합물소화설비
③ 포소화설비
④ 탄산수소염류소화설비

> **해설**
> 철분, 금속분, 마그네슘은 금수성 물질이므로 탄산수소염류소화설비, 팽창질석, 팽창진주암, 건조사에 적응성이 있다.

15 위험물안전관리법령상 제4류 위험물에 적응성이 없는 소화설비는?

① 옥내소화전설비
② 포소화설비
③ 불활성가스소화설비
④ 할로겐화합물소화설비

> **해설**
> 제4류 위험물은 물분무소화설비, 포소화설비, 할로겐화합물소화설비, 불활성가스소화설비, 분말소화설비 등에 적응성이 있다.

16 물은 냉각소화가 주된 대표적인 소화약제이다. 물의 소화효과를 높이기 위하여 무상 주수를 함으로서 부가적으로 작용하는 소화효과로 이루어진 것은?

① 질식소화작용, 제거소화작용
② 질식소화작용, 유화소화작용
③ 타격소화작용, 유화소화작용
④ 타격소화작용, 피복소화작용

정답 11 ④ 12 ③ 13 ③ 14 ④ 15 ① 16 ②

> **해설**
> 무상주수란 물의 입자가 안개처럼 주수되는 방식으로 질식소화작용과 유류 표면에 엷은 막을 생성시키는 유화소화를 할 수 있다.

17 다음 중 소화약제 강화액의 주성분에 해당하는 것은?

① K_2CO_3
② K_2O_2
③ CaO_2
④ $KBrO_3$

> **해설**
> 강화액 소화약제는 탄산칼륨(K_2CO_3), 탄산수소나트륨, 인산암모늄 등을 첨가한 강알칼리성의 소화약제이다.

18 위험물안전관리법령상 소화설비의 적응성에 관한 내용이다. 옳은 것은?

① 마른모래는 대상물 중 제1류 ~ 제6류 위험물에 적응성이 있다.
② 팽창질석은 전기설비를 포함한 모든 대상물에 적응성이 있다.
③ 분말소화약제는 셀룰로이드류의 화재에 가장 적당하다.
④ 물분무소화설비는 전기설비에 사용할 수 없다.

> **해설**
> ② 건조사(마른모래), 팽창질석 또는 팽창진주암은 건축물·그 밖의 공작물과 전기설비에 적응성이 없다.
> ③ 분말소화약제는 전기설비, 제2류 위험물(인화성 고체), 제4류 위험물에 주로 적응성이 있다.
> ④ 물분무소화설비는 안개 모양으로 방사되므로 전기설비에 적응성이 있다.

19 다음 중 공기포 소화약제가 아닌 것은?

① 단백포 소화약제
② 합성계면활성제포 소화약제
③ 화학포 소화약제
④ 수성막포 소화약제

> **해설**
> 공기포(기계포) 소화약제 : 단백포, 불화단백포, 합성계면활성제포, 수성막포, 알코올형포

20 분말소화약제 중 제1종과 제2종 분말이 각각 열분해 될 때 공통적으로 생성되는 물질은?

① N_2, CO_2
② N_2, O_2
③ H_2O, CO_2
④ H_2O, N_2

> **해설**
> 제1종 분말소화약제($NaHCO_3$)와 제2종 분말소화약제($KHCO_3$)의 열분해 시 질식효과를 나타내는 CO_2와 냉각효과를 나타내는 H_2O가 공통적으로 생성된다.

21 포름산에 대한 설명으로 옳지 않은 것은?

① 물, 알코올, 에테르에 잘 녹는다.
② 개미산이라고도 한다.
③ 강한 산화제이다.
④ 녹는점이 상온보다 낮다.

정답 17 ① 18 ① 19 ③ 20 ③ 21 ③

> **해설**
> 포름산은 환원성이 있어 환원제로 사용되며 은거울 반응을 할 수 있다.

22 제3류 위험물에 해당하는 것은?
① NaH   ② Al
③ Mg   ④ P_4S_3

> **해설**
> ② Al : 제2류 위험물
> ③ Mg : 제2류 위험물
> ④ P_4S_3 : 제2류 위험물

23 지방족 탄화수소가 아닌 것은?
① 톨루엔
② 아세트알데히드
③ 아세톤
④ 디에틸에테르

> **해설**
> 벤젠 고리를 포함하는 탄화수소를 방향족 탄화수소로 분류하며 톨루엔에 해당한다. ②, ③, ④는 지방족 탄화수소에 해당한다.

24 위험물안전관리 법령상 위험물의 지정수량으로 옳지 않은 것은?
① 니트로셀룰로오스 : 10kg
② 히드록실아민 : 100kg
③ 아조벤젠 : 50kg
④ 트리니트로페놀 : 200kg

> **해설**
> ① 아조벤젠 : 200kg

25 셀룰로이드에 대한 설명으로 옳은 것은?
① 질소가 함유된 무기물이다
② 질소가 함유된 유기물이다.
③ 유기의 염화물이다.
④ 무기의 염화물이다.

> **해설**
> 니트로셀룰로오스에 장뇌를 혼합시켜 셀룰로이드를 만들며 이는 질소가 함유된 유기물이다.

26 에틸알코올의 증기 비중은 약 얼마인가?
① 0.72
② 0.91
③ 1.13
④ 1.59

> **해설**
> 에틸알코올(C_2H_5OH) 지정수량 : 46
> 증기 비중 $= \dfrac{분자량}{29}$
> 증기비중 : $\dfrac{46}{29} = 1.59$

27 과염소산나트륨의 성질이 아닌 것은?
① 물과 급격히 반응하여 산소를 발생한다.
② 가열하면 분해되어 조연성 가스를 방출한다.
③ 융점은 400℃보다 높다.
④ 비중은 물보다 무겁다.

> **해설**
> ① 과염소산나트륨 화재 시 물에 소화되며 반응하지 않는다.

정답 22 ①   23 ①   24 ③   25 ②   26 ④   27 ①

28 인화칼슘이 물과 반응할 경우에 대한 설명 중 틀린 것은?

① 발생 가스는 가연성이다.
② 포스겐 가스가 발생한다.
③ 발생 가스는 독성이 강하다
④ Ca(OH)$_2$가 생성된다.

> **해설**
> 인화칼슘은 물과 반응 시 포스핀(PH$_3$) 가스가 발생한다.

29 화학적으로 알코올을 분류할 때 3가 알코올에 해당하는 것은?

① 에탄올
② 메탄올
③ 에틸렌글리콜
④ 글리세린

> **해설**
> 결합된 OH기의 수에 따라 알코올의 가수가 결정된다.
> ① 에탄올(C$_2$H$_5$OH) : 1가 알코올
> ② 메탄올(CH$_3$OH) : 1가 알코올
> ③ 에틸렌글리콜[C$_2$H$_4$(OH)$_2$] : 2가 알코올
> ④ 글리세린[C$_3$H$_5$(OH)$_3$] : 3가 알코올

30 위험물안전관리법령상 품명이 다른 하나는?

① 니트로글리콜
② 니트로글리세린
③ 셀룰로이드
④ 테트릴

> **해설**
> 니트로글리콜, 니트로글리세린, 셀룰로이드 : 질산에스테르류
> 테트릴 : 니트로화합물

31 주수소화를 할 수 없는 위험물은?

① 금속분
② 적린
③ 유황
④ 과망간산칼륨

> **해설**
> 철분, 금속분, 마그네슘은 금수성 물질이므로 탄산수소염류소화설비, 팽창질석, 팽창진주암, 건조사에 적응성이 있다.

32 제1류 위험물 중 흑색화약의 원료로 사용되는 것은?

① KNO$_3$ ② NaNO$_3$
③ BaO$_2$ ④ NH$_4$NO$_3$

> **해설**
> 흑색화약의 원료 : 질산칼륨(제1류 위험물), 숯, 유황(제2류 위험물)

33 다음 중 제6류 위험물에 해당하는 것은?

① IF$_5$ ② HClO$_3$
③ NO$_3$ ④ H$_2$O

> **해설**
> ① 제6류 위험물 중 할로겐간화합물에 해당한다.

정답 28 ② 29 ④ 30 ④ 31 ① 32 ① 33 ①

34 다음 중 제4류 위험물에 해당하는 것은?

① $Pb(N_3)_2$ ② CH_3ONO_2
③ N_2H_4 ④ NH_2OH

> **해설**
> ① 제5류 위험물 중 금속의 아지화합물 : 아지화납
> ② 제5류 위험물 중 질산에스테르류 : 질산메틸
> ③ 제4류 위험물 중 제2석유류 : 히드라진
> ④ 제5류 위험물 중 히드록실아민 : 히드록실아민

35 다음의 분말은 모두 150마이크로미터의 체를 통과하는 것이 50중량퍼센트 이상이 된다. 이들 분말 중 위험물안전관리법령상 품명이 "금속분"으로 분류되는 것은?

① 철분   ② 구리분
③ 알루미늄분 ④ 니켈분

> **해설**
> "금속분"이라 함은 알칼리금속·알칼리토류금속·철 및 마그네슘외의 금속의 분말을 말하고, 구리분(Cu)·니켈분(Ni) 및 150마이크로미터의 체를 통과하는 것이 50중량퍼센트 미만인 것은 제외한다.

36 다음 중 분자량이 가장 큰 위험물은?

① 과염소산   ② 과산화수소
③ 질산   ④ 히드라진

> **해설**
> ① 과염소산($HClO_4$) : $1+35.5+(16×4)=100.5$
> ② 과산화수소(H_2O_2) : $(1×2)+(16×2)=34$
> ③ 질산(HNO_3) : $1+14+(16×3)=63$
> ④ 히드라진(N_2H_4) : $(14×2)+(1×4)=32$

37 인화칼슘, 탄화알루미늄, 나트륨이 물과 반응하였을 때 발생하는 가스에 해당하지 않는 것은?

① 포스핀가스 ② 수소
③ 이황화탄소 ④ 메탄

> **해설**
> 인화칼슘(Ca_3P_2)이 물과 반응 시 포스핀가스가 발생하며, 탄화알루미늄(Al_4C_3)이 물과 반응 시 메탄가스가 발생하며, 나트륨(Na)이 물과 반응 시 수소가스가 발생한다.
> $Ca_3P_2 + 6H_2O \rightarrow 3Ca(OH)_2 + 2PH_3$
> $Al_4C_3 + 12H_2O \rightarrow 4Al(OH)_3 + 3CH_4$
> $2Na + 2H_2O \rightarrow 2NaOH + H_2$

38 연소 시 발생하는 가스를 옳게 나타낸 것은?

① 황린 – 황산가스
② 황 – 무수인산가스
③ 적린 – 아황산가스
④ 삼황화사인(삼황화린) – 아황산가스

> **해설**
> ① 황린 – 오산화인
> ② 황 – 아황산가스
> ③ 적린 – 오산화인

정답 34 ③   35 ③   36 ①   37 ③   38 ④

39 염소산나트륨에 대한 설명으로 틀린 것은?

① 조해성이 크므로 보관용기는 밀봉하는 것이 좋다.
② 무색, 무취의 고체이다.
③ 산과 반응하여 유독성의 이산화나트륨 가스가 발생한다.
④ 물, 알코올, 글리세린에 녹는다.

> **해설**
> 산과 반응하여 유독성의 이산화염소(ClO_2)가스가 발생한다.

40 질산칼륨을 약 400℃에서 가열하여 열분해 시킬 때 주로 생성되는 물질은?

① 질산과 산소
② 질산과 칼륨
③ 아질산칼륨과 산소
④ 아질산칼륨과 질소

> **해설**
> $2KNO_3 \rightarrow 2KNO_2 + O_2$

41 위험물안전관리법령에서 정한 피난설비에 관한 내용이다. ( )에 알맞은 것은?

> 주유취급소 중 건축물의 2층 이상의 부분을 점포·휴게음식점 또는 전시장의 용도로 사용하는 것에 있어서는 해당 건축물의 2층 이상으로부터 주유취급소의 부지 밖으로 통하는 출입구와 해당 출입구로 통하는 통로·계단 및 출입구에 ( )을(를) 설치하여야 한다.

① 피난사다리   ② 유도등
③ 공기호흡기   ④ 시각경보기

> **해설**
> 유도등을 설치하여야 한다.

42 옥내저장소에 제3류 위험물인 황린을 저장하면서 위험물안전관리 법령에 의한 최소한의 보유공지로 3m를 옥내저장소 주위에 확보하였다. 이 옥내저장소에 저장하고 있는 황린의 수량은?(단, 옥내저장소의 구조는 벽·기둥 및 바닥이 내화구조로 되어 있고 그 외의 다른 사항은 고려하지 않는다.)

① 100kg 초과 500kg 이하
② 400kg 초과 1000kg 이하
③ 500kg 초과 5000kg 이하
④ 1000kg 초과 40000kg 이하

> **해설**
>
> | 저장 또는 취급하는 위험물의 최대수량 | 옥내저장소 공지의 너비 | |
> |---|---|---|
> | | 벽·기둥 및 바닥이 내화구조로 된 건축물 | 그 밖의 건축물 |
> | 지정수량의 5배 이하 | – | 0.5m 이상 |
> | 지정수량의 5배 초과 10배 이하 | 1m 이상 | 1.5m 이상 |
> | 지정수량의 10배 초과 20배 이하 | 2m 이상 | 3m 이상 |
> | 지정수량의 20배 초과 50배 이하 | 3m 이상 | 5m 이상 |
> | 지정수량의 50배 초과 200배 이하 | 5m 이상 | 10m 이상 |
> | 지정수량의 200배 초과 | 10m 이상 | 15m 이상 |

정답   39 ③   40 ③   41 ②   42 ②

> **해설**
> 황린을 지정수량(20kg)의 20배 초과 50배 이하로 저장하고 있으므로 옥내저장소에 저장하고 있는 수량은 400kg 초과 1,000kg 이하이다.

43 위험물안전관리법령상 이동탱크저장소에 의한 위험물운송 시 위험물운송자는 장거리에 걸치는 운송을 하는 때에는 2명 이상의 운전자로 하여야 한다. 다음 중 그러하지 않아도 되는 경우가 아닌 것은?

① 적린을 운송하는 경우
② 알루미늄의 탄화물을 운송하는 경우
③ 이황화탄소를 운송하는 경우
④ 운송도중에 2시간 이내마다 20분 이상씩 휴식하는 경우

> **해설**
> 다음의 경우에는 운전자를 1명으로 할 수 있으며, 이황화탄소는 특수인화물이므로 제외된다.
> - 운송책임자를 동승시킨 경우
> - 제2류 위험물, 제3류 위험물(칼슘 또는 알루미늄의 탄화물에 한함) 또는 제4류 위험물(특수인화물 제외)을 운송하는 경우
> - 운송 도중에 2시간 이내마다 20분 이상씩 휴식하는 경우

44 각각 지정수량의 10배인 위험물을 운반할 경우 제5류 위험물과 혼재 가능한 위험물에 해당하는 것은?

① 제1류 위험물 ② 제2류 위험물
③ 제3류 위험물 ④ 제6류 위험물

> **해설**
> 제2류 위험물은 제4류 위험물, 제5류 위험물과 혼재가 가능하다.

45 위험물안전관리법령상 옥외탱크저장소의 기준에 따라 다음의 인화성 액체 위험물을 저장하는 옥외저장탱크 1~4호를 동일의 방유제 내에 설치하는 경우 방유제에 필요한 최소 용량으로서 옳은 것은?(단, 암반탱크 또는 특수액체위험물탱크의 경우는 제외한다.)

1호 탱크 – 등유	1500kL
2호 탱크 – 가솔린	1000kL
3호 탱크 – 경유	500kL
4호 탱크 – 중유	250kL

① 1650kL ② 1500kL
③ 500kL   ④ 250kL

> **해설**
> 옥외저장탱크의 방유제 용량은 인화성 액체인 경우 탱크용량의 110% 이상으로 하며, 2기 이상의 탱크가 저장된 방유제에서는 탱크 중 최대용량의 110% 이상으로 한다.
> 1,500kL×1.1=1,650kL 이상으로 해야 한다.

46 위험물안전관리법령상 사업소의 관계인이 자체소방대를 설치하여야 할 제조소등의 기준으로 옳은 것은?

① 제4류 위험물을 지정수량의 3천배 이상 취급하는 제조소 또는 일반취급소
② 제4류 위험물을 지정수량의 5천배 이상 취급하는 제조소 또는 일반취급소

정답 43 ③ 44 ② 45 ①

③ 제4류 위험물 중 특수인화물을 지정수량의 3천배 이상 취급하는 제조소 또는 일반취급소
④ 제4류 위험물 중 특수인화물을 지정수량의 5천배 이상 취급하는 제조소 또는 일반취급소

> **해설**
> 제4류 위험물을 지정수량의 3천배 이상 취급하는 제조소 또는 일반취급소에 자체소방대를 설치할 수 있으며, 화학소방차 및 자체소방대원의 수는 다음과 같다.

47 소화난이도등급Ⅱ의 제조소에 소화설비를 설치할 때 대형수동식소화기와 함께 설치하여야 하는 소형수동식소화기등의 능력단위에 관한 설명으로 옳은 것은?

① 위험물의 소요단위에 해당하는 능력단위의 소형수동식소화기등을 설치할 것
② 위험물의 소요단위의 1/2 이상에 해당하는 능력단위의 소형수동식소화기등을 설치할 것
③ 위험물의 소요단위의 1/5 이상에 해당하는 능력단위의 소형수동식소화기등을 설치할 것
④ 위험물의 소요단위의 10배 이상에 해당하는 능력단위의 소형수동식소화기등을 설치할 것

> **해설**
> 방사능력범위 내에 당해 건축물, 그 밖의 공작물 및 위험물이 포함되도록 대형수동식소화기를 설치하고, 당해 위험물의 소요단위의 1/5 이상에 해당되는 능력단위의 소형수동식소화기등을 설치한다.

48 다음 중 위험물안전관리법이 적용되는 영역은?

① 항공기에 의한 대한민국 영공에서의 위험물의 저장, 취급 및 운반
② 궤도에 의한 위험물의 저장, 취급 및 운반
③ 철도에 의한 위험물의 저장, 취급 및 운반
④ 자가용승용차에 의한 지정수량 이하의 위험물의 저장, 취급 및 운반

> **해설**
> 항공기, 선박, 철도 및 궤도에 의한 위험물의 저장·취급 및 운반에 있어서는 적용하지 않는다.

49 위험물안전관리법령상 위험물의 운반 시 운반용기는 다음의 기준에 따라 수납 적재하여야 한다. 다음 중 틀린 것은?

① 수납하는 위험물과 위험한 반응을 일으키지 않아야 한다.
② 고체 위험물은 운반용기 내용적의 95% 이하로 수납하여야 한다.
③ 액체위험물은 운반용기 내용적의 95% 이하로 수납하여야 한다.
④ 하나의 외장용기에는 다른 종류의 위험물을 수납하지 않는다.

정답 46 ① 47 ③ 48 ④ 49 ③

> **해설**
> 액체 위험물은 운반용기 내용적의 98% 이하로 수납하여야 한다.

50 위험물안전관리법령상 위험물을 운반하기 위해 적재할 때 예를 들어 제6류 위험물은 1가지 유별(제1류 위험물)하고만 혼재할 수 있다. 다음 중 가장 많은 유별과 혼재가 가능한 것은?(단, 지정수량의 1/10을 초과하는 위험물이다.)

① 제1류
② 제2류
③ 제3류
④ 제4류

> **해설**
> 제6류 위험물은 제1류 위험물과 혼재가 가능하다.

51 다음 위험물 중에서 옥외저장소에서 저장·취급할 수 없는 것은?(단, 특별시·광역시 또는 도의 조례에서 정하는 위험물과 IMDG Code에 적합한 용기에 수납된 위험물의 경우는 제외한다.)

① 아세트산
② 에틸렌글리콜
③ 크레오소트유
④ 아세톤

> **해설**
> 제1석유류인 아세톤의 인화점이 -18℃이므로 저장할 수 없다.
> 제4류 위험물 중 제1석유류(인화점이 섭씨 0도 이상)과 알코올류, 제2석유류, 제3석유류, 제4석유류, 동식물유류에 해당하는 경우 옥외저장소에 저장할 수 있다.
> 참고. 옥외저장소에 저장할 수 있는 위험물
> – 제2류 위험물 중 유황과 인화성 고체 (인화점이 섭씨 0도 이상)
> – 제4류 위험물 중 제1석유류(인화점이 섭씨 0도 이상)과 알코올류, 제2석유류, 제3석유류, 제4석유류, 동식물유류
> – 제6류 위험물
> – 시·도 조례로 정하는 제2류 또는 제4류 위험물
> – 국제해상위험물규칙(IMDG Code)에 적합한 용기에 수납된 위험물

52 디에틸에테르에 대한 설명으로 틀린 것은?

① 일반식은 R-CO-R'이다.
② 연소범위는 약 1.9~48% 이다.
③ 증기비중 값이 비중 값보다 크다.
④ 휘발성이 높고 마취성을 가진다.

> **해설**
> 일반식은 R-O-R'이다.

53 위험물안전관리상 지하탱크저장소 탱크전용실의 안쪽과 지하저장탱크와의 사이는 몇 m 이상의 간격을 유지하여야 하는가?

① 0.1   ② 0.2
③ 0.3   ④ 0.5

> **해설**
> 지하탱크저장소 탱크전용실의 안쪽과 지하저장탱크와의 사이는 0.1m 이상의 간격을 유지하여야 한다.

정답 50 ①   51 ④   52 ①   53 ①

54 다음 ( ) 안에 들어갈 수치를 순서대로 바르게 나열한 것은?(단, 제4류 위험물에 적응성을 갖기 위한 살수밀도기준을 적용하는 경우를 제외한다.)

> 위험물제조소등에 설치하는 폐쇄형 헤드의 스프링클러설비는 30개의 헤드를 동시에 사용할 경우 각 선단의 방사 압력이 ( )kPa 이상이고 방수량이 1분당 ( )L 이상이어야 한다.

① 100, 80
② 120, 80
③ 100, 100
④ 120, 100

해설
폐쇄형 헤드의 스프링클러설비는 30개의 헤드를 동시에 사용할 경우 각 선단의 방사 압력이 100kPa 이상이고 방수량이 1분당 80L 이상이어야 한다.

55 위험물안전관리법령상 제조소등의 위치·구조 또는 설비 가운데 총리령이 정하는 사항을 변경허가를 받지 아니하고 제조소등의 위치·구조 또는 설비를 변경할 때 1차 행정처분기준으로 옳은 것은?

① 사용정지 15일
② 경고 또는 사용정지 15일
③ 사용정지 30일
④ 경고 또는 업무정지 30일

해설
1차 행정처분기준 : 경고 또는 사용정지 15일
2차 행정처분기준 : 사용정지 60일
3차 행정처분기준 : 허가취소

56 위험물안전관리법령상 제조소등의 관계인이 정기적으로 점검하여야 할 대상이 아닌 것은?

① 지정수량의 10배 이상의 위험물을 취급하는 제조소
② 지하탱크저장소
③ 이동탱크저장소
④ 지정수량의 100배 이상의 위험물을 저장하는 옥외탱크저장소

해설
정기정검대상인 제조소 등의 조건은 다음과 같다.
- 예방규정대상에 해당하는 것
- 지하탱크저장소
- 이동탱크저장소
- 위험물을 취급하는 탱크로서 지하에 매설된 탱크가 있는 제조소, 주유취급소 또는 일반취급소

57 위험물안전관리법령상 위험물제조소의 옥외에 있는 하나의 액체위험물 취급탱크 주위에 설치하는 방유제의 용량은 해당 탱크용량의 몇 % 이상으로 하여야 하는가?

① 50%
② 60%
③ 100%
④ 110%

해설
위험물제조소의 옥외에 있는 위험물 취급탱크 주위에 설치하는 방유제의 용량
1) 1기 탱크 : 탱크 용량의 50% 이상
2) 2기 이상의 탱크 : 탱크 중 최대용량인 것의 50% + 나머지 탱크 용량 합계의 10% 이상

정답 54 ① 55 ② 56 ④ 57 ①

58 위험물안전관리법령상 이송취급소에 설치하는 경보·설비의 기준에 따라 이송기지에 설치하여야 하는 경보설비로만 이루어진 것은?

① 확성장치, 비상벨장치
② 비상방송설비, 비상경보설비
③ 확성장치, 비상방송설비
④ 비상방송설비, 자동화재탐지설비

> **해설**
> 이송취급소의 이송기지에 설치해야 하는 경보설비는 확성장치 및 비상벨장치이다.

59 위험물안전관리법령상 위험물의 탱크 내용적 및 공간용적에 관한 기준으로 틀린 것은?

① 위험물을 저장 또는 취급하는 탱크의 용량은 해당 탱크의 내용적에서 공간용적을 뺀 용적으로 한다.
② 탱크의 공간용적은 탱크의 내용적의 100분의 5 이상 100분의 10 이하의 용적으로 한다.
③ 소화설비(소화약제 방출구를 탱크안의 윗부분에 설치하는 것에 한한다)를 설치하는 탱크의 공간용적은 해당 소화설비의 소화약제방출구 아래의 0.3m 이상 1m 미만 사이의 면으로부터 윗부분의 용적으로 한다.
④ 암반탱크에 있어서는 해당 탱크 내에 용출하는 30일 간의 지하수의 양에 상당하는 용적과 해당 탱크의 내용적의 100분의 1의 용적 중에서 보다 큰 용적을 공간용적으로 한다.

> **해설**
> ④ 암반탱크에 있어서는 해당 탱크 내에 용출하는 7일간의 지하수의 양에 상당하는 용적과 해당 탱크의 내용적의 100분의 1의 용적 중에서 보다 큰 용적을 공간용적으로 한다.

60 위험물안전관리법령상 위험등급의 종류가 나머지 셋과 다른 하나는?

① 제1류 위험물 중 중크롬산염류
② 제2류 위험물 중 인화성고체
③ 제3류 위험물 중 금속의 인화물
④ 제4류 위험물 중 알코올류

> **해설**
> ① 중크롬산염류 : 위험등급 Ⅲ
> ② 인화성고체 : 위험등급 Ⅲ
> ③ 금속의 인화물 : 위험등급 Ⅲ
> ④ 알코올류 : 위험등급 Ⅱ

정답 58 ① 59 ④ 60 ④

2016년 4회 위험물기능사

01 다음과 같은 반응에서 5㎥의 탄산가스를 만들기 위해 필요한 탄산수소나트륨의 양은 약 몇 kg인가?(단, 표준상태이고, 나트륨의 원자량은 23이다.)

$$2NaHCO_3 \rightarrow Na_2CO_3 + CO_2 + H_2O$$

① 18.75 ② 37.5
③ 56.25 ④ 75

해설

$2NaHCO_3 \rightarrow Na_2CO_3 + CO_2 + H_2O$
$x\,kg \qquad\qquad 5㎥$
$2 \times 84\,kg \qquad 22.4㎥$
$\therefore x = 37.5\,kg$

02 연소의 3요소인 산소의 공급원이 될 수 없는 것은?

① H_2O_2 ② KNO_3
③ HNO_3 ④ CO_2

해설

④ 불연성 기체이므로 산소공급원이 될 수 없다.

03 탄화칼슘은 물과 반응 시 위험성이 증가하는 물질이다. 주수 소화 시 물과 반응하면 어떤 가스가 발생하는가?

① 수소 ② 메탄
③ 에탄 ④ 아세틸렌

해설

$CaC_2 + 2H_2O \rightarrow Ca(OH)_2 + C_2H_2$(아세틸렌)

04 위험물의 자연발화를 방지하는 방법으로 가장 거리가 먼 것은?

① 통풍을 잘 시킬 것
② 저장실의 온도를 낮출 것
③ 습도가 높은 곳에서 저장할 것
④ 정촉매 작용을 하는 물질과의 접촉을 피할 것

해설

자연발화는 습도가 높은 상태에서 잘 일어나므로 자연발화를 방지하기 위해 습도를 낮추어야 한다.

05 공기 중의 산소농도를 한계산소량 이하로 낮추어 연소를 중지시키는 소화방법은?

① 냉각소화 ② 제거소화
③ 억제소화 ④ 질식소화

해설

① 냉각소화 : 물을 뿌려서 온도를 저하시키는 방법
② 제거소화 : 가연물을 제거하여 소화시키는 방법
③ 억제소화 : 연쇄반응을 억제하여 소화시키는 방법

정답 01 ② 02 ④ 03 ④ 04 ③ 05 ④

06 다음 중 제5류 위험물의 화재 시에 가장 적당한 소화방법은?

① 물에 의한 냉각소화
② 질소에 의한 질식소화
③ 사염화탄소에 의한 부촉매소화
④ 이산화탄소에 의한 질식소화

> **해설**
> 제5류 위험물은 자체적으로 가연물과 산소공급원을 동시에 포함하고 있으므로 질식소화는 효과가 없고 물에 의한 냉각소화를 해야 한다.

07 인화칼슘이 물과 반응하였을 때 발생하는 가스는?

① 수소   ② 포스겐
③ 포스핀   ④ 아세틸렌

> **해설**
> $Ca_3P_2 + 6H_2O \rightarrow 3Ca(OH)_2 + 2PH_3$

08 위험물안전관리법령상 제3류 위험물 중 금수성물질의 제조소에 설치하는 주의사항 게시판의 바탕색과 문자색을 옳게 나타낸 것은?

① 청색바탕에 황색문자
② 황색바탕에 청색문자
③ 청색바탕에 백색문자
④ 백색바탕에 청색문자

> **해설**
> 제3류 위험물 중 금수성 물질을 취급하는 제조소에는 청색 바탕에 백색 문자로 "물기엄금"이라는 주의사항을 표시해야 한다.

09 폭굉유도거리(DID)가 짧아지는 경우는?

① 정상 연소속도가 작은 혼합가스일수록 짧아진다.
② 압력이 높을수록 짧아진다.
③ 관지름이 넓을수록 짧아진다.
④ 점화원 에너지가 약할수록 짧아진다.

> **해설**
> 폭굉유도거리는 압력이 높을수록 짧아진다.

10 연소에 대한 설명으로 옳지 않은 것은?

① 산화되기 쉬운 것일수록 타기 쉽다.
② 산소와의 접촉 면적이 큰 것일수록 타기 쉽다.
③ 충분한 산소가 있어야 타기 쉽다.
④ 열전도율이 큰 것일수록 타기 쉽다.

> **해설**
> 열전도율이 작을수록, 발열량이 클수록, 표면적이 클수록, 활성화 에너지가 작을수록, 습도가 낮을수록 연소가 잘 이루어진다.

11 위험물안전관리법령상 제4류 위험물에 적응성이 있는 소화기가 아닌 것은?

① 이산화탄소소화기
② 봉상강화액소화기
③ 포소화기
④ 인산염류분말소화기

> **해설**
> 제4류 위험물에 적응성이 있는 소화기는 무상강화액소화기이다.

정답 06 ① 07 ③ 08 ③ 09 ② 10 ④ 11 ②

12 위험물안전관리법령상 알칼리금속 과산화물에 적응성이 있는 소화설비는?

① 할로겐화합물소화설비
② 탄산수소염류분말소화설비
③ 물분무소화설비
④ 스프링클러설비

해설
알칼리금속의 과산화물, 철분, 금수성 물질은 건조사, 팽창질석, 팽창진주암, 탄산수소염류분말소화설비가 적응성이 있다.

13 수성막포소화약제에 사용되는 계면활성제는?

① 염화단백포 계면활성제
② 산소계 계면활성제
③ 황산계 계면활성제
④ 불소계 계면활성제

해설
수성막포소화약제는 불소계 계면활성제가 함유된 소화제로 유류화재에 효과적이다.

14 다음 중 강화액 소화약제의 주된 소화원리에 해당하는 것은?

① 냉각소화   ② 절연소화
③ 제거소화   ④ 발포소화

해설
강화액 소화약제의 주된 소화원리는 냉각소화이며 물의 소화능력을 강화시키기 위해 개발된 것이므로 한냉지 또는 겨울철에도 사용할 수 있다.

15 Halon 1001의 화학식에서 수소 원자의 수는?

① 0
② 1
③ 2
④ 3

해설
C-Br 결합 1개만 존재하므로 3개의 비어있는 자리에 수소(H)를 채워 화학식을 완성한다.

16 다음 중 탄산칼륨을 물에 용해시킨 강화액 소화약제의 pH에 가장 가까운 값은?

① 1
② 4
③ 7
④ 12

해설
강화액 소화약제는 탄산칼륨 등을 첨가한 pH 12인 강알칼리성의 소화약제이다.

17 이산화탄소 소화약제에 관한 설명 중 틀린 것은?

① 소화약제에 의한 오손이 없다.
② 소화약제 중 증발잠열이 가장 크다.
③ 전기 절연성이 있다.
④ 장기간 저장이 가능하다.

해설
증발잠열이 크기 때문에 소화약제로 이용하는 것은 물 소화약제에 해당한다.

정답 12 ② 13 ④ 14 ① 15 ④ 16 ④ 17 ②

18 질소와 아르곤과 이산화탄소의 용량비가 52 대 40대 8인 혼합물 소화약제에 해당하는 것은?

① IG-541
② HCFC-BLEND A
③ HFC-125
④ HFC-23

> **해설**
> IG-541 : $N_2(52\%)$, $Ar(40\%)$, $CO_2(8\%)$

19 불활성가스 청정소화약제의 기본 성분이 아닌 것은?

① 헬륨   ② 질소
③ 불소   ④ 아르곤

> **해설**
> 불활성가스 청정소화약제는 헬륨, 네온, 아르곤 또는 질소가스 중 하나 이상의 원소를 기본성분으로 하는 소화약제이다.

20 물과 친화력이 있는 수용성 용매의 화재에 보통의 포소화약제를 사용하면 포가 파괴되기 때문에 소화 효과를 잃게 된다. 이와 같은 단점을 보완한 소화약제로 가연성인 수용성 용매의 화재에 유효한 효과를 가지고 있는 것은?

① 알코올형포소화약제
② 단백포소화약제
③ 합성계면활성제포소화약제
④ 수성막포소화약제

> **해설**
> 수용성 액체의 화재에는 포가 소멸되는 현상을 방지하기 위하여 알코올포(=내알코올형) 소화약제를 사용한다.

21 질산과 과염소산의 공통성질이 아닌 것은?

① 가연성이며 강산화제이다.
② 비중이 1보다 크다.
③ 가연물과 혼합으로 발화의 위험이 있다.
④ 물과 접촉하면 발열한다.

> **해설**
> 제6류 위험물은 불연성이며 강산화제이다.

22 물과 반응하여 가연성 가스를 발생하지 않는 것은?

① 칼륨
② 과산화칼륨
③ 탄화알루미늄
④ 트리에틸알루미늄

> **해설**
> 과산화칼륨은 물과 반응하여 조연성 가스인 산소 기체를 발생한다.
> ① $K + H_2O \rightarrow KOH + 0.5H_2$
> ② $K_2O_2 + H_2O \rightarrow 2KOH + 0.5O_2$
> ③ $Al_4C_3 + 12H_2O \rightarrow 4Al(OH)_3 + 3CH_4$
> ④ $(C_2H_5)_3Al + 3H_2O \rightarrow Al(OH)_3 + 3C_2H_6$

정답 18 ①   19 ③   20 ①   21 ①   22 ②

23 위험물안전관리법령에서는 특수인화물을 1기압에서 발화점이 100°C 이하인 것 또는 인화점은 얼마 이하이고 비점이 40°C 이하인 것으로 정의하는가?

① -10°C ② -20°C
③ -30°C ④ -40°C

> **해설**
> "특수인화물"이라 함은 이황화탄소, 디에틸에테르 그 밖에 1기압에서 발화점이 섭씨 100도 이하인 것 또는 인화점이 섭씨 영하 20도 이하이고 비점이 섭씨 40도 이하인 것을 말한다.

24 다음 중 제6류 위험물이 아닌 것은?

① 할로겐간화합물
② 과염소산
③ 아염소산
④ 과산화수소

> **해설**
> ③ 아염소산($HClO_2$)은 위험물이 아니다.

25 다음 중 제1류 위험물에 해당되지 않는 것은?

① 염소산칼륨
② 과염소산암모늄
③ 과산화바륨
④ 질산구아니딘

> **해설**
> ④ 질산구아니딘은 행정안전부령이 정하는 제5류 위험물이다.

26 니트로글리세린에 대한 설명으로 옳은 것은?

① 물에 매우 잘 녹는다.
② 공기 중에서 점화하면 연소나 폭발의 위험은 없다.
③ 충격에 대하여 민감하여 폭발을 일으키기 쉽다.
④ 제5류 위험물의 니트로화합물에 속한다.

> **해설**
> ① 물에 잘 녹지 않으며 유기용제에 잘 녹는다.
> ② 공기 중에서 점화하면 연소하여 폭발의 위험이 크다.
> ④ 제5류 위험물 중 질산에스테르류이다.

27 과산화나트륨에 대한 설명으로 틀린 것은?

① 알코올에 잘 녹아서 산소와 수소를 발생시킨다.
② 상온에서 물과 격렬하게 반응한다.
③ 비중이 약 2.8이다.
④ 조해성 물질이다.

> **해설**
> 과산화나트륨(Na_2O_2)은 알코올과 반응하여 과산화수소를 발생시킨다.

28 다음 위험물 중 지정수량이 나머지 셋과 다른 하나는?

① 마그네슘 ② 금속분
③ 철분   ④ 유황

정답 23 ② 24 ③ 25 ④ 26 ③ 27 ① 28 ④

> **해설**
> 유황의 지정수량은 100kg이다.
> ① 마그네슘, ② 금속분, ③ 철분 : 500kg

29 제4류 위험물의 일반적인 성질에 대한 설명 중 틀린 것은?

① 대부분 유기화합물이다.
② 액체 상태이다.
③ 대부분 물보다 가볍다.
④ 대부분 물에 녹기 쉽다.

> **해설**
> 제4류 위험물은 대부분 물에 녹기 어렵다.

30 다음 물질 중 과염소산칼륨과 혼합하였을 때 발화폭발의 위험이 가장 높은 것은?

① 석면 ② 금
③ 유리 ④ 목탄

> **해설**
> 과염소산칼륨은 목탄, 유기물 등과 혼합했을 때 발화폭발의 위험이 높다.

31 피리딘의 일반적인 성질에 대한 설명 중 틀린 것은?

① 순수한 것은 무색 액체이다.
② 약알칼리성을 나타낸다.
③ 물보다 가볍고, 증기는 공기보다 무겁다.
④ 흡습성이 없고, 비수용성이다.

> **해설**
> 피리딘(C_5H_5N)은 제1석유류 수용성 물질에 속한다.

32 메틸리튬과 물의 반응 생성물로 옳은 것은?

① 메탄, 수소화리튬
② 메탄, 수산화리튬
③ 에탄, 수소화리튬
④ 에탄, 수산화리튬

> **해설**
> $CH_3Li + H_2O \rightarrow LiOH + CH_4$

33 위험물의 성질에 대한 설명 중 틀린 것은?

① 황린은 공기 중에서 산화할 수 있다.
② 적린은 $KClO_3$와 혼합하면 위험하다.
③ 황은 물에 매우 잘 녹는다.
④ 황화인은 가연성 고체이다.

> **해설**
> ③ 황은 물에 녹기 어려우며 고무상황을 제외하고 이황화탄소에 잘 녹는다.

34 다음 중 인화점이 가장 높은 것은?

① 등유
② 벤젠
③ 아세톤
④ 아세트알데히드

> **해설**
> 등유는 제2석유류로 특수인화물인 아세트알데히드와 제1석유류인 벤젠과 아세톤에 비하여 인화점이 높다.

35 다음 위험물 중 물보다 가벼운 것은?

① 메틸에틸케톤
② 니트로벤젠

정답 29 ④ 30 ④ 31 ④ 32 ② 33 ③ 34 ①

③ 에틸렌글리콜
④ 글리세린

> **해설**
> 메틸에틸케톤은 제1석유류 비수용성이며 물보다 가볍다.

36 트리니트로톨루엔의 작용기에 해당하는 것은?

① $-NO$ ② $-NO_2$
③ $-NO_3$ ④ $-NO_4$

> **해설**
> 톨루엔($C_6H_5CH_3$)에 니트로화 반응시켜 트리니트로톨루엔[$CH_2CH_3(NO_2)_3$]을 생성하며, 니트로기($-NO_2$) 3개가 치환된다.

37 다음 중 제5류 위험물로만 나열되지 않은 것은?

① 과산화벤조일, 질산메틸
② 과산화초산, 디니트로벤젠
③ 과산화요소, 니트로글리콜
④ 아세토니트릴, 트리니트로톨루엔

> **해설**
> ④ 아세토니트릴은 제4류 위험물 중 제1석유류 수용성 물질이며, 트리니트로톨루엔은 제5류 위험물 중 니트로화합물이다.

38 제4류 위험물인 클로로벤젠의 지정수량으로 옳은 것은?

① 200L ② 400L
③ 1000L ④ 2000L

> **해설**
> 클로로벤젠(C_6H_5Cl)은 제4류 위험물 중 제2석유류 비수용성 물질이므로 지정수량은 1,000L이다.

39 알루미늄분의 성질에 대한 설명으로 옳은 것은?

① 금속 중에서 연소열량이 가장 작다.
② 끓는 물과 반응해서 수소를 발생한다.
③ 수산화나트륨 수용액과 반응해서 산소를 발생한다.
④ 안전한 저장을 위해 할로겐 원소와 혼합한다.

> **해설**
> 끓는 물과 반응하여 수소 기체와 수산화알루미늄을 생성한다.
> 반응식 : $2Al + 6H_2O \rightarrow 2Al(OH)_3 + 3H_2$

40 아조 화합물 800kg, 히드록실아민 300kg, 유기과산화물 40kg의 총 양은 지정수량의 몇 배에 해당하는가?

① 7배 ② 9배
③ 10배 ④ 11배

> **해설**
> 아조화합물 지정수량 : 200kg
> 히드록실아민 지정수량 : 100kg
> 유기과산화물 지정수량 : 10kg
> ∴ $\dfrac{저장수량}{지정수량} = \dfrac{800kg}{200kg} + \dfrac{300kg}{100kg} + \dfrac{40kg}{10kg}$
> $= 4 + 3 + 4 = 11$배

정답 35 ① 36 ② 37 ④ 38 ③ 39 ② 40 ④

41 위험물안전관리법령상 위험물제조소에 설치하는 배출설비에 대한 내용으로 틀린 것은?

① 배출설비는 예외적인 경우를 제외하고는 국소방식으로 하여야 한다.
② 배출설비는 강제배출 방식으로 한다.
③ 급기구는 낮은 장소에서 설치하고 인화방지망을 설치한다.
④ 배출구는 지상 2m 이상 높이에 연소의 우려가 없는 곳에 설치한다.

> **해설**
> ③ 배출설비의 급기구는 높은 곳에 설치하고 인화방지망을 설치한다.

42 위험물안전관리법령상 주유취급소 중 건축물의 2층을 휴게음식점의 용도로 사용하는 것에 있어 해당 건물의 2층으로부터 직접 주유 취급소의 부지 밖으로 통하는 출입구와 해당 출입구로 통하는 통로 계단에 설치하여야 하는 것은?

① 비상경보설비 ② 유도등
③ 비상조명등   ④ 확성장치

> **해설**
> 유도등을 설치하여야 한다.

43 아염소산나트륨의 저장 및 취급 시 주의사항으로 가장 거리가 먼 것은?

① 물속에 넣어 냉암소에 저장한다.
② 강산류와의 접촉을 피한다.
③ 취급 시 충격, 마찰을 피한다.
④ 가연성 물질과 접촉을 피한다.

> **해설**
> 제1류 위험물은 조해성이 있으므로 용기는 밀폐·밀봉하여 냉암소에 저장한다.

44 인화점이 21℃ 미만의 액체위험물의 옥외저장탱크 주입구에 설치하는 "옥외저장 탱크 주입구"라고 표시한 게시판의 바탕 및 문자색을 옳게 나타낸 것은?

① 백색바탕-적색문자
② 적색바탕-백색문자
③ 백색바탕-흑색문자
④ 흑색바탕-백색문자

> **해설**
> 화기엄금 및 화기주의(적색 바탕-백색문자) 또는 물기엄금(청색 바탕-백색문자) 주의사항을 표시하는 것 외에 장소를 표시하는 표지의 색상은 백색 바탕-흑색문자로 한다.

45 위험물의 운반에 관한 기준에서 다음 ( )에 알맞은 온도는 몇 ℃인가?

> 적재하는 제5류 위험물 ( )℃ 이하의 온도에서 분해될 우려가 있는 것은 보냉컨테이너에 수납하는 등 적정한 온도관리를 유지하여야 한다.

① 40
② 50
③ 55
④ 60

정답 41 ③ 42 ② 43 ① 44 ③ 45 ③

> **해설**
> ④ 제5류 위험물 중 55℃ 이하의 온도에서 분해될 우려가 있는 것은 보냉 컨테이너에 수납하는 등의 방법으로 적정한 온도관리를 한다.

46 위험물안전관리법령상 배출설비를 설치하여야 하는 옥내저장소의 기준에 해당하는 것은?

① 가연성 증기가 액화할 우려가 있는 장소
② 모든 장소의 옥내저장소
③ 가연성 미분이 체류할 우려가 있는 장소
④ 인화점이 70℃ 미만인 위험물의 옥내저장소

> **해설**
> 옥내저장소의 경우 인화점이 70℃ 미만인 위험물을 저장하는 저장 창고에는 배출설비를 설치하며, 제조소의 경우 가연성 증기 또는 미분이 체류할 우려가 있는 장소에 배출설비를 설치한다.

47 위험물안전관리법령상 연면적이 450㎡인 저장소의 건축물 외벽이 내화구조가 아닌 경우 이 저장소의 소화기 소요단위는?

① 3   ② 4.5
③ 6   ④ 9

> **해설**
> 저장소이며 내화구조가 아닌 경우는 75㎡를 1소요단위로 한다.
> $\therefore \dfrac{450m^2}{75m^2} = 6$

48 위험물안전관리법령상 위험물안전관리자의 책무에 해당하지 않는 것은?

① 화재 등의 재난이 발생한 경우 소방관서 등에 대한 연락 업무
② 화재 등의 재난이 발생한 경우 응급조치
③ 위험물의 취급에 관한 일지의 작성, 기록
④ 위험물안전관리자의 선임 신고

> **해설**
> 제조소등의 관계인(소유자, 점유자, 관리자)은 위험물안전관리자의 선임신고, 해임신고를 하여야 한다.

49 위험물안전관리법령상 옥내 소화전 설비의 기준에 따르면 펌프를 이용한 가압송수장치에서 펌프의 토출량은 옥내소화전의 설치개수가 가장 많은 층에 대해 해당 설치개수(5개 이상인 경우에는 5개)에 얼마를 곱한 양 이상이 되도록 하여야 하는가?

① 260L/min   ② 360L/min
③ 460L/min   ④ 560L/min

> **해설**
> 옥내소화전 설비의 방수량은 260L/min을 기준으로 하며, 옥외소화전 설비의 방수량은 450L/min을 기준으로 한다.

50 위험물안전관리법령상 주유취급소에 설치 운영할 수 없는 건축물 또는 시설은?

① 주유취급소를 출입하는 사람을 대상으로 하는 그림전시장
② 주유취급소를 출입하는 사람을 대상으로 하는 일반음식점

정답 46 ④   47 ③   48 ④   49 ①

③ 주유원 주거시설
④ 주유취급소를 출입하는 사람을 대상으로 하는 휴게음식점

> **해설**
> 일반음식점은 해당하지 않는다. 주유취급소에 출입하는 사람을 대상으로 한 **점포, 휴게음식점** 또는 **전시장**은 설치 및 운영할 수 있다.

51 제2류 위험물 중 인화성 고체의 제조소에 설치하는 주의사항 게시판에 표시할 내용을 옳게 나타낸 것은?

① 적색바탕에 백색 문자로 "화기엄금" 표시
② 적색바탕에 백색 문자로 "화기주의" 표시
③ 백색바탕에 적색 문자로 "화기엄금" 표시
④ 백색바탕에 적색 문자로 "화기주의" 표시

> **해설**
> 인화성 고체는 화기엄금을 주의사항 게시판으로 하며 그 밖의 제2류 위험물은 화기주의를 주의사항 게시판으로 한다. 공통적으로 적색바탕에 백색 문자로 주의사항 게시판을 표시하여야 한다.

52 위험물안전관리법령상 옥내탱크저장소의 기준에서 옥내저장탱크 상호 간에는 몇 m 이상의 간격을 유지하여야 하는가?

① 0.3   ② 0.5
③ 0.7   ④ 1.0

> **해설**
> 옥내탱크저장소의 기준에서 옥내저장탱크 상호 간에는 0.5m 이상의 간격을 유지하여야 한다.

53 위험물안전관리법령상 소화전용 물통 8L의 능력 단위는?

① 0.3   ② 0.5
③ 1.0   ④ 1.5

> **해설**
>
> | 소화설비 | 용량 | 능력 단위 |
> |---|---|---|
> | 소화전용 물통 | 8L | 0.3 |
> | 수조(소화전용 물통 3개 포함) | 80L | 1.5 |
> | 수조(소화전용 물통 3개 포함) | 190L | 2.5 |
> | 마른모래(삽 1개 포함) | 50L | 0.5 |
> | 팽창질석 또는 팽창진주암(삽 1개 포함) | 160L | 1.0 |

54 위험물안전관리법령상 제4류 위험물의 품명에 따른 위험등급과 옥내저장소 하나의 저장창고 바닥면적 기준을 옳게 나열한 것은? (단, 전용의 독립된 단층건물에 설치하며, 구획된 실이 없는 하나의 저장창고인 경우에 한한다.)

① 제1석유류 : 위험등급 Ⅰ, 최대 바닥면적 1000㎡
② 제2석유류 : 위험등급 Ⅰ, 최대 바닥면적 2000㎡
③ 제3석유류 : 위험등급 Ⅱ, 최대 바닥면적 1000㎡
④ 알코올류 : 위험등급 Ⅱ, 최대 바닥면적 1000㎡

정답 50 ② 51 ① 52 ② 53 ① 54 ④

> **해설**
> ① 제1석유류 : 위험등급 Ⅱ, 최대 바닥 면적 1000㎡
> ② 제2석유류 : 위험등급 Ⅲ, 최대 바닥 면적 2000㎡
> ③ 제3석유류 : 위험등급 Ⅲ, 최대 바닥 면적 2000㎡

55 위험물옥외저장탱크의 통기관에 관한 사항으로 옳지 않은 것은?

① 밸브 없는 통기관의 직경은 30mm 이상으로 한다.
② 대기밸브 부착 통기관은 항시 열려 있어야 한다.
③ 밸브 없는 통기관의 선단은 수평면보다 45도 이상 구부려 빗물 등의 침투를 막는 구조로 한다.
④ 대기밸브 부착 통기관은 5kPa 이하의 압력차로 작동할 수 있어야 한다.

> **해설**
> ② 대기밸브는 평상시에 닫힌 상태로 있다가 탱크의 압력이 5kPa 이하의 압력차이로 밸브가 열려 탱크 내부의 유증기 등을 외부로 방출하거나 또는 탱크 내부로 외부의 공기를 흡인할 수 있어야 한다.

56 다음 중 위험물안전관리법령상 지정수량의 1/10을 초과하는 위험물을 운반할 때 혼재할 수 없는 경우는?

① 제1류 위험물과 제6류 위험물
② 제2류 위험물과 제4류 위험물
③ 제4류 위험물과 제5류 위험물
④ 제5류 위험물과 제3류 위험물

> **해설**
>
> | 구분 | 제1류 | 제2류 | 제3류 | 제4류 | 제5류 | 제6류 |
> |---|---|---|---|---|---|---|
> | 제1류 | | × | × | × | × | ○ |
> | 제2류 | × | | × | ○ | ○ | × |
> | 제3류 | × | × | | ○ | × | × |
> | 제4류 | × | ○ | ○ | | ○ | × |
> | 제5류 | × | ○ | × | ○ | | × |
> | 제6류 | ○ | × | × | × | × | |

57 이동저장탱크에 알킬알루미늄을 저장하는 경우에 불활성 기체를 봉입하는데 이때의 압력은 몇 kPa 이하이어야 하는가?

① 10 ② 20
③ 30 ④ 40

> **해설**
> 알킬알루미늄의 이동탱크에 알킬알루미늄을 저장할 때에는 20kPa 이하의 압력으로 불활성 기체를 봉입하여야 한다.

58 위험물 옥외저장소에서 지정수량 200배 초과의 위험물을 저장할 경우 경계표시 주위의 보유 공지 너비는 몇 m 이상으로 하여야 하는가?(단, 제4류 위험물과 제6류 위험물이 아닌 경우이다.)

① 0.5m
② 2.5m
③ 10m
④ 15m

정답 55 ② 56 ④ 57 ② 58 ④

> **해설**

저장 또는 취급하는 위험물의 최대수량	옥외저장소 공지의 너비
지정수량의 10배 이하	3m 이상
지정수량의 10배 초과 20배 이하	5m 이상
지정수량의 20배 초과 50배 이하	9m 이상
지정수량의 50배 초과 200배 이하	12m 이상
지정수량의 200배 초과	15m 이상

(단, 제4류 위험물 중 제4석유류 또는 제6류 위험물을 저장하는 경우 공지의 너비를 1/3로 단축할 수 있다.)

59 위험물안전관리법령상 옥외저장소 중 덩어리상태의 유황만을 지반면에 설치한 경계표시의 안쪽에서 저장 또는 취급할 때 경계표시의 높이는 몇 m이하로 하여야 하는가?

① 1   ② 1.5
③ 2   ④ 2.5

> **해설**
> 옥외저장소 중 덩어리상태의 유황만을 지반면에 설치한 경계표시의 안쪽에서 저장 또는 취급할 때 경계표시의 높이는 1.5m 이하로 하여야 한다.

60 그림과 같은 위험물 저장탱크의 내용적은 약 몇 ㎥인가?

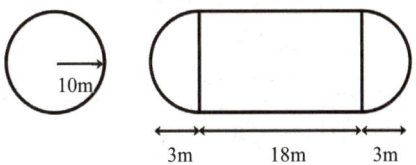

① 4681   ② 5482
③ 6283   ④ 7080

> **해설**
> $$내용적 = \pi \times 10^2 \times \left(18 + \frac{3+3}{3}\right)$$
> $$= 6283.19 m^3$$

정답 59 ②   60 ③

2016년 5회 위험물기능사

01 다음 중 위험물안전관리법에 따른 소화설비의 구분에서 물분무등소화설비에 속하지 않는 것은 무엇인가?

① 불활성가스소화설비
② 포소화설비
③ 스프링클러설비
④ 분말소화설비

해설
물분무등소화설비의 종류에는 물분무소화설비, 포소화설비, 불활성가스소화설비, 할로겐화합물소화설비, 분말소화설비가 있다.

02 화재 시 이산화탄소를 방출하여 산소의 농도를 12.5%로 낮추어 소화하려면 공기 중의 이산화탄소의 농도는 약 몇 vol%로 해야 하는가?

① 30.7
② 32.8
③ 40.5
④ 68.0

해설
21% = 이산화탄소(%) + 12.5%
이산화탄소 = 8.5%
$$\frac{8.5}{8.5+12.5} \times 100 = 40.5\%$$

03 이동저장탱크로부터 알킬알루미늄을 꺼낼 때에는 동시에 불활성 기체를 봉입하는데 이 때의 압력은 몇 kPa 이하이어야 하는가?

① 250
② 200
③ 100
④ 50

해설
이동탱크저장소에서 알킬알루미늄을 꺼낼 때에는 동시에 200kPa 이하의 압력으로 불활성 기체를 봉입하며, 저장할 때에는 20kPa 이하의 압력으로 불활성 기체를 봉입한다.

04 주된 연소형태가 표면연소인 것은 무엇인가?

① 숯
② 목재
③ 플라스틱
④ 나프탈렌

해설
목재, 플라스틱 : 분해연소
나프탈렌 : 증발연소

05 정전기를 유효하게 제거하기 위해 공기 중 상대습도를 몇 % 이상으로 하는가?

① 50%
② 60%
③ 70%
④ 80%

정답 01 ③ 02 ③ 03 ② 04 ① 05 ③

> **해설**
> 정전기 제거방법에는 접지, 공기를 이온화, 공기 중 상대습도를 70% 이상으로 하는 방법 등이 있다.

06 제조소등의 허가청이 제조소등의 관계인에게 제조소등의 사용정지처분 또는 허가취소처분을 할 수 있는 사유가 아닌 것은?

① 소방서장으로부터 변경허가를 받지 아니하고 제조소등의 위치·구조 또는 설비를 변경한 때
② 소방서장의 수리·개조 또는 이전의 명령을 위반한 때
③ 정기점검을 하지 아니한 때
④ 소방서장의 출입검사를 정당한 사유 없이 거부한 때

> **해설**
> ④ 소방서장의 출입·검사 또는 수거를 거부·방해 또는 기피한 자는 1년 이하의 징역 또는 1천만원 이하의 벌금에 처한다.

07 탄산수소칼륨과 요소의 반응생성물로 된 것은 제 몇 종 분말인가?

① 제1종   ② 제2종
③ 제3종   ④ 제4종

> **해설**
> 제4종 분말소화약제의 주성분은 탄산수소칼륨($KHCO_3$)과 요소($(NH_2)_2CO$)의 반응생성물이다.

08 폭발 시 연소파의 전파속도 범위에 가장 가까운 것은?

① 0.1~10m/s
② 100~1,000m/s
③ 1,000~3,500m/s
④ 5,000~10,000m/s

> **해설**
> 폭발의 전파속도는 0.1~10m/s, 폭굉의 전파속도는 1,000~3,500m/s이다.

09 제4류 위험물의 옥외저장탱크에 대기밸브부착 통기관을 설치할 때 몇 kPa 이하의 압력차이로 작동하여야 하는가?

① 5kPa   ② 10kPa
③ 15kPa   ④ 20kPa

> **해설**
> 대기밸브부착 통기관은 5kPa 이하의 압력차이로 작동하여야 한다.

10 다음 중 기타소화설비의 능력단위에 대한 설명으로 틀린 것은?

① 수조 8L의 능력단위는 0.3단위이다.
② 소화전용 물통 3개를 포함한 수조 80L의 능력단위는 1.5단위이다.
③ 소화전용 물통 6개를 포함한 수조 190L의 능력단위는 2.5단위이다.
④ 삽 1개를 포함한 마른모래 50L의 능력단위는 0.5단위이다.

> **해설**
> ① 물통 8L의 능력단위는 0.3단위이다.

정답 06 ④   07 ④   08 ①   09 ①   10 ①

11 연소에 필요한 산소공급원을 단절하는 것은 무엇인가?

① 제거소화
② 질식소화
③ 희석소화
④ 억제소화

해설
질식소화는 산소공급원을 차단하여 소화하는 방법이다.

12 일반적인 성질이 산소공급원이 되는 위험물로 내부연소를 하는 것은?

① 제1류 위험물
② 제2류 위험물
③ 제5류 위험물
④ 제6류 위험물

해설
제5류 위험물은 내부연소성 물질로 가연물이 되는 동시에 자체적으로 산소를 포함하고 있어 산소공급원으로도 작용이 가능하다.

13 이산화탄소소화약제의 저장용기 설치기준으로 옳은 것은?

① 저압식 저장용기의 충전비 : 1.0 이상 1.3 이하
② 고압식 저장용기의 충전비 : 1.3 이상 1.7 이하
③ 저압식 저장용기의 충전비 : 1.1 이상 1.4 이하
④ 고압식 저장용기의 충전비 : 1.7 이상 2.1 이하

해설
저압식의 경우 1.1 이상 1.4 이하이며, 고압식의 경우 1.5 이상 1.9 이하로 한다.

14 소화난이도등급 Ⅰ의 제조소에서 화재발생 시 연기가 충만할 우려가 있는 장소에 설치해야 하는 소화설비는?

① 강화액소화기
② 옥외소화전설비
③ 옥내소화전설비
④ 스프링클러설비

해설
소화난이도등급 Ⅰ의 제조소 또는 일반취급소에 설치하여야 하는 소화설비는 옥내소화전설비, 옥외소화전설비, 스프링클러설비 또는 물분무등소화설비(단, 화재발생시 연기가 충만할 우려가 있는 장소에는 **스프링클러설비 또는 이동식 외의 물분무등소화설비에 한한다**)를 설치하여야 한다.

15 옥외소화전은 방호대상물의 각 부분에서 하나의 호스접속구까지의 수평거리가 얼마 이하가 되도록 설치해야 하는가?

① 20m
② 30m
③ 40m
④ 50m

정답 11 ② 12 ③ 13 ③ 14 ④ 15 ③

> **해설**
> 옥외소화전은 방호대상물의 각 부분에서 하나의 호스접속구까지의 수평거리가 40m 이하가 되도록 설치하여야 한다.

16 옥내저장소에서 지정수량의 몇 배 이상을 저장 또는 취급할 때 자동화재탐지설비를 설치하여야 하는가?

① 지정수량의 10배 이상을 저장·취급할 때
② 지정수량의 50배 이상을 저장·취급할 때
③ 지정수량의 100배 이상을 저장·취급할 때
④ 지정수량의 150배 이상을 저장·취급할 때

> **해설**
> 옥내저장소에서 지정수량의 100배 이상을 저장 또는 취급하는 것(고인화점위험물만을 저장 또는 취급하는 것을 제외한다)에 자동화재탐지설비를 설치하며, 지정수량의 10배 이상을 저장 또는 취급하는 것에 자동화재탐지설비, 비상경보설비, 확성장치 또는 비상방송설비 중 1종 이상을 설치하여야 한다.

17 옥외소화전설비의 기준에서 옥외소화전함은 옥외소화전으로부터 보행거리 몇 m 이하의 장소에 설치하여야 하는가?

① 1.5   ② 5
③ 7.5   ④ 10

> **해설**
> 옥외소화전설비의 기준에서 옥외소화전함은 옥외소화전으로부터 보행거리 5m 이하의 장소에 설치한다.

18 위험물제조소등에 전기배선, 조명기구 등을 제외한 전기설비가 설치되어 있는 경우에는 당해 장소의 면적 몇 ㎡마다 소형수동식 소화기를 1개 이상 설치하여야 하는가?

① 100   ② 150
③ 200   ④ 300

> **해설**
> 제조소등에 전기배선, 조명기구 등을 제외한 전기설비가 설치된 경우에는 해당 장소의 면적 100㎡마다 소형수동식 소화기를 1개 이상 설치해야 한다.

19 위험물제조소등에 설치해야 하는 각 소화설비의 설치기준에 있어서 각 노즐 또는 헤드선단의 방사압력기준이 나머지 셋과 다른 설비는?

① 옥내소화전설비
② 옥외소화전설비
③ 스프링클러설비
④ 물분무소화설비

> **해설**
> 스프링클러 헤드를 동시에 사용시 각 선단의 방사압력이 100kPa 이상, 방수량은 80L/분 이상의 성능을 확보하여야 한다.

정답 16 ③   17 ②   18 ①   19 ③

20 과산화나트륨의 화재현장에서 주수소화가 불가능한 이유는?

① 수소가 발생하기 때문에
② 산소가 발생하기 때문에
③ 이산화탄소가 발생하기 때문에
④ 일산화탄소가 발생하기 때문에

> **해설**
> 과산화나트륨은 제1류 위험물 중 알칼리금속에 해당하므로 물과 반응 시 산소가 발생하기 때문에 탄산수소염류분말, 건조사, 팽창질석, 팽창진주암으로 소화한다.

21 탄화알루미늄이 물과 반응하여 폭발의 위험이 있는 것은 어떤 가스를 발생하기 때문인가?

① 수소
② 메탄
③ 아세틸렌
④ 암모니아

> **해설**
> $Al_4C_3 + 12H_2O \rightarrow 4Al(OH)_3 + 3CH_4$

22 벤조일퍼옥사이드 10kg, 니트로글리세린 50kg, TNT 400kg을 저장하려 할 때 각 위험물의 지정수량 배수의 총 합은?

① 5
② 7
③ 8
④ 10

> **해설**
> 벤조일퍼옥사이드, 니트로글리세린 지정수량 : 10kg
> 트리니트로톨루엔 : 200kg
> $\frac{10kg}{10kg} + \frac{50kg}{10kg} + \frac{400kg}{200kg} = 8$배

23 TNT가 폭발했을 때 발생하는 유독기체는?

① N_2
② CO_2
③ H_2
④ CO

> **해설**
> TNT의 열분해시 발생하는 가스 중 질소, 이산화탄소, 수소 기체는 독성이 존재하지 않는다.
> $C_6H_2CH_3(NO_2)_3 \rightarrow 6CO + C + 1.5N_2 + 2.5H_2$

24 위험물의 이동탱크저장소 차량에 "위험물"이라고 표시한 표지를 설치할 때 표지의 바탕색은?

① 흰색
② 적색
③ 흑색
④ 황색

> **해설**
> 이동탱크저장소 차량의 후면 또는 전면의 상단에 0.6m×0.3m 이상의 직사각형으로 표지를 설치하며 흑색바탕에 황색문자로 "위험물" 표시를 하여야 한다.

정답 20 ② 21 ② 22 ③ 23 ④ 24 ③

25 1기압에서 액체인 미상의 위험물을 측정하였더니 인화점이 32.2℃, 발화점이 257℃로 측정되었다. 다음 제4류 위험물 중 해당하는 품명은?

① 특수인화물　② 제1석유류
③ 제2석유류　④ 제3석유류

> **해설**
> 제2석유류의 인화점 범위 : 21℃ 이상 70℃ 미만이다.

26 위험물안전관리법에서 정하는 용어의 정의로 옳지 않은 것은?

① 위험물이라 함은 인화성 또는 발화성 등의 성질을 가지는 것으로 대통령령이 정하는 물품이다.
② 제조소라 함은 지정수량 이상의 위험물을 제조할 목적으로 위험물을 취급하기 위하여 규정에 따른 허가를 받은 장소를 말한다.
③ 저장소라 함은 지정수량 이상의 위험물을 저장하기 위한 대통령령이 정하는 장소로서 규정에 따른 허가를 받은 장소를 말한다.
④ 취급소라 함은 지정수량 이상의 위험물을 제조 외의 목적으로 취급하기 위한 대통령령이 정하는 장소로서 허가를 받은 장소를 말한다.

> **해설**
> ② "제조소"라 함은 위험물을 제조할 목적으로 지정수량 이상의 위험물을 취급하기 위하여 허가를 받은 장소이다.

27 $HO-CH_2CH_2-OH$의 지정수량은 몇 L인가?

① 1,000L　② 2,000L
③ 4,000L　④ 6,000L

> **해설**
> 제4류 위험물 중 제3석유류 수용성 물질(지정수량 4,000L)인 에틸렌글리콜의 화학식이다.

28 방향족 탄화수소에 해당하는 것은?

① 톨루엔
② 아세트알데히드
③ 아세톤
④ 디에틸에테르

> **해설**
> 벤젠 고리가 포함된 톨루엔은 방향족 탄화수소에 해당하며, 나머지 물질은 지방족 탄화수소에 해당한다.

29 디에틸에테르와 벤젠의 공통성질에 대한 설명으로 옳은 것은?

① 증기비중은 1보다 크다.
② 인화점은 -10℃보다 높다.
③ 착화온도는 200℃보다 낮다.
④ 연소범위의 상한이 60%보다 크다.

> **해설**
> ② 디에틸에테르 : -45℃, 벤젠 : -11℃
> ③ 디에틸에테르 : 180℃, 벤젠 : 562℃
> ④ 디에틸에테르 : 1.9~48%, 벤젠 : 1.4~7.1%

정답　25 ③　26 ②　27 ③　28 ①　29 ①

30 다음 반응식과 같이 벤젠 1kg이 연소할 때 발생되는 CO_2의 양은 약 몇 m^3인가?(단, 27℃, 750mmHg 기준이다.)

$$C_6H_6 + 7.5O_2 \rightarrow 6CO_2 + 3H_2O$$

① 0.72m^3 ② 1.22m^3
③ 1.92m^3 ④ 2.42m^3

> **해설**
> $C_6H_6 + 7.5O_2 \rightarrow 6CO_2 + 3H_2O$
> 1kg $x\,m^3$
> 78kg $6 \times 22.4\,m^3$
> $x = \dfrac{6 \times 22.4}{78} = 1.72\,m^3$
> $1.72 \times \dfrac{(273+27)K}{273K} \times \dfrac{760mmHg}{750mmHg}$
> $= 1.92\,m^3$

31 제4류 위험물에 대한 설명 중 틀린 것은?

① 이황화탄소는 물보다 무겁다.
② 아세톤은 물에 녹지 않는다.
③ 톨루엔 증기는 공기보다 무겁다.
④ 디에틸에테르의 연소범위 하한은 약 1.9%이다.

> **해설**
> ② 아세톤은 수용성 물질이다.

32 촉매 존재하에서 일산화탄소와 수소를 고온·고압에서 합성시켜 제조하는 물질로 산화하면 포름알데히드가 되는 것은 무엇인가?

① 메탄올 ② 벤젠
③ 휘발유 ④ 등유

> **해설**
> 메탄올이 산화하면 포름알데히드가 되며, 2차 산화시 포름산이 된다.

33 다음 중 저장할 때 보호액으로 물을 이용하는 것은?

① 삼산화크롬
② 아연
③ 나트륨
④ 황린

> **해설**
> 황린은 자연발화성 물질로 pH 9인 약알칼리성의 물에 저장한다.

34 마그네슘이 염산과 반응 시 발생하는 기체는?

① 수소   ② 산소
③ 이산화탄소 ④ 염소

> **해설**
> $Mg + 2HCl \rightarrow MgCl_2 + H_2$

35 옥내저장소에서 위험물을 유별로 정리하고 서로 1m 이상의 간격을 두는 경우 유별을 달리하는 위험물을 동일한 저장소에 저장할 수 있는 것은?

① 과산화나트륨과 벤조일퍼옥사이드
② 과염소산나트륨과 질산
③ 황린과 트리에틸알루미늄
④ 유황과 아세톤

> **정답** 30 ③ 31 ② 32 ① 33 ④ 34 ① 35 ②

> **해설**
>
> 제1류 위험물과 제6류 위험물은 함께 저장이 가능하다.
> 유별이 다른 위험물을 동일한 저장소에 저장하는 경우 유별로 정리하여 서로 1m 이상의 간격을 두었을 때 다음과 같이 저장할 수 있다.
> - 제1류 위험물(알칼리금속의 과산화물 제외)과 제5류 위험물
> - 제1류 위험물과 제6류 위험물
> - 제1류 위험물과 제3류 위험물 중 자연발화성 물질(황린)
> - 제2류 위험물 중 인화성 고체와 제4류 위험물
> - 제3류 위험물 중 알킬알루미늄등과 제4류 위험물(알킬알루미늄 또는 알킬리튬을 함유한 것)
> - 제4류 위험물 중 유기과산화물과 제5류 위험물 중 유기과산화물

36 벤조일퍼옥사이드의 위험성에 대한 설명으로 틀린 것은?

① 상온에서 분해되며 수분이 흡수되면 폭발성을 가지므로 건조된 상태로 보관한다.
② 강산에 의해 분해 폭발의 위험이 있다.
③ 충격, 마찰에 의해 분해되어 폭발할 위험이 있다.
④ 가연성 물질과 접촉하면 발화의 위험이 높다.

> **해설**
>
> 벤조일퍼옥사이드는 약 100℃에서 분해되며 건조된 상태에서 폭발성을 가지므로 위험하다.

37 지정과산화물을 저장하는 옥내저장소의 저장창고를 일정 면적마다 구획하는 격벽의 설치기준에 해당하지 않는 것은?

① 저장창고 상부의 지붕으로부터 50cm 이상 돌출하도록 하여야 한다.
② 저장창고 양측의 외벽으로부터 1m 이상 돌출하도록 하여야 한다.
③ 철근콘크리트조의 경우 두께가 30cm 이상이어야 한다.
④ 바닥면적 250㎡ 이내마다 완전하게 구획하여야 한다.

> **해설**
>
> 바닥면적 150㎡ 이내마다 완전하게 구획하여야 한다.

38 위험물안전관리법령상 품명이 질산에스테르류에 속하지 않는 것은?

① 질산에틸
② 니트로글리세린
③ 니트로톨루엔
④ 니트로셀룰로오스

> **해설**
>
> ③ 니트로톨루엔은 제4류 위험물 중 제3석유류에 해당한다.

39 질산의 성질에 대한 설명으로 틀린 것은?

① 연소성이 있다.
② 물과 혼합하여 발열한다.
③ 부식성이 있다.
④ 강한 산화제이다.

정답 36 ① 37 ④ 38 ③ 39 ①

> **해설**
> 제6류 위험물인 질산은 불연성이다.

40 오황화인과 칠황화인이 물과 반응했을 때 공통으로 나오는 물질은?

① 이산화황 ② 황화수소
③ 인화수소 ④ 삼산화황

> **해설**
> 황화인은 물과 반응했을 때 황화수소 기체(H_2S)와 인산(H_3PO_4)이 나온다.

41 트리니트로페놀에 대한 설명으로 옳은 것은?

① 발화방지를 위해 휘발유에 저장한다.
② 구리용기에 넣어 보관한다.
③ 무색투명한 액체이다.
④ 알코올, 벤젠 등에 녹는다.

> **해설**
> ① 건조 상태가 위험하므로 물에 습면시켜 저장한다.
> ② 구리 등 금속과 반응하여 피크린산염을 생성하므로 위험하다.
> ③ 휘황색의 침상결정이다.

42 트리메틸알루미늄이 물과 반응 시 생성되는 물질은?

① 산화알루미늄
② 메탄
③ 메틸알코올
④ 에탄

> **해설**
> $(CH_3)_3Al + 3H_2O \rightarrow Al(OH)_3 + 3CH_4$

43 위험물제조소에서 국소방식 배출설비의 배출능력은 1시간당 배출장소 용적의 몇 배 이상인 것으로 하는가?

① 5배   ② 10배
③ 15배 ④ 20배

> **해설**
> 제조소의 배출설비의 배출능력은 1시간당 배출장소 용적의 20배 이상인 것으로 할 것
> (전역방출방식 : 바닥면적 1㎡당 18㎥ 이상)

44 인화점이 가장 낮은 것은 무엇인가?

① CH_3COCH_3
② $C_2H_5OC_2H_5$
③ $CH_3(CH_2)_3OH$
④ CH_3OH

> **해설**
> ① 아세톤 : −18℃
> ② 디에틸에테르 : −45℃
> ③ 1-부틸알코올 : 29℃
> ④ 메틸알코올 : 11℃

45 과산화수소의 운반용기 외부에 표시해야 하는 주의사항은 무엇인가?

① 화기주의   ② 충격주의
③ 물기엄금   ④ 가연물접촉주의

정답 40 ② 41 ④ 42 ② 43 ④ 44 ② 45 ④

> **해설**
> 제6류 위험물이므로 "가연물접촉주의"를 표시하여야 한다.

46 위험물의 분류가 옳은 것은 무엇인가?

① 유기과산화물 – 제1류 위험물
② 황화인 – 제2류 위험물
③ 금속분 – 제3류 위험물
④ 무기과산화물 – 제5류 위험물

> **해설**
> ① 유기과산화물 – 제5류 위험물
> ③ 금속분 – 제2류 위험물
> ④ 무기과산화물 – 제1류 위험물

47 위험물제조소의 안전거리기준으로 틀린 것은?

① 초·중등교육법 및 고등교육법에 의한 학교 – 20m 이상
② 의료법에 의한 병원급 의료기관 – 30m 이상
③ 문화재보호법 규정에 의한 지정문화재 – 50m 이상
④ 사용전압이 35,000V를 초과하는 특고압가공전선 – 5m 이상

> **해설**
> ① 초·중등교육법 및 고등교육법에 의한 학교 – 30m 이상

48 염소산나트륨을 가열하여 분해시킬 때 발생하는 기체는 무엇인가?

① 산소 ② 질소
③ 나트륨 ④ 수소

> **해설**
> 제1류 위험물을 가열하여 분해시킬 때 산소 기체가 발생한다.
> $2KClO_3 \rightarrow 2KCl + 3O_2$

49 아염소산염류의 운반용기 중 적응성 있는 내장용기의 종류와 최대용적이나 중량을 옳게 나타낸 것은?(단, 외장용기의 종류는 나무상자 또는 플라스틱상자이고, 외장용기의 최대중량은 125kg으로 한다.)

① 금속제용기 : 20L
② 종이포대 : 55kg
③ 플라스틱필름포대 : 60kg
④ 유리용기 : 10L

> **해설**
> ① 금속제용기 : 30L
> ② 종이포대, ③ 플라스틱필름포대 : 125kg

50 다음 중 지정수량이 가장 작은 것은 무엇인가?

① 아세톤
② 디에틸에테르
③ 클레오소트유
④ 클로로벤젠

> **해설**
> ① 아세톤 : 400L
> ② 디에틸에테르 : 50L
> ③ 클레오소트유 : 2,000L
> ④ 클로로벤젠 : 1,000L

정답 46 ② 47 ① 48 ① 49 ④ 50 ②

51 제조소등에서 위험물을 유출시켜 사람의 신체 또는 재산에 위험을 발생시킨 자에 대한 벌칙기준으로 옳은 것은?

① 1년 이상 3년 이하의 징역
② 1년 이상 5년 이하의 징역
③ 1년 이상 7년 이하의 징역
④ 1년 이상 10년 이하의 징역

> **해설**
> 제조소등에서 위험물을 유출·방출 또는 확산시켜 사람의 생명·신체 또는 재산에 대하여 위험을 발생시킨 자는 1년 이상 10년 이하의 징역에 처하며, 사람을 상해(傷害)에 이르게 한 때에는 무기 또는 3년 이상의 징역에 처하며, 사망에 이르게 한 때에는 무기 또는 5년 이상의 징역에 처한다.

52 알루미늄을 침식시키지 못하고 부동태화 하는 것은 무엇인가?

① 묽은 염산
② 진한 질산
③ 황산
④ 묽은 질산

> **해설**
> 철, 니켈, 코발트, 망간, 알루미늄 등의 금속은 진한 질산에서 부동태화하며 묽은 질산에 녹는다.

53 위험물안전관리법상 설치허가 및 완공검사 절차에 관한 설명으로 틀린 것은 무엇인가?

① 지정수량의 3천배 이상의 위험물을 취급하는 제조소는 한국소방산업기술원으로부터 해당 제조소의 구조설비에 관한 기술검토를 받아야 한다.
② 50만L 이상인 옥외탱크저장소는 한국소방산업기술원으로부터 해당 탱크의 기초·지반 및 탱크본체에 관한 기술검토를 받아야 한다.
③ 지정수량의 1천배 이상의 제4류 위험물을 취급하는 일반취급소의 완공검사는 한국소방산업기술원이 실시한다.
④ 50만L 이상인 옥외탱크저장소의 완공검사는 한국소방산업기술원이 실시한다.

> **해설**
> 지정수량의 3천배 이상의 위험물을 취급하는 제조소 또는 일반취급소의 완공검사는 한국소방산업기술원이 실시하며, 3천배 미만의 위험물을 취급하는 경우 관할소방서에서 실시한다.

54 이동탱크저장소에 의한 위험물의 운송 시 준수하여야 하는 기준에서 다음 중 어떤 위험물을 운송할 때 위험물운송자는 위험물안전카드를 휴대하여야 하는가?

① 특수인화물, 제1석유류
② 알코올류, 제2석유류
③ 제3석유류 및 동식물유류
④ 제4석유류

> **해설**
> 제4류 위험물 중 특수인화물과 제1석유류는 운송할 때 위험물운송자는 위험물안전카드를 휴대하여야 한다.

정답 51 ④ 52 ② 53 ③ 54 ①

55 과산화수소가 이산화망간 촉매 하에서 분해가 촉진될 때 발생하는 가스는 무엇인가?

① 수소
② 산소
③ 아세틸렌
④ 질소

해설
$2H_2O_2 \rightarrow 2H_2O + O_2$

56 위험물저장탱크의 내용적이 300L일 때 탱크에 저장하는 위험물의 용량 범위로 적합한 것은 무엇인가?

① 240~270L
② 270~285L
③ 290~295L
④ 295~298L

해설
탱크의 공간용적은 내용적의 5~10%로 한다.
$300L \times 0.9 = 270L$
$300L \times 0.95 = 285L$

57 질산에틸의 분자량은 약 얼마인가?

① 76 ② 82
③ 91 ④ 105

해설
질산에틸 : $C_2H_5ONO_2$
$(12 \times 2) + (1 \times 5) + (16 \times 1) + (14 \times 1) + (16 \times 2) = 91$

58 금속리튬이 물과 반응하였을 때 생성되는 물질은?

① 수산화리튬과 수소
② 수산화리튬과 산소
③ 수소화리튬과 물
④ 산화리튬과 물

해설
$Li + H_2O \rightarrow LiOH + 0.5H_2$

59 질산칼륨을 약 400℃에서 가열하여 열분해시킬 때 생성되는 물질은?

① 질산과 산소
② 질산과 칼륨
③ 아질산칼륨과 산소
④ 아질산칼륨과 질소

해설
$2KNO_3 \rightarrow 2KNO_2 + O_2$

60 제4류 위험물의 품명 중 지정수량이 6,000L인 것은?

① 제3석유류 비수용성 액체
② 제3석유류 수용성 액체
③ 제4석유류
④ 동식물유류

해설
① 제3석유류 비수용성 : 2,000L
② 제3석유류 수용성 : 4,000L
④ 동식물유류 : 10,000L

정답 55 ② 56 ② 57 ③ 58 ① 59 ③ 60 ③

2017년 1회 위험물기능사

01 분말소화약제 중 제1종과 제2종 분말이 각각 열분해 될 때 공통적으로 생성되는 물질은?

① N_2, CO_2 ② N_2, O_2
③ H_2O, CO_2 ④ H_2O, N_2

해설

제1종 열분해 반응식 : $2NaHCO_3 \rightarrow Na_2CO_3 + H_2O + CO_2$
제2종 열분해 반응식 : $2KHCO_3 \rightarrow K_2CO_3 + H_2O + CO_2$

02 탄소 80%, 수소 14%, 황 6%인 물질 1kg이 완전연소하기 위해 필요한 이론 공기량은 약 몇 kg인가?(단, 공기 중 산소는 23wt%이다.)

① 3.31 ② 7.05
③ 11.62 ④ 14.41

해설

이론산소량을 먼저 계산하면
1) $C + O_2 \rightarrow CO_2$
12kg 32kg
80kg x
$12 \times x = 32 \times 80$
∴ $x = 213.33$kg
2) $S + O_2 \rightarrow SO_2$
32kg 32kg
6kg x
$32 \times x = 32 \times 6$
∴ $x = 6$kg

3) $2H_2 + O_2 \rightarrow H_2O$
4kg 32kg
14kg x
$4 \times x = 32 \times 14$
∴ $x = 112$kg
산출된 x값을 바탕으로 이론 공기량을 계산하면,
$\dfrac{213.33 + 6 + 112}{0.23} = 14.41$kg

03 건축물 화재 시 성장기에서 최성기로 진행될 때 실내온도가 급격히 상승하기 시작하면서 화염이 실내 전체로 급격히 확대되는 연소현상은?

① 슬롭오버(slop over)
② 플래시오버(flash over)
③ 보일오버(boil over)
④ 프로스오버(froth over)

해설

플래시오버란 화재 성장기에서 화재 최성기로 넘어가는 단계로 열이 축적되며 화염이 실내 전체로 급격한 전파되는 현상이다.

04 위험물의 품명과 지정수량이 잘못 짝지어진 것은?

① 황화린 – 50kg
② 마그네슘 – 500kg

정답 01 ③ 02 ④ 03 ②

③ 알킬알루미늄 – 10kg
④ 황린 – 20kg

> **해설**
> 황화린 지정수량 : 100kg

05 순수한 것은 무색, 투명한 기름상의 액체이고 공업용은 담황색인 위험물로 충격, 마찰에는 매우 예민하고 겨울철에는 동결할 우려가 있는 것은?

① 펜트리트
② 트리니트로벤젠
③ 니트로글리세린
④ 질산메틸

> **해설**
> 니트로글리세린은 어는점이 약 13℃로 겨울철 동결의 우려가 있으며 충격과 마찰에 매우 예민하여 물 또는 알코올에 습면시켜 저장한다.

06 과산화수소의 저장 및 취급 방법으로 옳지 않은 것은?

① 갈색 용기를 사용한다.
② 직사광선을 피하고 냉암소에 보관한다.
③ 농도가 클수록 위험성이 높아지므로 분해방지 안정제를 넣어 분해를 억제시킨다.
④ 장시간 보관 시 철분을 넣어 유리용기에 보관한다.

> **해설**
> ④ 금속과 반응하므로 취급 방법으로 적합하지 않다.

07 저장하는 위험물의 최대수량이 지정수량의 15배일 경우, 건축물의 벽·기둥 내화구조로 된 위험물옥내저장소의 보유공지는 몇 m 이상이어야 하는가?

① 0.5   ② 1
③ 2   ④ 3

> **해설**
> 옥내저장소의 보유공지
>
> | 저장 또는 취급하는 위험물의 최대수량 | 공지의 너비 | |
> |---|---|---|
> | | 벽·기둥 및 바닥이 내화구조로 된 건축물 | 그 밖의 건축물 |
> | 지정수량의 5배 이하 | – | 0.5m 이상 |
> | 지정수량의 5배 초과 10배 이하 | 1m 이상 | 1.5m 이상 |
> | 지정수량의 10배 초과 20배 이하 | 2m 이상 | 3m 이상 |
> | 지정수량의 20배 초과 50배 이하 | 3m 이상 | 5m 이상 |
> | 지정수량의 50배 초과 200배 이하 | 5m 이상 | 10m 이상 |
> | 지정수량의 200배 초과 | 10m 이상 | 15m 이상 |

08 인화점이 21℃ 미만의 액체위험물의 옥외저장탱크 주입구에 설치하는 "옥외저장 탱크 주입구"라고 표시한 게시판의 바탕 및 문자색을 옳게 나타낸 것은?

① 백색바탕–적색문자
② 적색바탕–백색문자

정답 04 ①   05 ③   06 ④   07 ③

③ 백색바탕-흑색문자
④ 흑색바탕-백색문자

해설
화기엄금 및 화기주의(적색 바탕-백색 문자) 또는 물기엄금(청색 바탕-백색 문자) 주의사항을 표시하는 것 외에 장소를 표시하는 표지의 색상은 백색 바탕-흑색 문자로 한다.

09 공장 창고에 보관되었던 톨루엔이 유출되어 미상의 점화원에 의해 착화되어 화재가 발생하였다면 이 화재의 분류로 옳은 것은?

① A급 화재
② B급 화재
③ C급 화재
④ D급 화재

해설
톨루엔, 벤젠 등의 인화성 액체의 경유 유류 화재(B급 화재)에 해당한다.

10 방호대상물의 바닥 면적이 150㎡ 이상인 경우에 개방형 스프링클러헤드를 이용한 스프링클러설비의 방사구역은 얼마 이상으로 하여야 하는가?

① 100㎡
② 150㎡
③ 200㎡
④ 400㎡

해설
개방형 스프링클러헤드를 이용한 스프링클러설비의 방사구역은 150㎡ 이상으로 하며, 바닥면적이 150㎡ 미만인 경우 당해 바닥면적을 방사구역으로 한다.

11 위험물안전관리법령상 제4류 위험물과 제6류 위험물에 모두 적응성이 있는 소화설비는 무엇인가?

① 불활성가스소화설비
② 할로겐화합물소화설비
③ 탄산수소염류소화설비
④ 인산염류분말소화설비

해설
④ 제4류 위험물과 제6류 위험물에 모두 적응성이 있는 소화설비는 인산염류 분말소화설비, 물분무소화설비, 포소화설비 등이다.

12 다음 중 제4류 위험물의 화재 시 물을 이용한 소화를 시도하기 전에 고려해야 하는 위험물의 성질로 가장 옳은 것은?

① 수용성, 비중
② 증기비중, 끓는점
③ 색상, 발화점
④ 분해온도, 녹는점

해설
비중이 1보다 작으며 비수용성인 제4류 위험물에 물을 이용한 소화시 연소면을 확대시키므로 주로 질식소화를 하여야 한다.

13 위험물안전관리법령상 주유취급소의 소화설비 기준과 관련한 설명 중 틀린 것은?

① 모든 주유취급소는 소화난이도등급Ⅱ 또는 소화난이도등급Ⅲ에 속한다.

정답 08 ③   09 ②   10 ②   11 ④   12 ①

② 소화난이도등급 Ⅲ에 해당하는 주유취급소에는 대형 수동식소화기 및 소형 수동식소화기 등을 설치하여야 한다.

③ 소화난이도등급 Ⅲ에 해당하는 주유취급소에는 소형 수동식소화기 등을 설치하여야 하며, 위험물의 소요단위 산정은 지하탱크저장소의 기준을 준용한다.

④ 모든 주유취급소의 소화설비 설치를 위해서는 위험물의 소요단위를 산출하여야 한다.

> **해설**
> 소화난이도등급 Ⅲ의 주유취급소에는 소형 수동식 소화기를 설치하며, 능력단위의 수치가 건축물 그 밖의 공작물 및 위험물의 소요단위의 수치에 이르도록 설치한다.

14 다음 물질 중 위험물 유별에 따른 구분이 나머지 셋과 다른 하나는?

① 질산은　　② 질산메틸
③ 무수크롬산　　④ 질산암모늄

> **해설**
> 질산메틸은 제5류 위험물 중 질산에스테르류이며 ①, ③, ④는 제1류 위험물에 해당한다.

15 소화효과에 대한 설명으로 틀린 것은?

① 기화잠열이 큰 소화약제를 사용할 경우 냉각소화 효과를 기대할 수 있다.
② 이산화탄소에 의한 소화는 주로 질식소화로 화재를 진압한다.
③ 할로겐화합물 소화약제는 주로 냉각소화를 한다.
④ 분말소화약제는 질식효과와 부촉매효과 등으로 화재를 진압한다.

> **해설**
> ③ 할로겐화합물 소화약제의 주된 소화방법은 억제소화이다.

16 알루미늄분의 위험성에 대한 설명 중 틀린 것은?

① 뜨거운 물과 접촉 시 격렬하게 반응한다.
② 산화제와 혼합하면 가열, 충격 등으로 발화할 수 있다.
③ 연소 시 수산화알루미늄과 수소를 발생한다.
④ 염산과 반응하여 수소를 발생한다.

> **해설**
> 연소 시 산화알루미늄을 생성한다.
> $4Al + 3O_2 \rightarrow 2Al_2O_3$

17 디에틸에테르에 대한 설명으로 옳은 것은?

① 연소하면 아황산가스를 발생하고, 마취제로 사용한다.
② 증기는 공기보다 무거우므로 물속에 보관한다.
③ 에탄올을 진한 황산을 이용해 축합반응시켜 제조할 수 있다.
④ 제4류 위험물 중 연소범위가 좁은 편에 속한다.

정답　13 ③　14 ②　15 ③　16 ③　17 ③

해설
① 디에틸에테르의 연소로 CO_2와 H_2O가 생성된다.
② 증기는 공기보다 무거우며, 물속에 보관하지 않는다.
④ 제4류 위험물 중 연소범위(1.9~48%)가 넓은 편에 속한다.

18 1기압에서 액체인 미상의 위험물을 측정하였더니 인화점이 32.2℃, 발화점이 257℃로 측정되었다. 다음 제4류 위험물 중 해당하는 품명은?
① 특수인화물
② 제1석유류
③ 제2석유류
④ 제3석유류

해설
제2석유류의 인화점 범위 : 21℃ 이상 70℃ 미만

19 TNT가 폭발했을 때 발생하는 유독기체는?
① N_2
② CO_2
③ H_2
④ CO

해설
TNT의 분해반응식 : $2C_6H_2CH_3(NO_2)_3 \rightarrow 12CO + 2C + 3N_2 + 5H_2$

20 질산의 성상에 대한 설명으로 옳은 것은?
① 흡습성이 강하고 부식성이 있는 무색의 액체이다.
② 햇빛에 의해 분해하여 암모니아가 생성되는 흰색을 띤다.
③ Au, Pt와 잘 반응하여 질산염과 질소가 생성된다.
④ 비휘발성이고 정전기에 의한 발화에 주의해야 한다.

해설
질산은 흡습성이 강하고 부식성이 있는 무색의 액체로 햇빛에 의해 분해하여 적갈색을 띠는 이산화질소를 생성한다.

21 위험물 저장탱크의 공간용적은 탱크 내용적의 얼마 이상, 얼마 이하로 하는가?
① 1/100 이상, 3/100 이하
② 2/100 이상, 5/100 이하
③ 5/100 이상, 10/100 이하
④ 10/100 이상, 20/100 이하

해설
탱크의 공간용적은 내용적의 5/100 이상 ~ 10/100 이하이다.

22 옥내저장소에 제3류 위험물인 황린을 저장하면서 위험물안전관리 법령에 의한 최소한의 보유공지로 3m를 옥내저장소 주위에 확보하였다. 이 옥내저장소에 저장하고 있는 황린의 수량은?(단, 옥내저장소의 구조는 벽·기둥 및 바닥이 내화구조로 되어 있고 그 외의 다른 사항은 고려하지 않는다.)
① 100kg 초과 500kg 이하
② 400kg 초과 1000kg 이하
③ 500kg 초과 5000kg 이하
④ 1000kg 초과 40000kg 이하

정답 18 ③ 19 ④ 20 ① 21 ③ 22 ②

> **해설**
> 황린을 지정수량(20kg)의 20배 초과 50배 이하로 저장하고 있으므로 옥내저장소에 저장하고 있는 수량은 400kg 초과 1,000kg 이하이다.

23 경유를 저장하는 옥외저장탱크의 반지름이 2m 이고 높이가 12m 일 때 탱크 옆판으로부터 방유제까지의 거리는 몇m 이상이어야 하는가?

① 4　　　　　　② 5
③ 6　　　　　　④ 7

> **해설**
> 방유제는 옥외저장탱크의 지름에 따라 그 탱크의 옆판으로부터 지름이 15m 미만인 경우에는 탱크 높이의 3분의 1 이상, 지름이 15m 이상인 경우에는 탱크 높이의 2분의 1 이상의 거리를 유지해야 한다.
> $\therefore 12m \times \frac{1}{3} = 4m$

24 경유를 저장하는 옥외탱크저장소에서 10,000리터 탱크 1기가 설치된 곳의 방유제 용량은 얼마 이상이 되어야 하는가?

① 5,000리터
② 10,000리터
③ 11,000리터
④ 20,000리터

> **해설**
> 탱크가 하나인 때 : 탱크 용량의 110% 이상(인화성 액체가 아닌 경우 100%)
> $\therefore 10,000 \times 1.1 = 11,000L$

25 위험물안전관리상 지하탱크저장소 탱크전용실의 안쪽과 지하저장탱크와의 사이는 몇 m 이상의 간격을 유지하여야 하는가?

① 0.1　　　　　② 0.2
③ 0.3　　　　　④ 0.5

> **해설**
> 지하탱크저장소 탱크전용실의 안쪽과 지하저장탱크와의 사이는 0.1m 이상의 간격을 유지하여야 한다.

26 위험물안전관리법령에 따른 이동저장탱크의 구조의 기준에 대한 설명으로 틀린 것은?

① 압력탱크는 최대상용압력의 1.5배의 압력으로 10분간 수압시험을 하여 새지 말 것
② 상용압력이 20kPa를 초과하는 탱크의 안전장치는 상용압력의 1.5배 이하의 압력에서 작동할 것
③ 방파판은 두께 1.6mm 이상의 강철판 또는 이와 동등 이상의 강도, 내식성 및 내열성을 갖는 재질로 할 것
④ 탱크는 두께 3.2mm 이상의 강철판 또는 이와 동등 이상의 강도, 내식성 및 내열성을 갖는 재질로 할 것

> **해설**
> 상용압력이 20kPa를 초과하는 탱크에 있어서는 상용압력의 1.1배 이하의 압력에서 작동하는 것으로 할 것

27 주유취급소의 벽(담)에 유리를 부착할 수 있는 기준에 대한 설명으로 옳은 것은?

① 유리 부착위치는 주입구, 고정주유설비로부터 2m 이상 이격되어야 한다.

정답　23 ①　24 ③　25 ①　26 ②

② 지반면으로부터 50cm를 초과하는 부분에 한하여 설치하여야 한다.
③ 하나의 유리판 가로의 길이는 2m 이내로 한다.
④ 유리의 구조는 기준에 맞는 강화유리로 하여야 한다.

> **해설**
> ① 유리 부착 위치는 주입구, 고정주유설비로부터 4m 이상 이격되어야 한다.
> ② 지반면으로부터 70센티미터를 초과하는 부분에 한하여 설치하여야 한다.
> ④ 유리의 구조는 기준에 맞는 접합유리로 하여야 한다.

28 이송취급소의 배관이 하천을 횡단하는 경우 하천 밑에 매설하는 배관의 외면과 계획하상(계획하상이 최소하상보다 높은 경우에는 최심하상)과의 거리는?

① 1.2m 이상　② 2.5m 이상
③ 3.0m 이상　④ 4.0m 이상

> **해설**
> 이송취급소의 배관이 하천을 횡단하는 경우 하천 밑에 매설하는 배관의 외면과 계획하상(계획하상이 최소하상보다 높은 경우에는 최심하상)과의 거리는 4.0m 이상으로 한다.

29. 위험물안전관리법상 제조소등에 대한 긴급 사용정지 명령에 관한 설명으로 옳은 것은?

① 시·도지사는 명령을 할 수 없다.
② 제조소등의 관계인 뿐 아니라 해당시설을 사용하는 자에게도 명령할 수 있다.
③ 제조소등의 관계자에게 위법사유가 없는 경우에도 명령할 수 있다.
④ 제조소등의 위험물취급설비의 중대한 결함이 발견되거나 사고우려가 인정되는 경우에만 명령할 수 있다.

> **해설**
> 시·도지사, 소방본부장 또는 소방서장은 공공의 안전을 유지하거나 재해의 발생을 방지하기 위하여 긴급한 필요가 있다고 인정하는 때에는 제조소등의 관계인에 대하여 당해 제조소등의 사용을 일시정지하거나 그 사용을 제한할 것을 명할 수 있다.

30 위험물안전관리법령상 정기점검 대상인 제조소 등의 조건이 아닌 것은?

① 예방규정 작성대상인 제조소 등
② 지하탱크저장소
③ 이동탱크저장소
④ 지정수량 5배의 위험물을 취급하는 옥외탱크를 둔 제조소

> **해설**
> 정기정검대상인 제조소 등의 조건은 다음과 같다.
> - 예방규정대상에 해당하는 것
> - 지하탱크저장소
> - 이동탱크저장소
> - 위험물을 취급하는 탱크로서 지하에 매설된 탱크가 있는 제조소, 주유취급소 또는 일반취급소

31 다음 물질 중 제1류 위험물이 아닌 것은?

① Na_2O_2　② $NaClO_3$
③ NH_4ClO_4　④ $HClO_4$

정답　27 ③　28 ④　29 ③　30 ④　31 ④

해설

① Na_2O_2 (과산화나트륨) : 제1류 위험물
② $NaClO_3$ (염소산나트륨) : 제1류 위험물
③ NH_4ClO_4 (과염소산암모늄) : 제1류 위험물
④ $HClO_4$ (과염소산) : 제6류 위험물

32 위험물안전관리자의 선임 등에 대한 설명으로 옳은 것은?

① 안전관리자는 국가기술자격 취득자 중에서만 선임하여야 한다.
② 안전관리자를 해임한 때에는 14일 이내에 다시 선임하여야 한다.
③ 제조소등의 관계인은 안전관리자가 일시적으로 직무를 수행할 수 없는 경우에는 14일 이내의 범위에서 안전관리자의 대리자를 지정하여 직무를 대행하게 하여야 한다.
④ 안전관리자를 선임 또는 해임한 때는 14일 이내에 신고하여야 한다.

해설

① 안전관리자는 국가기술자격 취득자(위험물기능장/위험물산업기사/위험물기능사)와 안전관리자 교육이수자, 소방공무원경력자 중에서 선임할 수 있다.
② 안전관리자를 해임한 때에는 30일 이내에 다시 선임하여야 한다.
③ 제조소등의 관계인은 안전관리자가 일시적으로 직무를 수행할 수 없는 경우에는 30일 이내의 범위에서 안전관리자의 대리자를 지정하여 직무를 대행하게 하여야 한다.

33 단백포소화약제 제조 공정에서 부동제로 사용하는 것은?

① 에틸렌글리콜
② 물
③ 가수분해 단백질
④ 황산제1철

해설

단백포 소화약제의 제조 공정에서 에틸렌글리콜을 부동제로 사용한다.

34 일반취급소의 형태가 옥외의 공작물로 되어 있는 경우에 있어서 그 최대수평 투영면적이 500㎡일 때 설치하여야 하는 소화설비의 소요단위는 몇 단위인가?

① 5단위
② 10단위
③ 15단위
④ 20단위

해설

제조소등의 옥외에 설치된 공작물은 외벽이 내화구조로 간주하고 공작물의 최대수평투영면적을 연면적으로 간주한다.
$$\therefore \frac{500m^2}{100m^2} = 5$$

정답 32 ④   33 ①   34 ①

35 국소방출방식의 이산화탄소 소화설비의 분사 헤드에서 방출되는 소화약제의 방사 기준은?

① 10초 이내에 균일하게 방사할 수 있을 것
② 15초 이내에 균일하게 방사할 수 있을 것
③ 30초 이내에 균일하게 방사할 수 있을 것
④ 60초 이내에 균일하게 방사할 수 있을 것

> **해설**
> 국소방출방식의 이산화탄소 소화설비의 분사헤드에서 방출되는 소화약제는 30초 이내에 균일하게 방사할 수 있을 것

36 가연물이 연소할 때 공기 중의 산소농도를 떨어뜨려 연소를 중단시키는 소화 방법은?

① 제거소화 ② 질식소화
③ 냉각소화 ④ 억제소화

> **해설**
> 질식소화는 산소의 공급을 단절하여 공기 중 산소농도를 떨어뜨려 최종적으로 연소를 중단시킬 수 있다.

37 과산화수소 용액의 분해를 방지하기 위한 방법으로 가장 거리가 먼 것은?

① 햇빛을 차단한다.
② 암모니아를 가한다.
③ 인산을 가한다.
④ 요산을 가한다.

> **해설**
> 과산화수소는 열에 의해 쉽게 분해되어 산소 기체를 방출하므로 햇빛을 차단하는 갈색병에 저장하고, 구멍이 뚫린 마개를 사용하여 분해된 산소 기체를 방출한다.

38 소화기에 "A-2"로 표시되어 있었다면 숫자 "2"가 의미하는 것은 무엇인가?

① 소화기의 제조번호
② 소화기의 소요단위
③ 소화기의 능력단위
④ 소화기의 사용순위

> **해설**
> A급 화재(일반화재)에 대한 능력단위 2단위에 적용되는 소화기이다.

39 질산의 비중이 1.5일 때, 1소요단위는 몇 L인가?

① 150   ② 200
③ 1500 ④ 2000

> **해설**
> 1소요단위는 지정수량의 10배이므로 $300kg \times 10$배$=3,000kg$이다. 비중 1.5를 고려하여 최종 소요단위를 산정한다.
> $\therefore 3,000kg \times \dfrac{L}{1.5kg} = 2,000L$

40 옥내소화전의 개폐밸브 및 호스접속구는 바닥면으로부터 몇 미터 이하의 높이에 설치하여야 하는가?

① 0.5   ② 1
③ 1.5   ④ 1.8

> **해설**
> 옥내, 옥외소화전설비의 개폐밸브 및 호스접속구는 바닥면으로부터 1.5m이하의 높이에 설치하여야 한다.

정답 35 ③　36 ②　37 ②　38 ③　39 ④　40 ③

41 제1종 분말소화약제의 화학식과 색상이 옳게 연결된 것은?

① NaHCO₃ – 백색
② KHCO₃ – 백색
③ NaHCO₃ – 담홍색
④ KHCO₃ – 담홍색

> **해설**
>
> | 구분 | 주성분의 화학식 | 색상 |
> |---|---|---|
> | 제1종 | NaHCO₃ | 백색 |
> | 제2종 | KHCO₃ | 담회색 |
> | 제3종 | NH₄H₂PO₄ | 담홍색 |
> | 제4종 | KHCO₃ + (NH₂)₂CO | 회백색 |

42 다음 중 발화점이 가장 낮은 것은?

① 이황화탄소
② 산화프로필렌
③ 휘발유
④ 메탄올

> **해설**
>
> ① 이황화탄소 : 100℃
> ② 산화프로필렌 : 449℃
> ③ 휘발유 : 300℃
> ④ 메탄올 : 464℃

43 위험물안전관리법령에서 정한 경보설비가 아닌 것은?

① 자동화재탐지설비
② 비상조명설비
③ 비상경보설비
④ 비상방송설비

> **해설**
>
> 비상조명설비는 피난설비에 해당한다.

44 폭굉유도거리(DID)가 짧아지는 경우는?

① 정상 연소속도가 작은 혼합가스일수록 짧아진다.
② 관속에 방해물이 있을수록 짧아진다.
③ 관경이 넓을수록 짧아진다.
④ 점화원 에너지가 약할수록 짧아진다.

> **해설**
>
> ① 정상 연소속도가 큰 혼합가스일수록 짧아진다.
> ③ 관경이 좁을수록 짧아진다.
> ④ 점화원 에너지가 강할수록 짧아진다.

45 다음 아세톤의 완전 연소 반응식 "CH₃COCH₃ + (　)O₂ + → (　)CO₂ + 3H₂O"에서 괄호 안에 알맞은 계수를 차례대로 옳게 나타낸 것은?

① 3, 4
② 4, 3
③ 6, 3
④ 3, 6

> **해설**
>
> 연소반응식 : $CH_3COCH_3 + 4O_2 \rightarrow 3CO_2 + 3H_2O$

46 위험물안전관리법령상 스프링클러헤드는 부착장소의 평상시 최고주위온도가 28℃ 미만인 경우 몇 ℃의 표시온도를 갖는 것을 설치하여야 하는가?

정답　41 ①　42 ①　43 ②　44 ②　45 ②　46 ①

① 58℃ 미만
② 58℃ 이상 79℃ 미만
③ 79℃ 이상 121℃ 미만
④ 121℃ 이상 162℃ 미만

> **해설**

부착장소의 최고주위온도(℃)	표시온도(℃)
28 미만	58 미만
28 이상 39 미만	58 이상 79 미만
39 이상 64 미만	79 이상 121 미만
64 이상 106 미만	121 이상 162 미만
106 이상	162 이상

47 마그네슘분과 혼합했을 때 발화의 위험이 있기 때문에 접촉을 피해야 하는 것은?

① 건조사
② 팽창질석
③ 팽창진주암
④ 염소 가스

> **해설**
> 마그네슘분은 금수성 물질로 화재 시 건조사, 팽창질석, 팽창진주암으로 소화가 가능하며, 염소 가스와 혼합할 경우 발화의 위험이 있다.

48 디에틸에테르의 저장 시 소량의 염화칼슘을 넣어 주는 목적은?

① 정전기 발생 방지
② 과산화물 생성 방지
③ 저장용기의 부식방지
④ 동결 방지

> **해설**
> 정전기 발생 방지를 위하여 소량의 염화칼슘($CaCl_2$)을 넣어 저장한다.

49 위험물안전관리법령상 옥내저장소에서 기계에 의하여 하역하는 구조로 된 용기만을 겹쳐 쌓아 위험물을 저장하는 경우 그 높이는 몇 미터를 초과하지 않아야 하는가?

① 2
② 4
③ 6
④ 8

> **해설**

	옥내저장소	옥외저장소
기계에 의하여 하역하는 구조로 된 용기만을 겹쳐 쌓는 경우	6m 미만	
제4류 위험물 중 제3석유류, 제4석유류 및 동식물유류를 수납하는 용기만을 겹쳐 쌓는 경우	4m 미만	
그 밖의 경우	3m 미만	
위험물을 수납한 용기를 선반에 저장하는 경우	없음	6m 미만

50 메틸알코올의 위험성으로 옳지 않은 것은?

① 나트륨과 반응하여 수소기체를 발생한다.
② 휘발성이 강하다.
③ 연소범위가 알코올류 중 가장 좁다.
④ 인화점이 상온(25℃)보다 낮다.

정답 47 ④　48 ①　49 ③　50 ③

> **해설**
> ③ 메틸알코올의 연소범위는 6% ~ 36%로 알코올류 중 가장 넓다.

51 위험물제조소 내의 위험물을 취급하는 배관에 대한 설명으로 옳지 않은 것은?

① 배관을 지하에 매설하는 경우 접합부분에는 점검구를 설치하여야 한다.
② 배관을 지하에 매설하는 경우 금속성 배관의 외면에는 부식 방지 조치를 하여야 한다.
③ 최대상용압력의 1.5배 이상의 압력으로 수압시험을 실시하여 이상이 없어야 한다.
④ 지상에 설치하는 경우에는 안전한 구조의 지지물로 지면에 밀착하여 설치하여야 한다.

> **해설**
> ② 배관을 지상에 매설하는 경우 금속성 배관의 외면에는 부식 방지 조치를 하여야 한다.

52 위험물안전관리법령상 옥외저장소 중 덩어리상태의 유황만을 지반면에 설치한 경계표시의 안쪽에서 저장 또는 취급할 때 경계표시의 높이는 몇 m이하로 하여야 하는가?

① 1
② 1.5
③ 2
④ 2.5

> **해설**
> 옥외저장소 중 덩어리상태의 유황만을 지반면에 설치한 경계표시의 안쪽에서 저장 또는 취급할 때 경계표시의 높이는 1.5m 이하로 하여야 한다.

53 인화성 액체 위험물을 저장하는 옥외탱크저장소에 설치하는 방유제의 높이 기준은?

① 0.5m 이상 1m 이하
② 0.5m 이상 3m 이하
③ 0.3m 이상 1m 이하
④ 0.3m 이상 3m 이하

> **해설**
> 옥외탱크저장소의 방유제 높이는 0.5m 이상 3m 이하로 한다.

54 위험물의 이동탱크저장소 차량에 "위험물"이라고 표시한 표지를 설치할 때 표지의 바탕색은?

① 흰색
② 적색
③ 흑색
④ 황색

> **해설**
> 이동탱크저장소 차량에 **위험물** 표지는 흑색바탕에 황색문자로 한다.

정답 51 ② 52 ② 53 ② 54 ③ 55 ④

55 1종 판매취급소에 설치하는 위험물 배합실의 기준으로 틀린 것은?

① 바닥면적은 6m² 이상 15m² 이하일 것
② 내화구조 또는 불연재료로 된 벽으로 구획할 것
③ 출입구는 수시로 열 수 있는 자동폐쇄식의 갑종방화문으로 설치할 것
④ 출입구 문턱의 높이는 바닥면으로부터 0.2m 이상일 것

> 해설
> ④ 1종 판매취급소의 출입구 문턱의 높이는 바닥면으로부터 0.1m 이상이어야 한다.

56 과산화수소의 운반용기 외부에 표시해야 하는 주의사항은 무엇인가?

① 화기주의
② 충격주의
③ 물기엄금
④ 가연물접촉주의

> 해설
> 제6류 위험물인 과산화수소의 운반용기 외부에는 "가연물접촉주의"를 표시한다.

57 휘발유에 대한 설명으로 옳지 않은 것은?

① 지정수량은 200리터이다.
② 전기의 불량도체로서 정전기 축적이 용이하다.
③ 원유의 성질, 상태, 처리방법에 따라 탄화수소의 혼합비율이 다르다.
④ 발화점은 -43 ~ -20℃ 정도이다.

> 해설
> 휘발유(C_5~C_9)의 발화점은 약 300℃이다.

58 포소화제의 조건에 해당되지 않는 것은?

① 부착성이 있을 것
② 쉽게 분해하여 증발될 것
③ 바람에 견디는 응집성을 가질 것
④ 유동성이 있을 것

> 해설
> 포소화약제는 화재의 액면을 덮어야 하므로 쉽게 분해되지 않아야 한다.

59 위험물안전관리법령상 품명이 금속분에 해당하는 것은?(단, 150㎛의 체를 통과하는 것이 50wt% 이상인 경우이다.)

① 니켈분
② 마그네슘분
③ 알루미늄분
④ 구리분

> 해설
> "금속분"이라 함은 알칼리금속·알칼리토류금속·철 및 마그네슘외의 금속의 분말을 말하고, 구리분(Cu)·니켈분(Ni) 및 150마이크로미터의 체를 통과하는 것이 50중량퍼센트 미만인 것은 제외한다.

| 정답 | 56 ④ | 57 ④ | 58 ② | 59 ③ | 60 ④ |

60 위험물안전관리법령에 따라 기계에 의하여 하역하는 구조로 된 운반용기의 외부에 행하는 표시내용에 해당하지 않는 것은?(단, 국제 해상위험물규칙에 정한 기준 또는 소방방재청장이 정하여 고시하는 기준에 적합한 표시를 한 경우는 제외한다.)

① 운반용기의 제조년월
② 제조자의 명칭
③ 겹쳐쌓기시험하중
④ 용기의 유효기간

해설

기계에 의하여 하역하는 구조로 된 운반용기의 외부에 행하는 표시내용은 다음과 같다.
가. 운반용기의 제조년월 및 제조자의 명칭
나. 겹쳐쌓기시험하중
다. 운반용기의 종류에 따라 다음의 규정에 의한 중량
 1) 플렉서블 외의 운반용기 : 최대총중량(최대수용중량의 위험물을 수납하였을 경우의 운반용기의 전중량을 말한다)
 2) 플렉서블 운반용기 : 최대수용중량

정답 60 ④

2017년 2회 위험물기능사

01 위험물안전관리법령에 따라 다음 ( )안에 알맞은 용어는?

> 주유취급소 중 건축물의 2층 이상의 부분을 점포·휴게음식점 또는 전시장의 용도로 사용하는 것에 있어서는 당해 건축물의 2층 이상으로부터 주유취급소의 부지 밖으로 통하는 출입구와 당해 출입구로 통하는 통로·계단 및 출입구에 ( )을(를) 설치하여야 한다.

① 피난사다리 ② 경보기
③ 유도등 ④ CCTV

해설
유도등을 설치하여야 한다.

02 충격이나 마찰에 민감하고 가수분해 반응을 일으키는 단점을 가지고 있어 이를 개선하여 다이너마이트를 발명하는데 주 원료로 사용한 위험물은?

① 트리니트로페놀
② 니트로글리세린
③ 트리니트로톨루엔
④ 셀룰로이드

해설
규조토에 흡수시킨 니트로글리세린은 다이너마이트를 발명하는데 주원료로 사용되었다.

03 다음 중 알킬알루미늄의 소화방법으로 가장 적합한 것은?

① 팽창질석에 의한 소화
② 산·알칼리 소화약제에 의한 소화
③ 알코올포에 의한 소화
④ 주수에 의한 소화

해설
알킬알루미늄은 제3류 위험물의 금수성 물질이므로 팽창질석, 팽창진주암, 건조사, 탄산수소염류 분말소화설비 등에 의한 질식소화가 가장 적합하다.

04 니트로셀룰로오스의 저장·취급방법으로 틀린 것은?

① 직사광선을 피해 저장한다.
② 되도록 장기간 보관하여 안정화된 후에 사용한다.
③ 유기과산화물류, 강산화제와의 접촉을 피한다.
④ 건조 상태에 이르면 위험하므로 습한 상태를 유지한다.

해설
니트로셀룰로오스는 장기간 보관시 위험하므로 소분하여 보관한다.

정답 01 ③ 02 ② 03 ① 04 ②

05 위험물안전관리법상 제조소등의 허가, 취소 또는 사용정지의 사유에 해당하지 않는 것은?

① 안전교육 대상자가 교육을 받지 아니한 때
② 완공검사를 받지 않고, 제조소등을 사용한 때
③ 위험물안전관리자를 선임하지 아니한 때
④ 제조소등의 정기검사를 받지 아니한 때

> **해설**
> 교육대상자가 교육을 받을 때까지 제조소등의 허가 취소 또는 사용정지 등으로 해당 자격을 제한할 수 있다.

06 할론 1301의 증기 비중은?(단, 불소의 원자량은 19, 브롬의 원자량은 80, 염소의 원자량은 35.5이고 공기의 분자량은 29이다.)

① 2.14 ② 4.15
③ 5.14 ④ 6.15

> **해설**
> CF_3Br 분자량 : $12 + (19 \times 3) + 80 = \dfrac{149}{29} = 5.14$

07 염소산나트륨의 성상에 대한 설명으로 옳지 않은 것은?

① 자신은 불연성 물질이지만 강한 산화제이다.
② 유리를 녹이므로 철제 용기에 저장한다.
③ 열분해 하여 산소를 발생한다.
④ 산과 반응하면 유독성의 이산화염소를 발생한다.

> **해설**
> 보관 시 철제 용기를 피하여 저장하여야 한다.

08 제2류 위험물인 마그네슘의 위험성에 관한 설명 중 틀린 것은?

① 더운물과 작용시키면 산소가스를 발생한다.
② 이산화탄소 중에서도 연소한다.
③ 습기와 반응하여 열이 축적되면 자연발화의 위험이 있다.
④ 공기 중에 부유하면 분진폭발의 위험이 있다.

> **해설**
> 더운물과 작용시키면 수소가스를 발생한다.

09 화학포소화기에서 탄산수소나트륨과 황산알루미늄이 반응하여 생성되는 기체의 주성분은?

① CO
② CO_2
③ N_2
④ Ar

> **해설**
> 〈화학포 소화약제의 반응식〉
> $6NaHCO_3 + Al_2(SO_4)_3 \cdot 18H_2O \rightarrow 3Na_2SO_4 + 2Al(OH)_3 + 6CO_2 + 18H_2O$

정답 05 ① 06 ③ 07 ② 08 ① 09 ②

10 위험물의 화재별 소화방법으로 옳지 않은 것은?

① 황린 – 분무주수에 의한 냉각소화
② 인화칼슘 – 분무주수에 의한 냉각소화
③ 톨루엔 – 포에 의한 질식소화
④ 질산메틸 – 주수에 의한 냉각소화

> **해설**
> 인화칼슘(Ca_3P_2)과 물의 접촉 시 독성의 포스핀 가스가 발생하므로 주수소화를 금한다.

11 1몰의 이황화탄소와 고온의 물이 반응하여 생성되는 유독한 기체물질의 부피는 표준상태에서 얼마인가?

① 22.4L
② 44.8L
③ 67.2L
④ 134.4L

> **해설**
> 반응식 : $CS_2 + 2H_2O \rightarrow 2H_2S + CO_2$
> (제4류 위험물 개념)
> PV = nRT 적용,
> $1 \times x = 2 \times 0.082 \times 273$
> $x = 44.77 ≒ 44.8L$

12 다음 위험물의 지정수량 배수의 총합은 얼마인가?

[질산 150kg, 과산화수소수 420kg, 과염소산 300kg]

① 2.5
② 2.9
③ 3.4
④ 3.9

> **해설**
> 질산 지정수량 : 300kg
> 과산화수소 지정수량 : 300kg
> 과염소산 지정수량 : 300kg
> $\therefore \dfrac{저장수량}{지정수량} = \dfrac{150kg}{300kg} + \dfrac{420kg}{300kg} + \dfrac{300kg}{300kg} = 2.9$

13 위험물안전관리법령에 따른 대형수동식소화기의 설치기준에서 방호대상물의 각 부분으로부터 하나의 대형수동식소화기까지의 보행거리는 몇 m 이하가 되도록 설치하여야 하는가?(단, 옥내소화전설비, 옥외소화전설비, 스프링클러설비 또는 물분무등소화설비와 함께 설치하는 경우는 제외한다.)

① 10   ② 15
③ 20   ④ 30

> **해설**
> 대형수동식 소화기의 설치기준은 방호대상물의 각 부분으로부터 하나의 대형수동식 소화기까지의 보행거리가 30m 이하가 되도록 설치하며, 소형수동식 소화기의 경우 20m 이하로 설치하여야 한다.

14 과산화수소가 이산화망간 촉매 하에서 분해가 촉진될 때 발생하는 가스는?

① 수소   ② 산소
③ 아세틸렌   ④ 질소

> **해설**
> $2H_2O_2 \rightarrow 2H_2O + O_2$

정답 10 ②   11 ②   12 ②   13 ④   14 ②

15 20℃의 물 100kg이 100℃ 수증기로 증발하면 몇 kcal의 열량을 흡수할 수 있는가? (단, 물의 증발잠열은 540kcal이다.)

① 540　　② 7,800
③ 62,000　④ 108,000

> **해설**
> Q = CmΔt
> 1) Q = 1 × 100 × (100−20) = 8,000kcal
> 2) Q = 539 × 100 = 53,900kcal
> ∴ 8,000 + 53,900 = 61,900kcal

16 지정수량이 나머지 셋과 다른 것은?

① 과염소산칼륨
② 과산화나트륨
③ 유황
④ 금속칼슘

> **해설**
> ③ 유황 : 100kg
> ①　과염소산칼륨, ②　과산화나트륨, ④ 금속칼슘 : 50kg

17 위험물안전관리법령에 따른 옥외소화전설비의 설치기준에서 "옥외소화전설비는 모든 옥외소화전(설치개수가 4개 이상인 경우는 4개의 옥외소화전)을 동시에 사용할 경우에 각 노즐선단의 방수압력이 (　)kPa 이상이고, 방수량이 1분당 (　)L 이상의 성능이 되도록 할 것"에서 괄호 안에 알맞은 수치를 차례대로 나타낸 것은?

① 350, 260　② 300, 260
③ 350, 450　④ 300, 450

> **해설**
>
> | | 옥내소화전설비 | 옥외소화전설비 |
> |---|---|---|
> | 지면에서 개폐밸브 및 호스접속구까지의 높이 | 1.5m 이하 | |
> | 비상전원 | 45분 이상 | |
> | 방수압력 | 350kPa 이상 | |
> | 방수량 | 260L/min 이상 | 450L/min 이상 |
> | 수원의 수량 | 7.8m³ × 최대 5개 | 13.5m³ × 최대 4개 |
> | 방호대상물간의 수평거리 | 25m 이하 | 40m 이하 |

18 다음 중 물에 가장 잘 용해되는 위험물은?

① 벤즈알데히드
② 이소프로필알코올
③ 휘발유
④ 에테르

> **해설**
> 이소프로필알코올은 알코올류로 물에 잘 용해된다.
> ① 벤즈알데히드 : 제2석유류 비수용성
> ③ 휘발유 : 제1석유류 비수용성
> ④ 에테르(디에틸에테르) : 특수인화물 비수용성

정답　15 ③　16 ③　17 ③　18 ②

19 강화액소화기에 대한 설명이 아닌 것은?

① 알칼리 금속염류가 포함된 고농도의 수용액이다.
② A급 화재에 적응성이 있다.
③ 어는점이 낮아서 동절기에도 사용이 가능하다.
④ 물의 표면장력을 강화시킨 것으로 심부 화재에 효과적이다.

> **해설**
> 물보다 표면장력이 작아 심부화재에 효과적이다.

20 다음 중 가연물이 고체 덩어리보다 분말 가루일 때 위험성이 큰 이유로 가장 옳은 것은?

① 공기와 접촉 면적이 크기 때문이다.
② 열전도율이 크기 때문이다.
③ 흡열반응을 하기 때문이다.
④ 활성에너지가 크기 때문이다.

> **해설**
> 고체 덩어리보다 분말 가루일 때 공기와 접촉하는 면적이 넓기 때문에 위험성이 커진다.

21 위험물에 대한 설명으로 틀린 것은?

① 적린은 연소하면 유독성 물질이 발생한다.
② 마그네슘은 연소하면 가연성 수소가스가 발생한다.
③ 유황은 분진폭발의 위험이 있다.
④ 황화인에는 P_4S_3, P_2S_5, P_4S_7 등이 있다.

> **해설**
> ② 마그네슘은 연소하면 산화마그네슘을 생성한다.

22 다음 중 산을 가하면 이산화염소를 발생시키는 물질로 분자량이 약 90.5인 것은?

① 아염소산나트륨
② 브롬산나트륨
③ 옥소산칼륨(요오드산칼륨)
④ 중크롬산나트륨

> **해설**
> 아염소산염류, 염소산염류 등에 산을 가하면 이산화염소를 발생시킨다.
> $NaClO_2$ 분자량 : $23 + 35.5 + (16 \times 2) = 90.5$

23 과산화수소의 운반용기 외부에 표시해야 하는 주의사항은 무엇인가?

① 화기주의
② 충격주의
③ 물기엄금
④ 가연물접촉주의

> **해설**
> 제6류 위험물이므로 "가연물접촉주의"를 표시하여야 한다.

24 옥내저장소에 관한 위험물안전관리법령의 내용으로 옳지 않은 것은?

① 지정과산화물을 저장하는 옥내저장소의 경우 바닥면적 150㎡이내마다 격벽으로 구획을 하여야 한다.

정답 19 ④ 20 ① 21 ② 22 ① 23 ④

② 옥내저장소에는 원칙상 안전거리를 두어야 하나, 제6류 위험물을 저장하는 경우에는 안전거리를 두지 않을 수 있다.
③ 아세톤을 처마높이 6m 미만인 단층건물에 저장하는 경우 저장창고의 바닥면적은 1000㎡ 이하로 하여야 한다.
④ 복합용도의 건축물에 설치하는 옥내저장소는 해당 용도로 사용하는 부분의 바닥면적을 100㎡ 이하로 하여야 한다.

해설
복합용도의 건축물에 설치하는 옥내저장소는 해당 용도로 사용하는 부분의 바닥면적을 75㎡ 이하로 하여야 한다.

25 위험물 간이탱크 저장소의 간이저장탱크 수압시험 기준으로 옳은 것은?

① 50kPa의 압력으로 7분간의 수압시험
② 70kPa의 압력으로 10분간의 수압시험
③ 50kPa의 압력으로 10분간의 수압시험
④ 70kPa의 압력으로 7분간의 수압시험

해설
간이저장탱크는 두께 3.2mm 이상의 강판으로 흠이 없도록 제작하여야 하며, 70kPa의 압력으로 10분간의 수압시험을 실시하여 새거나 변형되지 아니하여야 한다.

26 요리용 기름의 화재 시 비누화 반응을 일으켜 질식효과와 재발화 방지 효과를 나타내는 소화약제는?

① $NaHCO_3$
② $KHCO_3$
③ $BaCl_2$
④ $NH_4H_2P_4$

해설
제1종 분말소화약제를 이용하여 요리용 기름의 화재 시 비누화 반응을 일으켜 질식 및 재발화 방지 효과로 소화할 수 있다.

27 물과 접촉하면 위험성이 증가하므로 주수소화를 할 수 없는 물질은?

① $C_6H_2CH_3(NO_2)_3$
② $NaNO_3$
③ $(C_2H_5)_3Al$
④ $(C_6H_5CO)_2O_2$

해설
트리에틸알루미늄[$(C_2H_5)_3Al$]에 주수소화시 에탄가스를 발생하므로 팽창질석, 팽창진주암, 탄산수소염류분말 소화설비로 소화하여야 한다.
$(C_2H_5)_3Al + 3H_2O \rightarrow Al(OH)_3 + 3C_2H_6$

28 위험물안전관리법령상 지정수량 10배 이상의 위험물을 저장하는 제조소에 설치하여야 하는 경보설비의 종류가 아닌 것은?

① 자동화재탐지설비
② 자동화재속보설비
③ 휴대용 확성기
④ 비상방송설비

해설
지정수량 10배 이상의 위험물을 저장하는 제조소에 설치하는 경보설비의 종류에는 자동화재탐지설비, 비상방송설비, 비상경보설비, 확성장치(휴대용 확성기)가 해당된다.

정답 24 ④ 25 ② 26 ① 27 ③ 28 ②

29 위험물안전관리법령상 소화난이도 등급 Ⅰ에 해당하는 제조소의 연면적 기준은?

① 1000㎡ 이상
② 800㎡ 이상
③ 700㎡ 이상
④ 500㎡ 이상

해설
소화난이도등급 Ⅰ의 제조소는 연면적 1000㎡ 이상에 해당한다.

30 제조소등의 소요단위 산정 시 위험물은 지정수량의 몇 배를 1소요단위로 하는가?

① 5배   ② 10배
③ 20배 ④ 50배

해설
위험물의 소요단위는 지정수량의 10배를 1소요단위로 한다.

31 유별을 달리하는 위험물을 운반할 때 혼재할 수 있는 것은?(단, 지정수량의 1/10을 넘는 양을 운반하는 경우이다.)

① 제1류와 제3류 ② 제2류와 제4류
③ 제3류와 제5류 ④ 제4류와 제6류

해설
제2류 위험물은 제4류, 제5류 위험물과 혼재가 가능하다.

32 [그림]의 원통형 종으로 설치된 탱크에서 공간용적을 내용적의 10%라고 하면 탱크 용량(허가용량)은 약 몇 ㎥인가?

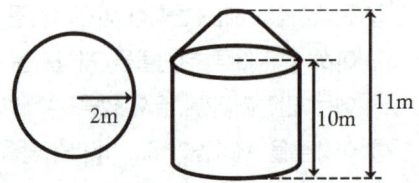

① 113.04㎥   ② 124.34㎥
③ 129.06㎥   ④ 138.16㎥

해설
내용적 = $3.14 \times 2^2 \times 10 = 125.6 m^3$
용량 = $125.6 m^3 \times 0.9 = 113.04 m^3$

33 위험물관리법령상 제4류 위험물의 품명에 따른 위험등급과 옥내저장소 하나의 저장창고 바닥면적 기준을 옳게 나열한 것은?(단, 전용의 독립된 단층건물에 설치하며, 구획된 실이 없는 하나의 저장창고인 경우에 한한다.)

① 제1석유류 : 위험등급 Ⅰ, 최대 바닥면적 1,000㎡
② 제2석유류 : 위험등급 Ⅰ, 최대 바닥면적 2,000㎡
③ 제3석유류 : 위험등급 Ⅱ, 최대 바닥면적 1,000㎡
④ 알코올류 : 위험등급 Ⅱ, 최대 바닥면적 1,000㎡

해설
① 제1석유류 : 위험등급 Ⅱ, 최대 바닥면적 1,000㎡
② 제2석유류 : 위험등급 Ⅲ, 최대 바닥면적 2,000㎡
③ 제3석유류 : 위험등급 Ⅲ, 최대 바닥면적 2,000㎡

정답 29 ① 30 ② 31 ② 32 ① 33 ④

34 유기과산화물의 저장 또는 운반 시 주의사항으로 옳은 것은?

① 산화제이므로 다른 강산화제와 같이 저장해야 좋다.
② 일광이 드는 건조한 곳에 저장한다.
③ 알코올류 등 제4류 위험물과 혼재하여 운반할 수 있다.
④ 가능한 한 대용량으로 저장한다.

> **해설**
> ③ 제5류 위험물은 제2류 위험물과 제4류 위험물과 혼재하여 운반할 수 있다.

35 위험물안전관리법령상 위험등급 Ⅰ의 위험물에 해당하는 것은?

① 무기과산화물
② 황화린, 적린, 유황
③ 제1석유류
④ 알코올류

> **해설**
> ① 무기과산화물 : 위험등급 Ⅰ
> ② 황화린, 적린, 유황 : 위험등급 Ⅱ
> ③ 제1석유류 : 위험등급 Ⅱ
> ④ 알코올류 : 위험등급 Ⅱ

36 황린의 위험성에 대한 설명으로 틀린 것은?

① 강알칼리 용액과 반응하여 독성 가스를 발생한다.
② 공기 중에서 자연발화의 위험성이 있다.
③ 화학적 활성이 커서 CO_2, H_2O와 격렬히 반응한다.
④ 연소 시 발생되는 증기는 유독하다.

> **해설**
> 황린은 화학적 활성이 큰 자연발화성 물질이지만 H_2O와 반응성이 없어 pH 9인 물에 보관할 수 있다.

37 제5류 위험물 중 니트로화합물의 지정수량을 옳게 나타낸 것은?

① 10kg ② 100kg
③ 150kg ④ 200kg

> **해설**
> 제5류 위험물 중 니트로화합물 : 지정수량 200kg

38 산화성액체인 질산의 분자식으로 옳은 것은?

① HNO_2 ② HNO_3
③ NO_2 ④ NO_3

> **해설**
> 제6류 위험물(산화성 액체) 중 질산 : HNO_3

39 과산화나트륨의 화재 시 물을 사용한 소화가 위험한 이유는?

① 수소와 열을 발생하므로
② 산소와 열을 발생하므로
③ 수소를 발생하고 이 가스가 폭발적으로 연소하므로
④ 산소를 발생하고 이 가스가 폭발적으로 연소하므로

정답 34 ③ 35 ① 36 ③ 37 ④ 38 ② 39 ②

> **해설**
> 알칼리금속의 과산화물인 과산화나트륨에 주수 소화 시 산소와 열을 발생하므로 질식소화 하여야 한다.

40 위험물시설에 설비하는 자동화재탐지설비의 하나의 경계구역 면적과 그 한 변의 길이의 기준으로 옳은 것은?(단, 광전식분리형 감지기를 설치하지 않은 경우이다.)

① 300㎡ 이하, 50m 이하
② 300㎡ 이하, 100m 이하
③ 600㎡ 이하, 50m 이하
④ 600㎡ 이하, 100m 이하

> **해설**
> 하나의 경계구역의 한 변의 길이는 50m (광전식분리형 감지기를 설치할 경우에는 100m) 이하로 하며 면적은 600㎡ 이하로 한다.

41 다음 아세톤의 완전 연소 반응식에서 ( )에 알맞은 계수를 차례대로 옳게 나타낸 것은?

$$CH_3COCH_3 + (\ )O_2 \rightarrow (\ )CO_2 + 3H_2O$$

① 3, 4
② 4, 3
③ 6, 3
④ 3, 6

> **해설**
> 연소반응식 : $CH_3COCH_3 + 4O_2 \rightarrow 3CO_2 + 3H_2O$

42 위험물안전관리법령상 탄산수소염류의 분말소화기가 적응성을 갖는 위험물이 아닌 것은?

① 과염소산
② 철분
③ 톨루엔
④ 아세톤

> **해설**
> 제6류 위험물인 과염소산은 주수소화가 효과적이다.

43 등유에 관한 설명으로 틀린 것은?

① 물보다 가볍다.
② 녹는점은 상온보다 높다
③ 발화점은 상온보다 높다
④ 증기는 공기보다 무겁다.

> **해설**
> ② 등유의 녹는점은 약 -26℃ ~ -48℃로 상온보다 낮다.

44 벤젠(C_6H_6)의 일반 성질로서 틀린 것은?

① 휘발성이 강한 액체이다.
② 인화점은 가솔린보다 낮다.
③ 물에 녹지 않는다.
④ 화학적으로 공명구조를 이루고 있다.

> **해설**
> ② 벤젠의 인화점은 -11℃이므로 가솔린의 인화점(-43 ~ -20℃)보다 높다.

정답 40 ③ 41 ② 42 ① 43 ② 44 ②

45 위험물안전관리법령에 의한 위험물에 속하지 않는 것은?

① CaC_2
② S
③ P_2O_5
④ K

해설
① 제3류 위험물
② 제2류 위험물
③ 오산화인(P_2O_5)은 적린, 황린이 연소할 때 생성되는 흰색 기체이다.
④ 제3류 위험물

46 액체 위험물의 운반용기 중 금속제 내장용기의 최대 용적은 몇 L인가?

① 5 ② 10
③ 20 ④ 30

해설
액체 위험물의 경우 금속제 내장용기의 최대 용적은 30L이다.

47 가연성 가스나 증기의 농도를 연소한계(하한) 이하로 하여 소화하는 방법은?

① 희석 소화
② 제거 소화
③ 질식 소화
④ 냉각 소화

해설
희석소화란 물 또는 CO_2 가스 등으로 희석시켜 가연물의 조성을 연소범위 하한계 이하로 소화하는 방법이다.

48 위험물안전관리법령에서 정한 이산화탄소 소화약제의 저장용기 설치기준으로 옳은 것은?

① 저압식 저장용기의 충전비 : 1.0 이상 1.3 이하
② 고압식 저장용기의 충전비 : 1.3 이상 1.7 이하
③ 저압식 저장용기의 충전비 : 1.1 이상 1.4 이하
④ 고압식 저장용기의 충전비 : 1.7 이상 2.1 이하

해설
이산화탄소 소화약제의 충전비는 저압식의 경우 1.1 이상 1.4 이하, 고압식의 경우 1.5 이상 1.9 이하로 한다.

49 톨루엔에 대한 설명으로 틀린 것은?

① 휘발성이 있고 가연성 액체이다.
② 증기는 마취성이 있다.
③ 알코올, 에테르, 벤젠 등과 잘 섞인다.
④ 노란색 액체로 냄새가 없다.

해설
톨루엔은 무색의 액체로 자극성의 냄새가 있다.

50 위험물안전관리법령상 혼재할 수 없는 위험물은?(단, 위험물은 지정수량의 1/10을 초과하는 경우이다.)

① 적린과 황린
② 질산염류와 질산
③ 칼륨과 특수인화물
④ 유기과산화물과 유황

정답 45 ③ 46 ④ 47 ① 48 ③ 49 ④ 50 ①

> **해설**
> 적린(제2류 위험물)과 황린(제3류 위험물)은 혼재 불가능한 물질이다.
> ② 질산염류(제1류 위험물)와 질산(제6류 위험물)
> ③ 칼륨(제3류 위험물)과 특수인화물(제4류 위험물)
> ④ 유기과산화물(제5류 위험물)과 유황(제2류 위험물)

51 위험물의 품명과 지정수량이 잘못 짝지어진 것은?

① 황화린 – 50kg
② 마그네슘 – 500kg
③ 알킬알루미늄 – 10kg
④ 황린 – 20kg

> **해설**
> ① 황화린 – 100kg이다.

52 위험물안전관리법령상 배출설비를 설치하여야 하는 옥내저장소의 기준에 해당하는 것은?

① 가연성 증기가 액화할 우려가 있는 장소
② 모든 장소의 옥내저장소
③ 가연성 미분이 체류할 우려가 있는 장소
④ 인화점이 70℃ 미만인 위험물의 옥내저장소

> **해설**
> 옥내저장소의 경우 인화점이 70℃ 미만인 위험물을 저장하는 저장 창고에는 배출설비를 설치하며, 제조소의 경우 가연성 증기 또는 미분이 체류할 우려가 있는 장소에 배출설비를 설치한다.

53 다음 위험물 중 발화점이 가장 낮은 것은?

① 황
② 삼황화린
③ 황린
④ 아세톤

> **해설**
> 황린은 자연발화성 물질로 발화점이 약 34℃이다.

54 질산에 대한 설명 중 틀린 것은?

① 환원성 물질과 혼합하면 발화할 수 있다.
② 분자량은 약 63이다.
③ 위험물안전관리법령상 비중이 1.82 이상이 되어야 위험물로 취급된다.
④ 분해하면 인체에 해로운 가스가 발생한다.

> **해설**
> 위험물안전관리법령상 비중이 1.49 이상이 되어야 위험물로 취급된다.

55 과망간산칼륨의 일반적인 성질에 관한 설명 중 틀린 것은?

① 강한 살균력과 산화력이 있다.
② 금속성 광택이 있는 무색의 결정이다.
③ 가열분해시키면 산소를 방출한다.
④ 비중은 약 2.7이다.

> **해설**
> 흑자색의 결정이다.

정답 51 ① 52 ④ 53 ③ 54 ③ 55 ②

56 다음 물질 중 위험물 유별에 따른 구분이 나머지 셋과 다른 하나는?

① 질산은　　② 질산메틸
③ 무수크롬산　④ 질산암모늄

> **해설**
> ① 질산은 : 제1류 위험물 중 질산염류
> ② 질산메틸 : 제5류 위험물 중 질산에스테르류
> ③ 무수크롬산 : 제1류 위험물 중 행정안전부령이 정하는 크롬의 산화물
> ④ 질산암모늄 : 제1류 위험물 중 질산염류

57 니트로셀룰로오스의 안전한 저장을 위해 사용하는 물질은?

① 페놀　　② 황산
③ 에탄올　④ 아닐린

> **해설**
> 니트로셀룰로오스는 건조하면 위험하므로 물 또는 알코올에 습윤시켜야 한다.

58 시클로헥산에 관한 설명으로 가장 거리가 먼 것은?

① 고리형 분자구조를 가진 방향족 탄화수소화합물이다.
② 화학식은 C_6H_{12} 이다.
③ 비수용성 위험물이다.
④ 제4류 제1석유류에 속한다.

> **해설**
> ① 시클로헥산(C_6H_{12})은 단일결합구조이므로 방향족 탄화수소가 아니다.

59 옥내저장소에서 지정수량의 몇 배 이상을 저장 또는 취급할 때 자동화재탐지설비를 설치하여야 하는가?

① 지정수량의 10배 이상을 저장·취급할 때
② 지정수량의 50배 이상을 저장·취급할 때
③ 지정수량의 100배 이상을 저장·취급할 때
④ 지정수량의 150배 이상을 저장·취급할 때

> **해설**
> 지정수량의 100배 이상을 저장·취급할 때 자동화재탐지설비만 설치하며, 지정수량의 10배 이상을 취급하는 경우는 자동화재 탐지설비, 비상경보설비, 확성장치 또는 비상방송설비중 1종 이상을 설치한다.

60 과염소산암모늄에 대한 설명으로 옳은 것은?

① 물에 용해되지 않는다.
② 청녹색의 침상결정이다.
③ 130℃에서 분해하기 시작하여 CO_2 가스를 방출한다.
④ 아세톤, 알코올에 용해된다.

> **해설**
> ① 물에 녹기 쉽다.
> ② 무색의 결정이다.
> ③ 130℃에서 분해하기 시작하여 O_2가스를 방출한다.

정답　56 ②　57 ③　58 ①　59 ③　60 ④

2017년 3회 위험물기능사

01 위험물제조소 및 일반취급소에 설치하는 자동화재탐지설비의 설치기준으로 틀린 것은?

① 하나의 경계구역은 600㎡ 이하로 하고, 한 변의 길이는 50m 이하로 한다.
② 주요한 출입구에서 내부전체를 볼 수 있는 경우 경계구역은 1000㎡ 이하로 할 수 있다.
③ 광전식분리형 감지기를 설치한 경우에는 하나의 경계구역을 1000㎡ 이하로 할 수 있다.
④ 비상전원을 설치하여야 한다.

> **해설**
> 하나의 경계구역의 한 변의 길이는 50m (광전식분리형 감지기를 설치할 경우에는 100m) 이하로 하며 면적은 600㎡ 이하로 한다.

02 플래시오버(Flash Over)에 대한 설명으로 옳은 것은?

① 산소의 공급이 주요 요인이 되어 발생한다.
② 대부분 화재 종기(쇠퇴기)에 발생한다.
③ 내장재의 종류와 개구부의 크기에 영향을 받는다.
④ 대부분 화재 초기(발화기)에 발생한다.

> **해설**
> 화재의 성장기에 발생하여 최성기로 넘어가는 단계를 말하며, 내장재의 종류(난연·가연·불연재료)와 개구부의 크기에 영향을 받는다.

03 다음 중 폭발범위가 가장 넓은 물질은?

① 메탄
② 톨루엔
③ 에틸알코올
④ 에틸에테르

> **해설**
> 제4류 위험물 중 특수인화물은 대체로 폭발범위가 넓은 편이다.
> ① 메탄 : 5~15%
> ② 톨루엔 : 1.4~6.7%
> ③ 에틸알코올 : 4.3~19%
> ④ 에틸에테르 : 1.9~48%

04 다음 고온체의 색상을 낮은 온도부터 나열한 것으로 옳은 것은?

① 암적색 < 황적색 < 백적색 < 휘적색
② 휘적색 < 백적색 < 황적색 < 암적색
③ 휘적색 < 암적색 < 황적색 < 백적색
④ 암적색 < 휘적색 < 황적색 < 백적색

정답 01 ③   02 ③   03 ④   04 ④

> **해설**
>
> 암적색(700℃) < 적색(850℃) < 휘적색(950℃) < 황적색(1,100℃) < 백적색(1,300℃) < 휘백색(1,500℃)

05 액화 이산화탄소 1kg이 25℃, 2atm의 공기 중으로 방출되었을 때 방출된 기체상의 이산화탄소의 부피는 약 몇 L가 되는가?

① 278
② 556
③ 1,111
④ 1,985

> **해설**
>
> CO_2 분자량 : 12 + (16×2) = 44
> PV = nRT 적용,
> $2 \times x = \frac{1}{44} \times 0.082 \times (273+25)$
> $x = 0.278㎥ \times 1,000 \rightarrow 278L$

06 다음은 위험물안전관리법령에서 정한 내용이다. ( )안에 알맞은 용어는?

> ( )라 함은 고형 알코올, 그 밖에 1기압에서 인화점이 섭씨 40도 미만인 고체를 말한다.

① 가연성 고체
② 산화성 고체
③ 인화성 고체
④ 자기반응성 고체

> **해설**
>
> 제2류 위험물 중 인화성 고체에 대한 설명이다.

07 위험물의 성질에 관한 설명 중 옳은 것은?

① 벤젠과 톨루엔 중 인화온도가 낮은 것은 톨루엔이다.
② 디에틸에테르는 휘발성이 높으며 마취성이 있다.
③ 에틸알코올은 물이 조금이라도 섞이면 불연성 액체가 된다.
④ 휘발유는 전기 양도체이므로 정전기 발생이 위험하다.

> **해설**
>
> ① 벤젠 인화점 : -11℃, 톨루엔 인화점 : 4℃
> ③ 에틸알코올에 물이 섞여도 가연성은 유지된다.
> ④ 휘발유는 전기 부도체이므로 정전기 발생이 위험하다.

08 위험물안전관리법령에 따른 이동저장탱크의 구조의 기준에 대한 설명으로 틀린 것은?

① 압력탱크는 최대상용압력의 1.5배의 압력으로 10분간 수압시험을 하여 새지 말 것
② 상용압력이 20kPa를 초과하는 탱크의 안전장치는 상용압력의 1.5배 이하의 압력에서 작동할 것
③ 방파판은 두께 1.6mm이상의 강철판 또는 이와 동등 이상의 강도, 내식성 및 내열성을 갖는 재질로 할 것
④ 탱크는 두께 3.2mm 이상의 강철판 또는 이와 동등 이상의 강도, 내식성 및 내열성을 갖는 재질로 할 것

정답 05 ① 06 ③ 07 ② 08 ②

> **해설**
> ② 20kPa를 초과하는 탱크에 있어서는 상용압력의 1.1배 이하의 압력에서 작동하는 것으로 할 것

09 판매취급소의 배합실에서 배합하거나 옮겨 담는 작업을 하면 안되는 위험물은?

① 도료류
② 염소산염류
③ 유황
④ 황화인

> **해설**
> 판매취급소에서는 도료류, 제1류 위험물 중 염소산염류 및 염소산염류만을 함유한 것, 유황 또는 인화점이 38℃ 이상인 제4류 위험물을 배합실에서 배합하는 경우 외에는 위험물을 배합하거나 옮겨 담는 작업을 하지 않아야 한다.

10 위험물제조소등의 화재예방 등 위험물 안전관리에 관한 직무를 수행하는 위험물안전관리자의 선임시기는?

① 위험물제조소 등의 완공검사를 받은 후 즉시
② 위험물제조소 등의 허가 신청 전
③ 위험물제조소 등의 설치를 마치고 완공검사를 신청하기 전
④ 위험물제조소 등에서 위험물을 저장 또는 취급하기 전

11 위험물안전관리법령에서 정한 탱크안전성능검사의 구분에 해당하지 않는 것은?

① 기초·지반검사
② 충수·수압검사
③ 용접부검사
④ 배관검사

> **해설**
> 탱크안전성능검사 : 기초·지반검사, 충수·수압검사, 용접부검사, 암반탱크검사

12 수소화나트륨의 소화약제로 적당하지 않은 것은?

① 물
② 건조사
③ 팽창질석
④ 팽창진주암

> **해설**
> 수소화나트륨은 금수성 물질이므로 건조사, 팽창질석, 팽창진주암, 탄산수소염류 분말소화설비로 소화하여야 한다.

13 다음 중 물과 반응하여 조연성 가스를 발생하는 것은?

① 과염소산나트륨
② 질산나트륨
③ 중크롬산나트륨
④ 과산화나트륨

> **해설**
> 과산화나트륨은 물과 반응하여 산소 가스를 발생한다.

정답 09 ④　10 ④　11 ④　12 ①　13 ④

14 혼합물인 위험물이 복수의 성상을 가지는 경우에 적용하는 품명에 관한 설명으로 틀린 것은?

① 산화성고체의 성상 및 가연성고체의 성상을 가지는 경우 : 제1류 위험물
② 산화성고체의 성상 및 자기반응성물질의 성상을 가지는 경우 : 자기반응성물질의 품명
③ 가연성고체의 성상과 자연발화성 물질의 성상 및 금수성물질의 성상을 가지는 경우 : 자연발화성물질 및 금수성물질의 품명
④ 인화성액체의 성상 및 자기반응성물질의 성상을 가지는 경우 : 자기반응성물질의 품명

> **해설**
> 인화성액체의 성상 및 자기반응성물질의 성상을 가지는 경우는 자기반응성물질에 해당한다.

15 메틸알코올 8,000리터에 대한 소화능력으로 삽을 포함한 마른모래를 몇 리터 설치하여야 하는가?

① 100　　② 200
③ 300　　④ 400

> **해설**
> 위험물의 소요단위는 지정수량의 10배를 1소요단위로 한다.
> 알코올류 지정수량 : 400L
> 400L × 10배 = 4,000L
> $\dfrac{8,000L}{4,000L} = 2$단위
> ∴ 마른모래 0.5단위가 50L이므로, 2단위는 50L의 4배인 200L이다.

16 단백포소화약제 제조 공정에서 부동제로 사용하는 것은?

① 에틸렌글리콜
② 물
③ 가수분해 단백질
④ 황산제1철

> **해설**
> 단백포 소화약제의 제조 공정에서 에틸렌글리콜을 부동제로 사용한다.

17 옥외저장소에 덩어리 상태의 유황만을 지반면에 설치한 경계표시의 안쪽에서 지장할 경우 하나의 경계표시의 내부면적은 몇 ㎡ 이하 이여야 하는가?

① 75　　② 100
③ 150　　④ 300

> **해설**
> 옥외저장소에서 덩어리 상태의 유황만을 지반면에 설치한 경계표시의 안쪽에서 저장할 경우 하나의 경계표시의 내부면적은 100㎡ 이하로 해야 한다.

18 제1종 분말소화약제의 화학식과 색상이 옳게 연결된 것은?

① $NaHCO_3$ - 백색
② $KHCO_3$ - 백색
③ $NaHCO_3$ - 담홍색
④ $KHCO_3$ - 담홍색

정답　14 ①　15 ②　16 ①　17 ②　18 ①

> **해설**

구분	주성분의 화학식	색상
제1종	$NaHCO_3$	백색
제2종	$KHCO_3$	담회색
제3종	$NH_4H_2PO_4$	담홍색
제4종	$KHCO_3 + (NH_2)_2CO$	회백색

19 물과 친화력이 있는 수용성 용매의 화재에 보통의 포소화약제를 사용하면 포가 파괴되기 때문에 소화 효과를 잃게 된다. 이와 같은 단점을 보완한 소화약제로 가연성인 수용성용매의 화재에 유효한 효과를 가지고 있는 것은?

① 알코올포소화약제
② 단백포소화약제
③ 합성계면활성제포소화약제
④ 수성막포소화약제

> **해설**
> 수용성 액체의 화재에는 포가 소멸되는 현상을 방지하기 위하여 알코올포(=내알코올형) 소화약제를 사용한다.

20 질소와 아르곤과 이산화탄소의 용량비가 52대 40대 8인 혼합물 소화약제에 해당하는 것은?

① IG-541
② HCFC-BLEND A
③ HFC-125
④ HFC-23

> **해설**
> IG-541 : $N_2(52\%)$, $Ar(40\%)$, $CO_2(8\%)$

21 유황은 순도가 몇 중량% 이상인 것이 위험물에 해당하는가?

① 40중량%
② 50중량%
③ 60중량%
④ 70중량%

> **해설**
> "유황"은 순도가 60중량퍼센트 이상인 것을 말한다. 이 경우 순도측정에 있어서 불순물은 활석 등 불연성물질과 수분에 한한다.

22 정전기의 발생요인에 대한 설명으로 틀린 것은?

① 접촉면적이 클수록 정전기의 발생량은 많아진다.
② 분리속도가 빠를수록 정전기의 발생량은 많아진다.
③ 대전서열에서 먼 위치에 있을수록 정전기의 발생량은 많아진다.
④ 접촉과 분리가 반복됨에 따라 정전기의 발생량은 증가한다.

> **해설**
> 접촉과 분리가 반복됨에 따라 자유전자가 방출되어 정전기의 발생량은 감소한다.

정답 19 ① 20 ① 21 ③ 22 ④

23 제6류 위험물에 대한 설명으로 옳은 것은?

① 과염소산은 독성은 없지만 폭발의 위험이 있으므로 밀봉하여 보관한다.
② 과산화수소는 농도가 3% 이상일 때 단독으로 폭발하므로 취급에 주의한다.
③ 질산은 자연발화의 위험이 높으므로 저온 보관한다.
④ 할로겐화합물의 지정수량은 300kg이다.

> **해설**
> ① 과염소산은 독성이 있으며 폭발의 위험은 없다.
> ② 과산화수소의 농도가 60% 이상일 때 단독으로 폭발할 수 있다.
> ③ 질산은 불연성이며 자연발화하지 않는다.

24 과산화나트륨에 대한 설명 중 틀린 것은?

① 순수한 것은 백색이다.
② 상온에서 물과 반응하여 수소 가스를 발생한다.
③ 화재 발생 시 주수소화는 위험할 수 있다.
④ CO 및 CO_2 제거제를 제조할 때 사용된다.

> **해설**
> ② 상온에서 물과 반응하여 산소 가스를 발생한다.

25 과산화수소에 대한 설명으로 틀린 것은?

① 불연성이다.
② 물보다 무겁다.

③ 산화성 액체이다.
④ 지정수량은 300L이다.

> **해설**
> 지정수량은 300kg이다.

26 위험물 옥내저장소에 과염소산 300kg, 과산화수소 300kg을 저장하고 있다. 저장창고에는 지정수량 몇 배의 위험물을 저장하고 있는가?

① 4
② 3
③ 2
④ 1

> **해설**
> 과염소산 지정수량 : 300kg
> 과산화수소 지정수량 : 300kg
> $\therefore \dfrac{저장수량}{지정수량} = \dfrac{300kg}{300kg} + \dfrac{300kg}{300kg} = 2$

27 유황에 대한 설명으로 옳지 않은 것은?

① 연소 시 황색불꽃을 보이며 유독한 이황화탄소를 발생한다.
② 고온에서 용융된 유황은 수소와 반응한다.
③ 미세한 분말상태에서 부유하면 분진폭발의 위험이 있다.
④ 마찰에 의해 정전기가 발생할 우려가 있다.

> **해설**
> 연소 시 청색불꽃을 보이며 유독한 아황산가스를 발생한다.

정답 23 ④ 24 ② 25 ④ 26 ③ 27 ①

28 과산화수소의 성질에 대한 설명 중 틀린 것은?

① 알칼리성 용액에 의해 분해될 수 있다.
② 산화제로 사용할 수 있다.
③ 농도가 높을수록 안정하다.
④ 열, 햇빛에 의해 분해될 수 있다.

> **해설**
> ③ 과산화수소는 농도가 높을수록 불안정하다.

29 위험물안전관리법령상 품명이 "유기과산화물"인 것으로만 나열된 것은?

① 과산화벤조일, 과산화메틸에틸케톤
② 과산화벤조일, 과산화마그네슘
③ 과산화마그네슘, 과산화메틸에틸케톤
④ 과산화초산, 과산화수소

> **해설**
> ② 과산화벤조일 : 제5류 위험물 유기과산화물, 과산화마그네슘 : 제1류 위험물 무기과산화물
> ③ 과산화마그네슘 : 제1류 위험물 무기과산화물, 과산화메틸에틸케톤 : 제5류 위험물 유기과산화물
> ④ 과산화초산 : 제5류 위험물 유기과산화물, 과산화수소 : 제6류 위험물

30 가연성 고체 위험물의 일반적 성질로서 틀린 것은?

① 비교적 저온에서 착화한다.
② 산화제와의 접촉 가열은 위험하다.
③ 연소 속도가 빠르다.
④ 산소를 포함하고 있다.

> **해설**
> 저온에서 착화하기 쉬운 물질은 제3류 위험물 중 자연발화성 물질에 해당한다.

31 염소산염류 250kg, 요오드산 염류 600kg, 질산염류 900kg을 저장하고 있는 경우 지정수량의 몇 배가 보관되어 있는가?

① 5배
② 7배
③ 10배
④ 12배

> **해설**
> 염소산염류 : 지정수량 50kg
> 요오드산염류 : 지정수량 300kg
> $\therefore \dfrac{저장수량}{지정수량} =$
> $\dfrac{250kg}{50kg} + \dfrac{600kg}{300kg} + \dfrac{900kg}{300kg} = 10$

32 건물의 외벽이 내화구조로서 연면적 300 m²의 옥내저장소에 필요한 소화기 소요단위수는?

① 1단위
② 2단위
③ 3단위
④ 4단위

> **해설**
> 저장소이며 내화구조인 경우는 150m²를 1소요단위로 한다.
> $\therefore \dfrac{300m^2}{150m^2} = 2$

정답 28 ③ 29 ① 30 ① 31 ③ 32 ②

33 위험물안전관리법령상 스프링클러헤드는 부착장소의 평상시 최고주위온도가 28℃ 미만인 경우 몇 ℃의 표시온도를 갖는 것을 설치하여야 하는가?

① 58℃ 미만
② 58℃ 이상 79℃ 미만
③ 79℃ 이상 121℃ 미만
④ 121℃ 이상 162℃ 미만

해설

부착장소의 최고주위온도(℃)	표시온도(℃)
28 미만	58 미만
28 이상 39 미만	58 이상 79 미만
39 이상 64 미만	79 이상 121 미만
64 이상 106 미만	121 이상 162 미만
106 이상	162 이상

34 위험물안전관리법령상 피난설비에 해당하는 것은?

① 자동화재탐지설비
② 비상방송설비
③ 자동식사이렌설비
④ 유도등

해설
①, ②, ③은 경보설비에 해당한다.

35 위험물의 품명과 지정수량이 잘못 짝지어진 것은?

① 황화린 - 50kg
② 마그네슘 - 500kg
③ 알킬알루미늄 - 10kg
④ 황린 - 20kg

해설
황화린 지정수량 : 100kg

36 $C_6H_5CH_3$의 일반적 성질이 아닌 것은?

① 벤젠보다 독성이 매우 강하다.
② 진한 질산과 진한 황산으로 니트로화하면 TNT가 된다.
③ 비중은 약 0.86이다.
④ 물에 녹지 않는다.

해설
① 벤젠(C_6H_6)보다 톨루엔($C_6H_5CH_3$)의 독성이 낮고 가격이 저렴하기 때문에 유성 페인트, 인쇄용 잉크 등 광범위로 사용된다.

37 무색의 액체로 융점이 -122℃이고 물과 접촉하면 심하게 발열하는 제6류 위험물은?

① 과산화수소
② 과염소산
③ 질산
④ 오불화요오드

해설
과염소산은 무색, 무취의 액체로 융점이 -112℃이고 물과 접촉하면 심하게 발열한다.

정답 33 ① 34 ④ 35 ① 36 ① 37 ②

38 위험물안전관리법령상 배출설비를 설치하여야 하는 옥내저장소의 기준에 해당하는 것은?

① 가연성 증기가 액화할 우려가 있는 장소
② 모든 장소의 옥내저장소
③ 가연성 미분이 체류할 우려가 있는 장소
④ 인화점이 70℃ 미만인 위험물의 옥내저장소

> **해설**
> 옥내저장소의 경우 인화점이 70℃ 미만인 위험물을 저장하는 저장 창고에는 배출설비를 설치하며, 제조소의 경우 가연성 증기 또는 미분이 체류할 우려가 있는 장소에 배출설비를 설치한다.

39 위험물안전관리법령에서 정한 특수인화물의 발화점 기준으로 옳은 것은?

① 1기압에서 100℃이하
② 0기압에서 100℃이하
③ 1기압에서 25℃이하
④ 0기압에서 25℃이하

> **해설**
> 특수인화물이란 이황화탄소, 디에틸에테르, 그 밖의 1기압에서 발화점 100℃ 이하인 것 또는 인화점이 섭씨 영하 -20℃ 이하이고 비점이 40℃ 이하인 것을 말한다.

40 다음 중 니트로셀룰로오스 위험물의 화재 시에 가장 적절한 소화약제는?

① 사염화탄소
② 이산화탄소
③ 물
④ 인산염류

> **해설**
> 니트로셀룰로오스는 제5류 위험물로 다량의 물에 의한 주수소화가 적합하다.

41 메탄올과 에탄올의 공통점에 대한 설명으로 틀린 것은?

① 증기 비중이 같다.
② 무색 투명한 액체이다.
③ 비중이 1보다 작다.
④ 물에 잘 녹는다.

> **해설**
> 서로 분자량이 다르므로 증기 비중이 같을 수 없다.
> 메탄올 : $\frac{32}{29} = 1.1$
> 에탄올 : $\frac{46}{29} = 1.59$

42 위험물안전관리법령에서 정한 정의에서 인화성 또는 발화성 등의 성질을 가지는 것으로서 대통령령이 정하는 물품을 말하는 것은?

① 위험물
② 가연물
③ 특수인화물
④ 제4류 위험물

> **해설**
> 인화성 또는 발화성 등의 성질을 가지는 것으로서 대통령령이 정하는 물품을 위험물로 정의한다.

정답 38 ④ 39 ① 40 ③ 41 ① 42 ①

43 알코올류의 일반 성질이 아닌 것은?

① 분자량이 증가하면 증기비중이 커진다.
② 알코올은 탄화수소의 수소원자를 −OH기로 치환한 구조를 가진다.
③ 탄소수가 적은 알코올을 저급 알코올이라고 한다.
④ 3차 알코올에는 −OH기가 3개 있다.

해설
3가 알코올에는 −OH기가 3개 있다.

44 위험물의 지정수량이 잘못된 것은?

① $(C_2H_5)_3Al$: 10kg
② Ca : 50kg
③ LiH : 300kg
④ Al_4C_3 : 500kg

해설
① $(C_2H_5)_3Al$: 제3류 위험물 중 알킬알루미늄 − 10kg
② Ca : 제3류 위험물 중 알칼리토금속 − 50kg
③ LiH : 제3류 위험물 중 금속수소화물 − 300kg

45 다음 중 위험물 운반용기의 외부에 "제4류"와 "위험등급Ⅱ"의 표시만 보이고 품명이 잘 보이지 않을 때 예상할 수 있는 수납 위험물의 품명은?

① 제1석유류
② 제2석유류
③ 제3석유류
④ 제4석유류

해설
위험등급 Ⅱ : 제1석유류, 알코올류

46 질산의 저장 및 취급법이 아닌 것은?

① 직사광선을 차단한다.
② 분해방지를 위해 요산, 인산 등을 가한다.
③ 유기물과 접촉을 피한다.
④ 갈색병에 넣어 보관한다.

해설
② 요산, 인산 등을 가하는 방법은 과산화수소의 저장 및 취급법에 해당한다.

47 위험물안전관리법령상의 규제에 관한 설명 중 틀린 것은?

① 지정수량 미만의 위험물의 저장, 취급 및 운반은 시·도 조례에 의하여 규제한다.
② 항공기에 의한 위험물의 저장, 취급 및 운반은 위험물안전관리법의 규제대상이 아니다.
③ 궤도에 의한 위험물의 저장, 취급 및 운반은 위험물안전관리법의 규제대상이 아니다.
④ 선박법의 선박에 의한 위험물의 저장, 취급 및 운반은 위험물안전관리법의 규제대상이 아니다.

해설
지정수량 미만인 위험물의 저장 또는 취급 : 시·도의 조례
지정수량 미만인 위험물의 운반 : 위험물안전관리법의 규제함

정답   43 ④   44 ④   45 ①   46 ②   47 ①

48 물분무소화설비의 설치기준으로 적합하지 않은 것은?

① 고압의 전기설비가 있는 장소에는 당해 전기설비와 분무헤드 및 배관과 사이에 전기절연을 위하여 필요한 공간을 보유한다.
② 스트레이너 및 일제개방밸브는 제어밸브의 하류측 부근에 스트레이너, 일제개방밸브의 순으로 설치한다.
③ 물분무소화설비에 2 이상의 방사구역을 두는 경우에는 화재를 유효하게 소화할 수 있도록 인접하는 방사구역이 상호 중복되도록 한다.
④ 수원의 수위가 수평회전식 펌프보다 낮은 위치에 있는 가압송수장치의 물올림장치의 물올림장치는 타 설비와 겸용하여 설치한다.

> **해설**
> 수원의 수위가 수평회전식 펌프보다 낮은 위치에 있는 가압송수장치의 물올림장치의 물올림장치는 전용으로 설치한다.

49 금속화재에 대한 설명으로 틀린 것은?

① 마그네슘과 같은 가연성 금속의 화재를 말한다.
② 주수소화 시 물과 반응하여 가연성 가스를 발생하는 경우가 있다.
③ 화재 시 금속화재용 분말소화약제를 사용할 수 있다.
④ D급 화재라고 하며 표시하는 색상은 청색이다.

> **해설**
> ④ D급 화재라고 하며 표시하는 색상은 무색이다.

50 일반 건축물 화재에서 내장재로 사용한 폴리스틸렌 폼(polystyrene foam)이 화재 중 연소를 했다면 이 플라스틱의 연소형태는?

① 증발연소 ② 자기연소
③ 분해연소 ④ 표면연소

> **해설**
> 석탄, 종이, 섬유, 플라스틱, 목재, 고무 등의 물질은 분해연소에 해당한다.

51 소화난이도등급 Ⅱ 의 옥내탱크저장소에는 대형수동식 소화기 및 소형수동식소화기를 각각 몇 개 이상 설치하여야 하는가?

① 4 ② 3 ③ 2 ④ 1

> **해설**
> 소화난이도등급 Ⅱ의 옥외·옥내탱크저장소에는 대형수동식소화기 및 소형수동식소화기 등을 각각 1개 이상 설치한다.

52 제1류 위험물의 저장 방법에 대한 설명으로 틀린 것은?

① 조해성 물질은 방습에 주의한다.
② 무기과산화물은 물속에 보관한다.
③ 분해를 촉진하는 물품과의 접촉을 피하여 저장한다.
④ 복사열이 없고, 환기가 잘되는 서늘한 곳에 저장한다.

정답 48 ④   49 ④   50 ③   51 ④   52 ②

> **해설**
> 무기과산화물은 금수성 물질이므로 물과의 접촉을 피하여야 한다.

53 할로겐화물 소화약제의 조건으로 옳은 것은?

① 비점이 높을 것
② 기화되기 쉬울 것
③ 공기보다 가벼울 것
④ 연소성이 좋을 것

> **해설**
> 할로겐화물 소화약제의 조건 : 비점이 낮아서 액체에서 기체로 쉽게 기화되기 쉬울 것, 공기보다 무거워 질식효과를 낼 것, 불연성일 것, 전기 절연성이 높을 것 등

54 아세트알데히드의 저장·취급 시 주의사항으로 틀린 것은?

① 강산화제와의 접촉을 피한다.
② 취급설비에는 구리합금의 사용을 피한다.
③ 수용성이기 때문에 화재 시 물로 희석 소화가 가능하다.
④ 옥외저장 탱크에 저장 시 조연성 가스를 주입한다.

> **해설**
> 옥외저장 탱크에 저장 시 불연성 가스를 주입한다.

55 이황화탄소를 화재예방상 물속에 저장하는 이유는?

① 불순물을 물에 용해시키기 위해
② 가연성 증기의 발생을 억제하기 위해
③ 상온에서 수소가스를 발생시키기 때문에
④ 공기와 접촉하면 즉시 폭발하기 때문에

> **해설**
> 이황화탄소는 가연성 증기 발생을 억제하기 위하여 물속에 저장한다.

56 위험물안전관리법령상 염소화이소시아눌산은 제 몇 류 위험물인가?

① 제1류
② 제2류
③ 제5류
④ 제6류

> **해설**
> 염소화이소시아눌산은 제1류 위험물 중 행정안전부령이 정하는 것으로 한다.

57 제4류 위험물 운반용기의 외부에 표시해야 하는 사항이 아닌 것은?

① 규정에 의한 주의사항
② 위험물의 품명 및 위험등급
③ 위험물의 관리자 및 지정수량
④ 위험물의 화학명

> **해설**
> 운반용기 외부에 표시해야 하는 사항은 다음과 같다.
> – 위험물의 품명, 위험등급, 화학명 및 수용성(제4류 위험물인 경우 수용성인 것에 한함)
> – 위험물의 수량
> – 주의사항

정답 53 ② 54 ④ 55 ② 56 ① 57 ③

58 무기과산화물의 일반적인 성질에 대한 설명으로 틀린 것은?

① 과산화수소의 수소가 금속으로 치환된 화합물이다.
② 산화력이 강해 스스로 쉽게 산화한다.
③ 가열하면 분해되어 산소를 발생한다.
④ 물과의 반응성이 크다.

> 해설
> ② 산화력이 강해 스스로 쉽게 환원한다.

59 위험물을 운반용기에 수납하여 적재할 때 차광성이 있는 피복으로 가려야 하는 위험물이 아닌 것은?

① 제1류 위험물
② 제2류 위험물
③ 제5류 위험물
④ 제6류 위험물

> 해설
> 차광성 피복
> - 제1류 위험물
> - 제3류 위험물 중 자연발화성물질
> - 제4류 위험물 중 특수인화물
> - 제5류 위험물
> - 제6류 위험물

60 위험물안전관리법령상 위험물제조소에 설치하는 배출설비에 대한 내용으로 틀린 것은?

① 배출설비는 예외적인 경우를 제외하고는 국소방식으로 하여야 한다.
② 배출설비는 강제배출 방식으로 한다.
③ 급기구는 낮은 장소에 설치하고 인화방지망을 설치한다.
④ 배출구는 지상 2m 이상 높이에 연소의 우려가 없는 곳에 설치한다.

> 해설
> 급기구는 높은 곳에 설치하고 가는 눈의 구리망 등으로 인화방지망을 설치한다.

정답 58 ② 59 ② 60 ③

2017년 4회 위험물기능사

01 다음 중 주된 연소형태가 표면연소인 것은?

① 숯 ② 목재
③ 플라스틱 ④ 나프탈렌

해설
표면연소는 숯, 목탄, 금속분, 나트륨, 코크스 등의 물질에 해당한다.

02 2몰의 브롬산칼륨이 모두 열분해 되어 생긴 산소의 양은 2기압 27℃에서 약 몇 L인가?

① 32.42 ② 36.92
③ 41.34 ④ 45.64

해설
반응식 : $2KBrO_3 \rightarrow 2KBr + 3O_2$ (제1류 위험물 개념)
$PV = nRT$ 적용, 산소의 몰수 3몰을 곱하여야 한다.
$2 \times x = 2 \times 0.082 \times (273+27) \times 3$
$x = 36.9L$

03 다음 물질 중 분진폭발의 위험성이 가장 낮은 것은?

① 밀가루 ② 알루미늄분말
③ 모래 ④ 석탄

해설
모래, 석고, 시멘트, 가성소다, 석회분 등은 분진폭발의 위험성이 낮은 물질에 해당한다.

04 물은 냉각소화가 주된 대표적인 소화약제이다. 물의 소화효과를 높이기 위하여 무상 주수를 함으로서 부가적으로 작용하는 소화효과로 이루어진 것은?

① 질식소화작용, 제거소화작용
② 질식소화작용, 유화소화작용
③ 타격소화작용, 유화소화작용
④ 타격소화작용, 피복소화작용

해설
무상주수란 물의 입자가 안개처럼 주수되는 방식으로 질식소화작용과 유류 표면에 엷은 막을 생성시켜 연소 능력을 저하하는 유화소화를 할 수 있다.

05 어떤 소화기에 "ABC"라고 표시되어 있다. 다음 중 사용할 수 없는 화재는?

① 금속화재 ② 유류화재
③ 전기화재 ④ 일반화재

해설
금속화재는 D급에 해당한다.

06 위험물안전관리법상 소화설비에 해당하지 않는 것은?

① 옥외소화전설비
② 스프링클러설비

정답 01 ① 02 ② 03 ③ 04 ② 05 ①

③ 할로겐화합물 소화설비
④ 연결살수설비

해설

연결살수설비는 소화활동설비에 해당한다.

07 포소화약제에 의한 소화방법으로 다음 중 가장 주된 소화효과는?

① 희석소화 ② 질식소화
③ 제거소화 ④ 자기소화

해설

포소화약제는 거품을 화재 표면에 덮어 소화하는 방식으로는 질식소화와 함께 포에 함유된 수분에 의한 냉각효과에 의해 소화시킬 수 있다.

08 이산화탄소의 특성에 대한 설명으로 옳지 않은 것은?

① 전기전도성이 우수하다.
② 냉각, 압축에 의하여 액화된다.
③ 과량 존재 시 질식할 수 있다.
④ 상온, 상압에서 무색, 무취의 불연성 기체이다.

해설

이산화탄소는 비전도성이므로 전기 화재에 효과적이다.

09 Halon 1001의 화학식에서 수소원자의 수는?

① 0 ② 1
③ 2 ④ 3

해설

순서대로 C 1개, F 0개, Cl 0개, Br 1개, 탄소 1개당 4개의 결합이므로 비어 있는 3개의 결합에 수소를 채워 넣는다.
∴ CH_3Br

10 다음과 같은 반응에서 5㎥의 탄산가스를 만들기 위해 필요한 탄산수소나트륨의 양은 약 몇 kg인가?(단, 표준상태이고, 나트륨의 원자량은 23이다.)

$$2NaHCO_3 \rightarrow NaHCO_3 + CO_2 + H_2O$$

① 18.75 ② 37.5
③ 56.25 ④ 75

해설

$NaHCO_3$ 분자량 :
$23+1+12+(3\times16)=84$
PV = nRT 적용, 탄산수소나트륨의 몰수 2몰을 곱하여야 한다.
$1 \times 5 \times 2몰 = \dfrac{x}{84} \times 0.082 \times 273$
$x = 37.5kg$
다른 방법,
탄산수소나트륨 질량 = $5m^3 \times \dfrac{1kmol}{22.4m^3}$
$\times \dfrac{84kg}{1kmol} \times 2 = 37.5kg$

11 화학포소화약제의 반응에서 황산알루미늄과 탄산수소나트륨의 반응 몰 비는?(단, 황산알루미늄 : 탄산수소나트륨의 비이다.)

① 1 : 4 ② 1 : 6
③ 4 : 1 ④ 6 : 1

정답   06 ④   07 ②   08 ①   09 ④   10 ②   11 ②

> **해설**
> 〈화학포 소화약제의 반응식〉
> $6NaHCO_3 + Al_2(SO_4)_3 \cdot 18H_2O \rightarrow 3Na_2SO_4 + 2Al(OH)_3 + 6CO_2 + 18H_2O$

12 철분, 금속분, 마그네슘에 적응성이 있는 소화설비는?

① 이산화탄소소화설비
② 할로겐화합물소화설비
③ 포소화설비
④ 탄산수소염류소화설비

> **해설**
> 알칼리금속의 과산화물, 철분, 금속분, 마그네슘, 제3류 위험물의 금수성 물질은 건조사, 팽창질석, 팽창진주암, 탄산수소염류분말소화설비가 적응성이 있다.

13 전기설비에 적응성이 없는 소화설비는?

① 이산화탄소소화설비
② 물분무소화설비
③ 포소화설비
④ 할로겐화합물소화설비

> **해설**
> 전기설비에 적응성이 있는 소화설비는 물분무소화설비, 불활성가스소화설비, 할로겐화합물소화설비, 분말소화설비, 무상수소화기, 무상강화액소화기에 해당한다.

14 소화난이도등급 II의 제조소에 소화설비를 설치할 때 대형수동식소화기와 함께 설치하여야 하는 소형수동식소화기등의 능력단위에 관한 설명으로 옳은 것은?

① 위험물의 소요단위에 해당하는 능력단위의 소형수동식소화기등을 설치할 것
② 위험물의 소요단위의 1/2 이상에 해당하는 능력단위의 소형수동식소화기등을 설치할 것
③ 위험물의 소요단위의 1/5 이상에 해당하는 능력단위의 소형수동식소화기등을 설치할 것
④ 위험물의 소요단위의 10배 이상에 해당하는 능력단위의 소형수동식소화기등을 설치할 것

> **해설**
> 방사능력범위 내에 당해 건축물, 그 밖의 공작물 및 위험물이 포함되도록 대형수동식소화기를 설치하고, 당해 위험물의 소요단위의 1/5 이상에 해당되는 능력단위의 소형수동식소화기등을 설치한다.

15 위험물안전관리법령상 자동화재탐지설비를 설치하지 않고 비상경보설비로 대신할 수 있는 것은?

① 일반취급소로서 연면적 600㎡인 것
② 지정수량 20배를 저장하는 옥내저장소로서 처마높이가 8m인 단층건물
③ 단층건물 외에 건축물에 설치된 지정수량 15배의 옥내탱크저장소로서 소화난이도등급 II에 속하는 것

정답 12 ④   13 ③   14 ③   15 ③

④ 지정수량 20배를 저장 취급하는 옥내주유취급소

> **해설**
> 옥내탱크저장소의 경우 단층 건물 외의 건축물에 설치된 소화난이도 등급Ⅰ에 해당하면 자동화재탐지설비를 설치하여야 한다.

16 위험물안전관리법령에 따른 건축물 그 밖의 공작물 또는 위험물의 소요단위의 계산방법의 기준으로 옳은 것은?

① 위험물은 지정수량의 100배를 1소요단위로 할 것
② 저장소의 건축물은 외벽에 내화구조인 것은 연면적 100㎡를 1소요단위로 할 것
③ 저장소의 건축물은 외벽이 내화구조가 아닌 것은 연면적 50㎡를 1소요단위로 할 것
④ 제조소 또는 취급소용으로서 옥외에 있는 공작물인 경우 최대수평투영면적 100㎡를 1소요단위로 할 것

> **해설**
> ① 위험물은 지정수량의 <u>10배</u>를 1소요단위로 할 것
> ② 저장소의 건축물은 외벽에 내화구조인 것은 연면적 <u>150㎡</u>를 1소요단위로 할 것
> ③ 저장소의 건축물은 외벽이 내화구조가 아닌 것은 연면적 <u>75㎡</u>를 1소요단위로 할 것

17 소화전용물통 3개를 포함한 수조 80L의 능력단위는?

① 0.3   ② 0.5
③ 1.0   ④ 1.5

> **해설**
>
> | 소화설비 | 용량 | 능력단위 |
> |---|---|---|
> | 수조(소화전용 물통 3개 포함) | 80L | 1.5 |
> | 수조(소화전용 물통 6개 포함) | 190L | 2.5 |

18 위험물제조소등에 자동화재탐지설비를 설치하는 경우, 당해 건축물 그 밖의 공작물의 주요한 출입구에서 그 내부의 전체를 볼 수 있는 경우에 하나의 경계구역의 면적은 최대 몇 ㎡ 까지 할 수 있는가?

① 300
② 600
③ 1,000
④ 1,200

> **해설**
> 출입구에서 그 내부의 전체를 볼 수 있는 경우에 하나의 경계구역의 면적은 최대 1,000㎡ 까지 할 수 있다.

19 위험물제조소등에 설치하는 자동화재탐지설비의 설치기준에 대한 설명 중 틀린 것은?

① 자동화재탐지설비의 경계구역은 건축물, 그 밖의 공작물의 2 이상의 층에 걸치도록 할 것

정답   16 ④   17 ④   18 ③

② 하나의 경계구역에서 그 한 변의 길이는 50m 이하로 할 것
③ 자동화재탐지설비의 감지기는 지붕 또는 벽의 옥내에 면한 부분에 유효하게 화재의 발생을 감지할 수 있도록 설치할 것
④ 자동화재탐지설비에는 비상전원을 설치할 것

해설
자동화재탐지설비의 경계구역은 건축물, 그 밖의 공작물의 2 이상의 층에 걸치지 않도록 한다.

20 위험물안전관리법령상 품명이 질산에스테르류에 속하지 않는 것은?
① 질산에틸
② 니트로글리세린
③ 니트로톨루엔
④ 니트로셀룰로오스

해설
니트로톨루엔은 제4류 위험물에 해당한다.

21 제1류 위험물이 아닌 경우?
① 과요오드산염류
② 퍼옥소붕산염류
③ 요오드의 산화물
④ 금속의 아지화합물

해설
금속의 아지화합물은 제5류 위험물에 해당한다.

22 삼황화린과 오황화린의 공통점이 아닌 것은?
① 물과 접촉하여 인화수소가 발생한다.
② 가연성 고체이다.
③ 분자식이 P와 S로 이루어져 있다
④ 연소 시 오산화린과 이산화황이 생성된다.

해설
물과 접촉하여 황화수소 가스(H_2S)와 인산이 발생한다.

23 위험물안전관리법령상 제1류 위험물의 질산염류가 아닌 것은?
① 질산은
② 질산암모늄
③ 질산섬유소
④ 질산나트륨

해설
질산섬유소(니트로셀룰로오스)는 제5류 위험물의 질산에스테르이다.

24 트리에틸알루미늄이 물과 반응하였을 때 발생하는 가스는 무엇인가?
① 메탄
② 에탄
③ 프로판
④ 부탄

해설
물과 반응 시 수산화알루미늄 고체와 가연성의 에탄 가스를 발생한다.
$(C_2H_5)_3Al + 3H_2O \rightarrow Al(OH)_3 + 3C_2H_6$

정답 19 ① 20 ③ 21 ④ 22 ① 23 ③ 24 ②

25 위험물안전관리법령상 제4석유류를 저장하는 옥내저장탱크의 용량은 지정수량의 몇 배 이하이어야 하는가?

① 20 ② 40
③ 100 ④ 150

> **해설**
> 옥내탱크저장소 탱크전용실의 탱크 용량
> 가. 1층 이하 층의 건물에 설치 시 : 지정수량 40배(제4석유류 또는 동식물유류 외의 제4류 위험물로서 당해 수량이 20,000L를 초과하는 경우에는 20,000L)이하
> 나. 2층 이상 층의 건물에 설치 시 : 지정수량 10배(제4석유류 또는 동식물유류 외의 제4류 위험물로서 당해 수량이 5,000L를 초과하는 경우에는 5,000L)이하

26 유기과산화물의 화재 시 적응성이 있는 소화설비는?

① 물분무소화설비
② 불활성가스소화설비
③ 할로겐화합물소화설비
④ 분말소화설비

> **해설**
> 제5류 위험물인 유기과산화물은 주수소화가 적응성이 있다.

27 다음 위험물에 대한 설명 중 옳은 것은?

① 벤조일퍼옥사이드는 건조할수록 안전도가 높다.
② 테트릴은 충격과 마찰에 민감하다.
③ 트리니트로페놀은 공기 중 분해하므로 장기간 저장이 불가능하다.
④ 디니트로톨루엔은 액체상의 물질이다.

> **해설**
> ① 건조할수록 위험도가 높다.
> ③ 트리니트로페놀은 비교적 둔감하여 장기간 저장이 가능하다.
> ④ 디니트로톨루엔은 고체상의 물질이다.

28 $C_6H_2CH_3(NO_2)_3$을 녹이는 용제가 아닌 것은?

① 물
② 벤젠
③ 에테르
④ 아세톤

> **해설**
> $C_6H_2CH_3(NO_2)_3$ (트리니트로톨루엔)은 물에 녹지 않는다.

29 $CH_3COC_2H_5$의 명칭 및 지정수량을 옳게 나타낸 것은?

① 메틸에틸케톤, 50L
② 메틸에틸케톤, 200L
③ 메틸에틸에테르, 50L
④ 메틸에틸에테르, 200L

> **해설**
> 메틸에틸케톤은 제4류 위험물 중 제1석유류 비수용성 물질로 200L의 지정수량을 갖는다.

정답 25 ② 26 ① 27 ② 28 ① 29 ②

30 인화칼슘이 물과 반응할 경우에 대한 설명 중 틀린 것은?

① 발생 가스는 가연성이다.
② 포스겐 가스가 발생한다.
③ 발생 가스는 독성이 강하다.
④ Ca(OH)$_2$가 생성된다.

> **해설**
> 인화칼슘은 물과 반응 시 포스핀(PH$_3$) 가스가 발생한다.

31 위험물탱크의 용량은 탱크의 내용적에서 공간용적을 뺀 용적으로 한다. 이 경우 소화약제 방출구를 탱크안의 윗부분에 설치하는 탱크의 공간용적은 당해 소화설비의 소화약제 방출구 아래의 어느 범위의 면으로부터 윗부분의 용적으로 하는가?

① 0.1미터 이상 0.5미터 미만 사이의 면
② 0.3미터 이상 1미터 미만 사이의 면
③ 0.5미터 이상 1미터 미만 사이의 면
④ 0.5미터 이상 1.5미터 미만 사이의 면

> **해설**
> 소화설비(소화약제 방출구를 탱크 안의 윗부분에 설치하는 것에 한한다)를 설치하는 탱크 공간용적은 해당 소화설비를 소화약제 방출구 아래의 0.3미터 이상 1미터 미만 사이의 면으로부터 윗부분의 용적으로 한다.

32 공기를 차단하고 황린을 약 몇 ℃로 가열하면 적린이 생성되는가?

① 60   ② 100
③ 150   ④ 260

> **해설**
> 적린의 발화온도는 약 260℃이다.

33 위험물안전관리법령상 정기점검 대상인 제조소 등의 조건이 아닌 것은?

① 예방규정 작성대상인 제조소 등
② 지하탱크저장소
③ 이동탱크저장소
④ 지정수량 5배의 위험물을 취급하는 옥외탱크를 둔 제조소

> **해설**
> 정기점검대상인 제조소 등의 조건은 다음과 같다.
> - 예방규정대상에 해당하는 것
> - 지하탱크저장소
> - 이동탱크저장소
> - 위험물을 취급하는 탱크로서 지하에 매설된 탱크가 있는 제조소, 주유취급소 또는 일반취급소

34 다음 중 지정수량이 가장 큰 것은?

① 과염소산칼륨
② 트리니트로톨루엔
③ 황린
④ 유황

> **해설**
> ① 과염소산칼륨 : 50kg
> ② 트리니트로톨루엔 : 200kg
> ③ 황린 : 20kg
> ④ 유황 : 100kg

정답 30 ② 31 ② 32 ④ 33 ④ 34 ②

35 자기반응성 물질에 해당하는 물질은?

① 과산화칼륨
② 벤조일퍼옥사이드
③ 트리에틸알루미늄
④ 메틸에틸케톤

> **해설**
> 제5류 위험물(자기반응성 물질)에 속하는 물질은 벤조일퍼옥사이드이다.
> ① 제1류 위험물
> ③ 제3류 위험물
> ④ 제4류 위험물

36 위험물을 보관하는 방법에 대한 설명 중 틀린 것은?

① 염소산나트륨 : 철제 용기의 사용을 피한다.
② 산화프로필렌 : 저장 시 구리용기에 질소 등 불활성 기체를 충전한다.
③ 트리에틸알루미늄 : 용기는 밀봉하고 질소 등 불활성기체를 충전한다.
④ 황화린 : 냉암소에 저장한다.

> **해설**
> 산화프로필렌은 저장 시 Cu, Mg, Hg, Ag 등의 용기를 피하고 질소 등 불활성 기체를 충전한다.

37 위험물의 운반에 관한 기준에서 제4석유류와 혼재할 수 없는 위험물은?(단, 위험물은 각각 지정수량의 2배인 경우이다.)

① 황화린
② 칼륨
③ 유기과산화물
④ 과염소산

> **해설**
> ① 황화린 : 제2류 위험물
> ② 칼륨 : 제3류 위험물
> ③ 유기과산화물 : 제5류 위험물
> ④ 과염소산 : 제6류 위험물
> 제4류 위험물인 제4석유류는 제6류 위험물과 혼재가 불가하다.

38 이동탱크저장소의 위험물 운송에 있어서 운송책임자의 감독, 지원을 받아 운송하여야 하는 위험물의 종류에 해당하는 것은?

① 칼륨
② 알킬알루미늄
③ 질산에스테르류
④ 아염소산염류

> **해설**
> 이동탱크저장소의 위험물 운송에 있어서 운송책임자의 감독, 지원을 받아 운송하여야 하는 위험물의 종류에는 알킬리튬, 알킬알루미늄 등에 해당한다.

39 위험물안전관리법령상 산화성 액체에 대한 설명으로 옳은 것은?

① 과산화수소는 농도와 밀도가 비례한다.
② 과산화수소는 농도가 높을수록 끓는점이 낮아진다.
③ 질산은 상온에서 불연성이지만 고온으로 가열하면 스스로 발화한다.
④ 질산을 황산과 일정 비율로 혼합하여 왕수를 제조할 수 있다.

정답 35 ② 36 ② 37 ④ 38 ② 39 ①

> **해설**
> ② 과산화수소는 농도가 높을수록 끓는점이 높아진다.
> ③ 질산은 불연성이므로 스스로 발화하지 않는다.
> ④ 질산을 염산과 1 : 3의 비율로 혼합하여 왕수를 제조할 수 있다.

40 1차 알코올에 대한 설명으로 가장 적절한 것은?

① OH기의 수가 하나이다.
② OH기가 결합된 탄소 원자에 붙은 알킬기의 수가 하나이다.
③ 가장 간단한 알코올이다.
④ 탄소의 수가 하나인 알코올이다.

> **해설**
> 알코올의 차수는 결합된 탄소 원자에 붙은 알킬기의 수가에 결정되며, 알코올의 가수는 결합된 OH기의 수에 따라 결정된다.

41 인화성액체 위험물을 저장 또는 취급하는 옥외탱크저장소의 방유제 내에 용량 10만L와 5만L인 옥외저장탱크 2기를 설치하는 경우에 확보하여야 하는 방유제의 용량은?

① 50,000L 이상
② 80,000L 이상
③ 110,000L 이상
④ 150,000L 이상

> **해설**
> 인화성액체 위험물을 저장 또는 취급하는 옥외탱크저장소의 방유제 용량

> 1) 1기 탱크 : 탱크 용량의 110% 이상
> 2) 2기 이상의 탱크 : 탱크 중 용량이 최대인 것의 용량의 110% 이상
> ∴ 100,000×1.1=110,000L 이상

42 옥내저장소에 관한 위험물안전관리법령의 내용으로 옳지 않은 것은?

① 지정과산화물을 저장하는 옥내저장소의 경우 바닥면적 150㎡ 이내마다 격벽으로 구획을 하여야 한다.
② 옥내저장소에는 원칙상 안전거리를 두어야 하나, 제6류 위험물을 저장하는 경우에는 안전거리를 두지 않을 수 있다.
③ 아세톤을 처마높이 6m 미만인 단층건물에 저장하는 경우 저장창고의 바닥면적은 1,000㎡ 이하로 하여야 한다.
④ 복합용도의 건축물에 설치하는 옥내저장소는 해당 용도로 사용하는 부분의 바닥면적을 100㎡ 이하로 하여야 한다.

> **해설**
> 복합용도의 건축물에 설치하는 옥내저장소는 해당 용도로 사용하는 부분의 바닥면적을 75㎡ 이하로 하여야 한다.

43 위험물안전관리법령에서 정한 주유취급소의 고정주유설비 주위에 보유하여야 하는 주유공지의 기준은?

① 너비 10m 이상, 길이 6m 이상
② 너비 15m 이상, 길이 6m 이상
③ 너비 10m 이상, 길이 10m 이상
④ 너비 15m 이상, 길이 10m 이상

정답 40 ② 41 ③ 42 ④ 43 ②

> **해설**
>
> 주유취급소의 고정주유설비(펌프기기 및 호스기기로 되어 위험물을 자동차등에 직접 주유하기 위한 설비로서 현수식의 것을 포함)의 주위에는 주유를 받으려는 자동차 등이 출입할 수 있도록 너비 15m 이상, 길이 6m 이상의 콘크리트 등으로 포장한 공지를 보유하여야 한다.

44 위험물 옥외저장소에서 지정수량 200배 초과의 위험물을 저장할 경우 보유공지의 너비는 몇 m 이상으로 하여야 하는가?(단, 제4류 위험물과 제6류 위험물이 아닌 경우)

① 0.5m
② 2.5m
③ 10m
④ 15m

> **해설**
>
> | 저장 또는 취급하는 위험물의 최대수량 | 옥외저장소 공지의 너비 |
> |---|---|
> | 지정수량의 10배 이하 | 3m 이상 |
> | 지정수량의 10배 초과 20배 이하 | 5m 이상 |
> | 지정수량의 20배 초과 50배 이하 | 9m 이상 |
> | 지정수량의 50배 초과 200배 이하 | 12m 이상 |
> | 지정수량의 200배 초과 | 15m 이상 |
>
> (단, 제4류 위험물 중 제4석유류 또는 제6류 위험물을 저장하는 경우 공지의 너비를 1/3로 단축할 수 있다.)

45 위험물제조소의 안전거리기준으로 틀린 것은?

① 초·중등교육법 및 고등교육법에 의한 학교 - 20m 이상
② 의료법에 의한 병원급 의료기관 - 30m 이상
③ 문화재보호법 규정에 의한 지정문화재 - 50m 이상
④ 사용전압이 35,000V를 초과하는 특고압가공전선 - 5m 이상

> **해설**
>
> 1) 사용전압 7,000V 초과 35,000V 이하의 특고압가공전선 : 3m 이상
> 2) 사용전압 35,000V를 초과하는 특고압가공전선 : 5m 이상
> 3) 주거용 건축물(제조소의 동일부지 외에 있는 것) : 10m 이상
> 4) 고압가스, 액화석유가스 등의 저장·취급 시설 : 20m 이상
> 5) 학교·병원·극장(300명 이상), 다수인 수용시설 : 30m 이상
> 6) 유형문화재, 지정문화재 : 50m 이상

46 제조소의 게시판 사항 중 위험물의 종류에 따른 주의사항이 옳게 연결된 것은 무엇인가?

① 제2류 위험물(인화성 고체 제외) - 화기엄금
② 제3류 위험물 중 금수성 물질 - 물기엄금
③ 제4류 위험물 - 화기주의
④ 제5류 위험물 - 물기엄금

정답 44 ④ 45 ① 46 ②

> **해설**
> ① 제2류 위험물(인화성 고체 제외) – 화기주의
> ③ 제4류 위험물 – 화기엄금
> ④ 제5류 위험물 – 화기엄금

47 위험물제조소에서 국소방식의 배출설비 배출능력은 1시간당 배출장소 용적의 몇 배 이상인 것으로 하여야 하는가?

① 5
② 10
③ 15
④ 20

> **해설**
> 제조소에서 국소방식의 배출설비 배출능력은 1시간당 배출장소 용적의 20배 이상인 것으로 한다.
> 참고.
> 전역방출방식 : 바닥면적 1㎡당 18㎥ 이상

48 지정수량 20배 이상의 제1류 위험물을 저장하는 옥내저장소에서 내화구조로 하지 않아도 되는 것은?(단, 원칙적인 경우에 한한다.)

① 바닥
② 보
③ 기둥
④ 벽

> **해설**
> 옥내저장소의 구조는 벽, 기둥, 바닥은 내화구조로 하며 보와 서까래는 불연재료로 한다. 다만, 지정수량의 10배 이하의 위험물의 저장창고 또는 제2류와 제4류의 위험물(인화성고체 및 인화점이 70℃ 미만인 제4류 위험물을 제외한다)만의 저장창고에 있어서는 연소의 우려가 없는 벽·기둥 및 바닥은 불연재료로 할 수 있다.

49 위험물안전관리법령상 옥내탱크저장소의 기준에서 옥내저장탱크 상호 간에는 몇 m 이상의 간격을 유지하여야 하는가?

① 0.3
② 0.5
③ 0.7
④ 1.0

> **해설**
> 옥내저장탱크 상호 간에는 0.5m 이상의 간격을 유지하여야 한다.

50 휘발유를 저장하던 이동저장탱크에 등유나 경유를 탱크 상부로부터 주입할 때 액표면이 일정 높이가 될 때까지 위험물의 주입관 내 유속을 몇 m/s이하로 하여야 하는가?

① 1m/s
② 2m/s
③ 3m/s
④ 5m/s

> **해설**
> 이동저장탱크의 상부로부터 위험물을 주입할 때에는 위험물이 액표면의 주입관의 선단을 넘는 높이가 될 때까지 주입관 내 유속을 1m/s 이하로 하여야 한다.

51 위험물안전관리법령상 주유취급소에서의 위험물 취급 기준으로 옳지 않은 것은?

① 자동차에 주유할 때에는 고정주유설비를 이용하여 직접 주유할 것
② 자동차에 경유 위험물을 주유할 때에는 자동차의 원동기를 반드시 정지시킬 것
③ 고정주유설비에는 당해 주유설비에 접속한 전용탱크 또는 간이탱크의 배관 외의 것을 통하여서는 위험물을 공급하지 아니할 것

정답 47 ④ 48 ② 49 ② 50 ① 51 ②

④ 고정주유설비에 접속하는 탱크에 위험물을 주입할 때는 접속된 고정주유설비의 사용을 중지할 것

> **해설**
> 경유는 제2석유류로 인화점이 41℃ 이상이므로 원동기를 반드시 정지시키지 않아도 된다.

52 주유취급소에 설치 할 수 있는 위험물 탱크는?
① 고정주유설비에 직접 접속하는 5기 이하의 간이탱크
② 보일러 등에 직접 접속하는 전용탱크로서 10,000리터 이하의 것
③ 고정급유설비에 직접 접속하는 전용탱크로서 70,000리터 이하의 것
④ 폐유, 윤활유 등의 위험물을 저장하는 탱크로서 4,000리터 이하의 것

> **해설**
> ① 고정주유설비에 직접 접속하는 3기 이하의 간이탱크
> ③ 고정급유설비에 직접 접속하는 전용탱크로서 50,000리터 이하의 것
> ④ 폐유, 윤활유 등의 위험물을 저장하는 탱크로서 2,000리터 이하의 것

53 아세트산에틸의 일반 성질 중 틀린 것은?
① 과일냄새를 가진 휘발성 액체이다.
② 증기는 공기보다 무거워 낮은 곳에 체류한다.
③ 강산화제와의 혼촉은 위험하다.
④ 인화점은 −20℃ 이하이다.

> **해설**
> 아세트산에틸은 제1석유류 비수용성 물질로 인화점은 −4℃이다.

54 한국소방산업기술원이 시·도지사로부터 위탁 받아 수행하는 탱크안전성능검사 업무와 관계없는 액체위험물탱크는?
① 암반탱크
② 지하탱크저장소의 이중벽탱크
③ 100만리터 용량의 지하저장탱크
④ 옥외에 있는 50만리터 용량의 취급탱크

> **해설**
> 옥외탱크저장소의 액체위험물탱크 중 그 용량이 100만리터 이상인 탱크에 해당한다.

55 위험물안전관리법령상 인화성액체의 인화점 시험방법이 아닌 것은?
① 태그(Tag)밀폐식 인화점 측정기에 의한 인화점 측정
② 신속 평형법 인화점 측정기에 의한 인화점 측정
③ 클리브랜드개방식 인화점 측정기에 의한 인화점 측정
④ 펜스키 – 마르텐식 인화점 측정기에 의한 인화점 측정

> **해설**
> 위험물안전관리법령상 인화점 액체의 인화점 시험방법 : 태그밀폐식, 신속평형법, 클리브랜드개방식

정답 52 ② 53 ④ 54 ④ 55 ④

56 다음 물질 중 인화점이 가장 높은 것은?

① 아세톤   ② 디에틸에테르
③ 에탄올   ④ 벤젠

해설
① 아세톤 : -18℃
② 디에틸에테르 : -45℃
③ 에탄올 : 11℃
④ 벤젠 : -11℃

57 위험물안전관리법령에 의한 위험물에 속하지 않는 것은?

① CaC_2 ② S
③ P_2O_5 ④ K

해설
오산화인은 위험물에 속하지 않으며, 백색의 유독성 기체이다.

58 과염소산칼륨의 성질에 관한 설명 중 틀린 것은?

① 무색, 무취의 결정이다.
② 알코올, 에테르에 잘 녹는다.
③ 진한 황산과 접촉하면 폭발할 위험이 있다.
④ 400℃ 이상으로 가열하면 분해하여 산소가 발생할 수 있다.

해설
알코올, 에테르에 녹기 어렵다.

59 위험물제조소등의 화재예방 등 위험물 안전관리에 관한 직무를 수행하는 위험물안전관리자의 선임시기는?

① 위험물제조소 등의 완공검사를 받은 후 즉시
② 위험물제조소 등의 허가 신청 전
③ 위험물제조소 등의 설치를 마치고 완공검사를 신청하기 전
④ 위험물제조소 등에서 위험물을 저장 또는 취급하기 전

해설
위험물안전관리자의 선임시기는 위험물제조소 등에서 위험물을 저장 또는 취급하기 전으로 한다.

60 위험물안전관리법상 제조소등의 허가, 취소 또는 사용정지의 사유에 해당하지 않는 것은?

① 안전교육 대상자가 교육을 받지 아니한 때
② 완공검사를 받지 않고, 제조소등을 사용한 때
③ 위험물안전관리자를 선임하지 아니한 때
④ 제조소등의 정기검사를 받지 아니한 때

해설
① 교육대상자가 교육을 받을 때까지 해당 자격을 제한할 수 있다.

정답 56 ③ 57 ③ 58 ② 59 ④ 60 ①

2018년 1회 위험물기능사

01 다음 중 질식소화 효과를 주로 이용하는 소화기는?

① 제1종 분말소화약제
② 제2종 분말소화약제
③ 제3종 분말소화약제
④ 제4종 분말소화약제

해설
④ 제4류 위험물과 제6류 위험물에 모두 적응성이 있는 소화설비는 인산염류 분말소화설비, 물분무소화설비, 포소화설비 등이다.

02 다음 중 산화성 액체 위험물의 화재예방 상 가장 주의해야 할 점은?

① 0℃ 이하로 냉각시킨다.
② 공기와의 접촉을 피한다.
③ 가연물과의 접촉을 피한다.
④ 금속용기에 저장한다.

해설
제6류 위험물인 산화성 액체와 제1류 위험물인 산화성 고체는 가연물과의 접촉 시 폭발의 위험이 있으므로 접촉을 피하여야 한다.

03 위험물 제조소등에 설치하는 옥외소화전설비의 기준에서 옥외소화전함은 옥외소화전으로부터 보행거리 몇 m 이하의 장소에 설치하여야 하는가?

① 1.5   ② 5
③ 7.5   ④ 10

해설
옥외소화전함은 옥외소화전으로부터 보행거리 5m 이하의 장소에 설치하여야 한다.

04 위험물제조소등에 설치해야 하는 각 소화설비의 설치기준에 있어서 각 노즐 또는 헤드 선단의 방사압력 기준이 나머지 셋과 다른 설비는?

① 옥내소화전설비 ② 옥외소화전설비
③ 스프링클러설비 ④ 물분무소화설비

해설
옥내/옥외/물분무소화설비의 방사압력은 350kPa 이상인 반면에 스프링클러 설비의 방사압력은 100kPa 이상으로 한다.

05 건축물의 1층 및 2층 부분만을 방사능력범위로 하고, 지하층 및 3층 이상의 층에 대하여 다른 소화설비를 설치해야 하는 소화설비는?

① 스프링클러설비 ② 포소화설비
③ 옥외소화전설비 ④ 물분무소화설비

정답 01 ③   02 ③   03 ②   04 ③   05 ③

> **해설**
> 옥외소화전설비는 건축물의 1층 및 2층 부분만을 방사능력범위로 하고 지하층 및 3층 이상의 층에 대하여 다른 소화설비를 설치해야 한다. 옥외소화전은 화재의 초기 진압보다는 인접 건물에 대한 연소확대를 방지하기 위하여 사용된다.

06 옥내에서 지정수량 100배 이상을 취급하는 일반취급소에 설치하여야 하는 경보설비는?(단, 고인화점 위험물만을 취급하는 경우는 제외한다.)

① 비상경보설비
② 자동화재탐지설비
③ 비상방송설비
④ 비상벨설비 및 확성장치

> **해설**
> 제조소 및 일반취급소의 옥내에서 지정수량의 100배 이상을 취급하는 것(고인화점 위험물만을 100℃ 미만의 온도에서 취급하는 것을 제외한다)에 자동화재탐지설비를 설치하여야 한다.

07 가연성 액체의 연소형태를 옳게 설명한 것은?

① 연소범위의 하한보다 낮은 범위에서라도 점화원이 있으면 연소한다.
② 가연성 증기의 농도가 높으면 높을수록 연소가 쉽다.
③ 가연성 액체의 증발연소는 액면에서 발생하는 증기가 공기와 혼합하여 타기 시작한다.
④ 증발성이 낮은 액체일수록 연소가 쉽고, 연소속도는 빠르다.

> **해설**
> ① 연소범위의 하한보다 낮은 범위에 있거나 상한보다 높은 범위에 있으면 점화될 수 없다.
> ② 가연성 증기의 농도가 낮으면 낮을수록 연소가 쉽다.
> ④ 증발성이 높은 액체일수록 연소가 쉽고, 연소속도는 빠르다.

08 높이 15m, 지름 20m인 옥외저장탱크에 보유공지의 단축을 위해서 물분무설비로 방호조치를 하는 경우 수원의 양은 약 몇 L 이상으로 하여야 하는가?

① 46,496
② 58,090
③ 70,259
④ 95,880

> **해설**
> 물분무설비로 방호조치를 한 경우 탱크 높이 15m 이하마다 원주길이 1m에 대하여 분당 37L 이상으로 하여야 한다.
> $= 2\pi r \times 37 L/min \times 20 min$
> $= (2 \times \pi \times 10m) \times 37 L/min \times 20 min$
> $= 46495.6 L$

09 분진 폭발의 위험이 가장 낮은 것은?

① 아연분
② 시멘트
③ 밀가루
④ 커피

> **해설**
> 모래, 석고, 시멘트, 가성소다, 석회분 등은 분진폭발의 위험성이 낮은 물질에 해당한다.

정답 06 ② 07 ③ 08 ① 09 ②

10 분말 소화약제의 분류가 옳게 연결된 것은?

① 제1종 분말약제 : $KHCO_3$
② 제2종 분말약제 : $KHCO_3 + (NH_2)_2CO$
③ 제3종 분말약제 : $NH_4H_2PO_4$
④ 제4종 분말약제 : $NaHCO_3$

> **해설**
> ① 제1종 분말약제 : $NaHCO_3$
> ② 제2종 분말약제 : $KHCO_3$
> ④ 제4종 분말약제 : $KHCO_3 + (NH_2)_2CO$

11 위험물의 유별(類別) 구분이 나머지 셋과 다른 하나는?

① 황린　　② 금속분
③ 황화린　④ 마그네슘

> **해설**
> 황린은 제3류 위험물이다.

12 제6류 위험물의 화재예방 및 진압대책으로 적합하지 않은 것은?

① 가연물과의 접촉을 피한다.
② 과산화수소를 장기보존 할 때는 유리용기를 사용하여 밀전한다.
③ 옥내소화전설비를 사용하여 소화할 수 있다.
④ 물분무소화설비를 사용하여 소화할 수 있다.

> **해설**
> 열과 직사광선에 의하여 산소가 생성되므로 밀전하지 않고, 구멍 뚫린 뚜껑을 이용하여 저장하며 직사광선을 피하기 위하여 갈색병에 담아 냉암소에 보관한다.

13 위험물안전법령에서 정한 소화설비의 소요단위 산정방법에 대한 설명 중 옳은 것은?

① 위험물은 지정수량의 100배를 1소요단위로 함
② 저장소용 건축물로 외벽이 내화구조인 것은 연면적 100㎡를 1소요단위로 함
③ 제조소용 건축물로 외벽이 내화구조가 아닌 것은 연면적 50㎡를 1소요단위로 함
④ 저장소용 건축물로 외벽이 내화구조가 아닌 것은 연면적 25㎡를 1소요단위로 함

> **해설**
>
> | 구분 | 제조소 또는 취급소 | 저장소 |
> |---|---|---|
> | 외벽이 내화구조인 것 | 100㎡ | 150㎡ |
> | 내화구조가 아닌 것 | 50㎡ | 75㎡ |

14 다음 중 화재 발생 시 물을 이용한 소화가 효과적인 물질은?

① 트리메틸알루미늄
② 황린
③ 나트륨
④ 인화칼슘

> **해설**
> ① 트리메틸알루미늄, ③ 나트륨, ④ 인화칼슘은 금수성 물질이므로 화재 발생 시 질식소화가 효과적이다.

정답　10 ③　11 ①　12 ②　13 ③　14 ②

15 위험물안전관리법령상 위험물의 운반에 관한 기준에 따르면 알코올류의 위험등급은 얼마인가?

① 위험등급 Ⅰ
② 위험등급 Ⅱ
③ 위험등급 Ⅲ
④ 위험등급 Ⅳ

해설

위험등급Ⅱ : 제1석유류, 알코올류

16 주된 연소의 형태가 나머지 셋과 다른 하나는?

① 아연분   ② 양초
③ 코크스   ④ 목탄

해설

① 아연분, ③ 코크스, ④ 목탄 : 표면연소
② 양초 : 증발연소

17 화재 시 이산화탄소를 방출하여 산소의 농도를 13vol%로 낮추어 소화를 하려면 공기 중의 이산화탄소는 몇 vol%가 되어야 하는가?

① 28.1   ② 38.1
③ 42.86   ④ 48.36

해설

CO_2의 농도 $= \dfrac{21 - O_2}{21} \times 100(\%)$

$\therefore \dfrac{21-13}{21} \times 100 = 38.1(\%)$

18 금속은 덩어리 상태보다 분말상태일 때 연소위험성이 증가하기 때문에 금속분을 제2류 위험물로 분류하고 있다. 연소위험성이 증가하는 이유로 잘못된 것은?

① 비표면적이 증가하여 반응면적이 증대되기 때문에
② 비열이 증가하여 열의 축적이 용이하기 때문에
③ 복사열의 흡수율이 증가하여 열의 축적이 용이하기 때문에
④ 대전성이 증가하여 정전기가 발생되기 쉽기 때문에

해설

② 비열이 증가하면 열축적이 어려워지기 때문에 연소위험성은 감소한다.

19 과염소산암모늄 300℃에서 분해되었을 때 주요 생성물이 아닌 것은?

① NO_3 ② Cl_2
③ O_2 ④ N_2

해설

분해온도 : 300℃
$2NH_4ClO_4 \rightarrow N_2 + Cl_2 + 2O_2 + 4H_2O$

20 위험물안전관리법령상 압력수조를 이용한 옥내소화전설비의 가압송수장치에서 압력수조의 최소압력(MPa)은?(단, 소방용 호스의 마찰손실 수두압은 3MPa, 배관의 마찰 손실 수두압은 1MPa, 낙차의 환산수두압은 1.35MPa이다.)

정답 15 ②   16 ②   17 ②   18 ②   19 ①

① 5/35   ② 5.70
③ 6.00   ④ 6.35

> **해설**
> 압력수조를 이용한 옥내소화전설비의 가압송수장치에서 압력수조의 최소압력 (MPa)
> $P = p_1 + p_2 + p_3 + 0.35 \text{MPa}$
> P : 필요한 압력(MPa)
> p_1 : 소방용 호스의 마찰손실수두압(MPa)
> p_2 : 배관의 마찰손실수두압(MPa)
> p_3 : 낙차의 환산수두압(MPa)
> ∴ P = 3 + 1 + 1.35 + 0.35 = 5.70MPa

21 할로겐화합물의 소화약제 중 할론 2402의 화학식은?

① $C_2Br_4F_2$
② $C_2Cl_4F_2$
③ $C_2Cl_4Br_2$
④ $C_2F_4Br_2$

> **해설**
> 할로겐화합물 소화약제의 명칭 순서대로 C 2개, F 4개, Cl 0개, Br 2개의 화학식을 완성하면 $C_2F_4Br_2$이다.

22 메틸알코올의 위험성에 대한 설명으로 틀린 것은?

① 겨울에는 인화의 위험이 여름보다 작다.
② 증기밀도는 가솔린보다 크다.
③ 독성이 있다.
④ 연소범위는 에틸알코올보다 넓다.

> **해설**
> 메틸알코올의 증기밀도(1.1)는 가솔린 (3~4)보다 작다.

23 제3류 위험물에 해당하는 것은?

① 염소화규소화합물
② 금속의 아지화합물
③ 질산구아니딘
④ 할로겐간화합물

> **해설**
> ② 금속의 아지화합물, ③ 질산구아니딘 : 제5류 위험물
> ④ 할로겐간화합물 : 제6류 위험물

24 제조소등에서 위험물을 유출시켜 사람의 신체 또는 재산에 대하여 위험을 발생시킨 자에 대한 벌칙기준으로 옳은 것은?

① 1년 이상 3년 이하의 징역
② 1년 이상 5년 이하의 징역
③ 1년 이상 7년 이하의 징역
④ 1년 이상 10년 이하의 징역

> **해설**
> ① 제조소등에서 위험물을 유출·방출 또는 확산시켜 사람의 생명·신체 또는 재산에 대하여 위험을 발생시킨 자는 1년 이상 10년 이하의 징역에 처한다.
> ② 위의 ①항의 규정에 따른 죄를 범하여 사람을 상해(傷害)에 이르게 한 때에는 무기 또는 3년 이상의 징역에 처하며, 사망에 이르게 한 때에는 무기 또는 5년 이상의 징역에 처한다.

정답   20 ②   21 ④   22 ②   23 ①   24 ④

25 다음 중 제5류 위험물이 아닌 것은?

① 니트로글리세린
② 니트로톨루엔
③ 니트로글리콜
④ 트리니트로톨루엔

> **해설**
> ② 제4류 위험물 제3석유류 비수용성

26 위험물안전관리법령상 "옥내저장소에서 위험물을 저장하는 경우 기계에 의하여 하역하는 구조로 된 용기만을 겹쳐 쌓는 경우에 있어서는 (　)미터 높이를 초과하여 용기를 겹쳐 쌓지 아니하여야 한다." 괄호 안에 알맞은 수치는?

① 2　　　　② 4
③ 6　　　　④ 8

> **해설**
> 옥내/옥외저장소의 저장용기 높이를 쌓는 높이
> – 기계에 의하여 하역하는 구조 : 6m 이하
> – 제4류 위험물 중 제3석유류, 제4석유류 및 동식물유 : 4m 이하
> – 그 밖의 경우 : 3m 이하
> ※ 옥외저장소에서 선반에 용기를 저장하는 경우 : 6m 이하

27 염소산염류 250kg, 요오드산 염류 600kg, 질산염류 900kg을 저장하고 있는 경우 지정수량의 몇 배가 보관되어 있는가?

① 5배　　　　② 7배
③ 10배　　　④ 12배

> **해설**
> $\dfrac{250}{50} + \dfrac{600}{300} + \dfrac{900}{300} = 10배$

28 제4류 위험물의 일반적 성질에 대한 설명으로 틀린 것은?

① 발생증기가 가연성이며 공기보다 무거운 물질이 많다.
② 정전기에 의하여도 인화할 수 있다.
③ 상온에서 액체이다.
④ 전기도체이다.

> **해설**
> 제4류 위험물은 전기부도체이다.

29 다음은 위험물을 저장하는 탱크의 공간용적 산정기준이다. (　)에 알맞은 수치로 옳은 것은?

> 가. 위험물을 저장 또는 취급하는 탱크의 공간 용적은 탱크의 내용적의 (ⓐ) 이상 (ⓑ) 이하의 용적으로 한다. 다만, 소화설비 (소화약제 방출구를 탱크 안의 윗부분에 설치하는 것에 한한다.)를 설치하는 탱크의 공간용적은 당해 소화설비의 소화약제방출구 아래의 0.3미터 이상 1미터 미만 사이의 면으로부터 윗부분의 용적으로 한다.
> 나. 암반탱크에 있어서는 당해 탱크 내에 용출하는 (ⓒ)일 간의 지하수의 양에 상당하는 용적과 당해 탱크의 내용적의 (ⓓ)의 용적 중에서 보다 큰 용적을 공간용적으로 한다.

정답　25 ②　26 ③　27 ③　28 ④

① ⓐ 3/100 ⓑ 10/100 ⓒ 10 ⓓ 1/100
② ⓐ 5/100 ⓑ 5/100 ⓒ 10 ⓓ 1/100
③ ⓐ 5/100 ⓑ 10/100 ⓒ 7 ⓓ 1/100
④ ⓐ 5/100 ⓑ 10/100 ⓒ 10 ⓓ 3/100

> **해설**
> 탱크의 공간용적은 내용적의 5/100 이상 10/100 이하로 하고, 암반탱크에 있어서는 해당 탱크 내에 용출하는 7일간의 지하수의 양에 상당하는 용적과 해당 탱크의 내용적의 100분의 1의 용적 중에서 보다 큰 용적을 공간용적으로 한다.

30 트리니트로톨루엔에 대한 설명으로 옳지 않은 것은?

① 제5류 위험물 중 니트로화합물에 속한다.
② 피크린산에 비해 충격, 마찰에 둔감하다.
③ 금속과의 반응성이 매우 커서 폴리에틸렌 수지에 저장한다.
④ 일광을 쪼이면 갈색으로 변한다.

> **해설**
> 트리니트로톨루엔은 폴리에틸렌 수지와 반응하여 위험하므로 접촉을 피하여야 한다.

31 제5류 위험물의 니트로화합물에 속하지 않은 것은?

① 니트로벤젠
② 테트릴
③ 트리니트로톨로엔
④ 피크린산

> **해설**
> 니트로벤젠 : 제4류 위험물 제3석유류 비수용성

32 과망간산칼륨의 위험성에 대한 설명 중 틀린 것은?

① 진한 황산과 접촉하면 폭발적으로 반응한다.
② 알코올, 에테르, 글리세린 등 유기물과 접촉을 금한다.
③ 가열하면 약 60℃에서 분해하여 수소를 방출한다.
④ 목탄, 황과 접촉 시 충격에 의해 폭발할 위험성이 있다.

> **해설**
> 가열하면 약 610℃에서 산소를 방출한다.

33 물과 작용하여 메탄과 수소를 발생시키는 것은?

① Al_4C_3 ② Mn_3C
③ Na_2C_2 ④ MgC_2

> **해설**
> ① $Al_4C_3 + 12H_2O \rightarrow 4Al(OH)_3 + 3CH_4$
> ② $Mn_3C + 6H_2O \rightarrow 3Mn(OH)_2 + CH_4 + H_2$
> ③ $Na_2C_2 + 2H_2O \rightarrow 2NaOH + C_2H_2$
> ④ $MgC_2 + 2H_2O \rightarrow Mg(OH)_2 + C_2H_2$

정답 29 ③ 30 ③ 31 ① 32 ③ 33 ②

34 위험물안전관리 법령상 위험물의 지정수량으로 옳지 않은 것은?

① 니트로셀룰로오스 : 10kg
② 히드록실아민 : 100kg
③ 아조벤젠 : 50kg
④ 트리니트로페놀 : 200kg

> **해설**
> 아조벤젠 : 200kg

35 트리에틸알루미늄의 안전관리에 관한 설명 중 틀린 것은?

① 물과의 접촉을 피한다.
② 냉암소에 저장한다.
③ 화재발생시 팽창질석을 사용한다.
④ I_2 또는 Cl_2 가스의 분위기에서 저장한다.

> **해설**
> ④ I_2 또는 Cl_2 가스의 분위기에 저장 시 폭발할 위험이 있다.

36 다음 중 증기의 비중이 가장 큰 것은?

① 디에틸에테르
② 벤젠
③ 가솔린(옥탄 100%)
④ 에틸알코올

> **해설**
> ① $C_2H_5OC_2H_5$: $\frac{74}{29} = 2.55$
> ② C_6H_6 : $\frac{78}{29} = 2.69$
> ③ C_8H_{18} : $\frac{114}{29} = 3.93$
> ④ C_2H_5OH : $\frac{46}{29} = 1.59$

37 위험물의 운반에 관한 기준에서 다음 ( )안에 알맞은 온도는 몇 ℃인가?

> 적재하는 제5류 위험물 중 ( )℃ 이하의 온도에서 분해될 우려가 있는 것은 보냉 컨테이너에 수납하는 등 적정한 온도관리를 하여야 한다.

① 40
② 50
③ 55
④ 60

> **해설**
> 적재하는 제5류 위험물 중 55℃ 이하의 온도에서 분해될 우려가 있는 것은 보냉 컨테이너에 수납하는 등 적정한 온도관리를 하여야 한다.

38 위험물안전관리법령상 제조소에서 취급하는 제4류 위험물의 최대수량의 합이 지정수량의 12만배 미만인 사업소에 두어야 하는 화학소방자동차 및 소방대원의 수의 기준으로 옳은 것은?

① 1대 - 5인
② 2대 - 10인
③ 3대 - 15인
④ 4대 - 20인

> **해설**
> 제4류 위험물을 지정수량의 3천배 이상 취급하는 제조소 또는 일반취급소에 자체소방대를 설치할 수 있으며, 화학소방차 및 자체소방대원의 수는 다음과 같다.

정답 34 ③ 35 ④ 36 ③ 37 ③ 38 ①

사업소의 구분	화학소방 자동차의 수	자체소방 대원의 수
지정수량의 12만배 미만	1대	5인
지정수량의 12만배 이상 24만배 미만	2대	10인
지정수량의 24만배 이상 48만배 미만	3대	15인
지정수량의 48만배 이상	4대	20인

39 인화성액체 위험물을 저장 또는 취급하는 옥외탱크저장소의 방유제 내에 용량 10만L와 5만L인 옥외저장탱크 2기를 설치하는 경우에 확보하여야 하는 방유제의 용량(L)은?

① 50,000L 이상
② 80,000L 이상
③ 110,000L 이상
④ 150,000L 이상

> **해설**
> 인화성액체 위험물을 저장 또는 취급하는 옥외탱크저장소의 방유제 용량
> 1) 1기 탱크 : 탱크 용량의 110% 이상
> 2) 2기 이상의 탱크 : 탱크 중 용량이 최대인 것의 용량의 110% 이상
> ∴ 100,000×1.1=110,000L 이상

40 위험물안전관리법에서 사용하는 용어의 정의 중 틀린 것은?

① "지정수량"은 위험물의 종류별로 위험성을 고려하여 대통령령이 정하는 수량이다.
② "제조소"라 함은 위험물을 제조할 목적으로 지정수량 이상의 위험물을 취급하기 위하여 규정에 따라 허가를 받은 장소이다.
③ "저장소"라 함은 지정수량 이상의 위험물을 저장하기 위한 대통령령이 정하는 장소로서 규정에 따라 허가를 받은 장소를 말한다.
④ "제조소등"이라 함은 제조소, 저장소 및 이동탱크를 말한다.

> **해설**
> ④ "제조소등"이라 함은 제조소, 저장소, 취급소를 말한다.

41 위험물제조소에서 지정수량 이상의 위험물을 취급하는 건축물(시설)에는 원칙상 최소 몇 미터 이상의 보유공지를 확보하여야 하는가?(단, 최대수량은 지정수량의 10배이다.)

① 1m 이상 ② 3m 이상
③ 5m 이상 ④ 7m 이상

> **해설**
> 10배 이하에 해당하므로 3m 이상의 보유공지를 확보하여야 한다.
>
> | 지정수량의 배수 | 공지의 너비 |
> |---|---|
> | 지정수량의 10배 이하 | 3m 이상 |
> | 지정수량의 10배 초과 | 5m 이상 |

정답 39 ③ 40 ④ 41 ②

42 제2류 위험물에 속하지 않는 것은?

① 구리분
② 알루미늄분
③ 크롬분
④ 몰리브덴분

> **해설**
> 구리분 및 니켈분은 금속분에서 제외된다.

43 벤젠의 위험성에 대한 설명으로 틀린 것은?

① 휘발성이 있다.
② 인화점이 0℃ 보다 낮다.
③ 증기는 유독하여 흡입하면 위험하다.
④ 이황화탄소보다 착화온도가 낮다.

> **해설**
> 벤젠의 착화온도는 562℃이며, 이황화탄소의 착화온도는 100℃로 낮은 편이다.

44 위험물안전관리법령상 옥외저장탱크 중 압력탱크 외의 탱크에 통기관을 설치하여야 할 때 밸브 없는 통기관인 경우 통기관의 직경은 몇 mm 이상으로 하여야 하는가?

① 10 ② 15
③ 20 ④ 30

> **해설**
> 옥외탱크저장소에 설치하는 밸브없는 통기관의 지름은 30mm이상으로 한다.

45 위험물안전관리법령에 따라 제조소등의 관계인이 예방규정을 정하여야 하는 제조소등에 해당하지 않는 것은?

① 지정수량의 200배 이상의 위험물을 저장하는 옥외 탱크 저장소
② 지정수량의 10배 이상의 위험물을 취급하는 제조소
③ 암반탱크저장소
④ 지하탱크저장소

> **해설**
> 지하탱크저장소는 예방규정의 대상은 아니며, 정기점검의 대상에 해당한다.

46 이동탱크저장소의 위험물 운송에 있어서 운송책임자의 감독, 지원을 받아 운송하여야 하는 위험물의 종류에 해당하는 것은?

① 특수인화물
② 알킬리튬
③ 질산구아니딘
④ 히드라진 유도체

> **해설**
> 이동탱크저장소의 위험물 운송에 있어서 운송책임자의 감독, 지원을 받아 운송하여야 하는 위험물의 종류에는 알킬리튬, 알킬알루미늄 등에 해당한다.

47 위험물 관련 신고 및 선임에 관한 사항으로 옳지 않은 것은?

① 제조소의 위치·구조 변경 없이 위험물의 품명 변경 시는 변경하고자 하는 날의 14일 이전까지 신고하여야 한다.
② 제조소 설치자의 지위를 승계한자는 승계한 날로부터 30일 이내에 신고하여야 한다.

정답 42 ① 43 ④ 44 ④ 45 ④ 46 ②

③ 위험물안전관리자가 퇴직한 경우는 퇴직일로부터 14일 이내에 신고하여야 한다.
④ 위험물안전관리자가 퇴직한 경우는 퇴직일로부터 30일 이내에 선임하여야 한다.

> **해설**
> 제조소등의 위치·구조 또는 설비의 변경없이 당해 제조소 등에서 저장하거나 취급하는 위험물의 품명·수량 또는 지정수량의 배수를 변경하고자 하는 자는 변경하고자 하는 날의 <u>1일 전까지</u> 행정안전부령이 정하는 바에 따라 시·도지사에게 신고하여야 한다.

48 위험물안전관리법령상 산화성 액체에 대한 설명으로 옳은 것은?

① 과산화수소는 농도와 밀도가 비례한다.
② 과산화수소는 농도가 높을수록 끓는점이 낮아진다.
③ 질산은 상온에서 불연성이지만 고온으로 가열하면 스스로 발화한다.
④ 질산을 황산과 일정 비율로 혼합하여 왕수를 제조할 수 있다.

> **해설**
> ② 과산화수소는 농도가 높을수록 끓는점이 높아진다.
> ③ 질산은 불연성이므로 스스로 발화하지 않는다.
> ④ 질산을 염산과 1 : 3의 비율로 혼합하여 왕수를 제조할 수 있다.

49 벤조일퍼옥사이드, 피크린산, 히드록실아민이 각각 200kg 있을 경우 지정수량의 배수의 합은 얼마인가?

① 22 ② 23
③ 24 ④ 25

> **해설**
> 벤조일퍼옥사이드 지정수량 : 10kg
> 피크린산 지정수량 : 200kg
> 히드록실아민 지정수량 : 100kg
> $\therefore \dfrac{저장수량}{지정수량} = \dfrac{200}{10} + \dfrac{200}{200} + \dfrac{200}{100} = 2$

50 제조소등에서 위험물을 유출·방출 또는 확산시켜 사람을 사망에 이르게 한 경우의 벌칙에 관한 기준에 해당하는 것은?

① 3년 이상 10년 이하의 징역
② 무기 또는 10년 이하의 징역
③ 무기 또는 3년 이상의 징역
④ 무기 또는 5년 이상의 징역

> **해설**
> 위험물을 유출·방출 또는 확산시켜 사람을 상해(傷害)에 이르게 한 때에는 무기 또는 3년 이상의 징역에 처하며, 사망에 이르게 한 때에는 무기 또는 5년 이상의 징역에 처한다.

51 위험물안전관리법령상 제4석유류를 저장하는 옥내저장탱크의 용량은 지정수량의 몇 배 이하이어야 하는가?

① 20 ② 40
③ 100 ④ 150

정답 47 ① 48 ① 49 ② 50 ④ 51 ②

> **해설**
> 옥내탱크저장소 탱크전용실의 탱크 용량
> 가. 1층 이하 층의 건물에 설치 시 : 지정수량 40배(제4석유류 또는 동식물유류 외의 제4류 위험물로서 당해 수량이 20,000L를 초과하는 경우에는 20,000L)이하
> 나. 2층 이상 층의 건물에 설치 시 : 지정수량 10배(제4석유류 또는 동식물유류 외의 제4류 위험물로서 당해 수량이 5,000L를 초과하는 경우에는 5,000L)이하

52 제5류 위험물이 아닌 것은?

① 클로로벤젠
② 과산화벤조일
③ 염산히드라진
④ 아조벤젠

> **해설**
> 클로로벤젠은 제4류 위험물 중 제2석유류이다.

53 적갈색의 고체 위험물은?

① 칼슘 ② 탄화칼슘
③ 금속나트륨 ④ 인화칼슘

> **해설**
> 인화칼슘은 적갈색의 고체로 인화석회라고도 한다.

54 위험물제조소의 환기설비 중 급기구는 급기구가 설치된 실의 바닥면적 몇 ㎡마다 1개 이상으로 설치하여야 하는가?

① 100 ② 150
③ 200 ④ 800

> **해설**
> 위험물제조소의 급기구(외부의 공기를 건물 내부로 유입시키는 통로)는 바닥면적 150㎡마다 1개 이상으로 설치한다.

55 위험물안전관리법령상 제4류 위험물 운반용기의 외부에 표시해야 하는 사항이 아닌 것은?

① 규정에 의한 주의사항
② 위험물의 품명 및 위험등급
③ 위험물의 관리자 및 지정수량
④ 위험물의 화학명

> **해설**
> 운반용기 외부에 표시해야 하는 사항은 다음과 같다.
> – 위험물의 품명, 위험등급, 화학명 및 수용성(제4류 위험물인 경우 수용성인 것에 한함)
> – 위험물의 수량
> – 주의사항

56 황의 성질로 옳은 것은?

① 전기 양도체이다.
② 물에는 매우 잘 녹는다.
③ 이산화탄소와 반응한다.
④ 미분은 분진폭발의 위험성이 있다.

> **해설**
> 황(S)가루는 분진폭발의 위험성이 있는 물질이다.

정답 52 ① 53 ④ 54 ② 55 ③ 56 ④

57 제4류 위험물의 품명 중 지정수량이 6000L인 것은?

① 제3석유류 비수용성액체
② 제3석유류 수용성액체
③ 제4석유류
④ 동식물유류

> 해설
> ① 제3석유류 비수용성 : 2,000L
> ② 제3석유류 수용성 : 4,000L
> ④ 동식물유류 : 10,000L

58 1종 판매취급소에 설치하는 위험물 배합실의 기준으로 틀린 것은?

① 바닥면적은 6㎡ 이상 15㎡ 이하일 것
② 내화구조 또는 불연재료로 된 벽으로 구획할 것
③ 출입구는 수시로 열 수 있는 자동폐쇄식의 갑종방화문으로 설치할 것
④ 출입구 문턱의 높이는 바닥면으로부터 0.2m 이상일 것

> 해설
> ④ 1종 판매취급소의 출입구 문턱의 높이는 바닥면으로부터 0.1m 이상이어야 한다.

59 위험물안전관리법에서 규정하고 있는 내용으로 틀린 것은?

① 민사집행법에 의한 경매, 국세징수법 또는 지방세법에 의한 압류재산의 매각절차에 따라 제조소등의 시설의 전부를 인수한 자는 그 설치자의 지위를 승계한다.
② 금치산자 또는 한정치산자, 탱크시험자의 등록이 취소된 날로부터 2년이 지나지 아니한 자는 탱크시험자로 등록하거나 탱크시험자의 업무에 종사할 수 없다.
③ 농예용·축산용으로 필요한 난방시설 또는 건조시설을 위한 지정수량 20배 이하의 취급소는 신고를 하지 아니하고 위험물의 품명·수량을 변경할 수 있다.
④ 법정의 완공검사를 받지 아니하고 제조소등을 사용한 때 시·도지사는 허가를 취소하거나 6월 이내의 기간을 정하여 사용정지를 명할 수 있다.

> 해설
> 농예용·축산용 또는 수산용으로 필요한 난방시설 또는 건조시설을 위한 지정수량 20배 이하의 저장소는 신고를 하지 아니하고 위험물의 품명·수량을 변경할 수 있다.

60 시·도의 조례가 정하는 바에 따라 관할소방서장의 승인을 받아 지정수량 이상의 위험물을 제조소등이 아닌 장소에서 임시로 저장 또는 취급하는 기간은 최대 며칠 이내인가?

① 30
② 60
③ 90
④ 120

> 해설
> 위험물 임시 저장기간 : 90일 이내

정답 57 ③ 58 ④ 59 ③ 60 ③

2018년 2회 위험물기능사

01 전기불꽃 에너지 공식에서 ( )에 알맞은 것은?(단, Q는 전기량, V는 방전전압, C는 전기용량을 나타낸다.)

$$E = \frac{1}{2}(\ ) = \frac{1}{2}(\ )$$

① QV, CV
② QC, CV
③ QV, CV^2
④ QC, QV^2

해설
최소착화에너지 공식 :
$$E = \frac{1}{2}QV = \frac{1}{2}CV^2$$

02 다음 반응식과 같이 벤젠 1kg이 연소할 때 발생되는 CO_2의 양은 약 몇 m³인가?(단, 27℃, 750mmHg 기준이다.)

$$C_6H_6 + 7.5O_2 \rightarrow 6CO_2 + 3H_2O$$

① 0.72
② 1.22
③ 1.92
④ 2.42

해설
C_6H_6 분자량 : $(12 \times 6) + (1 \times 6) = 78$
PV = nRT 적용, 이산화탄소의 몰수 <u>6몰</u>을 곱하여야 한다.

해설
1기압 = 760mmHg
$$\frac{750}{760} \times x = \frac{1}{78} \times 0.082 \times (273+27) \times \underline{6몰}$$
$x = 1.92 m^3$

03 고온층(hot zone)이 형성된 유류화재의 탱크 밑면에 물이 고여 있는 경우, 화재의 진행에 따라 바닥의 물이 급격히 증발하여 불붙은 기름을 분출시키는 위험현상을 무엇이라 하는가?

① 화이어볼(fire ball)
② 플래시오버(flash over)
③ 슬롭오버(slop over)
④ 보일오버(boil over)

해설
보일오버(boil over)란 중질유가 저장된 탱크에서 발생된 화재가 장시간 지속되어 탱크의 저부에 고여 있던 물이 급격히 증발하며 유류가 분출되는 현상이다.

04 국소방출방식의 이산화탄소 소화설비의 분사헤드에서 방출되는 소화약제의 방사 기준은?

① 10초 이내에 균일하게 방사할 수 있을 것
② 15초 이내에 균일하게 방사할 수 있을 것

정답 01 ③ 02 ③ 03 ④

③ 30초 이내에 균일하게 방사할 수 있을 것
④ 60초 이내에 균일하게 방사할 수 있을 것

> **해설**
> 국소방출방식의 이산화탄소 소화설비의 분사헤드에서 방출되는 소화약제는 30초 이내에 균일하게 방사하여야 한다.

05 연면적이 1000㎡이고, 지정수량의 80배의 위험물을 취급하며, 지반면으로부터 5미터 높이에 위험물 취급설비가 있는 제조소의 소화난이도등급은?

① 소화난이도등급 Ⅰ
② 소화난이도등급 Ⅱ
③ 소화난이도등급 Ⅲ
④ 제시된 조건으로 판단할 수 없음

> **해설**
> 연면적이 1000㎡ 이므로 소화난이도등급 Ⅰ에 해당한다.

06 다음 중 위험물의 분류가 옳은 것은?

① 유기과산화물 - 제1류 위험물
② 황화린 - 제2류 위험물
③ 금속분 - 제3류 위험물
④ 무기과산화물 - 제5류 위험물

> **해설**
> ① 유기과산화물 - 제5류 위험물
> ③ 금속분 - 제2류 위험물
> ④ 무기과산화물 - 제1류 위험물

07 오황화린이 물과 반응하였을 때 생성된 가스를 연소시키면 발생하는 독성이 있는 가스는?

① 이산화질소
② 포스핀
③ 염화수소
④ 이산화황

> **해설**
> 오황화린이 물과 반응하여 황화수소 가스(H_2S)를 발생시킨다. 황화수소 가스를 연소시키면 독성이 있는 이산화황이 발생한다. $2H_2S + 3O_2 \rightarrow 2H_2O + 2SO_2$

08 다음 중 제4류 위험물에 대한 설명으로 가장 옳은 것은?

① 물과 접촉하면 발열하는 것
② 자기연소성 물질
③ 많은 산소를 함유하는 강산화제
④ 상온에서 액상인 가연성 액체

> **해설**
> 제4류 위험물은 상온에서 액상인 가연성의 액체로 인화하기 쉽다.

09 Halon 1301 소화약제에 대한 설명으로 틀린 것은?

① 저장 용기에 액체상으로 충전한다.
② 화학식은 CF_3Br이다.
③ 비점이 낮아서 기화가 용이하다.
④ 공기보다 가볍다.

정답 04 ③   05 ①   06 ②   07 ④   08 ④

> **해설**
> 할론 1301 화학식 : CF$_3$Br
> 증기비중 $= \frac{149}{29} = 5.14$
> 증기비중이 1보다 크기 때문에 공기보다 무겁다.

10 제2류 위험물의 화재예방 및 진압대책으로 적합하지 않은 것은?
① 강산화제와 혼합을 피한다.
② 적린과 유황은 물에 의한 냉각소화가 가능하다.
③ 금속분은 산과의 접촉을 피한다.
④ 인화성고체를 제외한 위험물 제조소에는 "화기엄금" 주의사항 게시판을 설치한다.

> **해설**
> 인화성고체를 제외한 위험물 제조소에는 "화기주의" 주의사항 게시판을 설치한다.

11 다음 중 발화점이 낮아지는 경우는?
① 화학적 활성도가 낮을 때
② 발열량이 클 때
③ 산소와 친화력이 나쁠 때
④ CO$_2$와 친화력이 높을 때

> **해설**
> 발화점이 낮을수록 위험도가 증가하는 조건이므로 발열량이 클 때 발화점이 낮아진다.
> ① 화학적 활성도가 높을 때
> ③ 산소와 친화력이 좋을 때
> ④ CO$_2$와 친화력이 낮을 때

12 중크롬산칼륨에 대한 설명으로 틀린 것은?
① 열분해하여 산소를 발생한다.
② 물과 알코올에 잘 녹는다.
③ 등적색의 결정으로 쓴 맛이 있다.
④ 산화제, 의약품 등에 사용된다.

> **해설**
> 물에 약간 용해되고 알코올에 불용이다.

13 지정수량이 300kg인 위험물에 해당하는 것은?
① NaBrO$_3$
② CaO$_2$
③ KClO$_4$
④ NaClO$_2$

> **해설**
> ②, ③, ④ : 50kg

14 위험물제조소에서 "브롬산나트륨 300kg, 과산화나트륨 150kg, 중크롬산나트륨 500kg"의 위험물을 취급하고 있는 경우 각각의 지정수량 배수의 총합은 얼마인가?
① 3.5   ② 4.0
③ 4.5   ④ 5.0

> **해설**
> 브롬산나트륨 지정수량 : 300kg
> 과산화나트륨 지정수량 : 50kg
> 중크롬산나트륨 지정수량 : 1000kg
> ∴ $\frac{저장수량}{지정수량} = \frac{300}{300} + \frac{150}{50} + \frac{500}{1000} = 4.5$

정답 09 ④ 10 ④ 11 ② 12 ② 13 ① 14 ③

15. 알코올에 관한 설명으로 옳지 않은 것은?
    ① 1가 알코올은 OH 기의 수가 1개인 알코올을 말한다.
    ② 2차 알코올은 1차 알코올이 산화된 것이다.
    ③ 2차 알코올이 수소를 잃으면 케톤이 된다.
    ④ 알데히드가 환원되면 1차 알코올이 된다.

    해설
    2차 알코올이 산화되어 케톤이 된다.

16. 위험물제조소의 안전거리 기준으로 틀린 것은?
    ① 초·중등교육법 및 고등교육법에 의한 학교 – 20m 이상
    ② 의료법에 의한 병원급 의료기관 – 30m 이상
    ③ 문화재보호법 규정에 의한 지정문화재 – 50m 이상
    ④ 사용전압이 35,000V를 초과하는 특고압가공전선 – 50m 이상

    해설
    1) 사용전압 7,000V 초과 35,000V 이하의 특고압가공전선 : 3m 이상
    2) 사용전압 35,000V를 초과하는 특고압가공전선 : 5m 이상
    3) 주거용 건축물(제조소의 동일부지 외에 있는 것) : 10m 이상
    4) 고압가스, 액화석유가스 등의 저장·취급 시설 : 20m 이상
    5) 학교·병원·극장(300명 이상), 다수인 수용시설 : 30m 이상
    6) 유형문화재, 지정문화재 : 50m 이상

17. 위험물안전관리법령상 피난설비에 해당하는 것은?
    ① 자동화재탐지설비
    ② 비상방송설비
    ③ 자동식사이렌설비
    ④ 유도등

    해설
    ①, ②, ③은 경보설비에 해당한다.

18. 제5류 위험물의 화재 시 소화방법에 대한 설명으로 옳은 것은?
    ① 가연성 물질로서 연소속도가 빠르므로 질식소화가 효과적이다.
    ② 할로겐화합물 소화기가 적응성이 있다.
    ③ CO_2 및 분말소화기가 적응성이 있다.
    ④ 다량의 주수에 의한 냉각소화가 효과적이다

    해설
    제5류 위험물에 질식소화는 효과가 없으므로 다량의 물로 주수소화 하여야 한다.

19. 위험물의 지정수량이 나머지 셋과 다른 하나는?
    ① 질산에스테르류   ② 니트로화합물
    ③ 아조화합물   ④ 히드라진유도체

    해설
    질산에스테르류 : 10kg
    니트로화합물, 아조화합물, 히드라진유도체 : 200kg

정답 15 ②   16 ①   17 ④   18 ④   19 ①

20 옥외소화전설비의 기준에서 옥외소화전함은 옥외소화전으로부터 보행거리 몇 m 이하의 장소에 설치하여야 하는가?

① 1.5
② 5
③ 7.5
④ 10

> **해설**
> 옥외소화전함은 옥외소화전으로부터 보행거리 5m 이하의 장소에 설치하여야 한다.

21 위험물의 운반에 관한 기준에서 제4석유류와 혼재할 수 없는 위험물은?(단, 위험물은 각각 지정수량의 2배인 경우이다.)

① 황화린
② 칼륨
③ 유기과산화물
④ 과염소산

> **해설**
> 제4석유류는 제4류 위험물이므로 과염소산(제6류 위험물)과 혼재할 수 없다.
> ① 황화린 : 제2류 위험물
> ② 칼륨 : 제3류 위험물
> ③ 유기과산화물 : 제5류 위험물

22 지정과산화물 옥내저장소의 저장창고 출입구 및 창의 설치기준으로 틀린 것은?

① 창은 바닥면으로부터 2m 이상의 높이에 설치한다.
② 하나의 창의 면적을 0.4㎡ 이내로 한다.
③ 하나의 벽면에 두는 창의 면적의 합계를 해당 벽면 면적의 80분의 1이 초과되도록 한다.
④ 출입구에는 갑종방화문을 설치한다.

> **해설**
> ③ 하나의 벽면에 두는 창의 면적의 합계를 해당 벽면 면적의 80분의 1 이내로 한다.

23 제조소등의 소화설비 설치 시 소요단위 산정에서 제조소 또는 취급소의 건축물은 외벽이 내화구조인 것은 연면적 (   )㎡를 1소요단위로 하며, 외벽이 내화구조가 아닌 것은 연면적 (   )㎡를 1소요단위로 한다. 괄호 안에 알맞은 수치를 차례대로 나열한 것은?

① 200, 100
② 150, 100
③ 150, 50
④ 100, 50

> **해설**
>
> | 구분 | 제조소 또는 취급소 | 저장소 |
> |---|---|---|
> | 외벽이 내화구조인 것 | 100㎡ | 150㎡ |
> | 내화구조가 아닌 것 | 50㎡ | 75㎡ |

24 위험물안전관리법령상 고정주유설비는 주유설비의 중심선을 기점으로 하여 도로경계선까지 몇 m 이상의 거리를 유지해야 하는가?

① 1m
② 3m
③ 4m
④ 6m

> **해설**
> 도로경계선까지 4m 이상의 거리를 유지한다.

정답 20 ②   21 ④   22 ③   23 ④   24 ③

25 보일러 등으로 위험물을 소비하는 일반취급소의 특례의 적용에 관한 설명으로 틀린 것은?

① 일반취급소에서 보일러, 버너 등으로 소비하는 위험물은 인화점이 섭씨 38도 이상인 제4류 위험물이어야 한다.
② 일반취급소에서 취급하는 위험물의 양은 지정수량의 30배 미만이고 위험물을 취급하는 설비는 건축물에 있어야 한다.
③ 제조소의 기준을 준용하는 다른 일반취급소와 달리 일정한 요건을 갖추면 제조소의 안전거리, 보유공지 등에 관한 기준을 적용하지 않을 수 있다.
④ 건축물중 일반취급소로 사용하는 부분은 취급하는 위험물의 양에 관계없이 철근콘크리트조 등의 바닥 또는 벽으로 당해 건축물의 다른 부분과 구획되어야 한다.

> **해설**
> 건축물 중 일반취급소의 용도로 제공하는 부분에는 지진 시 및 정전 시 등의 긴급 시에 보일러, 버너 그 밖에 이와 유사한 장치에 대한 위험물의 공급을 자동적으로 차단하는 장치를 설치하여야 한다.

26 과산화나트륨 78g과 충분한 양의 물이 반응하여 생성되는 기체의 종류와 생성량을 옳게 나타낸 것은?

① 수소, 1g
② 산소, 16g
③ 수소, 2g
④ 산소, 32g

> **해설**
> 과산화나트륨 분자량 : 78 = 1몰
> $Na_2O_2 + H_2O \rightarrow 2NaOH + 0.5O_2$
> 0.5몰 O_2 : $\frac{32}{2} = 16g$

27 분말소화약제의 식별 색을 옳게 나타낸 것은?

① $KHCO_3$: 백색
② $NH_4H_2PO_4$: 담홍색
③ $NaHCO_3$: 보라색
④ $KHCO_3 + (NH_2)_2CO$: 초록색

> **해설**
> A, B, C급 화재에 효과적인 제3종 분말소화약제의 주성분인 제1인산암모늄($NH_4H_2PO_4$)의 색은 담홍색에 해당한다.

28 위험물제조소 내의 위험물을 취급하는 배관에 대한 설명으로 옳지 않은 것은?

① 배관을 지하에 매설하는 경우 접합부분에는 점검구를 설치하여야 한다.
② 배관을 지하에 매설하는 경우 금속성 배관의 외면에는 부식 방지 조치를 하여야 한다.
③ 최대상용압력의 1.5배 이상의 압력으로 수압시험을 실시하여 이상이 없어야 한다.
④ 지상에 설치하는 경우에는 안전한 구조의 지지물로 지면에 밀착하여 설치하여야 한다.

정답 25 ④ 26 ② 27 ② 28 ②

> **해설**
> ② 배관을 지상에 매설하는 경우 금속성 배관의 외면에는 부식 방지 조치를 하여야 한다.

29 다음 중 위험물안전관리법령에 의한 지정수량이 가장 작은 품명은?

① 질산염류
② 인화성고체
③ 금속분
④ 질산에스테르류

> **해설**
> ① 질산염류 : 300kg
> ② 인화성고체 : 1,000kg
> ③ 금속분 : 500kg
> ④ 질산에스테르류 : 10kg

30 제5류 위험물의 운반용기의 외부에 표시하여야 하는 주의사항은?

① 물기주의 및 화기주의
② 물기엄금 및 화기엄금
③ 화기주의 및 충격엄금
④ 화기엄금 및 충격주의

> **해설**
> 제5류 위험물의 운반용기 주의사항 : 화기엄금, 충격주의

31 위험물안전관리법상 위험물에 해당하는 것은?

① 아황산
② 비중이 1.41인 질산
③ 53마이크로미터의 표준체를 통과하는 것이 50중량% 이상인 철의 분말
④ 농도가 15중량%인 과산화수소

> **해설**
> ① 아황산 : 위험물에 해당되지 않는다.
> ② 비중 1.49 이상인 질산
> ④ 농도가 36중량% 이상인 과산화수소

32 무색의 액체로 융점이 −122℃이고 물과 접촉하면 심하게 발열하는 제6류 위험물은?

① 과산화수소
② 과염소산
③ 질산
④ 오불화요오드

> **해설**
> 과염소산은 무색, 무취의 액체로 융점이 −112℃이고 물과 접촉하면 심하게 발열한다.

33 위험물 제조소의 환기설비의 기준에서 급기구에 설치된 실의 바닥면적 150㎡ 마다 1개 이상 설치하는 급기구의 크기는 몇 ㎠ 이상이어야 하는가?

① 200 ② 400
③ 600 ④ 800

> **해설**
> 위험물제조소의 급기구(외부의 공기를 건물 내부로 유입시키는 통로)는 바닥면적 150㎡마다 1개 이상으로 하고 급기구의 크기는 800㎠ 이상으로 해야 한다.

정답 29 ④ 30 ④ 31 ③ 32 ② 33 ④

34 위험물의 지하저장탱크 중 압력탱크 외의 탱크에 대해 수압시험을 실시할 때 몇 kPa의 압력으로 하여야 하는가?(단, 소방방재청장이 정하여 고시하는 기밀시험과 비파괴시험을 동시에 실시하는 방법으로 대신하는 경우는 제외한다.)

① 40　　② 50
③ 60　　④ 70

> **해설**
> 지하저장탱크는 압력탱크 외의 탱크에 있어서는 <u>70kPa</u>의 압력으로, 압력탱크에 있어서는 최대상용압력의 <u>1.5배</u>의 압력으로 각각 <u>10분간</u> 수압시험을 실시한다.

35 주유취급소에 설치 할 수 있는 위험물 탱크는?

① 고정주유설비에 직접 접속하는 5기 이하의 간이탱크
② 보일러 등에 직접 접속하는 전용탱크로서 10,000리터 이하의 것
③ 고정급유설비에 직접 접속하는 전용탱크로서 70,000리터 이하의 것
④ 폐유, 윤활유 등의 위험물을 저장하는 탱크로서 4,000리터 이하의 것

> **해설**
> ① 고정주유설비에 직접 접속하는 <u>3기 이하</u>의 간이탱크
> ③ 고정급유설비에 직접 접속하는 전용탱크로서 <u>50,000리터 이하의 것</u>
> ④ 폐유, 윤활유 등의 위험물을 저장하는 탱크로서 <u>2,000리터 이하의 것</u>

36 위험물안전관리법령상 정기점검 대상인 제조소 등의 조건이 아닌 것은?

① 예방규정 작성대상인 제조소 등
② 지하탱크저장소
③ 이동탱크저장소
④ 지정수량 5배의 위험물을 취급하는 옥외탱크를 둔 제조소

> **해설**
> 정기점검대상인 제조소 등의 조건은 다음과 같다.
> - 예방규정대상에 해당하는 것
> - 지하탱크저장소
> - 이동탱크저장소
> - 위험물을 취급하는 탱크로서 지하에 매설된 탱크가 있는 제조소, 주유취급소 또는 일반취급소

37 위험물안전관리법령에 따른 건축물 그 밖의 공작물 또는 위험물의 소요단위의 계산방법의 기준으로 옳은 것은?

① 위험물은 지정수량의 100배를 1소요단위로 할 것
② 저장소의 건축물은 외벽에 내화구조인 것은 연면적 100㎡를 1소요단위로 할 것
③ 저장소의 건축물은 외벽이 내화구조가 아닌 것은 연면적 50㎡를 1소요단위로 할 것
④ 제조소 또는 취급소용으로서 옥외에 있는 공작물인 경우 최대수평투영면적 100㎡를 1소요단위로 할 것

정답 34 ④　35 ②　36 ④　37 ④

> **해설**
> ① 위험물은 지정수량의 10배를 1소요단위로 할 것
> ② 저장소의 건축물은 외벽이 내화구조인 것은 연면적 150㎡를 1소요단위로 할 것
> ③ 저장소의 건축물은 외벽이 내화구조가 아닌 것은 연면적 75㎡를 1소요단위로 할 것

38 소화난이도등급 Ⅰ에 해당하지 않는 제조소 등은?

① 제1석유류 위험물을 제조하는 제조소로서 연면적 1000㎡ 이상인 것
② 제1석유류 위험물을 저장하는 옥외탱크저장소로서 액표면적이 40㎡ 이상인 것
③ 모든 이송취급소
④ 제6류 위험물을 저장하는 암반탱크저장소

> **해설**
> 소화난이도등급 Ⅰ의 암반탱크저장소의 기준은 다음과 같다.
> - 액표면적이 40㎡ 이상인 것(제6류 위험물을 저장하는 것 및 고인화점위험물만을 100℃ 미만의 온도에서 저장하는 것은 제외)
> 고체위험물만을 저장하는 것으로서 지정수량의 100배 이상인 것

39 위험물안전관리법에서 정한 위험물의 운반에 관한 다음 내용 중 ( )안에 들어갈 용어가 아닌 것은?

> 위험물의 운반은 ( ), ( ) 및 ( )에 관해 법에서 정한 중요기준과 세부기준을 따라 행하여야 한다.

① 용기　　② 적재방법
③ 운반방법　④ 검사방법

> **해설**
> 위험물의 운반은 용기·적재방법 및 운반방법에 관한 법에서 정한 중요기준과 세부기준에 따라 행하여야 한다.

40 위험물 옥외저장소에서 지정수량 200배 초과의 위험물을 저장할 경우 보유공지의 너비는 몇 m 이상으로 하여야 하는가?(단, 제4류 위험물과 제6류 위험물이 아닌 경우)

① 0.5m　　② 2.5m
③ 10m　　④ 15m

> **해설**
>
> | 저장 또는 취급하는 위험물의 최대수량 | 옥외저장소 공지의 너비 |
> |---|---|
> | 지정수량의 10배 이하 | 3m 이상 |
> | 지정수량의 10배 초과 20배 이하 | 5m 이상 |
> | 지정수량의 20배 초과 50배 이하 | 9m 이상 |
> | 지정수량의 50배 초과 200배 이하 | 12m 이상 |
> | 지정수량의 200배 초과 | 15m 이상 |
>
> (단, 제4류 위험물 중 제4석유류 또는 제6류 위험물을 저장하는 경우 공지의 너비를 1/3로 단축할 수 있다.)

정답　38 ④　39 ④　40 ④

41 위험물제조소등에 옥내소화전설비를 설치할 때 옥내소화전이 가장 많이 설치된 층의 소화전의 개수가 4개일 때 확보하여야 할 수원의 수량은?

① 10.4㎥
② 20.8㎥
③ 31.2㎥
④ 41.6㎥

> **해설**
> 옥내소화전설비의 수원의 수량은 설치개수(최대 5개)에 7.8㎥를 곱한 양 이상이 되도록 설치하여야 한다.
> ∴ 7.8㎥ × 4 = 31.2㎥

42 주유취급소의 벽(담)에 유리를 부착할 수 있는 기준에 대한 설명으로 옳은 것은?

① 유리 부착위치는 주입구, 고정주유설비로부터 2m 이상 이격되어야 한다.
② 지반면으로부터 50cm를 초과하는 부분에 한하여 설치하여야 한다.
③ 하나의 유리판 가로의 길이는 2m 이내로 한다.
④ 유리의 구조는 기준에 맞는 강화유리로 하여야 한다.

> **해설**
> ① 유리 부착 위치는 주입구, 고정주유설비로부터 4m 이상 이격되어야 한다.
> ② 지반면으로부터 70센티미터를 초과하는 부분에 한하여 설치하여야 한다.
> ④ 유리의 구조는 기준에 맞는 접합유리로 하여야 한다.

43 아세톤의 위험도를 구하면 얼마인가?(단, 아세톤의 연소범위는 2~13vol%이다)

① 0.846
② 1.23
③ 5.5
④ 7.5

> **해설**
> 위험도
> 위험도(H) = $\dfrac{U-L}{L}$
> U : 연소범위 상한, L : 연소범위 하한
> ∴ H = $\dfrac{U-L}{L} = \dfrac{13-2}{2} = 5.5$

44 상온에서 CaC_2를 장기간 보관할 때 사용하는 물질로 다음 중 가장 적합한 것은?

① 물
② 알코올수용액
③ 질소가스
④ 아세틸렌가스

> **해설**
> 탄화칼슘(CaC_2)을 장기 보관할 경우 불활성 기체인 질소가스를 사용한다.

45 위험물의 화재별 소화방법으로 옳지 않은 것은?

① 황린 - 분무주수에 의한 냉각소화
② 인화칼슘 - 분무주수에 의한 냉각소화
③ 톨루엔 - 포에 의한 질식소화
④ 질산메틸 - 주수에 의한 냉각소화

> **해설**
> 인화칼슘은 금수성 물질이므로 팽창질석, 팽창진주암, 건조사, 탄산수소염류분말소화설비로 질식소화한다.

정답 41 ③ 42 ③ 43 ③ 44 ③ 45 ②

46 지정수량의 10배의 위험물을 운반할 경우 제5류 위험물과 혼재 가능한 위험물에 해당하는 것은?

① 제1류 위험물 ② 제2류 위험물
③ 제3류 위험물 ④ 제6류 위험물

> **해설**
> 제5류 위험물은 제2류 위험물, 제4류 위험물과 혼재가 가능하다.

47 옥내저장소에 제3류 위험물인 황린을 저장하면서 위험물안전관리 법령에 의한 최소한의 보유공지로 3m를 옥내저장소 주위에 확보하였다. 이 옥내저장소에 저장하고 있는 황린의 수량은?(단, 옥내저장소의 구조는 벽·기둥 및 바닥이 내화구조로 되어 있고 그 외의 다른 사항은 고려하지 않는다.)

① 100kg 초과 500kg 이하
② 400kg 초과 1000kg 이하
③ 500kg 초과 5000kg 이하
④ 1000kg 초과 40000kg 이하

> **해설**
> 황린을 지정수량(20kg)의 20배 초과 50배 이하로 저장하고 있으므로 옥내저장소에 저장하고 있는 수량은 400kg 초과 1,000kg 이하이다.

48 위험물안전관리법령에 명시된 아세트알데히드의 옥외저장탱크에 필요한 설비가 아닌 것은?

① 보냉장치
② 냉각장치
③ 동합금배관
④ 불활성 기체를 봉입하는 장치

> **해설**
> 아세트알데히드의 옥외저장탱크에는 보냉장치, 냉각장치, 불활성 기체를 봉입하는 장치 등의 설비가 필요하다.

49 지하저장탱크에 경보음을 울리는 방법으로 과충전방지장치를 설치하고자 한다. 탱크 용량의 최소 몇 %가 찰 때 경보음이 울리도록 하여야 하는가?

① 80%
② 85%
③ 90%
④ 95%

> **해설**
> 지하저장탱크에는 위험물을 주입할 때 과충전을 방지하기 위해 탱크 용량의 최소 90%가 차면 경보음이 울리도록 하여야 한다.

50 위험물저장소에 해당하지 않는 것은?

① 옥외저장소
② 지하탱크저장소
③ 이동탱크저장소
④ 판매저장소

> **해설**
> 위험물저장소의 종류에는 옥외저장소, 옥내저장소, 옥외탱크저장소, 옥내탱크저장소, 지하탱크저장소, 간이탱크저장소, 이동탱크저장소, 암반탱크저장소가 있다.

정답 46 ② 47 ② 48 ③ 49 ③ 50 ④

51 위험물시설에 설비하는 자동화재탐지설비의 하나의 경계구역 면적과 그 한 변의 길이의 기준으로 옳은 것은?(단, 광전식분리형 감지기를 설치하지 않은 경우이다.)

① 300㎡ 이하, 50m 이하
② 300㎡ 이하, 100m 이하
③ 600㎡ 이하, 50m 이하
④ 600㎡ 이하, 100m 이하

해설
하나의 경계구역의 한 변의 길이는 50m(광전식분리형 감지기를 설치할 경우에는 100m) 이하로 하며 면적은 600㎡ 이하로 한다.

52 다음 중 니트로글리세린을 다공질의 규조토에 흡수시키기 위해 제조한 물질은?

① 흑색화약
② 니트로셀룰로오스
③ 다이너마이트
④ 면화약

해설
니트로글리세린의 단점을 개선하여 다공질의 규조토에 흡수시켜 다이너마이트를 제조하였다.

53 휘발유의 연소범위(vol%)에 가장 가까운 것은?

① 1.4~7.6
② 8.3~11.4
③ 12.5~19.7
④ 22.3~32.8

해설
자주 출제되는 위험물의 연소범위
가솔린(휘발유) : 1.4~7.6%
(디)에틸에테르 : 1.9~48% (넓은 편)
– 아세틸렌 : 2.5~81% (탄화칼슘과 물이 반응하였을 때 발생하는 가연성 가스)
메틸알코올 : 6.0~36%

54 이산화탄소의 특성에 대한 설명으로 옳지 않은 것은?

① 전기전도성이 우수하다.
② 냉각, 압축에 의하여 액화된다.
③ 과량 존재 시 질식할 수 있다.
④ 상온, 상압에서 무색, 무취의 불연성 기체이다.

해설
이산화탄소는 비전도성이므로 전기 화재에 효과적이다.

55 착화점이 232℃에 가장 가까운 위험물은?

① 삼황화린 ② 오황화린
③ 적린   ④ 유황

해설
유황(S)의 착화점은 약 232℃이며, 적린(P)의 착화점은 약 260℃이다.

56 제3류 위험물을 취급하는 제조소는 300명 이상을 수용할 수 있는 극장으로부터 몇 m 이상의 안전거리를 유지하여야 하는가?

① 5   ② 10
③ 30   ④ 70

정답 51 ③ 52 ③ 53 ① 54 ① 55 ④ 56 ③

> **해설**
> 300명 이상을 수용할 수 있는 극장과의 안전거리는 30m 이상으로 한다.

57 위험물제조소의 위치, 구조 및 설비의 기준에 대한 설명 중 틀린 것은?

① 벽, 기둥, 바닥, 보, 서까래는 내화재료로 하여야 한다.
② 제조소의 표지판은 한 변이 30cm, 다른 한 변이 60cm 이상의 크기로 한다.
③ "화기엄금"을 표시하는 게시판은 적색바탕에 백색문자로 한다.
④ 지정수량 10배를 초과한 위험물을 취급하는 제조소는 보유공지의 너비가 5m 이상 이어야 한다.

> **해설**
> ① 위험물제조소의 벽, 기둥, 바닥, 보, 서까래는 불연재료로 하여야 한다.

58 경유를 저장하는 옥외탱크저장소에서 10,000리터 탱크 1기가 설치된 곳의 방유제 용량은 얼마 이상이 되어야 하는가?

① 5,000리터 ② 10,000리터
③ 11,000리터 ④ 20,000리터

> **해설**
> − 탱크가 하나인 때 : 탱크 용량의 110% 이상(인화성 액체가 아닌 경우 100%)
> ∴ 10,000 × 1.1 = 11,000L

59 2몰의 브롬산칼륨이 모두 열분해 되어 생긴 산소의 양은 2기압 27℃에서 약 몇 L인가?

① 32.42 ② 36.92
③ 41.34 ④ 45.64

> **해설**
> 반응식 : $2KBrO_3 \rightarrow 2KBr + 3O_2$ (제1류 위험물 개념)
> $PV = nRT$ 적용, 산소의 몰수 3몰을 곱하여야 한다.
> $2 \times x = 2 \times 0.082 \times (273+27) \times 3$
> $x = 36.9L$

60 위험물안전관리법령상 제4류 위험물에 적응성이 없는 소화설비는?

① 옥내소화전설비
② 포소화설비
③ 불활성가스소화설비
④ 할로겐화합물소화설비

> **해설**
> 제4류 위험물은 물분무소화설비, 포소화설비, 할로겐화합물소화설비, 불활성가스소화설비, 분말소화설비 등에 적응성이 있다.

정답 57 ① 58 ③ 59 ② 60 ①

2018년 3회 위험물기능사

01 휘발유에 대한 설명으로 옳지 않은 것은?
① 지정수량은 200리터이다.
② 전기의 불량도체로서 정전기 축적이 용이하다.
③ 원유의 성질, 상태, 처리방법에 따라 탄화수소의 혼합비율이 다르다.
④ 발화점은 -43 ~ -20℃ 정도이다.

> **해설**
> 휘발유(C_5~C_9)의 인화점이 -43 ~ -20℃ 정도이고, 발화점은 약 300℃이다.

02 열의 이동 원리 중 복사에 관한 예로 적당하지 않은 것은?
① 그늘이 시원한 이유
② 더러운 눈이 빨리 녹는 현상
③ 보온병 내부를 거울벽으로 만드는 것
④ 해풍과 육풍이 일어나는 원리

> **해설**
> 열의 비열 차이로 인하여 해륙풍(해풍과 육풍)이 일어난다.

03 자연발화가 잘 일어나는 경우와 가장 거리가 먼 것은?
① 주변의 온도가 높을 것
② 습도가 높을 것
③ 표면적이 넓을 것
④ 열전도율이 클 것

> **해설**
> 열전도율이 작을수록 열축적에 용이하므로 자연발화가 잘 일어난다.

04 위험물안전관리자를 해임한 후 며칠 이내에 후임자를 선임하여야 하는가?
① 14일
② 15일
③ 20일
④ 30일

> **해설**
> 위험물안전관리자를 해임한 때에는 30일 이내에 다시 선임하여야 한다.

05 과산화수소의 운반용기 외부에 표시하여야 하는 주의사항은?
① 화기주의
② 충격주의
③ 물기엄금
④ 가연물접촉주의

> **해설**
> 제6류 위험물이므로 "가연물접촉주의"를 표시하여야 한다.

정답 01 ④ 02 ④ 03 ④ 04 ④ 05 ④

06 다음 중 물에 가장 잘 용해되는 위험물은?

① 벤즈알데히드
② 이소프로필알코올
③ 휘발유
④ 에테르

해설
이소프로필알코올은 알코올류로 물에 잘 용해된다.
① 벤즈알데히드 : 제2석유류 비수용성
③ 휘발유 : 제1석유류 비수용성
④ 에테르(디에틸에테르) : 특수인화물 비수용성

07 질소와 아르곤과 이산화탄소의 용량비가 52 대 40대 8인 혼합물 소화약제에 해당하는 것은?

① IG-541
② HCFC-BLEND A
③ HFC-125
④ HFC-23

해설
IG-541 : N_2(52%), Ar(40%), CO_2(8%)

08 위험물안전관리법령상 소화설비의 적응성에 관한 내용이다. 옳은 것은?

① 마른모래는 대상물 중 제1류 ~ 제6류 위험물에 적응성이 있다.
② 팽창질석은 전기설비를 포함한 모든 대상물에 적응성이 있다.
③ 분말소화약제는 셀룰로이드류의 화재에 가장 적당하다.
④ 물분무소화설비는 전기설비에 사용할 수 없다.

해설
② 건조사(마른모래), 팽창질석 또는 팽창진주암은 건축물·그 밖의 공작물과 전기설비에 적응성이 없다.
③ 셀룰로이드류는 제5류 위험물로 분말소화약제는 전기설비, 제2류 위험물(인화성 고체), 제4류 위험물에 주로 적응성이 있다.
④ 물이 분무 상태로 방사되면 비전도성이므로 전기설비에 적응성이 있다.

09 과염소산칼륨과 아염소산나트륨의 공통 성질이 아닌 것은?

① 지정수량이 50kg이다.
② 열분해 시 산소를 방출한다.
③ 강산화성 물질이며 가연성이다.
④ 상온에서 고체의 형태이다.

해설
강산화성 물질이며 불연성이다.

10 15℃의 기름 100g에 8,000J의 열량을 주면 기름의 온도는 몇 ℃가 되겠는가?(단, 기름의 비열은 2J/g·℃이다.)

① 25   ② 45   ③ 50   ④ 55

해설
Q(열량) = c(비열)×m(질량)×△t(온도차)
8,000J = 2J/g·℃×100g×(x-15)℃
8,000 = 200x - (200×15)
200x = 11,000
∴ x = 55℃

| 정답 | 06 ② | 07 ① | 08 ① | 09 ③ | 10 ④ |

11 강화액소화기에 대한 설명이 아닌 것은?
   ① 알칼리 금속염류가 포함된 고농도의 수용액이다.
   ② A급 화재에 적응성이 있다.
   ③ 어는점이 낮아서 동절기에도 사용이 가능하다.
   ④ 물의 표면장력을 강화시킨 것으로 심부화재에 효과적이다.

   해설
   물보다 표면장력이 작아 심부화재에 효과적이다.

12 다음 중 연소의 3요소를 모두 갖춘 것은?
   ① 성냥불, 등유, 산소
   ② 등유, 수소, 공기
   ③ 아세톤, 수소, 산소
   ④ 알코올, 황, 산소

   해설
   ① 성냥불(점화원) + 등유(가연물) + 산소(산소공급원)

13 위험물안전관리법령상 피난설비에 해당하는 것은?
   ① 자동화재탐지설비
   ② 비상방송설비
   ③ 자동식사이렌설비
   ④ 유도등

   해설
   ① 자동화재탐지설비, ② 비상방송설비, ③ 자동식사이렌설비 : 경보설비

14 위험물을 취급함에 있어서 정전기를 유효하게 제거하기 위한 설비를 설치하고자 한다. 위험물안전관리법령상 공기 중의 상대 습도를 몇 % 이상 되게 하여야 하는가?
   ① 50   ② 60
   ③ 70   ④ 80

   해설
   정전기 제거 방법
   - 접지
   - 공기 중의 상대습도를 70% 이상
   - 공기를 이온화

15 위험물안전관리법령에 따른 자동화재탐지설비의 설치기준에서 하나의 경계구역의 면적은 얼마 이하로 하여야 하는가?(단, 해당 건축물 그 밖의 공작물의 주요한 출입구에서 그 내부의 전체를 볼 수 없는 경우이다.)
   ① 500㎡   ② 600㎡
   ③ 800㎡   ④ 1,000㎡

   해설
   출입구에서 내부 전체를 볼 수 없는 경우이므로 하나의 경계구역의 면적은 600㎡ 이하로 한다.

16 주된 연소형태가 표면연소인 것을 옳게 나타낸 것은?
   ① 중유, 알코올
   ② 코크스, 숯
   ③ 목재, 종이
   ④ 석탄, 플라스틱

정답 11 ④ 12 ① 13 ④ 14 ③ 15 ② 16 ②

> **해설**
>
> | 구분 | 예시 |
> |---|---|
> | 표면연소 | 숯, 목탄, 금속분(알루미늄분 등), 코크스 등 |
> | 분해연소 | 석탄, 종이, 섬유, 플라스틱, 목재, 고무 등 |
> | 자기연소 | 제5류 위험물(니트로글리세린, 니트로셀룰로오스 등) |
> | 증발연소 | 유황, 나프탈렌, 양초(파라핀), 고급 알코올 등 |

17 이산화탄소 소화기의 장점으로 옳은 것은?

① 전기설비화재에 유용하다.
② 마그네슘과 같은 금속분 화재 시 유용하다.
③ 자기반응성 물질의 화재 시 유용하다.
④ 알칼리금속 과산화물 화재 시 유용하다.

> **해설**
>
> 이산화탄소는 비전도성이므로 C급 화재(전기 화재)에 적응성이 있다.

18 위험물의 소화방법으로 적합하지 않은 것은?

① 적린은 다량의 물로 소화한다.
② 황화인의 소규모 화재 시에는 모래로 질식 소화한다.
③ 알루미늄분은 다량의 물로 소화한다.
④ 황의 소규모 화재 시에는 모래로 질식 소화한다.

> **해설**
>
> ③ 알루미늄분은 금수성 물질이므로 탄산수소염류분말소화설비, 팽창질석, 팽창진주암, 건조사 등으로 질식 소화한다.

19 이산화탄소 소화기 사용 시 줄·톰슨 효과에 의해서 생성되는 물질은?

① 포스겐 ② 일산화탄소
③ 드라이아이스 ④ 수성가스

> **해설**
>
> 줄·톰슨 효과란 소화기에서 이산화탄소(CO_2)의 압축기체가 분출되며 온도가 급격히 내려가 고체 형태의 드라이아이스가 형성되는 효과이다.

20 위험물안전관리법령상 위험물의 운반에 관한 기준에 따르면 지정수량 얼마 이하의 위험물에 대하여는 "유별을 달리하는 위험물의 혼재기준"을 적용하지 아니하여도 되는가?

① 1/2 ② 1/3
③ 1/5 ④ 1/10

> **해설**
>
> 혼재기준에서 지정수량의 1/10 이하의 위험물에 대해서는 적용하지 않는다.

21 다음 중 알킬알루미늄의 소화방법으로 가장 적합한 것은?

① 팽창질석에 의한 소화
② 산·알칼리 소화약제에 의한 소화

정답 17 ① 18 ③ 19 ③ 20 ④

③ 알코올포에 의한 소화
④ 주수에 의한 소화

> **해설**
> 알킬알루미늄은 제3류 위험물의 금수성 물질이므로 팽창질석, 팽창진주암, 건조사, 탄산수소염류 분말소화설비 등에 의한 질식소화가 가장 적합하다.

22 위험물안전관리법령에 따른 판매취급소라 함은 점포에서 위험물을 용기에 담아 판매하기 위하여 지정수량의 (㉮)배 이하의 위험물을 (㉯)하는 장소를 말한다. ( )에 알맞은 말은?

① ㉮ 20 ㉯ 취급
② ㉮ 40 ㉯ 취급
③ ㉮ 20 ㉯ 저장
④ ㉮ 40 ㉯ 저장

> **해설**
> 판매취급소라 함은 점포에서 위험물을 용기에 담아 판매하기 위하여 지정수량의 40배 이하의 위험물을 취급하는 장소를 말한다.

23 「자동화재탐지설비 일반점검표」의 점검내용이 "변형·손상의 유무, 표시의 적부, 경계구역일람도의 적부, 기능의 적부"인 점검항목은?

① 감지기
② 중계기
③ 수신기
④ 발신기

> **해설**
> 수신기의 점검내용에는 변형·손상의 유무, 표시의 적부, 경계구역, 기능의 적부가 있다.
>
> | 구분 | 점검내용 | | | |
> |---|---|---|---|---|
> | 수신기 | 변형·손상의 유무 | 기능의 적부 | 표시의 적부 | 경계구역 |
> | 감지기 | 변형·손상의 유무 | 기능의 적부 | 감지 | |
> | 중계기 | 변형·손상의 유무 | 기능의 적부 | 표시의 적부 | |
> | 발신기 | 변형·손상의 유무 | 기능의 적부 | | |

24 탄화칼슘을 물과 반응시키면 무슨 가스가 발생하는가?

① 에탄
② 에틸렌
③ 메탄
④ 아세틸렌

> **해설**
> $CaC_2 + 2H_2O \rightarrow Ca(OH)_2 + C_2H_2$

25 다음 중 위험물 운반용기의 외부에 "제4류"와 "위험등급 II"의 표시만 보이고 품명이 잘 보이지 않을 때 예상할 수 있는 수납 위험물의 품명은?

① 제1석유류
② 제2석유류
③ 제3석유류
④ 제4석유류

> **해설**
> 위험등급 II : 제1석유류, 알코올류

정답 21 ① 22 ② 23 ③ 24 ④ 25 ①

26 그림과 같이 횡으로 설치한 원통형 위험물 탱크에 대하여 탱크의 용량을 구하면 약 몇 m³인가?(단, 공간용적은 탱크 내용적의 100분의 5로 한다.)

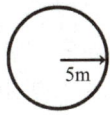
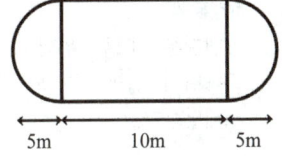

① 52.4 ② 291.6
③ 994.8 ④ 1047.2

> **해설**
> 내용적 $= \pi \times r^2 \times (l + \dfrac{l_1 + l_2}{3})$
> 용량 = 내용적 × (1−공간용적)
> ∴ 용량 $= \pi \times 5^2 \times (10 + \dfrac{5+5}{3}) \times 0.95$
> $= 994.84 m^3$

27 위험물안전관리법령상 배출설비를 설치하여야 하는 옥내저장소의 기준에 해당하는 것은?

① 가연성 증기가 액화할 우려가 있는 장소
② 모든 장소의 옥내저장소
③ 가연성 미분이 체류할 우려가 있는 장소
④ 인화점이 70℃ 미만인 위험물의 옥내저장소

> **해설**
> 옥내저장소의 경우 인화점이 70℃ 미만인 위험물을 저장하는 저장 창고에는 배출설비를 설치하며, 제조소의 경우 가연성 증기 또는 미분이 체류할 우려가 있는 장소에 배출설비를 설치한다.

28 위험물안전관리법령에서 정한 탱크 안전성능 검사의 구분에 해당하지 않는 것은?

① 기초·지반 검사
② 충수·수압 검사
③ 용접부 검사
④ 배관 검사

> **해설**
> 탱크안전성능검사 : 기초·지반검사, 충수·수압검사, 용접부검사, 암반탱크검사

29 위험물의 이동탱크저장소 차량에 "위험물"이라고 표시한 표지를 설치할 때 표지의 바탕색은?

① 흰색 ② 적색
③ 흑색 ④ 황색

> **해설**
> 이동탱크저장소 차량에 "위험물" 표지는 흑색바탕에 황색문자로 한다.

30 연소 시 온도에 따른 불꽃의 색상이 잘못된 것은?

① 적색 : 약 850℃
② 황적색 : 약 1,100℃
③ 휘적색 : 약 1,200℃
④ 백적색 : 약 1,300℃

> **해설**
> 암적색(700℃) 〈 적색(850℃) 〈 휘적색(950℃) 〈 황적색(1100℃) 〈 백적색(1300℃) 〈 휘백색(1500℃)

정답 26 ③ 27 ④ 28 ④ 29 ③ 30 ③

31 위험물안전관리법령에 따른 옥외소화전설비의 설치기준에서 "옥외소화전설비는 모든 옥외소화전(설치개수가 4개 이상인 경우는 4개의 옥외소화전)을 동시에 사용할 경우에 각 노즐선단의 방수압력이 ( )kPa 이상이고, 방수량이 1분당 ( )L 이상의 성능이 되도록 할 것"에서 괄호 안에 알맞은 수치를 차례대로 나타낸 것은?

① 350, 260
② 300, 260
③ 350, 450
④ 300, 450

해설

	옥내소화전설비	옥외소화전설비
지면에서 개폐밸브 및 호스접속구까지의 높이	1.5m 이하	
비상전원	45분 이상	
방수압력	350kPa 이상	
방수량	260L/min 이상	450L/min 이상
수원의 수량	7.8m³ × 최대 5개	13.5m³ × 최대 4개
방호대상물간의 수평거리	25m 이하	40m 이하

32 위험물의 유별 구분이 나머지 셋과 다른 하나는?

① 니트로글리콜
② 벤젠
③ 아조벤젠
④ 디니트로벤젠

해설

벤젠은 제4류 위험물에 속하는 반면에 나머지 위험물은 모두 제5류 위험물에 해당한다.

33 다음 황린의 성질에 대한 설명으로 옳은 것은?

① 분자량은 약 108이다.
② 융점은 약 120℃이다.
③ 비점은 약 120℃이다.
④ 비중은 약 1.8이다.

해설

① 분자량은 31×4=124이다.
② 융점은 약 44℃이다.
③ 비점은 약 280℃이다.

34 위험물안전관리법령상 제5류 위험물의 판정을 위한 시험의 종류로 옳은 것은?

① 폭발성 시험, 가열분해성 시험
② 폭발성 시험, 충격민감성 시험
③ 가열분해성 시험, 착화의 위험성 시험
④ 충격민감성 시험, 착화의 위험성 시험

해설

제5류 위험물의 판정을 위한 시험의 종류에는 폭발성 시험, 가열분해성 시험이 있다.

정답 31 ③ 32 ② 33 ④ 34 ①

35 요리용 기름의 화재 시 비누화 반응을 일으켜 질식효과와 재발화 방지 효과를 나타내는 소화약제는?

① $NaHCO_3$　　② $KHCO_3$
③ $BaCl_2$　　④ $NH_4H_2P_4$

해설
제1종 분말소화약제를 이용하여 요리용 기름의 화재 시 비누화 반응을 일으켜 질식 및 재발화 방지 효과로 소화할 수 있다.

36 제6류 위험물의 위험성에 대한 설명으로 적합하지 않은 것은?

① 질산은 햇빛에 의해 분해되어 NO_2를 발생한다.
② 과염소산은 산화력이 강하여 유기물과 접촉 시 연소 또는 폭발한다.
③ 질산은 물과 접촉하면 발열한다.
④ 과염소산은 물과 접촉하면 흡열한다.

해설
과염소산은 물과 접촉하면 심하게 발열한다.

37 제5류 위험물의 공통된 취급 방법이 아닌 것은?

① 용기의 파손 및 균열에 주의한다.
② 저장시 가열, 충격, 마찰을 피한다.
③ 운반용기 외부에 주의사항으로 "자연발화주의"를 표기한다.
④ 점화원 및 분해를 촉진시키는 물질로부터 멀리한다.

해설
제5류 위험물의 운반용기 주의사항은 화기엄금, 충격주의이다.

38 위험물안전관리법에서 정의하는 "인화성 또는 발화성 등의 성질을 가지는 것으로서 대통령령이 정하는 물품"을 말하는 용어는 무엇인가?

① 위험물
② 인화성물질
③ 자연발화성물질
④ 가연물

해설
"위험물"이라 함은 인화성 또는 발화성 등의 성질을 가지는 것으로서 대통령령이 정하는 물품을 말한다.

39 위험물제조소에서 지정수량 이상의 위험물을 취급하는 건축물(시설)에는 원칙상 최소 몇 m 이상의 보유공지를 확보하여야 하는가?(단, 최대수량은 지정수량의 10배이다.)

① 1m　　② 3m
③ 5m　　④ 7m

해설
위험물제조소의 보유공지는 다음과 같다.

취급하는 위험물의 최대수량	공지의 너비
지정수량의 10배 이하	3m 이상
지정수량의 10배 초과	5m 이상

정답　35 ①　36 ④　37 ③　38 ①　39 ②

40 취급하는 제4류 위험물의 수량이 지정수량의 30만배인 일반취급소가 있는 사업장에 자체소방대를 설치함에 있어서 전체 화학소방차 중 포수용액을 방사하는 화학소방차는 몇 대 이상 두어야 하는가?

① 필수적인 것은 아니다.
② 1대
③ 2대
④ 3대

> **해설**
> 포수용액을 방사하는 화학소방자동차의 대수는 화학소방자동차의 대수의 3분의 2 이상으로 하여야 한다. 30만배에 해당하는 화학소방차의 수가 3대이므로 2/3 이상인 2대 이상의 포수용액 화학소방차를 두어야 한다.

41 위험물 제조소에서 연소 우려가 있는 외벽은 기산점이 되는 선으로부터 3m (2층 이상의 층에 대해서는 5m)이내에 있는 외벽을 말하는데 이 기산점이 되는 선에 해당하지 않은 것은?

① 동일 부지내의 다른 건축물과 제조소 부지 간의 중심선
② 제조소등에 인접한 도로의 중심선
③ 제조소등이 설치된 부지의 경계선
④ 제조소등의 외벽과 동일 부지내의 다른 건축물의 외벽간의 중심선

> **해설**
> 연소의 우려가 있는 외벽은 다음에서 정한 선을 기산점으로 하여 3m(2층 이상의 층은 5m) 이내에 있는 외벽을 말한다.
> 1) 제조소등이 설치된 부지의 경계선
> 2) 제조소등에 인접한 도로의 중심선
> 3) 제조소등의 외벽과 동일부지 내의 다른 건축물의 외벽 간의 중심선

42 연소 위험성이 큰 휘발유 등은 배관을 통하여 이송할 경우 안전을 위하여 유속을 느리게 해주는 것이 바람직하다. 이는 배관 내에서 발생할 수 있는 어떤 에너지를 억제하기 위함인가?

① 유도에너지
② 분해에너지
③ 정전기에너지
④ 아크에너지

> **해설**
> 정전기에너지를 억제하기 위하여 유속을 느리게 하여 마찰을 최소화하여야 한다.

43 위험물 옥외저장탱크의 통기관에 관한 사항으로 옳지 않은 것은?

① 밸브 없는 통기관의 직경은 30mm 이상으로 한다.
② 대기밸브부착 통기관은 항시 열려 있어야 한다.
③ 밸브 없는 통기관의 선단은 수평면보다 45도 이상 구부려 빗물 등의 침투를 막는 구조로 한다.
④ 대기밸브부착 통기관은 5kPa 이하의 압력차이로 작동할 수 있어야 한다.

정답 40 ③ 41 ① 42 ③ 43 ②

> **해설**
> ② 대기밸브는 평상시에 닫힌 상태로 있다가 탱크의 압력이 5kPa 이하의 압력차이로 밸브가 열려 탱크 내부의 유증기 등을 외부로 방출하거나 또는 탱크 내부로 외부의 공기를 흡인할 수 있어야 한다.

44 위험물안전관리법령상 주유취급소에서의 위험물 취급 기준으로 옳지 않은 것은?

① 자동차에 주유할 때에는 고정주유설비를 이용하여 직접 주유할 것
② 자동차에 경유 위험물을 주유할 때에는 자동차의 원동기를 반드시 정지시킬 것
③ 고정주유설비에는 당해 주유설비에 접속한 전용탱크 또는 간이탱크의 배관 외의 것을 통하여서는 위험물을 공급하지 아니할 것
④ 고정주유설비에 접속하는 탱크에 위험물을 주입할 때는 접속된 고정주유설비의 사용을 중지할 것

> **해설**
> 경유는 제2석유류로 인화점이 41℃ 이상이므로 원동기를 반드시 정지시키지 않아도 된다.

45 다음 중 공기포 소화약제가 아닌 것은?

① 단백포 소화약제
② 합성계면활성제포 소화약제
③ 화학포 소화약제
④ 수성막포 소화약제

> **해설**
> 공기포(기계포) 소화약제 : 단백포, 불화단백포, 합성계면활성제포, 수성막포, 알코올형포

46 물과 접촉하면 위험성이 증가하므로 주수소화를 할 수 없는 물질은?

① $C_6H_2CH_3(NO_2)_3$
② $NaNO_3$
③ $(C_2H_5)_3Al$
④ $(C_6H_5CO)_2O_2$

> **해설**
> 트리에틸알루미늄[$(C_2H_5)_3Al$]에 주수소화시 에탄가스를 발생하므로 팽창질석, 팽창진주암, 탄산수소염류분말 소화설비로 소화하여야 한다.
> $(C_2H_5)_3Al + 3H_2O \rightarrow Al(OH)_3 + 3C_2H_6$

47 주택, 학교 등의 보호대상물과의 사이에 안전거리를 두지 않아도 되는 위험물시설은?

① 옥내저장소　　② 옥내탱크저장소
③ 옥외저장소　　④ 일반취급소

> **해설**
> 안전거리의 규제 대상은 다음과 같다.
> - 제조소(제6류 위험물을 취급하는 제조소를 제외)
> - 일반취급소
> - 옥내저장소
> - 옥외저장소
> - 옥외탱크저장소

정답　44 ②　45 ③　46 ③　47 ②

48 옥내저장소에서 위험물을 유별로 정리하고 서로 1m 이상의 간격을 두는 경우 유별을 달리하는 위험물을 동일한 저장소에 저장할 수 있는 것은?

① 과산화나트륨과 벤조일퍼옥사이드
② 과염소산나트륨과 질산
③ 황린과 트리에틸알루미늄
④ 유황과 아세톤

해설

유별이 다른 위험물을 동일한 저장소에 저장하는 경우 유별로 정리하여 서로 1m 이상의 간격을 두었을 때 다음과 같이 저장할 수 있다.
- 제1류 위험물(알칼리금속의 과산화물 제외)과 제5류 위험물
- 제1류 위험물과 제6류 위험물
- 제1류 위험물과 제3류 위험물 중 자연발화성 물질(황린)
- 제2류 위험물 중 인화성 고체와 제4류 위험물
- 제3류 위험물 중 알킬알루미늄등과 제4류 위험물(알킬알루미늄 또는 알킬리튬을 함유한 것)
- 제4류 위험물 중 유기과산화물과 제5류 위험물 중 유기과산화물

① 제1류 위험물(과산화나트륨)과 제5류 위험물(벤조일퍼옥사이드)는 함께 저장할 수 없다.
③ 제3류 위험물로 유별이 동일한 황린(자연발화성 물질)과 트리에틸알루미늄(금수성 물질)은 함께 저장이 불가하다.
④ 제2류 위험물(유황)과 제4류 위험물(아세톤)은 함께 저장할 수 없으며 제2류 위험물 중 인화성 고체는 제4류 위험물과 함께 저장이 가능하다.

49 히드라진의 지정수량은 얼마인가?

① 200kg   ② 200L
③ 2,000kg   ④ 2,000L

해설

히드라진은 제4류 위험물 중 제2석유류 수용성이므로 지정수량은 2,000L이다.

50 다음 물질 중 물보다 비중이 작은 것으로만 이루어진 것은?

① 에테르, 이황화탄소
② 벤젠, 글리세린
③ 가솔린, 메탄올
④ 글리세린, 아닐린

해설

에테르, 벤젠, 가솔린, 메탄올은 물보다 비중이 작다.

51 위험물의 운반에 관한 기준에서 적재방법 기준으로 틀린 것은?

① 고체 위험물은 운반용기의 내용적 95% 이하의 수납율로 수납할 것
② 액체 위험물은 운반용기의 내용적 98% 이하의 수납율로 수납할 것
③ 알킬알루미늄은 운반용기 내용적의 95% 이하의 수납율로 수납하되, 50℃의 온도에서 5% 이상의 공간용적을 유지할 것
④ 제3류 위험물 중 자연발화성물질에 있어서는 불활성 기체를 봉입하여 밀봉하는 등 공기와 접하지 아니하도록 할 것

정답 48 ②   49 ④   50 ③   51 ③

> **해설**
> 알킬알루미늄 등은 운반용기의 내용적 90% 이하의 수납율로 수납하되, 50℃의 온도에서 5% 이상의 공간용적을 유지하도록 할 것

52 위험물 이동저장탱크의 외부도장 색상으로 적합하지 않은 것은?

① 제2류 – 적색   ② 제3류 – 청색
③ 제5류 – 황색   ④ 제6류 – 회색

> **해설**
>
> | 류별 | 색상 |
> |---|---|
> | 제1류 | 회색 |
> | 제2류 | 적색 |
> | 제3류 | 청색 |
> | 제4류 | 적색 권장 |
> | 제5류 | 황색 |
> | 제6류 | 청색 |
>
> 1. 탱크의 앞면과 뒷면을 제외한 면적의 40% 이내의 면적은 다른 유별의 색상 외의 색상으로 도장하는 것이 가능하다.
> 2. 제4류에 대해서는 도장의 색상 제한이 없으나 적색을 권장한다.

53 금속칼륨에 대한 초기의 소화약제로서 적합한 것은?

① 물   ② 마른모래
③ CCl_4 ④ CO_2

> **해설**
> 금속 칼륨(K)은 금수성 물질이므로 건조사, 팽창질석, 팽창진주암, 탄산수소염류 분말소화설비로 소화하여야 한다.

54 다음 중 일반적으로 알려진 황화린의 3종류의 속하지 않는 것은?

① P_4S_3 ② P_2S_5
③ P_4S_7 ④ P_2S_9

> **해설**
> 황화린의 3종류는 일반적으로 삼황화린(P_4S_3), 오황화린(P_2S_5), 칠황화린(P_4S_7)이다.

55 위험물제조소등에 전기배선, 조명기구 등을 제외한 전기설비가 설치되어 있는 경우에는 당해 장소의 면적 몇 ㎡마다 소형수동식 소화기를 1개 이상 설치하여야 하는가?

① 100   ② 150
③ 200   ④ 300

> **해설**
> 제조소등에 전기설비(전기배선, 조명기구 등을 제외한다)가 설치된 경우에는 해당 장소의 면적 100㎡마다 소형수동식 소화기를 1개 이상 설치해야 한다.

56 위험물안전관리법령상 소화난이도 등급 I에 해당하는 제조소의 연면적 기준은?

① 1000㎡ 이상
② 800㎡ 이상
③ 700㎡ 이상
④ 500㎡ 이상

> **해설**
> 소화난이도등급 I의 제조소는 연면적 1000㎡ 이상에 해당한다.

정답 52 ④ 53 ② 54 ④ 55 ① 56 ①

57 삼황화린의 연소 시 발생하는 가스에 해당하는 것은?

① 이산화황　② 황화수소
③ 산소　　　④ 인산

> **해설**
> $P_4S_3 + 8O_2 \rightarrow 2P_2O_5 + 3SO_2$

58 피난동선의 특징이 아닌 것은?

① 가급적 지그재그의 복잡한 형태가 좋다.
② 수평동선과 수직동선으로 구분한다.
③ 2개 이상의 방향으로 피난할 수 있어야 한다.
④ 가급적 상호 반대방향으로 다수의 출구와 연결되는 것이 좋다.

> **해설**
> ① 가급적 단순한 형태가 좋다.

59 다음 물질 중 인화점이 가장 낮은 것은?

① CH_3COCH_3　② $C_2H_5OC_2H_5$
③ $CH_3(CH_2)_3OH$　④ CH_3OH

> **해설**
> ① 아세톤 : −18℃
> ② 디에틸에테르 : −45℃
> ③ 1−부틸알코올 : 29℃
> ④ 메틸알코올 : 11℃

60 인화성 액체 위험물을 저장하는 옥외탱크저장소에 설치하는 방유제의 높이 기준은?

① 0.5m 이상 1m 이하
② 0.5m 이상 3m 이하
③ 0.3m 이상 1m 이하
④ 0.3m 이상 3m 이하

> **해설**
> 옥외탱크저장소의 방유제 높이는 0.5m 이상 3m 이하로 한다.

정답　57 ①　58 ①　59 ②　60 ②

2018년 4회 위험물기능사

01 점화원으로 작용할 수 있는 정전기를 방지하기 위한 예방 대책이 아닌 것은?
① 정전기 발생이 우려되는 장소에 접지시설을 한다.
② 실내의 공기를 이온화하여 정전기 발생을 억제한다.
③ 정전기는 습도가 낮거나 압력이 높을 때 많이 발생하므로 상대습도를 70% 이상으로 한다.
④ 전기의 저항이 큰 물질은 대전이 용이하므로 전도체 물질을 사용한다.

해설
전기의 저항이 작은 물질인 전도체 물질을 사용한다.

02 다음 위험물의 저장 창고에 화재가 발생하였을 때 주수(注水)에 의한 소화가 오히려 더 위험한 것은?
① 염소산칼륨
② 과염소산나트륨
③ 질산암모늄
④ 탄화칼슘

해설
④ 탄화칼슘은 주수 소화 시 아세틸렌(C_2H_2)을 발생하므로 질식소화 하여야 한다.

03 위험물제조소 분말소화설비의 기준에서 분말소화약제의 가압용 가스로 사용할 수 있는 것은?
① 헬륨 또는 산소
② 네온 또는 염소
③ 아르곤 또는 산소
④ 질소 또는 이산화탄소

해설
분말소화설비의 기준에서 가압용 또는 축압용 가스로 사용할 수 있는 것은 질소 또는 이산화탄소이다.

04 위험물안전관리법령상 제5류 위험물의 화재 발생 시 적응성이 있는 소화설비는?
① 이산화탄소소화설비
② 물분무소화설비
③ 분말소화설비
④ 할로겐화합물소화설비

해설
제5류 위험물의 화재 발생 시 물에 의한 주수소화가 적응성이 있다.

05 위험물안전관리법령에 따라 다음 ( ) 안에 알맞은 용어는?

주유취급소 중 건축물의 2층 이상의 부분을 점포·휴게음식점 또는 전시장

정답 01 ④   02 ④   03 ④   04 ②

의 용도로 사용하는 것에 있어서는 당해 건축물의 2층 이상으로부터 주유취급소의 부지 밖으로 통하는 출입구와 당해 출입구로 통하는 통로·계단 및 출입구에 (   )을 설치하여야 한다.

① 피난사다리   ② 경보기
③ 유도등   ④ CCTV

해설
유도등을 설치하여야 한다.

06 금속나트륨의 올바른 취급으로 가장 거리가 먼 것은?

① 보호액 속에서 노출되지 않도록 주의한다.
② 수분 또는 습기와 접촉되지 않도록 주의한다.
③ 용기에서 꺼낼 때는 손을 깨끗이 닦고 만져야 한다.
④ 다량 연소하면 소화가 어려우므로 가급적 소량으로 나누어 저장한다.

해설
금속이 피부에 닿지 않도록 보호용 장갑을 착용하여야 한다.

07 위험물의 운반에 관한 기준에서 제4석유류와 혼재할 수 없는 위험물은?(단, 위험물은 각각 지정수량의 2배인 경우이다.)

① 황화린
② 칼륨
③ 유기과산화물
④ 과염소산

해설
① 황화린 : 제2류 위험물
② 칼륨 : 제3류 위험물
③ 유기과산화물 : 제5류 위험물
④ 과염소산 : 제6류 위험물
제4류 위험물인 제4석유류는 제6류 위험물과 혼재가 불가하다.

08 위험물안전관리법령에 따라 옥내소화전설비를 설치할 때 배관의 설치기준에 대한 설명으로 옳지 않은 것은?

① 배관용 탄소 강관(KS D 3507)을 사용할 수 있다.
② 주 배관의 입상관 구경은 최소 60mm 이상으로 한다.
③ 펌프를 이용한 가압송수장치의 흡수관은 펌프마다 전용으로 설치한다.
④ 원칙적으로 급수배관은 생활용수배관과 같이 사용 할 수 없으며 전용배관으로만 사용한다.

해설
주 배관의 입상관 구경은 최소 50mm 이상으로 한다.

09 다음은 어떤 화합물의 구조식인가?

$$\begin{array}{c} Cl \\ | \\ H-C-H \\ | \\ Br \end{array}$$

① 할론2402   ② 할론1301
③ 할론1011   ④ 할론1201

정답 05 ③   06 ③   07 ④   08 ②   09 ③

> **해설**
> C, F, Cl, Br, I(생략가능) 순서에 따라 할론 소화약제의 화학식을 명명하며 빈자리는 H를 채워준다.

10 저장 또는 취급하는 위험물의 최대수량이 지정수량의 500배 이하일 때 옥외저장탱크의 측면으로부터 몇 m 이상의 보유공지를 유지하여야 하는가?(단, 제6류 위험물은 제외한다.)

① 1　② 2　③ 3　④ 4

> **해설**
>
> | 저장 또는 취급하는 위험물의 최대수량 | 공지의 너비 |
> |---|---|
> | 지정수량의 500배 이하 | 3m 이상 |
> | 지정수량의 500배 초과 1,000배 이하 | 5m 이상 |
> | 지정수량의 1,000배 초과 2,000배 이하 | 9m 이상 |
> | 지정수량의 2,000배 초과 3,000배 이하 | 12m 이상 |
> | 지정수량의 3,000배 초과 4,000배 이하 | 15m 이상 |
> | 지정수량의 4000배 초과 | 해당 탱크의 최대지름과 높이 중 큰 것 이상으로 한다. (단, 30m 초과 시 30m 이상, 15m 미만 시 15m 이상으로 한다.) |

11 옥외탱크저장소의 제4류 위험물의 저장탱크에 설치하는 통기관에 관한 설명으로 틀린 것은?

① 제4류 위험물을 저장하는 압력탱크 외의 탱크에는 밸브 없는 통기관 또는 대기밸브부착 통기관을 설치하여야 한다.
② 밸브 없는 통기관은 직경을 30mm 미만으로 하고, 선단은 수평면보다 45도 이상 구부려 빗물 등의 침투를 막는 구조로 한다.
③ 인화점 70℃ 이상의 위험물만을 해당 위험물의 인화점 미만의 온도로 저장 또는 취급하는 탱크에 설치하는 통기관에는 인화방지장치를 설치하지 않아도 된다.
④ 옥외저장탱크 중 압력탱크란 탱크의 최대상용압력이 부압 또는 정압 5kPa을 초과하는 탱크를 말한다.

> **해설**
> 밸브 없는 통기관은 직경을 <u>30mm 이상</u>으로 하고, 선단은 수평면보다 45도 이상 구부려 빗물 등의 침투를 막는 구조로 한다.

12 제4류 위험물의 옥외저장탱크에 대기밸브부착 통기관을 설치할 때 몇 kPa 이하의 압력 차이로 작동하여야 하는가?

① 5kPa
② 10kPa
③ 15kPa
④ 20kPa

정답 10 ③　11 ②　12 ①

> **해설**
> 옥외저장탱크에 설치하는 대기밸브부착 통기관은 5kPa 이하의 압력차이로 작동하여야 한다.

13 이산화탄소 소화약제의 주된 소화효과 2가지에 가장 가까운 것은?

① 부촉매효과, 제거효과
② 질식효과, 냉각효과
③ 억제효과, 부촉매효과
④ 제거효과, 억제효과

> **해설**
> 이산화탄소 소화약제의 주된 소화효과는 질식효과 및 냉각효과이다.

14 2몰의 브롬산칼륨이 모두 열분해 되어 생긴 산소의 양은 2기압 27°C에서 약 몇 L인가?

① 32.42
② 36.92
③ 41.34
④ 45.64

> **해설**
> 반응식 : $2KBrO_3 \rightarrow 2KBr + 3O_2$ (제1류 위험물 개념)
> PV = nRT 적용, 산소의 몰수 3몰을 곱하여야 한다.
> $2 \times x = 2 \times 0.082 \times (273+27) \times 3$
> $x = 36.9L$

15 위험장소 중 0종 장소에 대한 설명으로 올바른 것은?

① 정상상태에서 위험 분위기가 장시간 지속적으로 존재하는 장소
② 정상상태에서 위험 분위기가 주기적 또는 간헐적으로 생성될 우려가 있는 장소
③ 이상상태 하에서 위험 분위기가 단시간 동안 생성될 우려가 있는 장소
④ 이상상태 하에서 위험 분위기가 장시간 동안 생성될 우려가 있는 장소

> **해설**
>
> | 구분 | 정의 |
> |---|---|
> | 0종 장소 | 정상상태에서 위험분위기가 지속적 또는 장기간 존재하는 장소 |
> | 1종 장소 | 정상상태에서 위험 분위기가 존재하기 쉬운 장소 |
> | 2종 장소 | 이상상태 하에서 위험 분위기가 단시간 존재할 수 있는 장소 (이상상태 : 기기 고장, 오류) |

16 다음 ( ) 안에 들어갈 수치를 순서대로 바르게 나열한 것은?(단, 제4류 위험물에 적응성을 갖기 위한 살수밀도기준을 적용하는 경우를 제외한다.)

> 위험물제조소등에 설치하는 폐쇄형 헤드의 스프링클러설비는 30개의 헤드를 동시에 사용할 경우 각 선단의 방사 압력이 ( )kPa 이상이고 방수량이 1분당 ( )L 이상이어야 한다.

① 100, 80
② 120, 80
③ 100, 100
④ 120, 100

정답 13 ② 14 ② 15 ① 16 ①

> **해설**
> 폐쇄형 헤드의 스프링클러설비는 30개의 헤드를 동시에 사용할 경우 각 선단의 방사 압력이 100kPa 이상이고 방수량이 1분당 80L 이상이어야 한다.

17 그림의 시험장치는 제 몇 류 위험물의 위험성 판정을 위한 것인가?(단, 고체물질의 위험성 판정이다.)

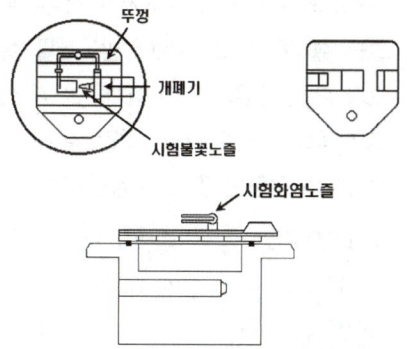

① 제1류
② 제2류
③ 제3류
④ 제4류

> **해설**
> 제2류 위험물(가연성 고체)의 판정기준으로 고체의 인화 위험성 시험방법이다.

18 철분, 금속분, 마그네슘에 적응성이 있는 소화설비는?

① 이산화탄소소화설비
② 할로겐화합물소화설비
③ 포소화설비
④ 탄산수소염류소화설비

> **해설**
> 금수성 물질인 철분, 금속분, 마그네슘은 탄산수소염류소화설비, 건조사, 팽창질석, 팽창진주암에 적응성이 있다.

19 양초, 고급알코올 등과 같은 연료의 가장 일반적인 연소형태는?

① 표면연소
② 증발연소
③ 분무연소
④ 분해연소

> **해설**
> 증발연소란 황, 양초, 고급알코올 등과 같은 연료가 증발하여 생긴 증기가 연소하는 현상이다.

20 제2류 위험물인 마그네슘에 대한 설명으로 옳지 않은 것은?

① 가연성 고체로 산소와 반응하여 산화반응을 한다.
② 화재 시 이산화탄소 소화약제로 소화가 가능하다.
③ 2mm 체를 통과한 것만 위험물에 해당된다.
④ 주수소화를 하면 가연성의 수소가스가 발생한다.

> **해설**
> ② 마그네슘의 화재 시 팽창진주암, 탄산수소염류분말, 건조사, 팽창질석으로 질식소화 하여야 한다.

정답 17 ② 18 ④ 19 ② 20 ②

21 점화원으로 작용할 수 있는 정전기를 방지하기 위한 예방 대책이 아닌 것은?

① 정전기 발생이 우려되는 장소에 접지시설을 한다.
② 실내의 공기를 이온화하여 정전기 발생을 억제한다.
③ 정전기는 습도가 높거나 압력이 높을 때 많이 발생하므로 상대습도를 70% 이하로 한다.
④ 전기의 저항이 큰 물질은 대전이 용이하므로 전도체 물질을 사용한다.

> **해설**
> 전기의 저항이 큰 물질은 부도체이므로 적절하지 않다. 전기의 저항이 작은 물질은 대전이 용이하므로 전도체 물질을 사용한다.

22 위험물제조소에 설치하는 안전장치 중 위험물의 성질에 따라 안전밸브의 작동이 곤란한 가압설비에 한하여 설치하는 것은?

① 파괴판
② 안전밸브를 병용하는 경보장치
③ 감압측에 안전밸브를 부착한 감압밸브
④ 연성계

> **해설**
> 위험물을 가압하는 설비 또는 그 취급에 따라 위험물의 압력이 상승할 우려가 있는 설비에는 자동적으로 압력의 상승을 정지시키는 장치, 감압측에 안전밸브를 부착한 감압밸브, 안전밸브를 병용하는 경보장치, **파괴판(단, 위험물의 성질에 따라 안전밸브의 작동이 곤란한 가압설비에 한함)**을 설치하여야 한다.

23 삼황화린의 연소 생성물을 옳게 나열한 것은?

① P_2O_5, SO_2
② P_2O_5, H_2S
③ H_3PO_4, H_2S
④ H_3PO_4, SO_2

> **해설**
> $P_4S_3 + 8O_2 \rightarrow 2P_2O_5 + 3SO_2$

24 제조소의 옥외에 모두 3기의 휘발유취급탱크를 설치하고 그 주위에 방유제를 설치하고자 한다. 방유제 안에 설치하는 각 취급탱크의 용량이 5만L, 3만L, 2만L일 때 필요한 방유제의 용량은 몇 L 이상인가?

① 66,000L   ② 60,000L
③ 33,000L   ④ 30,000L

> **해설**
> 제조소의 옥외에 있는 위험물 취급탱크의 방유제의 용량
> · 1기일 때 : 탱크용량 × 0.5
> · 2기 이상일 때 : 최대탱크용량 × 0.5 + (나머지 탱크 용량합계 × 0.1)
> ∴ 방유제의 용량 = (50,000L × 0.5) + (30,000L + 20,000L × 0.1) = 30,000L

25 다음 중 위험등급이 나머지 셋과 다른 하나는?

① 니트로소화합물
② 유기과산화물
③ 아조화합물
④ 히드록실아민

정답 21 ④   22 ①   23 ①   24 ④   25 ②

> **해설**
> 유기과산화물 : 위험등급 Ⅰ
> 니트로소화합물, 아조화합물, 히드록실아민 : 위험등급 Ⅱ

26 화학적으로 알코올을 분류할 때 3가 알코올에 해당하는 것은?

① 에탄올
② 메탄올
③ 에틸렌글리콜
④ 글리세린

> **해설**
> 결합된 OH기의 수에 따라 알코올의 가수가 결정된다.
> ① 에탄올(C_2H_5OH) : 1가 알코올
> ② 메탄올(CH_3OH) : 1가 알코올
> ③ 에틸렌글리콜[$C_2H_4(OH)_2$] : 2가 알코올
> ④ 글리세린[$C_3H_5(OH)_3$] : 3가 알코올

27 아세톤의 성질에 관한 설명으로 옳은 것은?

① 비중은 1.02이다.
② 물에 불용이고, 에테르에 잘 녹는다.
③ 증기 자체는 무해하나, 피부에 닿으면 탈지작용이 있다.
④ 인화점이 0℃ 보다 낮다.

> **해설**
> 아세톤의 인화점은 −18℃이다.
> ① 비중은 약 0.8이다.
> ② 물에 잘 녹고, 에테르에 잘 녹는다.
> ③ 증기를 흡입할 경우 유해하며, 피부에 닿으면 탈지작용이 있다.

28 위험물안전관리법령에서 정한 제5류 위험물 이동저장탱크의 외부 도장 색상은?

① 황색
② 적색
③ 청색
④ 회색

> **해설**
>
> | 류별 | 색상 |
> |---|---|
> | 제1류 | 회색 |
> | 제2류 | 적색 |
> | 제3류 | 청색 |
> | 제4류 | 적색 권장 |
> | 제5류 | 황색 |
> | 제6류 | 청색 |
>
> 1. 탱크의 앞면과 뒷면을 제외한 면적의 40% 이내의 면적은 다른 유별의 색상 외의 색상으로 도장하는 것이 가능하다.
> 2. 제4류에 대해서는 도장의 색상 제한이 없으나 적색을 권장한다.

29 제3류 위험물인 칼륨의 성질이 아닌 것은?

① 물과 반응하여 수산화물과 수소를 만든다.
② 원자가전자가 2개로 쉽게 2가의 양이온이 되어 반응한다.
③ 원자량은 약 39이다.
④ 은백색 광택을 가지는 연하고 가벼운 고체로 칼로 쉽게 잘라진다.

> **해설**
> ② 원자가전자가 1개로 쉽게 1가의 양이온이 되어 반응한다.

정답 26 ④ 27 ④ 28 ① 29 ②

30 다음 중 제2류 위험물이 아닌 것은?

① 황화린
② 유황
③ 마그네슘
④ 칼륨

> **해설**
> 칼륨은 제3류 위험물이다.

31 흑색화약의 원료로 사용되는 위험물의 유별을 옳게 나타낸 것은?

① 제1류, 제2류
② 제1류, 제4류
③ 제2류, 제4류
④ 제4류, 제5류

> **해설**
> 흑색화약의 원료 : 질산칼륨(제1류 위험물), 숯, 유황(제2류 위험물)

32 소화난이도등급 Ⅰ에 해당하지 않는 제조소 등은?

① 제1석유류 위험물을 제조하는 제조소로서 연면적 1000㎡ 이상인 것
② 제1석유류 위험물을 저장하는 옥외탱크저장소로서 액표면적이 40㎡ 이상인 것
③ 모든 이송취급소
④ 제6류 위험물을 저장하는 암반탱크저장소

> **해설**
> 소화난이도등급 Ⅰ의 암반탱크저장소의 기준은 다음과 같다.
> - 액표면적이 40㎡ 이상인 것(제6류 위험물을 저장하는 것 및 고인화점위험물만을 100℃ 미만의 온도에서 저장하는 것은 제외)
> 고체위험물만을 저장하는 것으로서 지정수량의 100배 이상인 것

33 유별을 달리하는 위험물을 운반할 때 혼재할 수 있는 것은?(단, 지정수량의 1/10을 넘는 양을 운반하는 경우이다.)

① 제1류와 제3류
② 제2류와 제4류
③ 제3류와 제5류
④ 제4류와 제6류

> **해설**
> 제2류 위험물은 제4류, 제5류 위험물과 혼재가 가능하다.

34 스프링클러설비의 장점이 아닌 것은?

① 화재의 초기 진압에 효율적이다.
② 사용 약제를 쉽게 구할 수 있다.
③ 자동으로 화재를 감지하고 소화할 수 있다.
④ 다른 소화설비보다 구조가 간단하고, 시설비가 적다.

> **해설**
> 스프링클러설비는 다른 소화설비보다 구조가 복잡하고, 초기 시설비가 비싸다.

정답 30 ④ 31 ① 32 ④ 33 ② 34 ④

35 질소와 아르곤과 이산화탄소의 용량비가 52대 40대 8인 혼합물 소화약제에 해당하는 것은?

① IG-541
② HCFC-BLEND A
③ HFC-125
④ HFC-23

> **해설**
> IG-541 : $N_2(52\%)$, $Ar(40\%)$, $CO_2(8\%)$

36 소화약제에 따른 주된 소화효과로 틀린 것은?

① 수성막포소화약제 : 질식효과
② 제2종 분말소화약제 : 탈수탄화효과
③ 이산화탄소소화약제 : 질식효과
④ 할로겐화합물소화약제 : 화학억제효과

> **해설**
> ② 주된 소화효과는 질식효과에 해당한다.

37 황린과 적린의 성질에 대한 설명으로 가장 거리가 먼 것은?

① 황린과 적린은 이황화탄소에 녹는다.
② 황린과 적린은 물에 불용이다.
③ 적린은 황린에 비하여 화학적으로 활성이 작다.
④ 황린과 적린을 각각 연소시키면 P_2O_5가 생성된다.

> **해설**
> 적린은 이황화탄소(CS_2)에 녹지 않는 반면에 황린은 이황화탄소(CS_2)에 잘 녹는다.

38 트리에틸알루미늄의 안전관리에 관한 설명 중 틀린 것은?

① 물과의 접촉을 피한다.
② 냉암소에 저장한다.
③ 화재발생시 팽창질석을 사용한다.
④ I_2 또는 Cl_2 가스의 분위기에서 저장한다.

> **해설**
> ④ I_2 또는 Cl_2 가스의 분위기에 저장 시 폭발할 위험이 있다.

39 옥외저장소에서 저장 또는 취급할 수 있는 위험물이 아닌 것은?(단, 국제해상위험물규칙에 적합한 용기에 수납된 위험물의 경우는 제외한다.)

① 제2류 위험물 중 유황
② 제1류 위험물 중 과염소산염류
③ 제6류 위험물
④ 제2류 위험물 중 인화점이 10℃인 인화성 고체

> **해설**
> 〈옥외저장소에 저장 및 취급이 가능한 위험물〉
> - 제2류 위험물 중 유황과 인화성 고체 (인화점이 섭씨 0℃ 이상)
> - 제4류 위험물 중 제1석유류(인화점이 섭씨 0℃ 이상)과 알코올류, 제2석유류, 제3석유류, 제4석유류, 동식물유류
> - 제6류 위험물
> - 시·도 조례로 정하는 제2류 또는 제4류 위험물
> - 국제해상위험물규칙(IMDG Code)에 적합한 용기에 수납된 위험물

정답 35 ① 36 ② 37 ① 38 ④ 39 ②

40 과산화수소의 저장 및 취급 방법으로 옳지 않은 것은?

① 갈색 용기를 사용한다.
② 직사광선을 피하고 냉암소에 보관한다.
③ 농도가 클수록 위험성이 높아지므로 분해방지 안정제를 넣어 분해를 억제시킨다.
④ 장시간 보관 시 철분을 넣어 유리용기에 보관한다.

> **해설**
> ④ 금속과 반응하므로 취급 방법으로 적합하지 않다.

41 무색 또는 옅은 청색의 액체로 농도가 36wt% 이상인 것을 위험물로 간주하는 것은?

① 과산화수소 ② 과염소산
③ 질산   ④ 초산

> **해설**
> 과산화수소에 대한 설명이다.

42 다음 중 산화성 액체 위험물의 화재예방상 가장 주의해야 할 점은?

① 0℃ 이하로 냉각시킨다.
② 공기와의 접촉을 피한다.
③ 가연물과의 접촉을 피한다.
④ 금속용기에 저장한다.

> **해설**
> 산화성 물질의 화재예방상 주의해야 할 점은 가연물과의 접촉을 피하여야 한다.

43 제1류 위험물에 해당하지 않는 것은?

① 납의산화물
② 질산구아니딘
③ 퍼옥소이황산염류
④ 염소화이소시아눌산

> **해설**
> 질산구아니딘은 제5류 위험물에 해당한다.

44 위험물제조소등의 소화설비의 기준에 관한 설명으로 옳은 것은?

① 제조소등 중에서 소화난이도등급 Ⅰ, Ⅱ 또는 Ⅲ의 어느 것에도 해당하지 않는 것도 있다.
② 옥외탱크저장소의 소화난이도 등급을 판단하는 기준 중 탱크의 높이는 기초를 제외한 탱크 측판의 높이를 말한다.
③ 제조소의 소화난이도등급을 판단하는 기준 중 면적에 관한 기준은 건축물 외에 설치된 것에 대해서는 수평 투영면적을 기준으로 한다.
④ 제4류 위험물을 저장·취급하는 제조소등에도 스프링클러 소화설비가 적응성이 인정되는 경우가 있으며 이는 수원의 수량을 기준으로 판단한다.

> **해설**
> 조건에 따라 소화난이도등급에 해당하지 않는 것도 있다.

정답 40 ④ 41 ① 42 ③ 43 ② 44 ①

45 위험물안전관리법령에 따른 대형수동식소화기의 설치기준에서 방호대상물의 각 부분으로부터 하나의 대형수동식소화기까지의 보행거리는 몇 m 이하가 되도록 설치하여야 하는가?(단, 옥내소화전설비, 옥외소화전설비, 스프링클러설비 또는 물분무등소화설비와 함께 설치하는 경우는 제외한다.)

① 10 　② 15
③ 20 　④ 30

> **해설**
> 대형수동식 소화기의 설치기준은 방호대상물의 각 부분으로부터 하나의 대형수동식 소화기까지의 보행거리가 30m 이하가 되도록 설치하며, 소형수동식 소화기의 경우 20m 이하로 설치하여야 한다.

46 다음 위험물 중 발화점이 가장 낮은 것은?

① 황
② 삼황화린
③ 황린
④ 아세톤

> **해설**
> 황린은 자연발화성 물질로 발화점이 약 34℃이다.

47 위험물에 대한 설명으로 옳은 것은?

① 적린은 암적색의 분말로서 조해성이 있는 자연발화성 물질이다.
② 황화린은 황색의 액체이며 상온에서 자연분해하여 이산화황과 오산화인을 발생한다.
③ 유황은 미황색의 고체 또는 분말이며 많은 이성질체를 갖고 있는 전기 도체이다.
④ 황린은 가연성 물질이며 마늘냄새가 나는 맹독성 물질이다.

> **해설**
> ① 적린은 암적색의 분말로서 조해성이 있는 가연성 고체이다.
> ② 황화린은 황색 또는 담황색의 결정이며 연소하여 이산화황과 오산화인을 발생한다.
> ③ 유황은 황색 또는 미황색의 결정 또는 분말로 많은 동소체를 갖고 있는 전기 부도체이다.

48 위험물안전관리법령상 산화성 액체에 대한 설명으로 옳은 것은?

① 과산화수소는 농도와 밀도가 비례한다.
② 과산화수소는 농도가 높을수록 끓는점이 낮아진다.
③ 질산은 상온에서 불연성이지만 고온으로 가열하면 스스로 발화한다.
④ 질산을 황산과 일정 비율로 혼합하여 왕수를 제조할 수 있다.

> **해설**
> ② 과산화수소는 농도가 높을수록 끓는점이 높아진다.
> ③ 질산은 불연성이므로 스스로 발화하지 않는다.
> ④ 질산을 염산과 1 : 3의 비율로 혼합하여 왕수를 제조할 수 있다.

정답 　45 ④ 　46 ③ 　47 ④ 　48 ①

49 제6류 위험물 운반용기의 외부에 표시하여야 하는 주의사항은?

① 충격주의　② 가연물접촉주의
③ 화기엄금　④ 화기주의

해설
제6류 위험물의 운반용기의 외부에 표시하여야 하는 주의사항은 가연물접촉주의이다.

50 지하탱크저장소에 대한 설명으로 옳지 않은 것은?

① 지하저장탱크와 탱크전용실 안쪽과의 간격은 0.1m 이상의 간격을 유지한다.
② 지하저장탱크의 윗부분은 지면으로부터 0.6m 이상 아래에 있어야 한다.
③ 탱크전용실 벽의 두께는 0.3m 이상이어야 한다.
④ 지하저장탱크에는 두께 0.1m 이상의 철근콘크리트조로 된 뚜껑을 설치한다.

해설
④ 지하저장탱크에는 두께 0.3m 이상의 철근콘크리트조로 된 뚜껑을 설치한다.

51 비전도성 인화성액체가 관이나 탱크 내에서 움직일 때 정전기가 발생하기 쉬운 조건으로 가장 거리가 먼 것은?

① 흐름 낙차가 클 때
② 느린 유속으로 흐를 때
③ 필터를 통과할 때
④ 심한 와류가 생성될 때

해설
빠른 유속이 흐를 때 정전기가 발생하기 쉽다.

52 위험물제조소등에 자체소방대를 두어야 할 대상의 위험물안전관리법령상 기준으로 옳은 것은?(단, 원칙적인 경우에 한한다.)

① 지정수량 3000배 이상의 위험물을 저장하는 저장소 또는 제조소
② 지정수량 3000배 이상의 위험물을 취급하는 제조소 또는 일반취급소
③ 지정수량 3000배 이상의 제4류 위험물을 저장하는 저장소 또는 제조소
④ 지정수량 3000배 이상의 제4류 위험물을 취급하는 제조소 또는 일반취급소

해설
제4류 위험물을 취급하는 제조소 또는 일반취급소의 지정수량이 3천배 이상일 경우 자체소방대를 설치할 수 있다.

53 다음 중 위험물안전관리법령에서 정한 제3류 위험물 금수성 물질의 소화설비로 적응성이 있는 것은?

① 인산염류등 분말소화설비
② 이산화탄소소화설비
③ 할로겐화합물소화설비
④ 탄산수소염류등 분말소화설비

해설
금수성 물질의 소화설비로 적응성이 있는 것은 탄산수소염류 분말소화설비, 팽창질석, 팽창진주암, 건조사 등이 있다.

정답　49 ②　50 ④　51 ②　52 ④　53 ④

54 위험물 옥외저장소에서 지정수량 200배 초과의 위험물을 저장할 경우 보유공지의 너비는 몇 m 이상으로 하여야 하는가?(단, 제4류 위험물과 제6류 위험물이 아닌 경우)

① 0.5m ② 2.5m
③ 10m   ④ 15m

> **해설**
>
> | 저장 또는 취급하는 위험물의 최대수량 | 옥외저장소 공지의 너비 |
> |---|---|
> | 지정수량의 10배 이하 | 3m 이상 |
> | 지정수량의 10배 초과 20배 이하 | 5m 이상 |
> | 지정수량의 20배 초과 50배 이하 | 9m 이상 |
> | 지정수량의 50배 초과 200배 이하 | 12m 이상 |
> | 지정수량의 200배 초과 | 15m 이상 |
>
> (단, 제4류 위험물 중 제4석유류 또는 제6류 위험물을 저장하는 경우 공지의 너비를 1/3로 단축할 수 있다.)

55 위험물안전관리법령상 옥외탱크저장소의 기준에 따라 다음의 인화성 액체 위험물을 저장하는 옥외저장탱크 1~4호를 동일의 방유제 내에 설치하는 경우 방유제에 필요한 최소 용량으로서 옳은 것은?(단, 암반탱크 또는 특수액체위험물탱크의 경우는 제외한다.)

> 1호 탱크 – 등유 1500kL
> 2호 탱크 – 가솔린 1000kL
> 3호 탱크 – 경유 500kL
> 4호 탱크 – 중유 250kL

① 1650kL
② 1500kL
③ 500kL
④ 250kL

> **해설**
>
> 탱크가 2기 이상인 때 : 탱크 중 용량이 최대인 것의 용량의 110% 이상(인화성 액체가 아닌 경우 100%)
> ∴ 1,500kL × 1.1 = 1,650kL

56 다음은 위험물안전관리법에 따른 이동저장탱크의 구조에 관한 기준이다. ( )안에 알맞은 수치는?

> 이동저장탱크는 그 내부에 (A)L 이하마다 (B)mm 이상의 강철판 또는 이와 동등 이상의 강도, 내열성 및 내식성이 있는 금속성의 것으로 칸막이를 설치하여야 한다. 다만, 고체인 위험물을 저장하거나 고체인 위험물을 가열하여 액체상태로 저장하는 경우에는 그러하지 아니하다.

① A : 2,000, B : 1.6
② A : 2,000, B : 3.2
③ A : 4,000, B : 1.6
④ A : 4,000, B : 3.2

> **해설**
>
> 이동저장탱크는 그 내부에 4,000L 이하마다 3.2mm 이상의 강철판 또는 이와 동등 이상의 강도, 내열성 및 내식성이 있는 금속성의 것으로 칸막이를 설치하여야 한다.

정답 54 ④   55 ①   56 ④

57 주유취급소에서 자동차 등에 위험물을 주유할 때 자동차 등의 원동기를 정지시켜야 하는 위험물의 인화점 기준은 몇 ℃ 미만인가?(단, 연료탱크에 위험물을 주유하는 동안 방출되는 가연성 증기 회수설비가 부착되지 않은 고정주유설비의 경우이다.)

① 20℃
② 30℃
③ 40℃
④ 50℃

> **해설**
> 주유취급소에서 자동차 등에 인화점 40℃ 미만의 위험물을 주유할 때에는 자동차 등의 원동기를 정지시켜야 한다.

58 위험물안전관리법에서 규정하고 있는 내용으로 틀린 것은?

① 민사집행법에 의한 경매, 국세징수법 또는 지방세법에 의한 압류재산의 매각절차에 따라 제조소등의 시설의 전부를 인수한 자는 그 설치자의 지위를 승계한다.
② 금치산자 또는 한정치산자, 탱크시험자의 등록이 취소된 날로부터 2년이 지나지 아니한 자는 탱크시험자로 등록하거나 탱크시험자의 업무에 종사할 수 없다.
③ 농예용·축산용으로 필요한 난방시설 또는 건조시설을 위한 지정수량 20배 이하의 취급소는 신고를 하지 아니하고 위험물의 품명·수량을 변경할 수 있다.
④ 법정의 완공검사를 받지 아니하고 제조소등을 사용한 때 시·도지사는 허가를 취소하거나 6월 이내의 기간을 정하여 사용정지를 명할 수 있다.

> **해설**
> 농예용·축산용 또는 수산용으로 필요한 난방시설 또는 건조시설을 위한 지정수량 20배 이하의 저장소는 신고를 하지 아니하고 위험물의 품명·수량을 변경할 수 있다.

59 과산화벤조일(벤조일퍼옥사이드)에 대한 설명 중 틀린 것은?

① 환원성 물질과 격리하여 저장한다.
② 물에 녹지 않으나 유기용제에 녹는다.
③ 희석제로 묽은 질산을 사용한다.
④ 결정성의 분말형태이다.

> **해설**
> 벤조일퍼옥사이드는 건조된 상태가 위험하므로 프탈산디메틸, 프탈산디부틸의 희석제를 사용하여 저장 및 보관한다.

60 위험물제조소등의 지위승계에 관한 설명으로 옳은 것은?

① 양도는 승계사유이지만 상속이나 법인의 합병은 승계사유에 해당하지 않는다.
② 지위승계의 사유가 있는 날로부터 14일 이내에 승계신고를 하여야 한다.
③ 시도지사에게 신고하여야 하는 경우와 소방서장에게 신고하여야 하는 경우가 있다.

정답 57 ③   58 ③   59 ③

④ 민사집행법에 의한 경매절차에 따라 제조소등을 인수한 경우에는 지위승계신고를 한 것으로 간주한다.

해설

① 양도, 상속, 법인의 합병 등에 의하여 설치자의 지위를 승계할 수 있다.
② 제조소등의 설치자의 지위를 승계한 자는 승계한 날부터 30일 이내에 시·도지사에게 그 사실을 신고하여야 한다.
④ 민사집행법에 의한 경매절차에 따라 제조소등을 인수한 경우에는 설치자의 지위를 승계한 것으로 본다.

2019년 1회 위험물기능사

01 A, B, C급 화재에 모두 적응성이 있는 소화약제는?

① 제1종 분말소화약제
② 제2종 분말소화약제
③ 제3종 분말소화약제
④ 제4종 분말소화약제

> **해설**
> ④ 제4류 위험물과 제6류 위험물에 모두 적응성이 있는 소화설비는 인산염류 분말소화설비, 물분무소화설비, 포소화설비 등이다.

02 위험물안전관리법령상 스프링클러헤드는 부착장소의 평상시 최고주위온도가 28℃ 미만인 경우 몇 ℃의 표시온도를 갖는 것을 설치하여야 하는가?

① 58℃ 미만
② 58℃ 이상 79℃ 미만
③ 79℃ 이상 121℃ 미만
④ 121℃ 이상 162℃ 미만

> **해설**
>
> | 부착장소의
최고주위온도(℃) | 표시온도(℃) |
> | --- | --- |
> | 28 미만 | 58 미만 |
> | 28 이상 39 미만 | 58 이상 79 미만 |
> | 39 이상 64 미만 | 79 이상 121 미만 |
> | 64 이상 106 미만 | 121 이상 162 미만 |
> | 106 이상 | 162 이상 |

03 연쇄반응을 억제하여 소화하는 소화약제는?

① 할론 1301   ② 물
③ 이산화탄소   ④ 포

> **해설**
> 할로겐화합물 소화약제의 경우 연쇄반응을 억제하는 소화방법인 억제소화(=부촉매소화)를 주된 소화효과로 한다.

04 소화난이도등급 I에 해당하는 위험물제조소 등이 아닌 것은?(단, 원칙적인 경우에 한하며 다른 조건은 고려하지 않는다)

① 모든 이송취급소
② 연면적 600㎡의 제조소
③ 지정수량의 150배인 옥내저장소
④ 액 표면적이 40㎡인 옥외탱크저장소

> **해설**
> ② 소화난이도등급 I의 제조소의 연면적은 1000㎡ 이상에 해당한다.

05 다음 중 위험물제조소등에 설치하는 경보설비에 해당하는 것은?

① 피난사다리   ② 확성장치
③ 완강기   ④ 구조대

> **해설**
> ① 피난사다리, ③ 완강기, ④ 구조대는 피난설비에 해당한다.

정답 01 ③   02 ①   03 ①   04 ②   05 ②

06 어떤 소화기에 "ABC"라고 표시되어 있다. 다음 중 사용할 수 없는 화재는?

① 금속화재 ② 유류화재
③ 전기화재 ④ 일반화재

해설
금속화재는 D급에 해당하며, ABC 소화기는 일반화재·유류화재·전기화재에 적응성이 있다.

07 포소화제의 조건에 해당되지 않는 것은?

① 부착성이 있을 것
② 쉽게 분해하여 증발될 것
③ 바람에 견디는 응집성을 가질 것
④ 유동성이 있을 것

해설
포소화약제는 화재의 액면을 덮어야 하므로 쉽게 분해되지 않아야 한다.

08 마른모래(삽 1개 포함) 50리터의 소화능력 단위는?

① 0.1   ② 0.5
③ 1   ④ 1.5

해설

소화설비	용량	능력단위
소화전용(轉用)물통	8L	0.3
수조(소화전용물통 3개 포함)	80L	1.5
수조(소화전용물통 6개 포함)	190L	2.5
마른 모래(삽 1개 포함)	50L	0.5
팽창질석 또는 팽창진주암(삽 1개 포함)	160L	1.0

09 산화열에 의해 자연발화가 발생할 위험이 높은 것은?

① 건성유
② 니트로셀룰로오스
③ 퇴비
④ 목탄

해설
② 퇴비 : 미생물에 의한 발열
③ 목탄 : 흡착열에 의한 발열
④ 셀룰로이드 : 분해열에 의한 발열

10 제3종 분말 소화약제의 열분해 반응식을 옳게 나타낸 것은?

① $NH_4H_2PO_4 \rightarrow HPO_3 + NH_3 + H_2O$
② $2KNO_3 \rightarrow 2KNO_2 + O_2$
③ $KClO_4 \rightarrow KCl + 2O_2$
④ $2CaHCO_3 \rightarrow 2CaO + H_2CO_3$

해설
제3종 분말소화약제의 1차 열분해시 올소인산(H_3PO_4)을 발생시키며 2차 열분해시 메타인산(HPO_3)을 발생시킨다.
반응식 : $NH_4H_2PO_4 \rightarrow HPO_3 + NH_3 + H_2O$

11 제2류 위험물 중 지정수량이 500kg인 물질에 의한 화재는?

① A급 화재
② B급 화재
③ C급 화재
④ D급 화재

정답 06 ① 07 ② 08 ② 09 ① 10 ① 11 ④

> **해설**
> 제2류 위험물 중 지정수량이 500kg인 물질에는 철분·금속분·마그네슘이 해당하므로 D급 화재(금속 화재)에 해당한다.

12 소화난이도등급 Ⅱ의 옥내탱크저장소에는 대형수동식 소화기 및 소형수동식소화기를 각각 몇 개 이상 설치하여야 하는가?

① 4　　② 3
③ 2　　④ 1

> **해설**
> 소화난이도등급 Ⅱ의 옥외·옥내탱크저장소에는 대형수동식소화기 및 소형수동식소화기 등을 각각 1개 이상 설치한다.

13 옥내저장소에 관한 위험물안전관리법령의 내용으로 옳지 않은 것은?

① 지정과산화물을 저장하는 옥내저장소의 경우 바닥면적 150㎡이내마다 격벽으로 구획을 하여야 한다.
② 옥내저장소에는 원칙상 안전거리를 두어야하나, 제6류 위험물을 저장하는 경우에는 안전거리를 두지 않을 수 있다.
③ 아세톤을 처마높이 6m 미만인 단층건물에 저장하는 경우 저장창고의 바닥면적은 1000㎡ 이하로 하여야 한다.
④ 복합용도의 건축물에 설치하는 옥내저장소는 해당 용도로 사용하는 부분의 바닥면적을 100㎡ 이하로 하여야 한다.

> **해설**
> 복합용도의 건축물에 설치하는 옥내저장소는 해당 용도로 사용하는 부분의 바닥면적을 75㎡ 이하로 하여야 한다.

14 위험등급이 나머지 셋과 다른 것은?

① 알칼리토금속
② 아염소산염류
③ 질산에스테르류
④ 제6류 위험물

> **해설**
> ① 알칼리토금속 : 제3류 위험물, 위험등급 Ⅱ
> ② 아염소산염류 : 제1류 위험물, 위험등급 Ⅰ
> ③ 질산에스테르 : 제5류 위험물, 위험등급 Ⅰ
> ④ 제6류 위험물 : 위험등급 Ⅰ

15 소화약제에 따른 주된 소화효과로 틀린 것은?

① 수성막포소화약제 : 질식효과
② 제2종 분말소화약제 : 탈수탄화효과
③ 이산화탄소소화약제 : 질식효과
④ 할로겐화합물소화약제 : 화학억제효과

> **해설**
> 제2종 분말소화약제의 주된 소화효과는 질식효과이며, 탈수탄화효과는 제3종 분말 소화약에 대한 내용이다.

정답　12 ④　13 ④　14 ①　15 ②

16 위험물안전관리자를 해임한 후 며칠 이내에 후임자를 선임하여야 하는가?

① 14일　　② 15일
③ 20일　　④ 30일

> **해설**
> 위험물안전관리자를 해임한 때에는 30일 이내에 다시 선임하여야 한다.

17 옥외저장소에 덩어리 상태의 유황만을 지반면에 설치한 경계표시의 안쪽에서 저장할 경우 하나의 경계표시의 내부면적은 몇 ㎡ 이하 이어야 하는가?

① 75　　② 100
③ 300　　④ 500

> **해설**
> 옥외저장소에서 덩어리 상태의 유황만을 지반면에 설치한 경계표시의 안쪽에서 저장할 경우 하나의 경계표시의 내부면적은 100㎡ 이하여야 한다.

18 폭굉유도거리(DID)가 짧아지는 경우는?

① 정상 연소속도가 작은 혼합가스일수록 짧아진다.
② 압력이 높을수록 짧아진다.
③ 관지름이 넓을수록 짧아진다.
④ 점화원 에너지가 약할수록 짧아진다.

> **해설**
> ① 정상 연소속도가 큰 혼합가스일수록 짧아진다.
> ③ 관지름이 좁을수록 짧아진다.
> ④ 점화원 에너지가 강할수록 짧아진다.

19 화재 시 물을 이용한 냉각소화를 할 경우 오히려 위험성이 증가하는 물질은?

① 질산에틸
② 마그네슘
③ 적린
④ 황

> **해설**
> 마그네슘에 물과 작용시키면 수소가스를 발생한다.

20 위험물안전관리법령상 옥내소화전설비의 비상전원은 몇 분 이상 작동할 수 있어야 하는가?

① 45분
② 30분
③ 20분
④ 10분

> **해설**
> 옥내소화전설비의 비상전원은 자가발전설비 또는 축전지설비에 의하되 용량은 옥내소화전설비를 유효하게 45분 이상 작동시키는 것이 가능할 것

21 위험물 "황린, 인화칼슘, 리튬"을 위험등급 Ⅰ, 위험등급 Ⅱ, 위험등급 Ⅲ의 순서로 옳게 나열한 것은?

① 황린, 인화칼슘, 리튬
② 황린, 리튬, 인화칼슘
③ 인화칼슘, 황린, 리튬
④ 인화칼슘, 리튬, 황린

정답　16 ④　17 ②　18 ②　19 ②　20 ①　21 ②

> **해설**
> 황린 : 제3류 위험물, 위험등급 Ⅰ, 지정수량 20kg
> 리튬 : 제3류 위험물, 위험등급 Ⅱ, 지정수량 50kg
> 인화칼슘 : 제3류 위험물, 위험등급 Ⅲ, 지정수량 300kg

22 위험물 판매취급소에 대한 설명 중 틀린 것은?

① 제1종 판매취급소라 함은 저장 또는 취급하는 위험물의 수량이 지정수량의 20배 이하인 판매취급소를 말한다.
② 위험물을 배합하는 실의 바닥면적은 6㎡ 이상 15㎡ 이하이어야 한다.
③ 판매취급소에서는 도료류 외의 제1석유류를 배합하거나 옮겨 담는 작업을 할 수 있다.
④ 제1종 판매취급소는 건축물의 2층까지만 설치가 가능하다.

> **해설**
> ④ 제1종 판매취급소는 건축물의 1층까지만 설치가 가능하다.

23 휘발유에 대한 설명으로 옳지 않은 것은?

① 지정수량은 200리터이다.
② 전기의 불량도체로서 정전기 축적이 용이하다.
③ 원유의 성질, 상태, 처리방법에 따라 탄화수소의 혼합비율이 다르다.
④ 발화점은 −43 ~ −20℃ 정도이다.

> **해설**
> 휘발유(C_5~C_9)의 인화점이 −43 ~ −20℃ 정도이고, 발화점은 약 300℃이다.

24 위험물 운반 시 동일한 트럭에 제1류 위험물과 함께 적재할 수 있는 유별은?(단, 지정수량의 5배 이상인 경우이다.)

① 제3류 ② 제4류
③ 제6류 ④ 없음

> **해설**
> 제1류 위험물과 제6류 위험물은 혼재가 가능하다.

25 다음 중 위험물안전관리법령에 의한 지정수량이 가장 작은 품명은?

① 질산염류
② 인화성고체
③ 금속분
④ 질산에스테르류

> **해설**
> ① 질산염류 : 300kg
> ② 인화성고체 : 1,000kg
> ③ 금속분 : 500kg
> ④ 질산에스테르류 : 10kg

26 위험물제조소등에서 위험물안전관리법상 안전거리 규제 대상이 아닌 것은?

① 제6류 위험물을 취급하는 제조소를 제외한 모든 제조소
② 주유취급소

정답 22 ④ 23 ④ 24 ③ 25 ④

③ 옥외저장소
④ 옥외탱크저장소

> **해설**
> 옥내탱크저장소, 지하탱크저장소, 이동탱크저장소, 간이탱크저장소, 판매취급소, 암반탱크저장소, 주유취급소는 안전거리 규제 대상에 해당하지 않는다.

27 염소산염류 250kg, 요오드산 염류 600kg, 질산염류 900kg을 저장하고 있는 경우 지정수량의 몇 배가 보관되어 있는가?

① 5배
② 7배
③ 10배
④ 12배

> **해설**
> $\frac{250}{50} + \frac{600}{300} + \frac{900}{300} = 10$배

28 그림과 같이 횡으로 설치한 원통형 위험물 탱크에 대하여 탱크의 용량을 구하면 약 몇 ㎥인가?(단, 공간용적은 탱크 내용적의 100분의 5로 한다.)

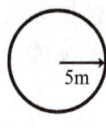 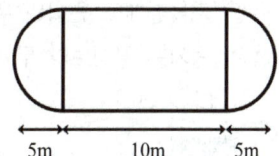

① 52.4
② 291.6
③ 994.8
④ 1047.2

> **해설**
> 내용적 $= \pi \times r^2 \times (l + \frac{l_1 + l_2}{3})$
> 용량 $=$ 내용적 $\times (1-$공간용적$)$
> $\therefore$ 용량 $= \pi \times 5^2 \times (10 + \frac{5+5}{3}) \times 0.95$
> $= 994.84 m^3$

29 정기점검 대상 제조소등에 해당하지 않는 것은?

① 이동탱크저장소
② 지정수량 120배의 위험물을 저장하는 옥외저장소
③ 지정수량 120배의 위험물을 저장하는 옥내저장소
④ 이송취급소

> **해설**
> 지정수량의 150배 이상의 위험물을 저장하는 옥내저장소

30 분해열에 의한 발열이 자연발화의 주된 요인으로 작용하는 것은?

① 셀룰로이드
② 퇴비
③ 목탄
④ 건성유

> **해설**
> ② 퇴비 : 미생물에 의한 발열
> ③ 목탄 : 흡착열에 의한 발열
> ④ 건성유 : 산화열에 의한 발열

정답 26 ② 27 ③ 28 ③ 29 ③ 30 ①

31 1분자 내에 포함된 탄소의 수가 가장 많은 것은?

① 아세톤
② 톨루엔
③ 아세트산
④ 이황화탄소

> **해설**
> ① CH_3COCH_3 : 3개
> ② $C_6H_5CH_3$: 7개
> ③ CH_3COOH : 2개
> ④ CS_2 : 1개

32 위험물안전관리법령상 제3류 위험물에 해당하지 않는 것은?

① 적린
② 나트륨
③ 칼륨
④ 황린

> **해설**
> 적린은 제2류 위험물에 해당한다.

33 질산칼륨을 약 400℃에서 가열하여 열분해시킬 때 주로 생성되는 물질은?

① 질산과 산소
② 질산과 칼륨
③ 아질산칼륨과 산소
④ 아질산칼륨과 질소

> **해설**
> $2KNO_3 \rightarrow 2KNO_2 + O_2$

34 위험물안전관리 법령상 위험물의 지정수량으로 옳지 않은 것은?

① 니트로셀룰로오스 : 10kg
② 히드록실아민 : 100kg
③ 아조벤젠 : 50kg
④ 트리니트로페놀 : 200kg

> **해설**
> 아조벤젠 : 200kg

35 트리에틸알루미늄의 안전관리에 관한 설명 중 틀린 것은?

① 물과의 접촉을 피한다.
② 냉암소에 저장한다.
③ 화재발생시 팽창질석을 사용한다.
④ I_2 또는 Cl_2 가스의 분위기에서 저장한다.

> **해설**
> ④ I_2 또는 Cl_2 가스의 분위기에 저장 시 폭발할 위험이 있다.

36 아세톤에 관한 설명 중 틀린 것은?

① 무색 휘발성이 강한 액체이다.
② 조해성이 있으며 물과 반응 시 발열한다.
③ 겨울철에도 인화의 위험성이 있다.
④ 증기는 공기보다 무거우며 액체는 물보다 가볍다.

> **해설**
> 아세톤은 조해성이 없으며 물과 반응하지 않으며 물에 잘 녹는 수용성 액체이다.

정답 31 ② 32 ① 33 ③ 34 ③ 35 ④ 36 ②

37 황의 성상에 관한 설명으로 틀린 것은?

① 연소할 때 발생하는 가스는 냄새를 갖고 있으나 인체에 무해하다.
② 미분이 공기 중에 떠 있을 때 분진폭발의 우려가 있다.
③ 용융된 황을 물에서 급냉하면 고무상황을 얻을 수 있다.
④ 연소할 때 아황산가스를 발생한다.

> **해설**
> 황이 연소할 때 발생하는 가스는 아황산가스(SO_2)로 자극성의 냄새가 있으며 인체에 유해하다.

38 위험물 안전관리법령상 소화설비의 구분에서 "물분무등소화설비"의 종류가 아닌 것은?

① 스프링클러설비
② 할로겐화합물소화설비
③ 이산화탄소소화설비
④ 분말소화설비

> **해설**
> 소화설비는 크게 옥내소화전설비, 옥외소화전설비, 스프링클러설비 또는 물분무등소화설비로 구분하며, 물분무등소화설비는 물분무소화설비, 포소화설비, 이산화탄소 소화설비, 할로게화합물 소화설비, 분말소화설비(인산염류, 탄산수소염류 등)를 포함한다.

39 인화성액체 위험물을 저장 또는 취급하는 옥외탱크저장소의 방유제 내에 용량 10만 L와 5만L인 옥외저장탱크 2기를 설치하는 경우에 확보하여야 하는 방유제의 용량(L)은?

① 50,000L 이상
② 80,000L 이상
③ 110,000L 이상
④ 150,000L 이상

> **해설**
> 인화성액체 위험물을 저장 또는 취급하는 옥외탱크저장소의 방유제 용량
> 1) 1기 탱크 : 탱크 용량의 110% 이상
> 2) 2기 이상의 탱크 : 탱크 중 용량이 최대인 것의 용량의 110% 이상
> ∴ 100,000 × 1.1 = 110,000L 이상

40 위험물을 운반용기에 수납하여 적재할 때 차광성이 있는 피복으로 가려야 하는 위험물이 아닌 것은?

① 제1류 위험물
② 제2류 위험물
③ 제5류 위험물
④ 제6류 위험물

> **해설**
> 차광성 피복
> – 제1류 위험물
> – 제3류 위험물 중 자연발화성물질
> – 제4류 위험물 중 특수인화물
> – 제5류 위험물
> – 제6류 위험물

정답 37 ① 38 ① 39 ③ 40 ②

41 물과 친화력이 있는 수용성 용매의 화재에 보통의 포소화약제를 사용하면 포가 파괴되기 때문에 소화 효과를 잃게 된다. 이와 같은 단점을 보완한 소화약제로 가연성인 수용성용매의 화재에 유효한 효과를 가지고 있는 것은?

① 알코올포소화약제
② 단백포소화약제
③ 합성계면활성제포소화약제
④ 수성막포소화약제

> **해설**
> 수용성 액체의 화재에는 포가 소멸되는 현상을 방지하기 위하여 알코올포(=내알코올형) 소화약제를 사용한다.

42 제2류 위험물에 속하지 않는 것은?

① 구리분   ② 알루미늄분
③ 크롬분   ④ 몰리브덴분

> **해설**
> 구리분 및 니켈분은 금속분에서 제외된다.

43 벤젠의 위험성에 대한 설명으로 틀린 것은?

① 휘발성이 있다.
② 인화점이 0℃ 보다 낮다.
③ 증기는 유독하여 흡입하면 위험하다.
④ 이황화탄소보다 착화온도가 낮다.

> **해설**
> 벤젠의 착화온도는 562℃이며, 이황화탄소의 착화온도는 100℃로 낮은 편이다.

44 적린과 황린의 공통적인 사항을 옳은 것은?

① 연소할 때는 오산화인의 흰연기를 낸다.
② 냄새가 없는 적색 가루이다.
③ 물, 이황화탄소에 녹는다.
④ 맹독성이다.

> **해설**
> 적린(P)과 황린(P_4)은 동소체 관계이므로 연소 생성물이 동일하다.

45 다음 물질 중 위험물 유별에 따른 구분이 나머지 셋과 다른 하나는?

① 질산은
② 질산메틸
③ 무수크롬산
④ 질산암모늄

> **해설**
> 질산메틸은 제5류 위험물 중 질산에스테르류이며 ①, ③, ④는 제1류 위험물에 해당한다.

46 위험물제조소등에 설치하는 옥내소화전설비의 설치기준으로 옳은 것은?

① 옥내소화전은 건축물의 층마다 당해 층의 각 부분에서 하나의 호스접속구까지의 수평거리가 25미터 이하가 되도록 설치하여야 한다.
② 당해 층의 모든 옥내소화전(5개 이상인 경우는 5개)을 동시에 사용할 경우 각 노즐선단에서의 방수량은 130L/min 이상이어야 한다.

정답   41 ①   42 ①   43 ④   44 ①   45 ②

③ 당해 층의 모든 옥내소화전(5개 이상인 경우는 5개)을 동시에 사용할 경우 각 노즐선단에서의 방수압력은 250kPa 이상이어야 한다.
④ 수원의 수량은 옥내소화전이 가장 많이 설치된 층의 옥내소화전 설치개수(5개 이상인 경우는 5개)에 2.6㎥를 곱한 양 이상이 되도록 설치하여야 한다.

해설

② 방수량은 260L/min 이상이어야 한다.
③ 방수압력은 350kPa 이상이어야 한다.
④ 수원의 수량은 설치개수(최대 5개)에 7.8㎥를 곱한 양 이상이 되도록 설치하여야 한다.

47 위험물 관련 신고 및 선임에 관한 사항으로 옳지 않은 것은?

① 제조소의 위치·구조 변경 없이 위험물의 품명 변경 시는 변경하고자 하는 날의 14일 이전까지 신고하여야 한다.
② 제조소 설치자의 지위를 승계한자는 승계한 날로부터 30일 이내에 신고하여야 한다.
③ 위험물안전관리자가 퇴직한 경우는 퇴직일로부터 14일 이내에 신고하여야 한다.
④ 위험물안전관리자가 퇴직한 경우는 퇴직일로부터 30일 이내에 선임하여야 한다.

해설

제조소등의 위치·구조 또는 설비의 변경없이 당해 제조소 등에서 저장하거나 취급하는 위험물의 품명·수량 또는 지정수량의 배수를 변경하고자 하는 자는 변경하고자 하는 날의 1일 전까지 행정안전부령이 정하는 바에 따라 시·도지사에게 신고하여야 한다.

48 칼륨의 저장 시 사용하는 보호물질로 다음 중 가장 적합한 것은?

① 에탄올
② 사염화탄소
③ 등유
④ 이산화탄소

해설

알칼리 금속의 저장 시 등유, 벤젠, 경유, 유동성 파라핀 등을 보호액으로 사용한다.

49 특수인화물 200L와 제4석유류 12000L를 저장할 때 각각의 지정수량 배수의 합은 얼마인가?

① 3
② 4
③ 5
④ 6

해설

특수인화물 지정수량 : 50L
제4석유류 지정수량 : 6,000L

$$\therefore \frac{저장수량}{지정수량} = \frac{200L}{50L} + \frac{12,000L}{6,000L} = 6$$

정답 46 ① 47 ① 48 ③ 49 ④

50 위험물안전관리법령에 따라 기계에 의하여 하역하는 구조로 된 운반용기의 외부에 행하는 표시내용에 해당하지 않는 것은?(단, 국제 해상위험물규칙에 정한 기준 또는 소방방재청장이 정하여 고시하는 기준에 적합한 표시를 한 경우는 제외한다.)

① 운반용기의 제조년월
② 제조자의 명칭
③ 겹쳐쌓기시험하중
④ 용기의 유효기간

해설

기계에 의하여 하역하는 구조로 된 운반용기의 외부에 행하는 표시내용은 다음과 같다.
가. 운반용기의 제조년월 및 제조자의 명칭
나. 겹쳐쌓기시험하중
다. 운반용기의 종류에 따라 다음의 규정에 의한 중량
　1) 플렉서블 외의 운반용기 : 최대총중량(최대수용중량의 위험물을 수납하였을 경우의 운반용기의 전중량을 말한다)
　2) 플렉서블 운반용기 : 최대수용중량

51 제6류 위험물의 위험성에 대한 설명으로 틀린 것은?

① 질산을 가열할 때 발생하는 적갈색 증기는 무해하지만 가연성이며 폭발성이 강하다.
② 고농도의 과산화수소는 충격, 마찰에 의해서 단독으로도 분해 폭발할 수 있다.
③ 과염소산은 유기물과 접촉 시 발화 또는 폭발할 위험이 있다.
④ 과산화수소는 햇빛에 의해서 분해되며, 촉매(MnO_2) 하에서 분해가 촉진된다.

해설

질산을 가열할 때 발생하는 이산화질소의 적갈색 증기는 인체에 유해하다.

52 위험물안전관리법상 제3석유류의 액체상태의 판단기준은?

① 1기압과 섭씨 20도에서 액상인 것
② 1기압과 섭씨 25도에서 액상인 것
③ 기압에 무관하게 섭씨 20도에서 액상인 것
④ 기압에 무관하게 섭씨 25도에서 액상인 것

해설

제3석유류의 액체상태의 판단기준은 1기압과 섭씨 20도에서 액상인 것에 해당한다.

53 다음 중 산을 가하면 이산화염소를 발생시키는 물질로 분자량이 약 90.5인 것은?

① 아염소산나트륨
② 브롬산나트륨
③ 옥소산칼륨(요오드산칼륨)
④ 중크롬산나트륨

해설

아염소산염류, 염소산염류 등에 산을 가하면 이산화염소를 발생시킨다.
$NaClO_2$ 분자량 : $23 + 35.5 + (16 \times 2) = 90.5$

정답 　50 ④　51 ①　52 ①　53 ①

54 위험물제조소의 환기설비 중 급기구는 급기구가 설치된 실의 바닥면적 몇 ㎡마다 1개 이상으로 설치하여야 하는가?

① 100
② 150
③ 200
④ 800

해설
위험물제조소의 급기구(외부의 공기를 건물 내부로 유입시키는 통로)는 바닥면적 150㎡마다 1개 이상으로 설치한다.

55 위험물안전관리법령상 제4류 위험물 운반용기의 외부에 표시해야 하는 사항이 아닌 것은?

① 규정에 의한 주의사항
② 위험물의 품명 및 위험등급
③ 위험물의 관리자 및 지정수량
④ 위험물의 화학명

해설
운반용기 외부에 표시해야 하는 사항은 다음과 같다.
- 위험물의 품명, 위험등급, 화학명 및 수용성(제4류 위험물인 경우 수용성인 것에 한함)
- 위험물의 수량
- 주의사항

56 위험물의 분류가 옳은 것은 무엇인가?

① 유기과산화물 - 제1류 위험물
② 황화인 - 제2류 위험물
③ 금속분 - 제3류 위험물
④ 무기과산화물 - 제5류 위험물

해설
① 유기과산화물 - 제5류 위험물
③ 금속분 - 제2류 위험물
④ 무기과산화물 - 제1류 위험물

57 트리메틸알루미늄이 물과 반응 시 생성되는 물질은?

① 산화알루미늄
② 메탄
③ 메틸알코올
④ 에탄

해설
제3류 위험물인 트리메틸알루미늄은 물과 반응 시 메탄(CH_4)이 발생한다.
$(CH_3)_3Al + 3H_2O \rightarrow Al(OH)_3 + 3CH_4$

58 지하탱크저장소에서 인접한 2개의 지하저장탱크 용량의 합계가 지정수량이 100배일 경우 탱크 상호 간의 최소거리는?

① 0.1m
② 0.3m
③ 0.5m
④ 1m

해설
지하저장탱크를 2개 이상 인접해 설치할 때 1m 이상의 간격을 유지한다. (단, 지정수량의 100배 이하라면 0.5m 이상의 간격으로 한다.)

정답   54 ②   55 ③   56 ②   57 ②   58 ③

59 위험물제조소등에 옥내소화전설비를 설치할 때 옥내소화전이 가장 많이 설치된 층의 소화전의 개수가 4개일 때 확보하여야 할 수원의 수량은?

① 10.4㎥   ② 20.8㎥
③ 31.2㎥   ④ 41.6㎥

해설
7.8㎥ × 4개 = 31.2㎥

60 과산화수소의 운반용기 외부에 표시해야 하는 주의사항은 무엇인가?

① 화기주의
② 충격주의
③ 물기엄금
④ 가연물접촉주의

해설
제6류 위험물이므로 "가연물접촉주의"를 표시하여야 한다.

정답 59 ③   60 ④

2019년 2회 위험물기능사

01 소화설비의 주된 소화효과를 옳게 설명한 것은?

① 옥내·옥외소화전설비 : 질식소화
② 스프링클러설비, 물분무소화설비 : 억제소화
③ 포, 분말 소화설비 : 억제소화
④ 할로겐화합물 소화설비 : 억제소화

해설
할로겐화합물 소화설비의 주된 소화효과는 억제소화(=부촉매소화)이다.

02 질소와 아르곤과 이산화탄소의 용량비가 52 대 40대 8인 혼합물 소화약제에 해당하는 것은?

① IG-541
② HCFC-BLEND A
③ HFC-125
④ HFC-23

해설
IG-541 : N_2(52%), Ar(40%), CO_2(8%)

03 제1류 위험물의 일반적인 성질에 해당하지 않는 것은?

① 고체 상태이다.
② 분해하여 산소를 발생한다.
③ 가연성물질이다.
④ 산화제이다.

해설
제1류 위험물은 불연성물질이다.

04 가연성액화가스의 탱크 주위에서 화재가 발생한 경우에 탱크의 가열로 인하여 그 부분의 강도가 약해져 탱크가 파열됨으로 내부의 가열된 액화가스가 급속히 팽창하면서 폭발하는 현상은?

① 블레비(BLEVE) 현상
② 보일오버(Boil Over) 현상
③ 플래시백(Flash Back) 현상
④ 백드래프트(Back Draft) 현상

해설
② 고온층(hot zone)이 형성된 유류화재의 탱크 밑면에 물이 고여 있는 경우, 화재의 진행에 따라 바닥의 물이 급격히 증발하여 불붙은 기름을 분출시키는 위험현상
③ 역화라고 하며, 연소 불꽃이 연소기의 내부를 향해 역으로 진입하는 현상
④ 산소의 결핍 상태에서 갑작스런 산소 유입으로 인해 순간적으로 발화하는 현상

정답 01 ④ 02 ① 03 ③ 04 ①

05 양초, 고급알코올 등과 같은 연료의 가장 일반적인 연소형태는?
① 표면연소 ② 증발연소
③ 분무연소 ④ 분해연소

해설
증발연소란 황, 양초, 고급알코올 등과 같은 연료가 증발하여 생긴 증기가 연소하는 현상이다.

06 다음 중 연소의 3요소를 모두 갖춘 것은?
① 휘발유 + 공기 + 수소
② 적린 + 수소 + 성냥불
③ 성냥불 + 황 + 염소산암모늄
④ 알코올 + 수소 + 염소산암모늄

해설
③ 성냥불(점화원) + 황(가연물) + 염소산암모늄(산소공급원)

07 위험물의 유별에 따른 성질과 해당 품명의 예가 잘못 연결된 것은?
① 제1류 : 산화성 고체 - 무기과산화물
② 제2류 : 가연성 고체 - 금속분
③ 제3류 : 자연발화성 물질 및 금수성 물질 - 황화린
④ 제5류 : 자기반응성물질 - 히드록실아민염류

해설
황화린 : 제2류 위험물

08 요리용 기름의 화재 시 비누화 반응을 일으켜 질식효과와 재발화 방지 효과를 나타내는 소화약제는?
① $NaHCO_3$
② $KHCO_3$
③ $BaCl_2$
④ $NH_4H_2P_4$

해설
제1종 분말소화약제를 이용하여 요리용 기름의 화재 시 비누화 반응을 일으켜 질식 및 재발화 방지 효과로 소화할 수 있다.

09 폭발 시 연소파의 전파속도 범위에 가장 가까운 것은?
① 0.1~10m/s
② 100~1,000m/s
③ 1,000~3,500m/s
④ 5,000~10,000m/s

해설
폭발 시 연소파의 전파속도는 0.1~10m/s이며, 폭굉의 전파속도는 1,000~3,500m/s이다.

10 가연물에 따른 화재의 종류 및 표시색의 연결이 옳은 것은?
① 폴리에틸렌 - 유류화재 - 백색
② 석탄 - 일반화재 - 청색
③ 시너 - 유류화재 - 청색
④ 나무 - 일반화재 - 백색

정답 05 ② 06 ③ 07 ③ 08 ① 09 ① 10 ④

> **해설**
> ① 폴리에틸렌 - 일반화재 - 백색
> ② 석탄 - 일반화재 - 백색
> ③ 시너 - 유류화재 - 황색

11 제조소의 옥외에 모두 3기의 휘발유취급탱크를 설치하고 그 주위에 방유제를 설치하고자 한다. 방유제 안에 설치하는 각 취급탱크의 용량이 5만L, 3만L, 2만L일 때 필요한 방유제의 용량은 몇 L 이상인가?

① 66,000L
② 60,000L
③ 33,000L
④ 30,000L

> **해설**
> 제조소의 옥외에 있는 위험물 취급탱크의 방유제의 용량
> · 1기일 때 : 탱크용량 × 0.5
> · 2기 이상일 때 : 최대탱크용량 × 0.5 + (나머지 탱크 용량합계 × 0.1)
> ∴ 방유제의 용량 = (50,000L × 0.5) + (30,000L + 20,000L × 0.1) = 30,000L

12 다음과 같은 반응에서 5m³의 탄산가스를 만들기 위해 필요한 탄산수소나트륨의 양은 약 몇 kg인가?(단, 표준상태이고, 나트륨의 원자량은 23이다.)

$$2NaHCO_3 \rightarrow NaHCO_3 + CO_2 + H_2O$$

① 18.75   ② 37.5
③ 56.25   ④ 75

> **해설**
> $NaHCO_3$ 분자량 : 23+1+12+(3×16)=84
> PV = nRT 적용,
> 탄산가스(CO_2)와 탄산수소나트륨($NaHCO_3$)의 반응식 비율이 1 : 1이 아니므로 계산해야 하는 탄산수소나트륨($NaHCO_3$)의 몰수 **2몰**을 곱하여야 한다.
> $$2NaHCO_3 \rightarrow NaHCO_3 + CO_2 + H_2O$$
> P : 기압(atm)
> V : 부피(L)
> n : 몰수(mol) = $\dfrac{질량}{분자량}$
> R : 0.082(atm · L/mol · K)
> T : 온도(K)
> $1 \times 5 \times 2몰 = \dfrac{x}{84} \times 0.082 \times 273$
> $x = 37.5kg$

13 이송취급소의 배관이 하천을 횡단하는 경우 하천 밑에 매설하는 배관의 외면과 계획하상(계획하상이 최소하상보다 높은 경우에는 최심하상)과의 거리는?

① 1.2m 이상
② 2.5m 이상
③ 3.0m 이상
④ 4.0m 이상

> **해설**
> 이송취급소의 배관이 하천을 횡단하는 경우 하천 밑에 매설하는 배관의 외면과 계획하상(계획하상이 최소하상보다 높은 경우에는 최심하상)과의 거리는 4.0m 이상으로 한다.

정답 11 ④   12 ②   13 ④

14 알코올류 20,000L에 대한 소화설비 설치 시 소요단위는?

① 5단위
② 10단위
③ 15단위
④ 20단위

> **해설**
> 위험물의 소요단위는 지정수량의 10배를 1소요단위로 한다.
> 알코올류 지정수량 : 400L
> $$소요단위 = \frac{저장수량}{지정수량 \times 10}$$
> $$= \frac{20000L}{400L \times 10} = 5단위$$

15 위험물 옥외저장소에서 지정수량 200배 초과의 위험물을 저장할 경우 보유공지의 너비는 몇 m 이상으로 하여야 하는가?(단, 제4류 위험물과 제6류 위험물이 아닌 경우)

① 0.5m
② 2.5m
③ 10m
④ 15m

> **해설**
>
> | 저장 또는 취급하는 위험물의 최대수량 | 옥외저장소 공지의 너비 |
> |---|---|
> | 지정수량의 10배 이하 | 3m 이상 |
> | 지정수량의 10배 초과 20배 이하 | 5m 이상 |
> | 지정수량의 20배 초과 50배 이하 | 9m 이상 |
> | 지정수량의 50배 초과 200배 이하 | 12m 이상 |
> | 지정수량의 200배 초과 | 15m 이상 |
>
> (단, 제4류 위험물 중 제4석유류 또는 제6류 위험물을 저장하는 경우 공지의 너비를 1/3로 단축할 수 있다.)

16 옥외저장탱크 중 압력탱크에 저장하는 디에틸에테르 등의 저장온도는 몇 ℃ 이하이어야 하는가?

① 60℃
② 40℃
③ 30℃
④ 15℃

> **해설**
> 압력탱크에 저장하는 디에틸에테르, 아세트알데히드, 산화프로필렌의 저장온도는 40℃ 이하이어야 한다.

17 옥외소화전설비의 기준에서 옥외소화전함은 옥외소화전으로부터 보행거리 몇 m 이하의 장소에 설치하여야 하는가?

① 1.5
② 5
③ 7.5
④ 10

> **해설**
> 옥외소화전설비의 기준에서 옥외소화전함은 옥외소화전으로부터 보행거리 5m 이하의 장소에 설치한다.

18 위험물제조소등의 전기설비에 적응성이 있는 소화설비는?

① 봉상수소화기
② 포소화설비
③ 옥외소화전설비
④ 물분무소화설비

정답 14 ① 15 ④ 16 ② 17 ② 18 ④

> **해설**
> 전기설비에 적응성이 있는 소화설비는 물분무소화설비, 불활성가스소화설비, 할로겐화합물소화설비, 분말소화설비, 무상수소화기, 무상강화액소화기에 해당한다.

19 물의 소화능력을 향상시키고 동절기 또는 한랭지에서도 사용할 수 있도록 탄산칼륨 등의 알칼리금속염을 첨가한 소화약제는?

① 강화액 소화약제
② 할로겐화합물 소화약제
③ 이산화탄소 소화약제
④ 포(foam) 소화약제

> **해설**
> 강화액 소화기는 물에 탄산칼륨 등의 염류를 첨가하여 한랭지 또는 겨울철에도 사용할 수 있는 소화기이다.

20 다음 중 분진폭발의 원인물질로 작용할 위험성이 가장 낮은 것은?

① 마그네슘분말
② 밀가루
③ 담배분말
④ 시멘트분말

> **해설**
> 모래, 석고, 시멘트, 가성소다, 석회분 등은 분진폭발의 위험성이 낮은 물질에 해당한다.

21 위험물안전관리법령상 고정주유설비는 주유설비의 중심선을 기점으로 하여 도로경계선까지 몇 m 이상의 거리를 유지해야 하는가?

① 1m ② 3m
③ 4m ④ 6m

> **해설**
> 고정주유설비의 중심선을 기점으로 하여 도로경계선까지 4m 이상, 부지경계선·담 및 건축물의 벽까지 2m(개구부가 없는 벽까지는 1m) 이상의 거리를 유지하고, 고정급유설비의 중심선을 기점으로 하여 도로경계선까지 4m 이상, 부지경계선 및 담까지 1m 이상, 건축물의 벽까지 2m(개구부가 없는 벽까지는 1m) 이상의 거리를 유지할 것

22 위험물제조소의 안전거리기준으로 틀린 것은?

① 초·중등교육법 및 고등교육법에 의한 학교 – 20m 이상
② 의료법에 의한 병원급 의료기관 – 30m 이상
③ 문화재보호법 규정에 의한 지정문화재 – 50m 이상
④ 사용전압이 35,000V를 초과하는 특고압가공전선 – 5m 이상

> **해설**
> 1) 사용전압 7,000V 초과 35,000V 이하의 특고압가공전선 : 3m 이상
> 2) 사용전압 35,000V를 초과하는 특고압가공전선 : 5m 이상
> 3) 주거용 건축물(제조소의 동일부지 외에 있는 것) : 10m 이상
> 4) 고압가스, 액화석유가스 등의 저장·취급 시설 : 20m 이상

정답 19 ① 20 ④ 21 ③ 22 ①

5) 학교·병원·극장(300명 이상), 다수인 수용시설 : 30m 이상
6) 유형문화재, 지정문화재 : 50m 이상

23 위험물 이동저장탱크의 외부도장 색상으로 적합하지 않은 것은?

① 제2류 – 적색 ② 제3류 – 청색
③ 제5류 – 황색 ④ 제6류 – 회색

해설

류별	색상
제1류	회색
제2류	적색
제3류	청색
제4류	적색 권장
제5류	황색
제6류	청색

1. 탱크의 앞면과 뒷면을 제외한 면적의 40% 이내의 면적은 다른 유별의 색상 외의 색상으로 도장하는 것이 가능하다.
2. 제4류에 대해서는 도장의 색상 제한이 없으나 적색을 권장한다.

24 위험물안전관리법령상 압력수조를 이용한 옥내소화전설비의 가압송수장치에서 압력수조의 최소압력(MPa)은?(단, 소방용 호스의 마찰손실수두압은 3MPa, 배관의 마찰손실수두압은 1MPa, 낙차의 환산수두압은 1.35MPa이다.)

① 5.35MPa
② 5.70MPa
③ 6.00MPa
④ 6.35MPa

해설

압력수조를 이용한 옥내소화전설비의 가압송수장치에서 압력수조의 압력(MPa)
$P = p_1 + p_2 + p_3 + 0.35MPa$
∴ $P = 3 + 1 + 1.35 + 0.35 = 5.70MPa$

25 두 가지 물질이 반응할 때 수소가 발생하지 않는 것은?

① 리튬+염산
② 탄화칼슘+물
③ 수소화칼슘+물
④ 루비듐+물

해설

탄화칼슘과 물의 반응 시 아세틸렌 가스가 발생한다.

26 옥외저장소에서 선반에 저장하는 용기의 높이는 몇 m를 초과할 수 없는가?

① 3m   ② 4m
③ 6m   ④ 7m

해설

옥내/옥외저장소의 저장용기 높이를 쌓는 높이
- 기계에 의하여 하역하는 구조 : 6m 이하
- 제4류 위험물 중 제3석유류, 제4석유류 및 동식물유 : 4m 이하
- 그 밖의 경우 : 3m 이하
※ 옥외저장소에서 선반에 용기를 저장하는 경우 : 6m 이하

정답 23 ④   24 ②   25 ②   26 ③

27 주택, 학교 등의 보호대상물과의 사이에 안전거리를 두지 않아도 되는 위험물시설은?

① 옥내저장소 ② 옥내탱크저장소
③ 옥외저장소 ④ 일반취급소

> **해설**
> 안전거리의 규제 대상은 다음과 같다.
> – 제조소(제6류 위험물을 취급하는 제조소를 제외)
> – 일반취급소
> – 옥내저장소
> – 옥외저장소
> – 옥외탱크저장소

28 산화성액체인 질산의 분자식으로 옳은 것은?

① HNO_2 ② HNO_3
③ NO_2 ④ NO_3

29 다음 중 증기의 밀도가 가장 큰 것은?

① 디에틸에테르
② 벤젠
③ 가솔린(옥탄 100%)
④ 에틸알코올

> **해설**
> 가솔린의 탄소수가 가장 많으므로 증기의 밀도가 가장 크다.

30 삼황화린과 오황화린의 공통점이 아닌 것은?

① 물과 접촉하여 인화수소가 발생한다.
② 가연성 고체이다.
③ 분자식이 P와 S로 이루어져 있다.
④ 연소 시 오산화린과 이산화황이 생성된다.

31 위험물안전관리법령상 주유취급소 중 건축물의 2층을 휴게음식점의 용도로 사용하는 것에 있어 해당 건물의 2층으로부터 직접 주유 취급소의 부지 밖으로 통하는 출입구와 해당 출입구로 통하는 통로 계단에 설치하여야 하는 것은?

① 비상경보설비 ② 유도등
③ 비상조명등 ④ 확성장치

> **해설**
> 유도등을 설치하여야 한다.

32 과산화칼륨이 물 또는 이산화탄소와 반응할 경우 공통적으로 발생하는 물질은?

① 산소 ② 과산화수소
③ 수산화칼륨 ④ 수소

> **해설**
> $K_2O_2 + H_2O \rightarrow 2KOH + 1/2O_2$
> $K_2O_2 + CO_2 \rightarrow K_2CO_3 + 1/2O_2$

33 1몰의 에틸알코올이 완전 연소하였을 때 생성되는 이산화탄소는 몇 몰인가?

① 1몰 ② 2몰
③ 3몰 ④ 4몰

> **해설**
> $C_2H_5OH + 3O_2 \rightarrow 2CO_2 + 3H_2O$

정답 27 ② 28 ② 29 ③ 30 ① 31 ② 32 ① 33 ②

34 위험물안전관리법령상 간이탱크저장소에 대한 설명 중 틀린 것은?

① 간이저장탱크의 용량은 600리터 이하여야 한다.
② 하나의 간이탱크저장소에 설치하는 간이저장탱크는 5개 이하여야 한다.
③ 간이저장탱크는 두께 3.2mm 이상의 강판으로 흠이 없도록 제작하여야 한다.
④ 간이저장탱크는 70kPa의 압력으로 10분간의 수압시험을 실시하여 새거나 변형되지 않아야 한다.

> **해설**
> ② 하나의 간이탱크저장소에 설치하는 간이저장탱크는 3개 이하여야 한다.

35 주유취급소에 설치 할 수 있는 위험물 탱크는?

① 고정주유설비에 직접 접속하는 5기 이하의 간이탱크
② 보일러 등에 직접 접속하는 전용탱크로서 10,000리터 이하의 것
③ 고정급유설비에 직접 접속하는 전용탱크로서 70,000리터 이하의 것
④ 폐유, 윤활유 등의 위험물을 저장하는 탱크로서 4,000리터 이하의 것

> **해설**
> ① 고정주유설비에 직접 접속하는 <u>3기 이하</u>의 간이탱크
> ③ 고정급유설비에 직접 접속하는 전용탱크로서 <u>50,000리터 이하의 것</u>
> ④ 폐유, 윤활유 등의 위험물을 저장하는 탱크로서 <u>2,000리터 이하의 것</u>

36 질화면을 강면약과 약면약으로 구분하는 기준은?

① 물질의 경화도
② 수산기의 수
③ 질산기의 수
④ 탄소 함유량

> **해설**
> 질산기($-NO_3$)의 수에 따라 강면약, 약면약으로 구분된다.

37 위험물안전법령에서 정한 소화설비의 소요단위 산정방법에 대한 설명 중 옳은 것은?

① 위험물은 지정수량의 100배를 1소요단위로 함
② 저장소용 건축물로 외벽이 내화구조인 것은 연면적 100㎡를 1소요단위로 함
③ 제조소용 건축물로 외벽이 내화구조가 아닌 것은 연면적 50㎡를 1소요단위로 함
④ 저장소용 건축물로 외벽이 내화구조가 아닌 것은 연면적 25㎡를 1소요단위로 함

> **해설**
> ✔ 한 눈에 정리하기
>
> | 구분 | 제조소 또는 취급소 | 저장소 |
> |---|---|---|
> | 외벽이 내화구조인 것 | 100㎡ | 150㎡ |
> | 내화구조가 아닌 것 | 50㎡ | 75㎡ |
>
> 위험물의 경우 지정수량의 10배를 1소요단위로 함

정답 34 ② 35 ② 36 ③ 37 ③

38 위험물안전관리법령상 품명이 질산에스테르류에 속하지 않는 것은?

① 질산에틸
② 니트로글리세린
③ 니트로벤젠
④ 니트로셀룰로오스

해설
니트로벤젠은 제4류 위험물 중 제3석유류에 속한다.

39 인화칼슘이 물과 반응하였을 때 발생하는 가스에 대한 설명으로 옳은 것은?

① 폭발성인 수소를 발생한다.
② 유독한 인화수소를 발생한다.
③ 조연성인 산소를 발생한다.
④ 가연성인 아세틸렌을 발생한다.

해설
인화칼슘은 물과 반응 시 유독성의 인화수소(PH_3)를 발생한다.
$Ca_3P_2 + 6H_2O \rightarrow 3Ca(OH)_2 + 2PH_3$

40 위험물 "알킬리튬, 리튬, 수소화나트륨, 인화칼슘, 탄화칼슘"의 지정수량의 총 합은 몇 kg인가?

① 820
② 900
③ 960
④ 1260

해설
알킬리튬(10kg) + 리튬(50kg) + 수소화나트륨(300kg) + 탄화칼슘(300kg) = 960kg

41 위험물안전관리법령에서 정한 알킬알루미늄 등을 저장 또는 취급하는 이동탱크 저장소에 비치해야 하는 물품이 아닌 것은?

① 방호복
② 고무장갑
③ 비상조명등
④ 휴대용확성기

해설
알킬알루미늄, 알킬리튬을 저장 또는 취급하는 이동탱크저장소에는 긴급시의 연락처, 응급조치에 관하여 필요한 사항을 기재한 서류, 방호복, 고무장갑, 밸브 등을 죄는 결합공구 및 휴대용 확성기를 비치하여야 한다.

42 위험물안전관리법령상 위험등급의 종류가 나머지 셋과 다른 하나는?

① 제1류 위험물 중 중크롬산염류
② 제2류 위험물 중 인화성고체
③ 제3류 위험물 중 금속의 인화물
④ 제4류 위험물 중 알코올류

해설
① 중크롬산염류 : 위험등급 Ⅲ
② 인화성고체 : 위험등급 Ⅲ
③ 금속의 인화물 : 위험등급 Ⅲ
④ 알코올류 : 위험등급 Ⅱ

43 위험물제조소에서 국소방식 배출설비의 배출능력은 1시간당 배출장소 용적의 몇 배 이상인 것으로 하는가?

① 5배
② 10배
③ 15배
④ 20배

정답 38 ③ 39 ② 40 ③ 41 ③ 42 ④ 43 ④

해설
제조소의 배출설비의 배출능력은 1시간당 배출장소 용적의 20배 이상인 것으로 할 것
(전역방출방식 : 바닥면적 1㎡당 18㎥ 이상)

44 위험물안전관리법령상 제4류 위험물 운반용기의 외부에 표시하여야 하는 주의사항을 모두 옳게 나타낸 것은?

① 화기엄금 및 충격주의
② 가연물 접촉주의
③ 화기엄금
④ 화기주의 및 충격주의

해설
✔한 눈에 정리하기
제조소등 게시판과 운반용기 주의사항

구분		게시판 주의사항	운반용기 주의사항
제1류		-	화기주의, 충격주의, 가연물접촉주의
	알칼리금속의 과산화물	물기엄금	물기엄금, 화기주의, 충격주의, 가연물접촉주의
제2류		화기주의	화기주의
	철분·금속분·마그네슘	화기주의	화기주의, 물기엄금
	인화성 고체	화기엄금	화기엄금
제3류	금수성 물질	물기엄금	물기엄금
	자연발화성 물질	화기엄금	화기엄금, 공기접촉엄금
제4류		화기엄금	화기엄금
제5류		화기엄금	화기엄금, 충격주의
제6류		-	가연물접촉주의

45 분말의 형태로서 150마이크로미터의 체를 통과하는 것이 50중량퍼센트 이상인 것만 위험물로 취급되는 것은?

① Zn   ② Fe
③ Ni   ④ Cu

해설
제2류 위험물 중 금속분 알칼리금속·알칼리토금속·철 및 마그네슘 외의 금속의 분말을 말하고, 구리분·니켈분을 제외하면서 150마이크로미터의 체를 통과하는 것이 50중량퍼센트 미만인 것도 제외한다.

46 제3류 위험물을 취급하는 제조소는 300명 이상을 수용할 수 있는 극장으로부터 몇 m 이상의 안전거리를 유지하여야 하는가?

① 5   ② 10
③ 30   ④ 70

정답 44 ③   45 ①   46 ③

> **해설**
> 300명 이상을 수용할 수 있는 극장과의 안전거리는 30m 이상으로 한다.

47 위험물안전관리법령상 산화성 액체에 대한 설명으로 옳은 것은?

① 과산화수소는 농도와 밀도가 비례한다.
② 과산화수소는 농도가 높을수록 끓는점이 낮아진다.
③ 질산은 상온에서 불연성이지만 고온으로 가열하면 스스로 발화한다.
④ 질산을 황산과 일정 비율로 혼합하여 왕수를 제조할 수 있다.

> **해설**
> ② 과산화수소는 농도가 높을수록 끓는점이 높아진다.
> ③ 질산은 불연성이므로 스스로 발화하지 않는다.
> ④ 질산을 염산과 1 : 3의 비율로 혼합하여 왕수를 제조할 수 있다.

48 질산칼륨의 성질에 해당하는 것은?

① 무색 또는 흰색 결정이다.
② 물과 반응하면 폭발의 위험이 있다.
③ 물에 녹지 않으나 알코올에 잘 녹는다.
④ 황산, 목분과 혼합하면 흑색화약이 된다.

> **해설**
> ② 물과 반응하지 않는다.
> ③ 물에 잘 녹고, 알코올에 녹기 어렵다.
> ④ 숯, 유황과 혼합하면 흑색화약이 된다.

49 다음 위험물 중 특수인화물이 아닌 것은?

① 메틸에틸케톤 퍼옥사이드
② 산화프로필렌
③ 아세트알데히드
④ 이황화탄소

> **해설**
> ① 제5류 위험물 중 유기과산화물에 해당한다.

50 위험물안전관리법령상 위험물의 운반 시 운반용기는 다음의 기준에 따라 수납 적재하여야 한다. 다음 중 틀린 것은?

① 수납하는 위험물과 위험한 반응을 일으키지 않아야 한다.
② 고체 위험물은 운반용기 내용적의 95% 이하로 수납하여야 한다.
③ 액체위험물은 운반용기 내용적의 95% 이하로 수납하여야 한다.
④ 하나의 외장용기에는 다른 종류의 위험물을 수납하지 않는다.

> **해설**
> 액체 위험물은 운반용기 내용적의 98% 이하로 수납하여야 한다.

51 제조소등에서 위험물을 유출시켜 사람의 신체 또는 재산에 위험을 발생시킨 자에 대한 벌칙기준으로 옳은 것은?

① 1년 이상 3년 이하의 징역
② 1년 이상 5년 이하의 징역
③ 1년 이상 7년 이하의 징역

정답 47 ① 48 ① 49 ① 50 ③

④ 1년 이상 10년 이하의 징역

해설
제조소등에서 위험물을 유출·방출 또는 확산시켜 사람의 생명·신체 또는 재산에 대하여 위험을 발생시킨 자는 1년 이상 10년 이하의 징역에 처한다.

52 특수인화물 200L와 제4석유류 12000L를 저장할 때 각각의 지정수량 배수의 합은 얼마인가?

① 3
② 4
③ 5
④ 6

해설
$$\frac{200}{50} + \frac{12000}{6000} = 6$$

53 위험물탱크의 용량은 탱크의 내용적에서 공간용적을 뺀 용적으로 한다. 이 경우 소화약제 방출구를 탱크안의 윗부분에 설치하는 탱크의 공간용적은 당해 소화설비의 소화약제방출구 아래의 어느 범위의 면으로부터 윗부분의 용적으로 하는가?

① 0.1미터 이상 0.5미터 미만 사이의 면
② 0.3미터 이상 1미터 미만 사이의 면
③ 0.5미터 이상 1미터 미만 사이의 면
④ 0.5미터 이상 1.5미터 미만 사이의 면

해설
공간용적은 탱크의 내용적의 100분의 5 이상 100분의 10 이하의 용적으로 한다. 다만, 소화설비(소화약제 방출구를 탱크안의 윗부분에 설치하는 것에 한한다)를 설치하는 탱크의 공간용적은 당해 소화설비의 소화약제방출구 아래의 0.3미터 이상 1미터 미만 사이의 면으로부터 윗부분의 용적으로 한다.

54 위험물안전관리법령상 운송책임자의 감독 지원을 받아 운송하여야 하는 위험물에 해당하는 것은?

① 알킬알루미늄, 산화프로필렌, 알킬리튬
② 알킬알루미늄, 산화프로필렌
③ 알킬알루미늄, 알킬리튬
④ 산화프로필렌, 알킬리튬

해설
이동탱크저장소의 위험물 운송에 있어서 운송책임자의 감독, 지원을 받아 운송하여야 하는 위험물의 종류에는 알킬리튬, 알킬알루미늄 등에 해당한다.

55 알루미늄 분말의 저장 방법 중 옳은 것은?

① 에틸알코올 수용액에 넣어 보관한다.
② 밀폐 용기에 넣어 건조한 것에 보관한다.
③ 폴리에틸렌병에 넣어 수분이 많은 곳에 보관한다.
④ 염산 수용액에 넣어 보관한다.

해설
알루미늄분은 수분과 접촉 시 수소가스가 발생하므로 밀폐 용기에 넣어 건조한 것에 보관한다.

정답 51 ④ 52 ④ 53 ② 54 ③ 55 ②

56 아염소산염류 500kg과 질산염류 3000kg을 함께 저장하는 경우 위험물의 소요단위는 얼마인가?

① 2 ② 4
③ 6 ④ 8

> **해설**
> 지정수량의 10배를 1소요단위로 한다.
> $\dfrac{500}{50 \times 10} + \dfrac{3000}{300 \times 10} = 2$

57 다음 중 산화성고체 위험물에 속하지 않는 것은?

① Na_2O_2
② $HClO_4$
③ NH_4ClO_4
④ $KClO_3$

> **해설**
> 과염소산은 산화성 액체 위험물에 속한다.

58 위험물안전관리법령상 혼재할 수 없는 위험물은?(단, 위험물은 지정수량의 1/10을 초과하는 경우이다.)

① 적린과 황린
② 질산염류와 질산
③ 칼륨과 특수인화물
④ 유기과산화물과 유황

> **해설**
> 제2류 위험물인 적린과 제3류 위험물인 황린은 혼재할 수 없다.

59 주유취급소에 다음과 같이 전용탱크를 설치하였다. 최대로 저장·취급할 수 있는 용량은 얼마인가?(단, 고속도로 외의 주유취급소인 경우이다.)

- 간이탱크 : 2기
- 폐유탱크등 : 1기
- 고정주유설비 및 고정급유설비 접속 전용탱크 : 2기

① 103,200L
② 104,600L
③ 123,200L
④ 124,200L

> **해설**
> 주유취급소에 설치하는 탱크의 종류
> 가. 자동차 등에 주유하기 위한 고정주유설비에 직접 접속하는 전용탱크 : 50,000L 이하
> 나. 고정급유설비에 직접 접속하는 전용탱크 : 50,000L 이하
> 다. 보일러 등에 직접 접속하는 전용탱크 : 10,000L 이하
> 라. 자동차 등을 점검·정비하는 작업장 등에서 사용하는 폐유탱크 : 2,000L 이하
> 마. 고정주유설비 또는 고정급유설비에 직접 접속하는 3기 이하의 간이탱크
> ∴ 최대 저장량 = (600L×2기) + (2,000L×1기) + (50,000L×2기) = 103,200L

정답 56 ① 57 ② 58 ① 59 ①

60 시·도의 조례가 정하는 바에 따라 관할소방서장의 승인을 받아 지정수량 이상의 위험물을 제조소등이 아닌 장소에서 임시로 저장 또는 취급하는 기간은 최대 며칠 이내인가?

① 30
② 60
③ 90
④ 120

해설
위험물 임시 저장기간 : 90일 이내

정답 60 ③

2019년 3회 위험물기능사

01 15℃의 기름 100g에 8,000J의 열량을 주면 기름의 온도는 몇 ℃가 되겠는가?(단, 기름의 비열은 2J/g·℃이다.)
① 25 ② 45
③ 50 ④ 55

해설
Q(열량) = c(비열)×m(질량)×△t(온도차)
8,000J = 2J/g·℃ × 100g × (x−15)℃
8,000 = 200x − (200×15)
200x = 11,000
∴ x = 55℃

02 고온체의 색깔이 휘적색일 경우의 온도는 약 몇 ℃ 정도인가?
① 500 ② 950
③ 1300 ④ 1500

해설
〈온도에 따른 고온체의 색상〉
암적색(700℃) < 적색(850℃) < 휘적색(950℃) < 황적색(1,100℃) < 백적색(1,300℃) < 휘백색(1,500℃)

03 소화효과 중 부촉매 효과를 기대할 수 있는 소화약제는?
① 물소화약제
② 포소화약제
③ 분말소화약제
④ 이산화탄소소화약제

해설
분말소화약제는 질식효과와 부촉매효과 등으로 화재를 진압한다.

04 분말소화약제의 식별 색을 옳게 나타낸 것은?
① $KHCO_3$: 백색
② $NH_4H_2PO_4$: 담홍색
③ $NaHCO_3$: 보라색
④ $KHCO_3 + (NH_2)_2CO$: 초록색

해설
A, B, C급 화재에 효과적인 제3종 분말소화약제의 주성분인 제1인산암모늄 ($NH_4H_2PO_4$)의 색은 담홍색에 해당한다.

05 화재별 급수에 따른 화재의 종류 및 표시색상을 모두 옳게 나타낸 것은?
① A급 : 유류화재, 황색
② B급 : 유류화재, 황색
③ A급 : 유류화재, 백색
④ B급 : 유류화재, 백색

해설
A급 : 일반화재, 백색
B급 : 유류화재, 황색
C급 : 전기화재, 청색
D급 : 금속화재, 무색

정답 01 ④ 02 ② 03 ③ 04 ② 05 ②

06 고정식 포소화설비에 관한 기준에서 방유제 외측에 설치하는 보조포소화전의 상호간의 거리는?

① 보행거리 40m 이하
② 수평거리 40m 이하
③ 보행거리 75m 이하
④ 수평거리 75m 이하

07 낮은 온도에서도 잘 얼지 않는 다이너마이트를 제조하기 위해 니트로글리세린의 일부를 대체하여 첨가하는 물질은?

① 니트로셀룰로오스
② 니트로글리콜
③ 트리니트로톨루엔
④ 디니트로벤젠

> **해설**
> 니트로글리콜의 녹는점이 -22℃로 낮은 온도에서도 잘 얼지 않는 다이너마이트 [부동(不凍) 다이너마이트]를 제조하기 위해 첨가한다.

08 유류화재 소화 시 분말 소화약제를 사용할 경우 소화 후에 재발화 현상이 가끔씩 발생할 수 있다. 다음 중 이러한 현상을 예방하기 위하여 병용하여 사용하면 가장 효과적인 포소화약제는?

① 단백포 소화약제
② 수성막포 소화약제
③ 합성계면활성제포 소화약제
④ 알코올형포 소화약제

> **해설**
> 분말 소화약제와 수성막포 소화약제를 병용하여 사용하면 재발화 현상을 방지할 수 있다.

09 플래시오버(flash over)에 관한 설명이 아닌 것은?

① 실내화재에서 발생하는 현상
② 순발적인 연소확대 현상
③ 발생시점은 초기에서 성장기로 넘어가는 분기점
④ 화재로 인하여 온도가 급격히 상승하여 화재가 순간적으로 실내 전체에 확산되어 연소되는 현상

> **해설**
> 발생시점은 성장기에서 최성기로 넘어가는 분기점이다.

10 같은 위험등급의 위험물로만 이루어지지 않은 것은?

① Fe, Sb, Mg
② Zn, Al, S
③ 황화린, 적린, 칼슘
④ 메탄올, 에탄올, 벤젠

> **해설**
> ① Ⅲ등급 : Fe, 안티몬(Sb) - 금속분, Mg
> ② Ⅲ등급 : Zn, Al, Ⅱ등급 : S
> ③ Ⅱ등급 : 황화린, 적린, 칼슘
> ④ Ⅱ등급 : 메탄올, 에탄올, 벤젠

정답 06 ③ 07 ② 08 ② 09 ③ 10 ②

11 자연발화가 잘 일어나는 경우와 가장 거리가 먼 것은?

① 주변의 온도가 높을 것
② 습도가 높을 것
③ 표면적이 넓을 것
④ 열전도율이 클 것

> **해설**
> 열전도율이 작을수록 열축적에 용이하므로 자연발화가 잘 일어난다.

12 할로겐화합물 소화설비가 적응성이 있는 대상물은?

① 제1류 위험물
② 제3류 위험물
③ 제4류 위험물
④ 제5류 위험물

> **해설**
> 제4류 위험물의 화재에는 질식소화가 가장 적합하다.

13 위험물안전관리법령에 따라 제조소등의 관계인이 화재예방과 재해발생시 비상조치를 위하여 작성하는 예방규정에 관한 설명으로 틀린 것은?

① 제조소의 관계인은 해당 제조소에서 지정수량의 5배의 위험물을 취급하는 경우 예방규정을 작성하여 제출하여야 한다.
② 지정수량의 200배의 위험물을 저장하는 옥외탱크저장소의 관계인은 예방규정을 작성하여 제출하여야 한다.
③ 위험물시설의 운전 또는 조작에 관한 사항, 위험물 취급 작업의 기준에 관한 사항은 예방규정에 포함되어야 한다.
④ 제조소등의 예방규정은 산업안전보건법의 규정에 의한 안전보건관리규정과 통합하여 작성 할 수 있다.

> **해설**
> 제조소의 관계인은 해당 제조소에서 지정수량의 10배의 위험물을 취급하는 경우 예방규정을 작성하여 제출하여야 한다.

14 위험장소 중 1종 장소에 대한 설명으로 올바른 것은?

① 정상상태에서 위험 분위기가 장시간 지속적으로 존재하는 장소
② 정상상태에서 위험 분위기가 주기적 또는 간헐적으로 생성될 우려가 있는 장소
③ 이상상태 하에서 위험 분위기가 단시간 동안 생성될 우려가 있는 장소
④ 이상상태 하에서 위험 분위기가 장시간 동안 생성될 우려가 있는 장소

> **해설**
>
> | 구분 | 정의 |
> | --- | --- |
> | 0종 장소 | 정상상태에서 위험분위기가 지속적 또는 장기간 존재하는 장소 |
> | 1종 장소 | 정상상태에서 위험 분위기가 존재하기 쉬운 장소 |
> | 2종 장소 | 이상상태 하에서 위험 분위기가 단시간 존재할 수 있는 장소 (이상상태 : 기기 고장, 오류) |

정답 11 ④ 12 ③ 13 ① 14 ②

15 화재종류 중 금속화재에 해당하는 것은?

① A급
② B급
③ C급
④ D급

> **해설**
>
> | 분류 | 구분 | 착색 |
> |---|---|---|
> | A급 화재 | 일반화재 (폴리에틸렌, 석탄, 종이, 섬유 등) | 백색 |
> | B급 화재 | 유류화재(시너, 휘발유, 알코올 등) | 황색 |
> | C급 화재 | 전기화재 | 청색 |
> | D급 화재 | 금속화재 | 없음 |
> | K급 화재 (=F급 화재) | 주방화재, 식용유화재 | – |

16 포소화약제의 주된 소화효과를 모두 옳게 나타낸 것은?

① 촉매효과와 억제효과
② 억제효과와 제거효과
③ 질식효과와 냉각효과
④ 연소방지와 촉매효과

> **해설**
>
> 포소화약제의 주된 소화효과는 질식효과와 냉각효과이다.

17 제5류 위험물에 대한 설명 중 틀린 것은?

① 대부분 물질 자체에 산소를 함유하고 있다.
② 대표적 성질이 자기 반응성 물질이다.
③ 가열, 충격, 마찰로 위험성이 증가하므로 주의한다.
④ 불연성이지만 가연물과 혼합은 위험하므로 주의한다.

> **해설**
>
> 제5류 위험물은 가연성 물질이다.

18 제6류 위험물을 저장 또는 취급하는 장소로서 폭발의 위험이 없는 장소에 한하여 적응성이 있는 소화설비는?

① 건조사
② 포소화기
③ 이산화탄소소화기
④ 할로겐화합물소화기

> **해설**
>
> 제6류 위험물을 저장 또는 취급하는 장소로서 폭발의 위험이 없는 장소에 한하여 이산화탄소소화기가 적응성이 있다.

19 착화 온도가 낮아지는 원인과 가장 관계가 있는 것은?

① 발열량이 적을 때
② 압력이 높을 때
③ 습도가 높을 때
④ 산소와의 결합력이 나쁠 때

> **해설**
>
> 일반적인 기체에서 압력이 높을 때 착화 온도가 낮아지며 폭발범위가 넓어진다.

정답 15 ④ 16 ③ 17 ④ 18 ③ 19 ②

20 연소범위에 대한 설명으로 옳지 않은 것은?

① 연소범위는 연소하한값부터 연소상한값까지이다.
② 연소범위의 단위는 공기 또는 산소에 대한 가스의 % 농도이다.
③ 연소하한이 낮을수록 위험이 크다.
④ 온도가 높아지면 연소범위가 좁아진다.

> **해설**
> 온도가 높아지면 연소범위 하한과 상한이 함께 넓어진다.

21 종류(유별)가 다른 위험물을 동일한 옥내저장소의 동일한 실에 같이 저장하는 경우에 대한 설명으로 틀린 것은?(단, 유별로 정리하여 1m 이상의 간격을 두는 경우에 한한다.)

① 제1류 위험물과 황린은 동일한 옥내저장소에 저장할 수 있다.
② 제1류 위험물과 제6류 위험물은 동일한 옥내저장소에 저장할 수 있다.
③ 제1류 위험물 중 알칼리금속의 과산화물과 제5류 위험물은 동일한 옥내저장소에 저장할 수 있다.
④ 제2류 위험물중 인화성 고체와 제4류 위험물을 동일한 옥내저장소에 저장할 수 있다

> **해설**
> 유별이 다른 위험물을 동일한 저장소에 저장하는 경우 유별로 정리하여 서로 1m 이상의 간격을 두었을 때 제1류 위험물(알칼리금속의 과산화물 제외)과 제5류 위험물을 저장할 수 있다.

22 다음 중 제6류 위험물로써 분자량이 약 63인 것은?

① 과염소산
② 질산
③ 과산화수소
④ 삼불화브롬

> **해설**
> 질산(HNO_3) 분자량 : $1 + 14 + (16 \times 3) = 63$

23 주유취급소에서 자동차 등에 위험물을 주유할 때 자동차 등의 원동기를 정지시켜야 하는 위험물의 인화점 기준은 몇 ℃ 미만인가?(단, 연료탱크에 위험물을 주유하는 동안 방출되는 가연성 증기 회수설비가 부착되지 않은 고정주유설비의 경우이다.)

① 20℃
② 30℃
③ 40℃
④ 50℃

> **해설**
> 주유취급소에서 자동차 등에 인화점 40℃ 미만의 위험물을 주유할 때에는 자동차 등의 원동기를 정지시켜야 한다.

24 소화설비의 기준에서 용량 160L 팽창질석의 능력 단위는?

① 0.5   ② 1.0
③ 1.5   ④ 2.5

정답 20 ④   21 ③   22 ②   23 ③   24 ②

해설

소화설비	용량	능력단위
소화전용 물통	8L	0.3
수조(소화전용 물통 3개 포함)	80L	1.5
수조(소화전용 물통 3개 포함)	190L	2.5
마른모래(삽 1개 포함)	50L	0.5
팽창질석 또는 팽창진주암(삽 1개 포함)	160L	1.0

25 금속칼륨과 금속나트륨은 어떻게 보관하여야 하는가?

① 공기 중에 노출하여 보관
② 물속에 넣어서 밀봉하여 보관
③ 석유 속에 넣어서 밀봉하여 보관
④ 그늘지고 통풍이 잘되는 곳에 산소 분위기에서 보관

해설

비중이 작은 금속칼륨이나 금속나트륨은 석유(등유, 경유, 유동파라핀 등) 속에 보관한다.

26 제4류 위험물의 옥외저장탱크에 대기밸브부착 통기관을 설치할 때 몇 kPa 이하의 압력차이로 작동하여야 하는가?

① 5kPa
② 10kPa
③ 15kPa
④ 20kPa

해설

옥외저장탱크에 설치하는 대기밸브부착 통기관은 5kPa 이하의 압력차이로 작동하여야 한다.

27 에틸알코올의 증기비중은 약 얼마인가?

① 0.72
② 0.91
③ 1.13
④ 1.59

해설

C_2H_5OH 분자량 : $(12 \times 2) + 5 + 16 + 1 = 46$

증기비중 : $\dfrac{46}{29} = 1.59$

28 탄화칼슘에 대한 설명으로 옳은 것은?

① 분자식은 CaC이다.
② 물과의 반응 생성물에는 수산화칼슘이 포함된다.
③ 순수한 것은 흑회색의 불규칙한 덩어리이다.
④ 고온에서도 질소와는 반응하지 않는다.

해설

① 분자식은 CaC_2이다.
③ 순수한 것은 백색이며, 시판품은 흑회색의 불규칙한 덩어리이다.
④ 고온에서 질소와 반응하여 석회질소($CaCN_2$)를 생성된다.

정답 25 ③ 26 ① 27 ④ 28 ②

29 다음의 위험물 중에서 화재가 발생하였을 때, 내알코올포소화약제를 사용하는 것이 효과가 가장 높은 것은?

① C_6H_6 ② $C_6H_5CH_3$
③ $C_6H_4(CH_3)_2$ ④ CH_3COOH

> **해설**
> 내알코올포 소화약제는 아세트산(CH_3COOH)과 같은 수용성 화재에 적응성이 있다.
> ① 벤젠(C_6H_6), ② 톨루엔($C_6H_5CH_3$),
> ③ 자일렌[$C_6H_4(CH_3)_2$]의 비수용성 화재에는 효과가 없다.

30 위험물안전관리법령에 대한 설명 중 옳지 않은 것은?

① 군부대가 지정수량 이상의 위험물을 군사목적으로 임시로 저장 또는 취급하는 경우는 제조소등이 아닌 장소에서 지정수량 이상의 위험물을 취급할 수 있다.
② 철도 및 궤도에 의한 위험물의 저장·취급 및 운반에 있어서는 위험물안전관리법령을 적용하지 아니한다.
③ 지정수량 미만인 위험물의 저장 또는 취급에 관한 기술상의 기준은 국가화재안전기준으로 정한다.
④ 업무상 과실로 제조소등에서 위험물을 유출, 방출 또는 확산시켜 사람의 생명, 신체 또는 재산에 대하여 위험을 발생시킨 자는 7년 이하의 금고 또는 2천만 원 이하의 벌금에 처한다.

> **해설**
> ③ 지정수량 미만인 위험물의 저장 또는 취급에 관한 기술상의 기준은 특별시·광역시 및 도의 조례(시·도의 조례)로 정한다.

31 옥내저장소에 질산 600L를 저장하고 있다. 저장하고 있는 질산은 지정수량의 몇 배인가?(단, 질산의 비중은 1.50이다.)

① 1   ② 2   ③ 3   ④ 4

> **해설**
> 저장수량 : $600L \times \dfrac{1.5kg}{L} = 900kg$
> ∴ $\dfrac{저장수량}{지정수량} = \dfrac{900kg}{300kg} = 3$

32 질산과 과염소산의 공통 성질에 대한 설명 중 틀린 것은?

① 산소를 포함한다. ② 산화제이다.
③ 물보다 무겁다.   ④ 쉽게 연소한다.

> **해설**
> 제6류 위험물은 불연성이다.

33 위험물안전관리법령상 제조소등의 정기점검 대상에 해당하지 않는 것은?

① 지정수량 15배의 제조소
② 지정수량 40배의 옥내탱크저장소
③ 지정수량 50배의 이동탱크저장소
④ 지정수량 20배의 지하탱크저장소

> **해설**
> 옥내탱크저장소는 정기점검 대상에 해당하지 않는다.

34 과산화나트륨의 저장 및 취급 시의 주의사항에 관한 설명 중 틀린 것은?

① 가열·충격을 피한다.

정답 29 ④ 30 ③ 31 ③ 32 ④ 33 ②

② 유기물질의 혼입을 막는다.
③ 가연물과의 접촉을 피한다.
④ 화재 예방을 위해 물분무소화설비 또는 스프링클러설비가 설치된 곳에 보관한다.

해설
과산화나트륨은 금수성 물질이므로 물과의 접촉을 피하여야 한다.

35 다음 중 수소화나트륨의 소화약제로 적당하지 않은 것은?

① 물
② 건조사
③ 팽창질석
④ 탄산수소염류

해설
수소화나트륨(NaH)은 금수성 물질이므로 물과의 접촉을 피하며 건조사, 팽창질석, 팽창진주암, 탄산수소염류 분말소화설비로 소화하여야 한다.

36 0.99atm, 55°C에서 이산화탄소의 밀도는 약 몇 g/L인가?

① 0.62　　② 1.62
③ 9.65　　④ 12.65

해설
PV = nRT 적용,
밀도($\frac{질량(w)}{부피(V)}$)에 대한 식으로 정리한다.
$PV = \frac{w}{M}RT$
$\frac{w}{V} = \frac{PM}{RT}$
밀도 $= \frac{0.99 \times 44}{0.082 \times (273+55)} = 1.62 g/L$

37 아염소산염류 500kg과 질산염류 3000kg을 저장하는 경우 위험물의 소요단위는 얼마인가?

① 2
② 4
③ 6
④ 8

해설
위험물의 소요단위는 지정수량의 10배를 1소요단위로 한다.
아염소산염류 지정수량 : 50kg
질산염류 지정수량 : 300kg
∴ $\frac{저장수량}{지정수량 \times 10} = \frac{500kg}{50kg \times 10}$
$+ \frac{3000kg}{300kg \times 10} = 2$단위

38 위험물안전관리법령상 품명이 나머지 셋과 다른 하나는?

① 트리니트로톨루엔
② 니트로글리세린
③ 니트로글리콜
④ 셀룰로이드

해설
① 트리니트로톨루엔 : 니트로화합물
② 니트로글리세린, ③ 니트로글리콜,
④ 셀룰로이드 : 질산에스테르류

정답 34 ④　35 ①　36 ②　37 ①　38 ①

39 트리니트로페놀에 대한 설명으로 옳은 것은?

① 발화방지를 위해 휘발유에 저장한다.
② 구리용기에 넣어 보관한다.
③ 무색, 투명한 액체이다.
④ 알코올, 벤젠 등에 녹는다.

> **해설**
> ① 건조 상태가 위험하므로 물에 습면시켜 저장한다.
> ② 구리 등 금속과 반응하여 피크린산염을 생성하므로 위험하다.
> ③ 휘황색의 침상결정이다.

40 위험물안전관리법령상 이송취급소에 설치하는 경보·설비의 기준에 따라 이송기지에 설치하여야 하는 경보설비로만 이루어진 것은?

① 확성장치, 비상벨장치
② 비상방송설비, 비상경보설비
③ 확성장치, 비상방송설비
④ 비상방송설비, 자동화재탐지설비

> **해설**
> 이송취급소의 이송기지에 설치해야 하는 경보설비는 확성장치 및 비상벨장치이다.

41 위험물에 대한 설명으로 옳은 것은?

① 이황화탄소는 연소 시 유독성 황화수소 가스를 발생한다.
② 디에틸에테르는 물에 잘 녹지 않지만 유지 등을 잘 녹이는 용제이다.
③ 등유는 가솔린보다 인화점이 높으나, 인화점은 0℃ 미만이므로 인화의 위험성은 매우 높다.
④ 경유는 등유와 비슷한 성질을 가지지만 증기비중이 공기보다 가볍다는 차이점이 있다.

> **해설**
> ① 이황화탄소는 연소 시 유독성의 아황산가스를 발생한다.
> ③ 등유의 인화점은 40℃ 이상이며 가솔린의 인화점은 −43 ∼ −20℃이다.
> ④ 경유와 등유의 증기는 공기보다 무겁다.

42 다음 중 위험물안전관리법령에 따른 지정수량이 나머지 셋과 다른 하나는?

① 황린   ② 칼륨
③ 나트륨   ④ 알킬리튬

> **해설**
> 황린은 위험등급 Ⅰ, 지정수량이 20kg이고 칼륨, 나트륨, 알킬리튬, 알킬알루미늄은 위험등급 Ⅰ, 지정수량 10kg이다.

43 보일러 등으로 위험물을 소비하는 일반취급소의 특례의 적용에 관한 설명으로 틀린 것은?

① 일반취급소에서 보일러, 버너 등으로 소비하는 위험물은 인화점이 섭씨 38도 이상인 제4류 위험물이어야 한다.
② 일반취급소에서 취급하는 위험물의 양은 지정수량의 30배 미만이고 위험물을 취

정답 39 ④   40 ①   41 ②   42 ①

급하는 설비는 건축물에 있어야 한다.
③ 제조소의 기준을 준용하는 다른 일반취급소와 달리 일정한 요건을 갖추면 제조소의 안전거리, 보유공지 등에 관한 기준을 적용하지 않을 수 있다.
④ 건축물중 일반취급소로 사용하는 부분은 취급하는 위험물의 양에 관계없이 철근 콘크리트조 등의 바닥 또는 벽으로 당해 건축물의 다른 부분과 구획되어야 한다.

해설
건축물 중 일반취급소의 용도로 제공하는 부분에는 지진 시 및 정전 시 등의 긴급 시에 보일러, 버너 그 밖에 이와 유사한 장치에 대한 위험물의 공급을 자동적으로 차단하는 장치를 설치하여야 한다.

44 위험물안전관리법령의 위험물 운반에 관한 기준에서 고체위험물은 운반용기 내용적의 몇 % 이하의 수납율로 수납하여야 하는가?
① 80
② 85
③ 90
④ 95

해설
고체위험물은 운반용기 내용적의 95% 이하의 수납율로 수납할 것

45 소화기에 "A-2"로 표시되어 있었다면 숫자 "2"가 의미하는 것은 무엇인가?
① 소화기의 제조번호
② 소화기의 소요단위
③ 소화기의 능력단위
④ 소화기의 사용순위

해설
능력단위 : 소요단위에 대응하는 소화설비의 소화능력의 기준단위
- 수동식소화기의 능력단위는 수동식소화기의 형식승인 및 검정기술기준에 의하여 형식승인 받은 수치로 할 것
"A-2" : A급 화재(일반화재)에 대한 능력단위 2단위에 적용되는 소화기이다.

46 주택, 학교 등의 보호대상물과의 사이에 안전거리를 두지 않아도 되는 위험물시설은?
① 옥내저장소
② 옥내탱크저장소
③ 옥외저장소
④ 일반취급소

해설
안전거리의 규제 대상은 다음과 같다.
- 제조소(제6류 위험물을 취급하는 제조소를 제외)
- 일반취급소
- 옥내저장소
- 옥외저장소
- 옥외탱크저장소

47 위험물안전관리법령상 산화성 액체에 대한 설명으로 옳은 것은?
① 과산화수소는 농도와 밀도가 비례한다.
② 과산화수소는 농도가 높을수록 끓는점이 낮아진다.
③ 질산은 상온에서 불연성이지만 고온으로 가열하면 스스로 발화한다.
④ 질산을 황산과 일정 비율로 혼합하여 왕수를 제조할 수 있다.

정답 43 ④ 44 ④ 45 ③ 46 ② 47 ①

48 위험물안전관리법령에서 정한 아세트알데히드 등을 취급하는 제조소의 특례에 관한 내용이다. ( )안에 해당하는 물질이 아닌 것은?

> 아세트알데히드 등을 취급하는 설비는 ( )·( )·( )·( ) 또는 이들을 성분으로 하는 합금으로 만들지 아니할 것

① 동　　② 은
③ 금　　④ 마그네슘

해설
아세트알데히드, 산화프로필렌을 취급하는 설비는 수은, 은, 마그네슘, 구리(동)의 성분으로 하는 합금으로 만들지 않아야 한다.

49 질산이 공기 중에서 분해되어 발생하는 유독한 갈색증기의 분자량은?

① 16　　② 40
③ 46　　④ 71

해설
$NO_2 : 14 + (16 \times 2) = 46$

50 다음은 위험물안전관리법령에서 정의한 동식물유류에 관한 내용 "동물의 지육 등 또는 식물의 종자나 과육으로부터 추출한 것으로서 1기압에서 인화점이 섭씨 ( )도 미만인 것을 말한다."에서 괄호에 알맞은 수치는?

① 21　　② 200
③ 250　　④ 300

해설
동식물유류 : 인화점이 250℃미만

51 다음 위험물 중 특수인화물이 아닌 것은?

① 메틸에틸케톤 퍼옥사이드
② 산화프로필렌
③ 아세트알데히드
④ 이황화탄소

해설
① 제5류 위험물 중 유기과산화물에 해당한다.

52 벤조일퍼옥사이드, 피크린산, 히드록실아민이 각각 200kg 있을 경우 지정수량의 배수의 합은 얼마인가?

① 22
② 23
③ 24
④ 25

해설
벤조일퍼옥사이드 지정수량 : 10kg
피크린산 지정수량 : 200kg
히드록실아민 지정수량 : 100kg
$\therefore \dfrac{저장수량}{지정수량} = \dfrac{200}{10} + \dfrac{200}{200} + \dfrac{200}{100} = 23$

53 [그림]의 원통형 종으로 설치된 탱크에서 공간용적을 내용적의 10%라고 하면 탱크 용량(허가용량)은 약 몇 m³인가?

정답　48 ③　49 ③　50 ③　51 ①　52 ②

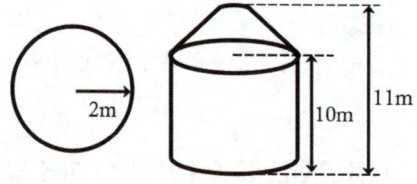

① 113.04㎥
② 124.34㎥
③ 129.06㎥
④ 138.16㎥

해설

내용적 = $3.14 \times 2^2 \times 10 = 125.6 m^3$
용량 = $125.6 m^3 \times 0.9 = 113.04 m^3$

54 위험물탱크성능시험자가 갖추어야 할 등록 기준에 해당되지 않은 것은?

① 기술능력
② 시설
③ 장비
④ 경력

해설

위험물탱크성능시험자가 갖추어야 할 등록기준에는 기술능력, 시설, 장비가 있다.

55 2몰의 브롬산칼륨이 모두 열분해 되어 생긴 산소의 양은 2기압 27℃에서 약 몇 L인가?

① 32.42
② 36.92
③ 41.34
④ 45.64

해설

반응식 : $2KBrO_3 \rightarrow 2KBr + 3O_2$ (제1류 위험물 개념)
PV = nRT 적용, 산소의 몰수 3몰을 곱하여야 한다.
$2 \times x = 2 \times 0.082 \times (273+27) \times 3$
$x = 36.9L$

56 위험물안전관리법령상 지정수량이 다른 하나는?

① 인화칼슘
② 루비듐
③ 칼슘
④ 차아염소산칼륨

해설

인화칼슘 : 300kg
루비듐, 칼슘, 차아염소산칼륨 : 50kg

57 위험물 제조소의 환기설비의 기준에서 급기구에 설치된 실의 바닥면적 150㎡ 마다 1개 이상 설치하는 급기구의 크기는 몇 ㎠ 이상이어야 하는가?

① 200
② 400
③ 600
④ 800

해설

위험물제조소의 급기구(외부의 공기를 건물 내부로 유입시키는 통로)는 바닥면적 150㎡마다 1개 이상으로 하고 급기구의 크기는 800㎠ 이상으로 해야 한다.

정답 53 ① 54 ④ 55 ② 56 ① 57 ④

58 저장 또는 취급하는 위험물의 최대수량이 지정수량의 500배 이하일 때 옥외저장탱크의 측면으로부터 몇 m 이상의 보유공지를 유지하여야 하는가?(단, 제6류 위험물은 제외한다.)

① 1
② 2
③ 3
④ 4

해설

저장 또는 취급하는 위험물의 최대수량	공지의 너비
지정수량의 500배 이하	3m 이상
지정수량의 500배 초과 1,000배 이하	5m 이상
지정수량의 1,000배 초과 2,000배 이하	9m 이상
지정수량의 2,000배 초과 3,000배 이하	12m 이상
지정수량의 3,000배 초과 4,000배 이하	15m 이상
지정수량의 4000배 초과	해당 탱크의 최대지름과 높이 중 큰 것 이상으로 한다. (단, 30m 초과 시 30m 이상, 15m 미만 시 15m 이상으로 한다.)

59 위험물안전관리법령상 혼재할 수 없는 위험물은?(단, 위험물은 지정수량의 1/10을 초과하는 경우이다.)

① 적린과 황린
② 질산염류와 질산
③ 칼륨과 특수인화물
④ 유기과산화물과 유황

해설

제2류 위험물인 적린과 제3류 위험물인 황린은 혼재할 수 없다.

60 주유취급소의 고정주유설비에서 펌프기기의 주유관 선단에서 최대토출량으로 틀린 것은?

① 휘발유는 분당 50리터 이하
② 경유는 분당 180리터 이하
③ 등유는 분당 80리터 이하
④ 제1석유류(휘발유 제외)는 분당 50리터 이하

해설

펌프기기는 주유관 선단에서의 최대토출량이 제1석유류의 경우에는 분당 50ℓ 이하, 경유의 경우에는 분당 180ℓ 이하, 등유의 경우에는 분당 80ℓ 이하인 것으로 한다.

정답 58 ③   59 ①   60 ④

2019년 4회 위험물기능사

01 위험물안전관리법령상 제5류 위험물의 판정을 위한 시험의 종류로 옳은 것은?

① 폭발성 시험, 가열분해성 시험
② 폭발성 시험, 충격민감성 시험
③ 가열분해성 시험, 착화의 위험성 시험
④ 충격민감성 시험, 착화의 위험성 시험

> **해설**
> 제5류 위험물의 판정을 위한 시험의 종류에는 폭발성 시험, 가열분해성 시험이 있다.

02 공기포 소화약제의 혼합방식 중 펌프의 토출관과 흡입관 상의 배관 도중에 설치된 흡입기에 펌프에서 토출된 물의 일부를 보내고 농도조절밸브에서 조정된 포 소화약제의 필요량을 포 소화약제 탱크에서 펌프 흡입측으로 보내어 이를 혼합하는 방식은?

① 프레져 푸로포셔너 방식
② 펌프 푸로포셔너 방식
③ 프레져 사이드 푸로포셔너 방식
④ 라인 푸로포셔너 방식

03 과산화수소가 이산화망간 촉매 하에서 분해가 촉진될 때 발생하는 가스는?

① 수소   ② 산소
③ 아세틸렌   ④ 질소

> **해설**
> $2H_2O_2 \rightarrow 2H_2O + O_2$

04 물과 친화력이 있는 수용성 용매의 화재에 보통의 포소화약제를 사용하면 포가 파괴되기 때문에 소화 효과를 잃게 된다. 이와 같은 단점을 보완한 소화약제로 가연성인 수용성용매의 화재에 유효한 효과를 가지고 있는 것은?

① 알코올포소화약제
② 단백포소화약제
③ 합성계면활성제포소화약제
④ 수성막포소화약제

> **해설**
> 수용성 액체의 화재에는 포가 소멸되는 현상을 방지하기 위하여 알코올포(=내알코올형) 소화약제를 사용한다.

05 제3종 분말소화약제의 주요 성분에 해당하는 것은?

① 인산암모늄
② 탄산수소나트륨
③ 탄산수소칼륨
④ 요소

정답 01 ① 02 ② 03 ② 04 ① 05 ①

해설

분말 소화약제 중 인산염류(인산암모늄)를 주성분으로 하는 분말 소화기는 제3종 분말 소화약제이다.

06 위험물안전관리법령에 따른 대형수동식소화기의 설치기준에서 방호대상물의 각 부분으로부터 하나의 대형수동식소화기까지의 보행거리는 몇 m 이하가 되도록 설치하여야 하는가?(단, 옥내소화전설비, 옥외소화전설비, 스프링클러설비 또는 물분무등소화설비와 함께 설치하는 경우는 제외한다.)

① 10　　　② 15
③ 20　　　④ 30

해설

대형수동식 소화기의 설치기준은 방호대상물의 각 부분으로부터 하나의 대형수동식 소화기까지의 보행거리가 30m 이하가 되도록 설치하며, 소형수동식 소화기의 경우 20m 이하로 설치하여야 한다.

07 옥내소화전설비를 설치하였을 때 그 대상으로 옳지 않은 것은?

① 제2류 위험물 중 인화성 고체
② 제3류 위험물 중 금수성 물품
③ 제5류 위험물
④ 제6류 위험물

해설

금수성 물품에는 물의 접촉을 피하여야 한다.

08 다음 ( ) 안에 들어갈 수치를 순서대로 바르게 나열한 것은?(단, 제4류 위험물에 적응성을 갖기 위한 살수밀도기준을 적용하는 경우를 제외한다.)

위험물제조소등에 설치하는 폐쇄형 헤드의 스프링클러설비는 30개의 헤드를 동시에 사용할 경우 각 선단의 방사 압력이 ( )kPa 이상이고 방수량이 1분당 ( )L 이상이어야 한다.

① 100, 80
② 120, 80
③ 100, 100
④ 120, 100

해설

폐쇄형 헤드의 스프링클러설비는 30개의 헤드를 동시에 사용할 경우 각 선단의 방사 압력이 100kPa 이상이고 방수량이 1분당 80L 이상이어야 한다.

09 화학포소화기에서 탄산수소나트륨과 황산알루미늄이 반응하여 생성되는 기체의 주성분은?

① CO
② CO_2
③ N_2
④ Ar

해설

〈화학포 소화약제의 반응식〉
$6NaHCO_3 + Al_2(SO_4)_3 \cdot 18H_2O \rightarrow 3Na_2SO_4 + 2Al(OH)_3 + 6CO_2 + 18H_2O$

정답　06 ④　07 ②　08 ①　09 ②

10 다음 소화약제 중 오존파괴지수(ODP)가 가장 큰 것은?

① IG-541
② Halon 2402
③ Halon 1211
④ Halon 1301

> **해설**
> 위 소화약제의 오존파괴지수(ODP)는 다음과 같다.
> ① 0
> ② 6.6
> ③ 2.4
> ④ 14.1

11 액체연료의 연소형태가 아닌 것은?

① 확산연소
② 증발연소
③ 액면연소
④ 분무연소

> **해설**
> 확산연소는 기체연료의 연소형태이다.

12 소화설비의 설치기준에서 유기과산화물 1000kg은 몇 소요단위에 해당하는가?

① 10
② 20
③ 30
④ 40

> **해설**
> 위험물의 소요단위는 지정수량의 10배를 1소요단위로 한다.
> 유기과산화물 지정수량 : 10kg
> $$\therefore \frac{저장수량}{지정수량 \times 10} = \frac{1000kg}{10kg \times 10} = 10단위$$

13 공장 창고에 보관되었던 톨루엔이 유출되어 미상의 점화원에 의해 착화되어 화재가 발생하였다면 이 화재의 분류로 옳은 것은?

① A급 화재
② B급 화재
③ C급 화재
④ D급 화재

> **해설**
> 톨루엔은 인화성 액체이므로 유류화재인 B급 화재에 해당한다.

14 위험물의 화재별 소화방법으로 옳지 않은 것은?

① 황린 – 분무주수에 의한 냉각소화
② 인화칼슘 – 분무주수에 의한 냉각소화
③ 톨루엔 – 포에 의한 질식소화
④ 질산메틸 – 주수에 의한 냉각소화

> **해설**
> 인화칼슘(Ca_3P_2)과 물의 접촉 시 독성의 포스핀 가스가 발생하므로 주수소화를 금한다.

15 메탄 1g이 완전연소하면 발생되는 이산화탄소는 몇 g인가?

① 1.25
② 2.75
③ 14
④ 44

> **해설**
> 메탄(CH_4) 분자량 : 12 + 4 = 16
> $CH_4 + 2O_2 \rightarrow CO_2 + 2H_2O$
> 16g   44g
> 1g   x
> $x = \frac{1 \times 44}{16} = 2.75g$

정답   10 ④   11 ①   12 ①   13 ②   14 ②   15 ②

16 제조소등의 소화설비 설치 시 소요단위 산정에서 제조소 또는 취급소의 건축물은 외벽이 내화구조인 것은 연면적 (   )㎡를 1소요단위로 하며, 외벽이 내화구조가 아닌 것은 연면적 (   )㎡를 1소요단위로 한다. 괄호 안에 알맞은 수치를 차례대로 나열한 것은?

① 200, 100
② 150, 100
③ 150, 50
④ 100, 50

해설

구분	제조소 또는 취급소	저장소
외벽이 내화구조인 것	100㎡	150㎡
내화구조가 아닌 것	50㎡	75㎡

17 주된 연소형태가 표면연소인 것을 옳게 나타낸 것은?

① 중유, 알코올
② 코크스, 숯
③ 목재, 종이
④ 석탄, 플라스틱

해설
① 중유 : 분해연소, 알코올 : 증발연소
③ 목재, 종이, ④ 석탄, 플라스틱 : 분해연소

18 분말소화약제 중 제1종과 제2종 분말이 각각 열분해 될 때 공통적으로 생성되는 물질은?

① N_2, CO_2
② N_2, O_2
③ H_2O, CO_2
④ H_2O, N_2

해설
제1종 열분해 반응식 : $2NaHCO_3 \rightarrow Na_2CO_3 + H_2O + CO_2$
제2종 열분해 반응식 : $2KHCO_3 \rightarrow K_2CO_3 + H_2O + CO_2$

19 다음 중 연소반응이 일어날 수 있는 가능성이 가장 큰 물질은?

① 산소와 친화력이 작고, 활성화 에너지가 작은 물질
② 산소와 친화력이 크고, 활성화 에너지가 큰 물질
③ 산소와 친화력이 작고, 활성화 에너지가 큰 물질
④ 산소와 친화력이 크고, 활성화 에너지가 작은 물질

해설
산소와의 친화력이 크고 열전도율이 작을수록, 발열량이 클수록, 표면적이 클수록, 활성화 에너지가 작을수록, 습도가 낮을수록 연소가 잘 이루어진다.

20 비전도성 인화성액체가 관이나 탱크 내에서 움직일 때 정전기가 발생하기 쉬운 조건으로 가장 거리가 먼 것은?

① 흐름 낙차가 클 때
② 느린 유속으로 흐를 때
③ 필터를 통과할 때
④ 심한 와류가 생성될 때

해설
빠른 유속이 흐를 때 정전기가 발생하기 쉽다.

정답 16 ④ 17 ② 18 ③ 19 ④ 20 ②

21 제5류 위험물이 아닌 것은?
① 클로로벤젠 ② 과산화벤조일
③ 염산히드라진 ④ 아조벤젠

해설
클로로벤젠은 제4류 위험물 중 제2석유류이다.

22 위험물안전관리법에서 사용하는 용어의 정의 중 틀린 것은?
① "지정수량"은 위험물의 종류별로 위험성을 고려하여 대통령령이 정하는 수량이다.
② "제조소"라 함은 위험물을 제조할 목적으로 지정수량 이상의 위험물을 취급하기 위하여 규정에 따라 허가를 받은 장소이다.
③ "저장소"라 함은 지정수량 이상의 위험물을 저장하기 위한 대통령령이 정하는 장소로서 규정에 따라 허가를 받은 장소를 말한다.
④ "제조소등"이라 함은 제조소, 저장소 및 이동탱크를 말한다.

해설
④ "제조소등"이라 함은 제조소, 저장소, 취급소를 말한다.

23 위험물 저장탱크의 공간용적은 탱크 내용적의 얼마 이상, 얼마 이하로 하는가?
① 1/100 이상, 3/100 이하
② 2/100 이상, 5/100 이하
③ 5/100 이상, 10/100 이하
④ 10/100 이상, 20/100 이하

해설
탱크의 공간용적은 내용적의 5/100 이상 ~ 10/100 이하이다.

24 위험물제조소의 경우 연면적이 최소 몇 m^2이면 자동화재탐지설비를 설치해야 하는가?(단, 원칙적인 경우에 한한다.)
① 100 ② 300
③ 500 ④ 1000

해설
제조소 및 일반취급소에서 자동화재탐지설비를 설치하는 경우
- 연면적 $500m^2$ 이상인 것
- 옥내에서 지정수량의 100배 이상을 취급하는 것(고인화점 위험물만을 100℃ 미만의 온도에서 취급하는 것을 제외한다)

25 대통령령이 정하는 제조소등의 관계인은 그 제조소등에 대하여 연 몇 회 이상 정기점검을 실시해야 하는가? (단, 특정옥외탱크저장소의 정기점검은 제외한다.)
① 1 ② 2
③ 3 ④ 4

해설
제조소등의 정기점검은 연 1회 이상 실시하여야 한다.

정답 21 ① 22 ④ 23 ③ 24 ③ 25 ① 26 ①

26 위험물안전관리법상 제조소등의 허가, 취소 또는 사용정지의 사유에 해당하지 않는 것은?

① 안전교육 대상자가 교육을 받지 아니한 때
② 완공검사를 받지 않고, 제조소등을 사용한 때
③ 위험물안전관리자를 선임하지 아니한 때
④ 제조소등의 정기검사를 받지 아니한 때

> **해설**
> 교육대상자가 교육을 받을 때까지 제조소등의 허가 취소 또는 사용정지 등으로 해당 자격을 제한할 수 있다.

27 제조소등의 위치·구조 또는 설비의 변경 없이 해당 제조소등에서 저장하거나 취급하는 위험물의 품명·수량 또는 지정수량의 배수를 변경하고자 하는 자는 변경하고자 하는 날의 며칠 전 까지 총리령이 정하는 바에 따라 시·도지사에게 신고하여야 하는가?

① 1일　　② 14일
③ 21일　　④ 30일

> **해설**
> 1일 전까지 시·도지사에게 신고하여야 한다.

28 질산암모늄에 대한 설명으로 틀린 것은?

① 열분해하여 산화이질소가 발생한다.
② 폭약 제조 시 산소공급제로 사용된다.
③ 물에 녹을 때 많은 열을 발생한다.
④ 무취의 결정이다.

> **해설**
> 물에 녹을 때 열을 흡수하는 흡열반응을 한다.

29 취급하는 제4류 위험물의 수량이 지정수량의 30만배인 일반취급소가 있는 사업장에 자체소방대를 설치함에 있어서 전체 화학소방차 중 포수용액을 방사하는 화학소방차는 몇 대 이상 두어야 하는가?

① 필수적인 것은 아니다.
② 1대
③ 2대
④ 3대

> **해설**
> 포수용액을 방사하는 화학소방자동차의 대수는 화학소방자동차의 대수의 3분의 2 이상으로 하여야 한다. 30만배에 해당하는 화학소방차의 수가 3대이므로 2/3 이상인 2대 이상의 포수용액 화학소방차를 두어야 한다.

30 옥내저장탱크의 상호 간에는 특별한 경우를 제외하고 최소 몇 m 이상의 간격을 유지하여야 하는가?

① 0.1
② 0.2
③ 0.3
④ 0.5

> **해설**
> 옥내저장탱크 상호 간에는 0.5m 이상의 간격을 유지하여야 한다.

| 정답 | 27 ① | 28 ③ | 29 ③ | 30 ④ |

31 위험물안전관리법의 적용 제외와 관련된 내용 "위험물안전관리법은 ( )에 의한 위험물의 저장·취급 및 운반에 있어서는 이를 적용하지 아니한다."에서 괄호 안에 알맞은 것을 모두 나타낸 것은?

① 항공기·선박(선박법 제1조의2 제1항에 따른 선박을 말한다.)·철도 및 궤도
② 항공기·선박(선박법 제1조의2 제1항에 따른 선박을 말한다.)·철도
③ 항공기·철도 및 궤도
④ 철도 및 궤도

> **해설**
> 항공기·선박·철도 및 궤도에 의한 위험물의 저장·취급 및 운반에 있어서는 위험물안전관리법의 규제를 적용하지 않는다.

32 다음 위험물의 지정수량 배수의 총합은 얼마인가?

질산 150kg, 과산화수소수 420kg, 과염소산 300kg

① 2.5   ② 2.9
③ 3.4   ④ 3.9

> **해설**
> 질산 지정수량 : 300kg
> 과산화수소 지정수량 : 300kg
> 과염소산 지정수량 : 300kg
> $\therefore \dfrac{저장수량}{지정수량} = \dfrac{150kg}{300kg} + \dfrac{420kg}{300kg} + \dfrac{300kg}{300kg} = 2.9$

33 다음 중 기타소화설비의 능력단위에 대한 설명으로 틀린 것은?

① 수조 8L의 능력단위는 0.3단위이다.
② 소화전용 물통 3개를 포함한 수조 80L의 능력단위는 1.5단위이다.
③ 소화전용 물통 6개를 포함한 수조 190L의 능력단위는 2.5단위이다.
④ 삽 1개를 포함한 마른모래 50L의 능력단위는 0.5단위이다.

> **해설**
>
> | 소화설비 | 용량 | 능력단위 |
> |---|---|---|
> | 소화전용 물통 | 8L | 0.3 |
> | 수조(소화전용 물통 3개 포함) | 80L | 1.5 |
> | 수조(소화전용 물통 3개 포함) | 190L | 2.5 |
> | 마른모래(삽 1개 포함) | 50L | 0.5 |
> | 팽창질석 또는 팽창진주암(삽 1개 포함) | 160L | 1.0 |

34 철분·마그네슘·금속분에 적응성이 있는 소화설비는?

① 스프링클러설비
② 할로겐화합물소화설비
③ 대형수동식포소화기
④ 건조사

> **해설**
> 알칼리금속의 과산화물, 철분, 금속분, 마그네슘, 제3류 위험물의 금수성 물질은 건조사, 팽창질석, 팽창진주암, 탄산수소염류분말소화설비가 적응성이 있다.

정답 31 ① 32 ② 33 ① 34 ④

35 제1류 위험물의 저장 방법에 대한 설명으로 틀린 것은?

① 조해성 물질은 방습에 주의한다.
② 무기과산화물은 물속에 보관한다.
③ 분해를 촉진하는 물품과의 접촉을 피하여 저장한다.
④ 복사열이 없고, 환기가 잘되는 서늘한 곳에 저장한다.

> **해설**
> 무기과산화물은 금수성 물질이므로 물과의 접촉을 피하여야 한다.

36 경유를 저장하는 옥외저장탱크의 반지름이 2m 이고 높이가 12m 일 때 탱크 옆판으로부터 방유제까지의 거리는 몇m 이상이어야 하는가?

① 4   ② 5
③ 6   ④ 7

> **해설**
> 방유제는 옥외저장탱크의 지름에 따라 그 탱크의 옆판으로부터 지름이 15m 미만인 경우에는 탱크 높이의 3분의 1 이상, 지름이 15m 이상인 경우에는 탱크 높이의 2분의 1 이상의 거리를 유지해야 한다.
> $\therefore 12m \times \frac{1}{3} = 4m$

37 1몰의 이황화탄소와 고온의 물이 반응하여 생성되는 유독한 기체물질의 부피는 표준상태에서 얼마인가?

① 22.4L   ② 44.8L
③ 67.2L   ④ 134.4L

> **해설**
> 반응식 : $CS_2 + 2H_2O \rightarrow 2H_2S + CO_2$
> (제4류 위험물 개념)
> $PV = nRT$ 적용,
> $1 \times x = 2 \times 0.082 \times 273$
> $x = 44.77 ≒ 44.8L$

38 다음 위험물 중 인화점이 가장 낮은 것은?

① 아세톤
② 이황화탄소
③ 클로로벤젠
④ 디에틸에테르

> **해설**
> ① 아세톤 −18℃
> ② 이황화탄소 −30℃
> ③ 클로로벤젠 32℃
> ④ 디에틸에테르 −45℃

39 제조소등의 관계인은 위험물제조소등에 대해 기술기준에 적합한지의 여부를 판단하는 최소 정기점검주기는?(단, 100만L 이상의 옥외탱크저장소는 제외한다.)

① 주 1회 이상
② 월 1회 이상
③ 6개월에 1회 이상
④ 연 1회 이상

> **해설**
> 제조소등의 관계인은 위험물제조소등에 대해 연 1회 이상 정기점검을 실시하여야 한다.

정답 35 ②   36 ①   37 ②   38 ④   39 ④

40 디에틸에테르의 안전관리에 관한 설명 중 틀린 것은?

① 증기는 마취성이 있으므로 증기 흡입에 주의하여야 한다.
② 폭발성의 과산화물 생성을 요오드화칼륨 수용액으로 확인하다.
③ 물에 잘 녹으므로 대규모 화재 시 집중 주수하여 소화한다.
④ 정전기 불꽃에 의한 발화에 주의하여야 한다.

해설
디에틸에테르는 비수용성으로 질식소화가 적합하다.

41 제조소의 건축물 구조기준 중 연소의 우려가 있는 외벽은 출입구 외에 개구부가 없는 내화구조의 벽으로 하여야 한다. 이때 연소의 우려가 있는 외벽은 제조소가 설치되 부지의 경계선에서 몇 m 이내에 있는 외벽을 말하는가?(단, 단층 건물일 경우이다.)

① 3m   ② 4m
③ 5m   ④ 6m

해설
연소의 우려가 있는 외벽은 다음에서 정한 선을 기산점으로 하여 3m(2층 이상의 층은 5m) 이내에 있는 외벽을 말한다.
1) 제조소등이 설치된 부지의 경계선
2) 제조소등에 인접한 도로의 중심선
3) 제조소등의 외벽과 동일부지 내의 다른 건축물의 외벽 간의 중심선

42. 「자동화재탐지설비 일반점검표」의 점검내용이 "변형·손상의 유무, 표시의 적부, 경계구역일람도의 적부, 기능의 적부"인 점검항목은?

① 감지기
② 중계기
③ 수신기
④ 발신기

해설
수신기의 점검내용에는 변형·손상의 유무, 표시의 적부, 경계구역, 기능의 적부가 있다.

구분	점검내용			
수신기	변형·손상의 유무	기능의 적부	표시의 적부	경계구역
감지기	변형·손상의 유무	기능의 적부	감지	
중계기	변형·손상의 유무	기능의 적부	표시의 적부	
발신기	변형·손상의 유무	기능의 적부		

43 $KMnO_4$의 지정수량은 몇 kg인가?

① 50
② 100
③ 300
④ 1000

해설
과망간산칼륨은 제1류 위험물로 지정수량이 1,000kg이다.

정답   40 ③   41 ①   42 ③   43 ④

44 셀룰로이드에 관한 설명 중 틀린 것은?

① 물에 잘 녹으며, 자연발화의 위험이 있다.
② 지정수량은 10kg 이다.
③ 탄력성이 있는 고체의 형태이다.
④ 장시간 방치된 것은 햇빛, 고온 등에 의해 분해가 촉진된다.

> **해설**
> 셀룰로이드는 물에 녹기 어려우며, 분해열에 의해 자연발화의 위험이 있다.

45 다음 중 분자량이 약 73, 비중이 약 0.71 인 물질로서 에탄올 두 분자에서 물이 빠지면서 축합반응이 일어나 생성되는 물질은?

① $C_2H_5OC_2H_5$ ② C_2H_5OH
③ C_6H_5Cl ④ CS_2

> **해설**
> 디에틸에테르 제조 반응식 : $2C_2H_5OH$
> $\rightarrow C_2H_5OC_2H_5 + H_2O$

46 위험물을 운반용기에 담아 지정수량의 1/10 초과하여 적재하는 경우 위험물을 혼재하여도 무방한 것은?

① 제1류 위험물과 제6류 위험물
② 제2류 위험물과 제6류 위험물
③ 제2류 위험물과 제3류 위험물
④ 제3류 위험물과 제5류 위험물

> **해설**
> 혼재기준에서 제1류 위험물과 제6류 위험물은 혼재가 가능하다.

47 유황은 순도가 몇 중량% 이상인 것이 위험물에 해당하는가?

① 40중량%
② 50중량%
③ 60중량%
④ 70중량%

> **해설**
> "유황"은 순도가 60중량퍼센트 이상인 것을 말한다. 이 경우 순도측정에 있어서 불순물은 활석 등 불연성물질과 수분에 한한다.

48 내용적이 20,000L인 옥내저장탱크에 대하여 저장 또는 취급의 허가를 받을 수 있는 최대용량은?(단, 원칙적인 경우에 한한다.)

① 18000L
② 19000L
③ 19400L
④ 20000L

> **해설**
> 탱크의 최대 용량을 계산하려면 공간용적은 내용적의 5/100 이상으로 한다.
> $20,000 \times 0.95 = 19,000L$

49 염소산나트륨과 반응하여 ClO_2가스를 발생시키는 것은?

① 글리세린 ② 질소
③ 염산   ④ 산소

> **해설**
> 산과 반응하여 유독한 이산화염소(ClO_2)를 발생한다.

정답 44 ①　45 ①　46 ①　47 ③　48 ②　49 ③

50 과산화수소의 분해 방지제로서 적합한 것은?
① 아세톤 ② 인산
③ 황 ④ 암모니아

해설
과산화수소의 분해 방지 안정제로 인산, 요산이 적합하다.

51 품명이 제4석유류인 위험물은?
① 중유
② 기어유
③ 등유
④ 클레오소트유

해설
① 중유 : 제3석유류
③ 등유 : 제2석유류
④ 클레오소트유 : 제2석유류

52 순수한 금속 나트륨을 고온으로 건조한 공기 중에서 연소시켜 얻는 위험물질은 무엇인가?
① 아염소산나트륨
② 염소산나트륨
③ 과산화나트륨
④ 과염소산나트륨

해설
과산화나트륨은 금속 나트륨을 고온으로 건조한 공기 중에서 연소시켜 얻을 수 있다.
$2Na + O_2 \rightarrow Na_2O_2$

53 물분무소화설비의 방사구역은 몇 m^2 이상이어야 하는가?(단, 방호대상물의 표면적은 $300m^2$이다)
① 100 ② 150
③ 300 ④ 450

해설
물분무소화설비의 방사구역은 $150m^2$ 이상(방호대상물의 표면적이 $150m^2$ 미만인 경우에는 당해 표면적)으로 할 것

54 위험물안전관리법상 설치허가 및 완공검사 절차에 관한 설명으로 틀린 것은?
① 지정수량의 3천배 이상의 위험물을 취급하는 제조소는 한국소방산업기술원으로부터 당해 제조소의 구조·설비에 관한 기술검토를 받아야 한다.
② 50만 리터 이상인 옥외탱크저장소는 한국소방산업기술원으로부터 당해 탱크의 기초·지반 및 탱크본체에 관한 기술검토를 받아야 한다.
③ 지정수량의 1천배 이상의 제4류 위험물을 취급하는 일반취급소의 완공검사는 한국소방산업기술원이 실시한다.
④ 50만 리터 이상인 옥외탱크저장소의 완공검사는 한국소방산업기술원이 실시한다.

해설
③ 지정수량의 3천배 이상의 위험물을 취급하는 제조소 또는 일반취급소의 설치 또는 변경에 따른 완공검사는 한국소방산업기술원이 실시한다.

정답 50 ② 51 ② 52 ③ 53 ② 54 ③

55 동식물유류에 대한 설명으로 틀린 것은?

① 아마인유는 건성유이다.
② 불포화결합이 적을수록 자연발화의 위험이 커진다.
③ 요오드값이 100 이하인 것을 불건성유라 한다.
④ 건성유는 공기 중 산화중합으로 생긴 고체가 도막을 형성할 수 있다.

> **해설**
> 불포화결합이 많을수록 자연발화의 위험이 커진다.

56 액화 이산화탄소 1kg이 25℃, 2atm의 공기 중으로 방출되었을 때 방출된 기체상의 이산화탄소의 부피는 약 몇 L가 되는가?

① 278
② 556
③ 1,111
④ 1,985

> **해설**
> CO_2 분자량 : $12 + (16 \times 2) = 44$
> $PV = nRT$ 적용,
> $2 \times x = \dfrac{1}{44} \times 0.082 \times (273+25)$
> $x = 0.278 m^3 \times 1,000 = 278 L$

57 위험물제조소에서 국소방식의 배출설비 배출능력은 1시간당 배출장소 용적의 몇 배 이상인 것으로 하여야 하는가?

① 5   ② 10
③ 15   ④ 20

> **해설**
> 제조소에서 국소방식의 배출설비 배출능력은 1시간당 배출장소 용적의 20배 이상인 것으로 한다.
> 참고.
> 전역방출방식 : 바닥면적 $1m^2$당 $18m^3$ 이상

58 위험물의 성질에 따라 강화된 기준을 적용하는 지정과산화물을 저장하는 옥내저장소에서 지정과산화물에 대한 설명으로 옳은 것은?

① 지정과산화물이란 제5류 위험물 중 유기과산화물 또는 이를 함유한 것으로서 지정수량이 10kg인 것을 말한다.
② 지정과산화물에는 제4류 위험물에 해당하는 것도 포함된다.
③ 지정과산화물이란 유기과산화물과 알킬알루미늄을 말한다.
④ 지정과산화물이란 유기과산화물 중 소방방재청고시로 지정한 물질을 말한다.

> **해설**
> 지정과산화물이란 제5류 위험물 중 유기과산화물 또는 이를 함유하는 것으로서 지정수량이 10kg인 것을 말한다.

59 위험물제조소에서 지정수량 이상의 위험물을 취급하는 건축물(시설)에는 원칙상 최소 몇 미터 이상의 보유공지를 확보하여야 하는가?(단, 최대수량은 지정수량의 10배이다.)

정답   55 ②   56 ①   57 ④   58 ①

① 1m 이상　② 3m 이상
③ 5m 이상　④ 7m 이상

해설

취급하는 위험물의 최대수량	공지의 너비
지정수량의 10배 이하	3m 이상
지정수량의 10배 초과	5m 이상

60 지정과산화물을 저장하는 옥내저장소의 저장창고를 일정 면적마다 구획하는 격벽의 설치기준에 해당하지 않는 것은?

① 저장창고 상부의 지붕으로부터 50cm 이상 돌출하도록 하여야 한다.
② 저장창고 양측의 외벽으로부터 1m 이상 돌출하도록 하여야 한다.
③ 철근콘크리트조의 경우 두께가 30cm 이상이어야 한다.
④ 바닥면적 250㎡ 이내마다 완전하게 구획하여야 한다.

해설
④ 바닥면적 150㎡ 이내마다 완전하게 구획하여야 한다.

정답　59 ②　60 ④

기발한 위험물기능사
필기 7년간 출제문제

발 행 일	2021년 8월 5일 개정1판 1쇄 인쇄
	2021년 8월 10일 개정1판 1쇄 발행
저　　자	위험물안전관리회
발 행 처	**크라운출판사** http://www.crownbook.com
발 행 인	이상원
신고번호	제 300-2007-143호
주　　소	서울시 종로구 율곡로13길 21
공 급 처	(02) 765-4787, 1566-5937, (080) 850~5937
전　　화	(02) 745-0311~3
팩　　스	(02) 743-2688, 02) 741-3231
홈페이지	www.crownbook.co.kr
I S B N	978-89-406-4464-5 / 13570

특별판매정가 16,000원

이 도서의 판권은 크라운출판사에 있으며, 수록된 내용은
무단으로 복제, 변형하여 사용할 수 없습니다.
　　　Copyright CROWN, ⓒ 2021 Printed in Korea

이 도서의 문의를 편집부(02-6430-7029)로 연락주시면
친절하게 응답해 드립니다.